全国普通高等学校机械专业卓越工程师教育培养计划系列教材

中国地质大学(武汉)本科教材建设经费资助出版

金属材料及零件加工

主　编　陈　琪　刘　浩
副主编　张伟民
主　审　周建新

华中科技大学出版社
中国·武汉

内 容 简 介

本书是按照普通高等学校近机械类和材料学科专业规范、培养方案和课程教学大纲的要求,组织富有多年教学经验的骨干教师编写的。根据教学需要,本书主要介绍了两部分内容:金属材料性能与热处理,金属零件的加工。其中:金属材料性能与热处理部分介绍了材料的种类与性能,金属的晶体结构与结晶,二元合金相图及应用,铁碳合金相图,金属的塑性变形与再结晶,金属的热处理和常用金属材料;金属零件的加工部分介绍了铸造,塑性加工,焊接和切削加工。共计 12 章,每章后面均附有思考与练习题。

本书较全面、系统地介绍了金属材料及加工的相关知识,在内容的安排上既注意对金属材料领域的基础理论和基本加工技术的阐述,也考虑了这个领域的一些先进技术的简要介绍;既讲解基本原理,又注意强调实用性和针对性。本书在文字叙述方面力求由浅入深、循序渐进,内容选择恰当,理论联系实际。

本书可作为普通高等院校近机械类和材料类各专业的教学用书,也可作为从事工程材料研究等工作的工程技术人员参考用书。

图书在版编目(CIP)数据

金属材料及零件加工/陈琪,刘浩主编. —武汉:华中科技大学出版社,2013.12 (2023.7重印)
ISBN 978-7-5609-9605-9

Ⅰ.①金… Ⅱ.①陈… ②刘… Ⅲ.①金属材料-高等学校-教材 ②热处理-高等学校-教材 ③零部件-金属加工-高等学校-教材 Ⅳ.①TG14 ②TG15 ③TH13

中国版本图书馆 CIP 数据核字(2013)第 317374 号

金属材料及零件加工   陈 琪 刘 浩 主编

策划编辑:万亚军
责任编辑:刘 飞
封面设计:刘 卉
责任校对:张 琳
责任监印:徐 露
出版发行:华中科技大学出版社(中国·武汉)   电话:(027)81321913
         武汉市东湖新技术开发区华工科技园   邮编:430223
录   排:武汉市洪山区佳年华文印部
印   刷:广东虎彩云印刷有限公司
开   本:787mm×1092mm   1/16
印   张:19
字   数:496 千字
版   次:2023 年 7 月第 1 版第 3 次印刷
定   价:58.00 元

前　言

　　"金属材料及零件加工"课程是工科院校进行产品加工工艺教育的一门重要的技术基础课程,着重阐述常用金属材料性能、特点、热处理工艺的基本原理及机械零件的主要加工方法和工艺特点,全面讲述了机械零件常用材料的选用、机械零件的加工方法及机械制造的新技术和新工艺。

　　本书是按照高等学校近机械类和材料科学专业规范、培养方案和"金属材料及零件加工"课程教学大纲的要求,由长期在教学第一线从事教学工作、富有教学经验的教师以科学性、先进性、系统性和实用性为目标进行编写的。本书分为两篇:第一篇为金属材料性能与热处理,主要介绍各种金属材料的性能、特点、热处理工艺及应用;第二篇为金属零件的加工,主要介绍金属材料各种加工的基础知识。本书可以满足高等学校"金属材料及零件加工"课程教学的需要,并可作为从事工程材料研究等工作的工程技术人员参考用书。

　　本书既讲解基本原理,又注意强调基础性、实用性、知识性、实践性与创新性,在内容的选择和编写上具有如下特点。

　　(1)力求符合普通高等工科院校对本课程的实际需要,做到内容充实、重点突出、着眼实践,为教学和生产服务。各篇自成体系,适应性强,主要使用对象是近机械类各专业的学生,同时也适合不同学习背景、不同学时、不同层次的工科学生选用。

　　(2)本书注重学生获取知识、分析问题、解决工程技术问题能力的培养,注重学生工程素质与创新思维能力的培养。为此,本书的编写既体现了金属材料与制造技术的密切交叉与融合,又体现了金属材料和制造技术的历史传承和发展趋势。

　　(3)本书在内容的安排上特别注意金属材料领域的基础理论和基本加工技术的阐述,力求内容的实用性和针对性。在文字叙述方面力求由浅入深、循序渐进,内容选择恰当,理论联系实际。

　　(4)为加深学生对课程内容的理解,掌握和巩固所学的基本知识,在分析问题和独立解决问题的能力方面得到应有的训练,本书每章后附有思考与练习题,供学生学完有关内容后及时进行消化和复习。

　　本书由陈琪、刘浩任主编,张伟民任副主编。具体编写分工为:第一篇金属材料性能与热处理,由刘浩、朱双亚、易万福编写;第二篇金属零件的加工,由陈琪、张伟民、周磊、吕闯编写。华中科技大学材料科学与工程学院周建新教授审阅了全书,并提出了许多宝贵的意见和建议,在此表示衷心感谢!

　　在全书的编写过程中,吸收了许多教师的宝贵意见,并得到华中科技大学出版社的大力支持,在此表示由衷的谢意。本书在编写过程中参考了许多文献,在此对有关作者和出版社表示衷心感谢。

　　由于编者水平有限,编写时间仓促,书中难免存在不少缺点和错误,恳请读者批评指正。

编　者

2013 年 11 月

目　　录

第1篇　金属材料性能与热处理

第2篇　金属零件的加工

第1篇　金属材料性能与热处理

第1章　金属材料的性能

在选用材料时,首先必须考虑材料的有关性能,使之与构件的使用要求相匹配。金属材料是目前应用最广的材料之一,这是因为金属材料具有优良的使用性能和工艺性能。

使用性能是指金属在使用过程中所表现出来的性能,包括力学性能、物理性能和化学性能。工艺性能是指金属材料在加工制造过程中所表现出来的属性,包括铸造性能、塑性加工性能、焊接性能、切削加工和热处理工艺性能等。

1.1　金属材料的力学性能

金属材料在加工和使用过程中,总要受到外力作用。金属材料的力学性能是指金属材料受到外力作用时所反映出来的属性。如强度、刚度、硬度、弹性、塑性和韧性等。力学性能是衡量金属材料、评价材料质量的重要参数,也是选用材料的重要依据。

1.1.1　材料的拉伸曲线

评价材料的力学性能最简单有效的方法就是测定材料的拉伸曲线。对标准试样施加一单轴拉伸载荷,使之发生变形,直至断裂,便可得到试样应变ε随应力σ变化的关系曲线,称为应力-应变曲线(其中:ε为试样原始标距的增量 $\Delta l = l - l_0$ 与原始标距 l_0 之比,l 为试验期间任一时刻的标距,σ 为外力 F 与试样原始横截面积 S 之比)。图1-1为低碳钢的拉伸曲线。

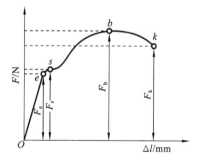

图1-1　低碳钢拉伸曲线

由图1-1可知低碳钢在拉伸过程中,其载荷与变形关系有以下几个阶段。

(1)当载荷不超过 F_e 时,拉伸曲线 Oe 为直线,即试样的伸长量与载荷成正比。如果卸除载荷,试样仍能恢复到原来的尺寸,即试样的变形完全消失。这种随载荷消失而消失的变形叫做弹性变形。这一阶段属于弹性变形阶段。

(2)当载荷超过 F_e 时,试样将进一步伸长,此时若卸除载荷,弹性变形消失,而另一部分变形却不能消失,即试样不能恢复到原尺寸,这种载荷消失后仍能继续保留的变形叫塑性变形。

(3)当载荷达到 F_s 时,拉伸曲线出现水平或锯齿形线段,这表明在载荷基本不变的情况下,试样却继续变形,这种现象称为"屈服"。引起试样屈服的载荷称为屈服载荷。

(4)当载荷超过 F_s 后,试样的伸长量与载荷以曲线关系上升,但曲线的斜率比 Oe 段的斜率小,即载荷的增加量不大,而试样的伸长量却很大。当载荷继续增加到某一最大值 F_b 时,试样的局部截面缩小,产生缩颈现象。由于试样局部截面的逐渐缩小,故载荷也逐渐降低,当

达到拉伸曲线上 k 点时，试样随即断裂。F_k 为试样断裂时的载荷。

在试样产生缩颈以前，由载荷所引起试样的伸长，基本上是沿着整个试样标距长度内发生的，属于均匀变形；缩颈后，试样的伸长要发生在颈部的一段长度内，属于集中变形。

1.1.2　弹性与刚度

1. 弹性

材料在外力作用下不产生永久变形的能力称为弹性。弹性的衡量指标为弹性模量，用 E 来表示。

弹性模量 E 是材料在弹性范围内应力与应变的比值 R/e。E 实际上是应力-应变曲线 Oe 线段的斜率：$E=\tan\alpha=R/e$（单位：MPa），其物理意义是产生单位弹性变形时所需应力的大小。弹性模量是材料最稳定的性质之一，它的大小主要取决于材料的本性，除随温度升高而逐渐降低外，其他强化材料的手段如热处理、冷热加工、合金化等对弹性模量的影响很小。

2. 刚度

材料在外力作用下抵抗弹性变形的能力称为刚度，其指标即为弹性模量。刚度由 $E=R/e$ 决定，E 越大，材料越不易发生弹性变形。一般可以通过增加横截面积或改变截面形状的方法来提高零件的刚度。

1.1.3　强度与塑性

1. 强度

材料在外力作用下抵抗变形和破坏的能力称为强度。根据外力加载方式不同，强度指标有许多种，如屈服强度、抗拉强度、抗压强度、抗弯强度、抗剪强度、抗扭强度等。其中以拉伸试验测得的屈服强度和抗拉强度两个指标应用最多。

1) 屈服强度

屈服强度是使材料产生屈服现象时的最小应力，用 σ_s 表示。

$$\sigma_s=\frac{F_s}{S_0} \tag{1-1}$$

式中：F_s——使材料产生屈服的最小载荷（N）；

　　　S_0——试样的原始横截面积（mm^2）。

对于低塑性材料或脆性材料，由于屈服现象不明显，因此这类材料的屈服强度常以产生一定的微量塑性变形（一般用变形量为试样长度的 0.2% 表示）的应力来表示，称为条件屈服强度，用 $R_{P0.2}$ 表示，即

$$R_{P0.2}=\frac{F_{0.2}}{S_0} \tag{1-2}$$

式中：$F_{0.2}$——塑性变形量为试样长度的 0.2% 时的载荷（N）；

　　　S_0——试样的原始横截面积（mm^2）。

2) 抗拉强度

试样断裂前能够承受的最大应力，称为抗拉强度，用 R_m 表示。

$$R_m=\frac{F_m}{S_0} \tag{1-3}$$

式中：F_m——试样断裂前所能承受的最大载荷（N）；

S_0——试样的原始横截面积（mm^2）。

抗拉强度可反映材料抵抗断裂破坏的能力，也是零件设计和材料评价的重要指标。

2. 塑性

塑性是指金属材料受力破坏前承受最大塑性变形的能力。两个常用的塑性衡量指标是伸长率和断面收缩率。

1）伸长率

伸长率是指试样拉断后的标距伸长量与原始标距的百分比，用符号 A 表示，即

$$A = \frac{\Delta l}{l_0} \times 100\% = \frac{l_1 - l_0}{l_0} \times 100\% \qquad (1\text{-}4)$$

式中：l_0——试样的原始标距长度（mm）；

l_1——试样拉断后的标距长度（mm）。

2）断面收缩率

断面收缩率是指试样拉断处横截面积的最大缩减量与原始横截面积的百分比，用符号 Z 表示，即

$$Z = \frac{\Delta S}{S_0} \times 100\% = \frac{S_1 - S_0}{S_0} \times 100\% \qquad (1\text{-}5)$$

式中：S_0——试样原始横截面积（mm^2）；

S_1——拉断后断口横截面积（mm^2）。

A 与 Z 是材料的重要性能指标。它们的数值越大，材料的塑性就越好。两者相比，用 Z 表示塑性，比用 A 表示更接近于真实应变。当 $A > Z$ 时，试样无缩颈，是脆性材料的表征；反之，当 $A < Z$ 时，试样有缩颈，是塑性材料的表征。试样 $d_0(d)$ 不变时，随 l_0 增加，A 下降，只有 l_0/d_0 为常数时，不同材料的伸长率才有可比性。

金属材料的塑性好坏，对零件的加工和使用有十分重要的意义。例如，低碳钢的塑性较好，故可以进行压力加工；普通铸铁的塑性差，因而不能进行压力加工，只能进行铸造。同时，由于材料具有一定的塑性，故能够保证材料不致因稍有超载而突然断裂，这就增加了材料使用的安全可靠性。

1.1.4　硬度

金属材料表面抵抗局部变形，特别是塑性变形、压痕、划痕的能力称为硬度。硬度是衡量金属软硬的指标，多用压入法测定。硬度也是重要的力学性能指标，机械制造业所用的刀具、磨具和机械零件等都应具备一定的硬度，才能保证其使用性能和寿命。

金属材料的硬度是在硬度试验设备上测定的。硬度试验设备简单，操作迅速方便，可直接在零件或工具上进行试验而不破坏工件，并且还可根据测得的硬度值估计出材料的近似抗拉强度和耐磨性。此外，硬度与材料的冷压成形性、切削加工性、可焊性等工艺性能之间也存在着一定的联系，可作为制定加工工艺时的参考。因此，硬度试验在实际生产中是最常用的试验方法。生产中常用的硬度测量方法有布氏硬度测试法和洛氏硬度测试法，还有维氏硬度测试法等。

1. 布氏硬度（HBW）

布氏硬度的测试原理如图 1-2 所示。它是以直径为 D 的硬质合金球为压头，在载荷的静压力下，将压头压入被测材料的表面（见图 1-2(a)），停留若干秒后卸去载荷（见图 1-2(b)），然后采用带刻度的专用放大镜测出压痕直径 d，并依据 d 的数值从专门的表格中查出相应的

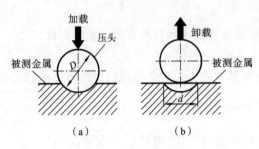

图 1-2　布氏硬度法

HBW 值。

当载荷 F 与球体直径 D 一定时,硬度值只与压痕直径 d 的大小有关。D 越大,压痕面积越大,则布氏硬度值越小;反之,d 越小,硬度值越大。

1) 布氏硬度实验条件的选择

由于金属材料有硬有软,被测工件有薄有厚,尺寸有大有小,如果只采用一种标准的试验载荷 F 和压头直径 D,就会出现对某些材料和工件不适应的现象。因此,国家规定了常用布氏硬度试验规范。在进行布氏硬度试验时,可根据被测试金属材料的种类、硬度范围和试样厚度,选用不同的压头直径 D、施加载荷 F 和载荷保持时间,建立 F 和 D 的某种选配关系,以保证布氏硬度的可比性。

如果工件有特殊要求时,应将测试条件在硬度值后面标出。例如,用直径 5 mm 的硬质合金球,在 7335N(约 750 kgf)试验力作用下保持 10～15 s,测得的布氏硬度值为 750,则表示为 HBW5/750。一般情况下,不标注测试条件。

2) 布氏硬度特点与应用

布氏硬度测试因压痕面积较大,能反映出较大范围内被测试金属的平均硬度,测量数据稳定;可测量组织粗大或组织不均匀材料(如铸铁)的硬度值;布氏硬度与抗拉强度之间存在一定的关系,可根据其值估计出材料的强度值。布氏硬度测量主要用于原材料或半成品的硬度测量,如测量铸铁、非铁金属、硬度较低的钢(如退火、正火、调质处理的钢)等。但不宜测量较高硬度的材料(可测量材料硬度值上限为 650HBW),且因压痕较大,不宜测试成品或薄片金属的硬度。

2. 洛氏硬度

洛氏硬度试验法是目前工厂中应用最广泛的试验方法。它是用一个锥角为 120° 的金刚石圆锥或直径为 1.5875 mm 的硬质合金球作为压头,在初始试验力和主试验力先后作用下,压入被测试金属表面,经规定时间后卸除主试验力,由压头在金属表面形成的压痕深度来确定其硬度值。图 1-3 所示为洛氏硬度试验原理。

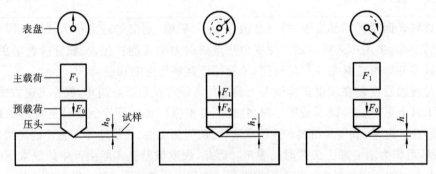

图 1-3　洛氏硬度试验原理示意图

在初试验力作用下的压入深度为 h_0。加初试验力的目的是使压头与试样表面紧密接触,避免由于试样表面不平整而影响试验结果的精确性。在总试验力(初试验力＋主试验力)作用下的压入深度为 h_1。主试验力卸载后的压入深度为 h。

在实际测试时,可从硬度计的指示盘上直接读出洛氏硬度值的大小,用符号 HR 表示。用金刚石压头测试时读指示盘外圈上的数值,用钢球压头测试时读指示盘内圈上的数值,数值越大表示金属材料越硬。

为了使硬度计能测试从软到硬各种材料的硬度,其压头和试验力可以变更。依照 GB/T 230.1—2009《洛氏硬度试验》,新型洛氏硬度的压头有:120°金刚石圆锥体、$\phi1.5875$ mm 硬质合金球、$\phi3.175$ mm 硬质合金球三种;刻度盘上有 A,B,…,K 等多种标尺,分别表示 HRA,HRB,…,HRK 等洛氏硬度。表 1-1 给出了几种测试规范,其中以 HRC 应用最广。

表 1-1　常用洛氏硬度标尺的实验条件

硬　度	压头类型	总载荷/N	测量范围
HRA	120°金刚石圆锥体	588.4	20~88 HRA
HRB	$\phi1.5875$ mm 的硬质合金球	980.7	20~100 HRB
HRC	120°金刚石圆锥体	1471	20~70 HRC

必须指出,各种硬度与强度之间有一定的换算关系,故在零件图的技术条件中,通常只标出硬度要求。表 1-2 给出了几种硬度与强度的关系。

表 1-2　几种硬度与碳素钢抗拉强度的换算关系(摘自 GB/T 1172—1999)

HRC	HRA	HBS	HBW	R_m/MPa	HRC	HRA	HBS	HBW	R_m/MPa
25.0	62.8	251	—	875	40.0	70.5	370	370	1271
30.0	65.3	283	—	989	45.0	73.2	424	428	1459
35.0	67.9	323	—	1119	50.0	75.8	—	502	1710

洛氏硬度的特点:洛氏硬度试验法操作迅速简单;由于压痕较小,可用于成品的检验;采用不同标尺,可测出从极软到极硬材料的硬度;但由于压痕较小,对组织比较粗大且不均匀的材料,测得的硬度值不够准确。为使测试准确,应多点测量,取平均值。

3. 维氏硬度

洛氏硬度试验虽可采用不同的标尺来测定由软到硬金属材料的硬度,但不同标尺的硬度值是不连续的,没有直接的可比性,使用上很不方便。为了能在同一种硬度标尺上测定由极软到极硬金属材料的硬度值,特制定了维氏硬度试验法。

试验原理:试验原理基本与布氏硬度试验相同,但使用的压头形状和材料不同。它是用一个两相对面夹角为 136°的金刚石正四棱锥体压头,在一定的试验力 F 作用下压入被测试金属的表面,保持规定时间后卸除载荷(见图 1-4)。然后再测量压痕的两对角线的平均长度 d,进而计算出压痕的表面积 S,最后求出压痕表面积上的平均压力(F/S),以此作为被测试金属的硬度,用符号 HV 表示。

在实际测试时,维氏硬度值也不需要计算,根据压痕的两对角线的平均长度 d 查表,即可求得硬度值。维氏硬度试验法可根据试样的硬度、大小、厚度等情况选择试验载荷,试验载荷 F 的取值范围为 49.03~980.7 N。在零件厚度允许的情况下尽可能选用较大载荷,以获得较大压痕,提高测量精度。

维氏硬度试验法特点:优点是试验时所加载荷小、压入深度浅,故适用于测试零件表面淬硬层及化学热处理的表面层(如渗碳层、渗氮层等)的硬度;同时维氏硬度采用的是连续一致的标尺,试验时可任意选择载荷,而不影响其硬度值的大小,因此可测定较薄的、从极软到极硬的

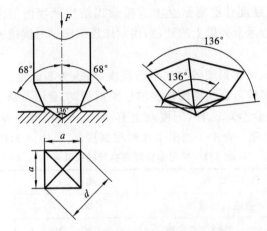

图 1-4 维氏硬度试验原理示意图

各种金属材料的硬度值,并可直接比较它们的硬度大小。维氏硬度试验法的缺点是其硬度值的测定较麻烦,并且压痕小,所以对试件的表面质量要求较高。

1.1.5 冲击韧度

机械零件在工作中,往往要受到冲击载荷的作用,如活塞销、锤杆、冲模、锻模、凿岩机零件等。制造这些零件的材料,其性能不能单纯用静载荷作用下的指标来衡量,而必须考虑材料抵抗冲击载荷的能力。冲击载荷是指加载速度很快而作用时间很短的突发性载荷。

金属材料在冲击载荷作用下,抵抗破坏的能力称为冲击韧度。为了评定金属材料的冲击

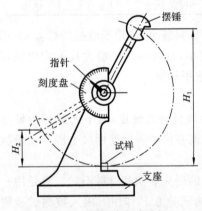

图 1-5 摆锤冲击试验机

韧度,需要进行冲击试验。在如图 1-5 所示的摆锤式冲击试验机上用规定高度的摆锤对处于简支梁状态的缺口试样进行一次冲断,摆锤冲断试样前后的势能差称为冲击吸收功(单位:J),用 A_K 表示(V 形和 U 形缺口试样的冲击吸收功分别用 A_{KV} 和 A_{KU} 表示)。冲击吸收能量即为冲击韧度的度量。A_K 可从冲击试验机上直接读出,单位为焦耳(J)。用试样缺口处的横截面积 S 去除 A_K 所得到的商即为冲击韧度,用符号 α_K 表示,单位为焦耳/厘米²(J/cm²),即

$$\alpha_K = \frac{A_K}{S} \tag{1-6}$$

其中,U 形缺口试样冲击韧度用 α_{KU} 表示,V 形缺口试样冲击韧度用 α_{KV} 表示。

α_K 值越大,材料的冲击韧度越大,断口处则会发生较大的塑性变形,断口呈灰色纤维状;α_K 值越小,材料的冲击韧度越小,断口处无明显的塑性变形,断口具有金属光泽而较为平整。

实践表明,冲击韧度对材料的一些缺陷很敏感,能够灵敏地反映出材料的品质、宏观缺陷和显微组织方面的微小变化,因而是生产上用来检验冶炼、热加工得到的半成品和成品质量的有效方法之一。

材料的冲击韧度随温度下降而下降。在某一温度范围内冲击吸收能量发生急剧下降的现象称为韧脆转变。发生韧脆转变的温度范围称为韧脆转变温度,如经常在低温下服役的船舶、桥梁等结构材料的使用温度应高于其韧脆转变温度。如果使用温度低于韧脆转变温度,则材

料处于脆性状态,可能发生低应力脆性破坏。韧脆转变温度对组织和成分很敏感,如细化钢的晶粒和降低钢的含碳量可降低其韧脆转变温度。

1.1.6　疲劳强度

有许多零件(如齿轮、弹簧等)是在交变应力(指大小和方向随时间作用周期性变化)下工作的,零件工作时所承受的应力都低于材料的屈服强度。零件在这种交变载荷作用下经过长时间工作也会发生突然断裂,通常这种破坏现象叫做金属的疲劳断裂。金属疲劳断裂是在事先无明显塑性变形的情况下突然发生的,故具有很大的危险性,往往引发重大事故。所以设计零件选材时,要考虑金属材料对疲劳断裂的抗力。

金属的疲劳断裂是在交变载荷作用下,经过一定的循环周次之后突然出现的。图 1-6 是某材料的疲劳曲线,横坐标表示循环周次,纵坐标表示交变应力。从该曲线可以看出,材料承受的交变应力越大,疲劳破坏前能循环工作的周次越少;当循环交变应力减少到某一数值时,曲线接近于水平,即表示当应力低于此值时,材料可经受无数次应力循环而不破坏。把材料在无数次交变载荷作用下而不破坏的最大应力

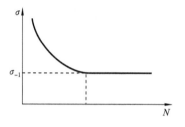

图 1-6　疲劳曲线

值称为疲劳强度。通常光滑试样在对称弯曲循环载荷(循环特性 $r=-1$ 的对称变应力)作用下的疲劳强度用 σ_{-1} 表示。对钢材来说,当循环次数 N 达到 10^7 周次时,曲线便出现水平线,所以把经受 10^7 周次或更多周次而不破坏的最大应力定为疲劳强度。对于非铁金属,一般则需规定应力循环次数在 10^8 或更多周次,才能确定其疲劳强度。

影响疲劳强度的因素很多,其主要有循环应力、温度、材料的化学成分及显微组织、表面质量和残余应力等。

应该注意:上述力学性能指标,都是用小尺寸的光滑试样或标准试样,在规定性质的载荷作用下测得的。实践证明,它们不能直接代表材料制成零件后的性能。因为实际零件尺寸往往很大,尺寸增大后,材料中出现缺陷(如孔洞、夹杂物、表面损伤等)的可能性也增大,而且零件在实际工作中所受的载荷往往是复杂的,零件的形状、表面粗糙度等也与试样差异很大。这些将在以后的课程中讨论。

1.2　金属材料的物理和化学性能

1.2.1　金属材料的物理性能

1. 密度

单位体积材料的质量称为材料的密度。对于运动构件,材料的密度越小,消耗的能量越少,效率越高。材料的抗拉强度与密度之比称为比强度。在航空航天领域,选用高比强度的材料就显得尤为重要。

2. 熔点

熔点是指材料的熔化温度。一般来说,材料的熔点越高,材料在高温下保持高强度的能力越强。设计高温条件下工作的构件时,必须考虑材料的熔点。金属中,汞的熔点为 $-38.8\ ℃$,而钨的熔点则高达 $3410\ ℃$。

3. 热膨胀性

大部分固体材料在加热时都发生膨胀。材料的热膨胀性通常用线膨胀系数表示,它是指温度升高 1 ℃时单位长度材料的伸长量。对于特别精密的仪器,应选择热膨胀系数低的材料,或在恒温条件下使用。在材料热加工过程中更要考虑其热膨胀行为,如果表面和内部热膨胀不一致,就会产生内应力,导致材料变形或开裂。常用金属的热膨胀系数为 $5 \times 10^{-6} \sim 25 \times 10^{-6} / \mathrm{K}$。

4. 导热性

材料的导热性常用热导率表示。热导率是指在单位温度梯度下,单位时间内通过垂直于热流方向单位截面积上的热流量,单位为 $\mathrm{W}/(\mathrm{m \cdot K})$。材料的导热性越差,在加热和冷却时表面和内部的温差越大,内应力越大,越容易发生变形和开裂。金属中,导热性最好的是银,铜和铝次之。

5. 导电性

材料的导电性常用电阻率表示。金属通常具有较好的导电性能,其中最好的是银,铜和铝次之。金属具有正的电阻温度系数,即随温度升高,电阻增大。含有杂质和受到冷变形会导致金属的电阻上升。

6. 磁性

根据材料在磁场中的行为可将其分为三类:使磁场减弱的材料称为抗磁性材料,使磁场略有增强的材料称为顺磁性材料,使磁场强烈增强的材料称为铁磁性材料。铁磁性材料常用于制造变压器、电动机、仪器仪表等,抗磁性材料常用于磁屏蔽或防磁场干扰。

1.2.2 金属材料的化学性质

1. 耐腐蚀性

腐蚀是材料在外部介质作用下发生破坏或变质的现象。材料抵抗各种介质腐蚀破坏的能力称为耐蚀性。一般来说,非金属材料的耐蚀性要高于金属材料。在金属材料中,碳钢、铸铁的耐蚀性较差,而不锈钢、铝合金、铜合金、钛及其合金的耐蚀性较好。

2. 抗氧化性

材料抵抗高温氧化的能力称为抗氧化性。抗氧化的金属材料常在表面形成一层致密的保护性氧化膜,防止进一步氧化,这类材料的氧化随时间的变化一般遵循抛物线规律,而形成多孔疏松或挥发性氧化物材料的氧化则遵循直线规律。

耐蚀性和抗氧化性统称为材料的化学稳定性。高温下的化学稳定性称为热化学稳定性。在高温下工作的设备或零部件,如锅炉、汽轮机和飞机发动机等,应选择热化学稳定性高的材料。

1.3　金属材料的工艺性能

材料的工艺性能是其力学性能、物理性能、化学性能的综合。工艺性能的好坏,会直接影响所制造零件的工艺方法、质量以及成本,因此选材时也必须充分考虑其工艺性能。按工艺方法不同,材料的工艺性能可分为以下几个方面。

1. 铸造性

铸造性通常指液体金属能充满比较复杂的铸型并获得优质铸件的性能。流动性、收缩性、偏析倾向都是衡量铸造性好坏的指标。流动性好,充满铸型的能力大,铸件尺寸得到保证;收缩率小,可减少铸件中的缩孔;偏析倾向小,则铸件各部分成分能均匀一致。所以流动性好、收缩率小、偏析倾向小的材料,其铸件质量也好。一般来说,共晶成分合金的铸造性好。

一些工程塑料,在其成形工艺方法中,也要求好的流动性和小的收缩率。

2. 可锻性(塑性加工性)

可锻性指材料易于进行压力加工(包括锻造、压延、拉拔、轧制等)的性能。可锻性好坏主要以材料的塑性变形能力及变形抗力来衡量。金属在高温时,变形抗力减小,塑性变形能力增大,所以高温下可用较小的力获得很大程度的变形。不过,不同的金属其变形能力各不相同,如钢的可锻性良好,铸铁不能进行任何压力加工。

3. 焊接性

焊接性指材料易于焊接在一起并能保证焊缝质量的性能,一般用焊接处出现各种缺陷的倾向来衡量。焊接性好的材料,焊接时不易出现气孔、裂纹,焊后接头强度与母材相近。低碳钢具有优良的焊接性,而铸铁和铝合金的焊接性就很差。

某些工程塑料也有良好的焊接性,但与金属的焊接机制及工艺方法并不相同。

4. 切削加工性

切削加工性指材料进行切削加工的难易程度。它与材料种类、成分、硬度、韧度、导热性及内部组织状态等许多因素有关,可以用切削抗力的大小、加工表面的质量、排屑的难易程度以及切削刀具的使用寿命来衡量。对于一般材料,过硬或过软,其切削加工性都不好。有利于切削的合适硬度为 160～230HB。切削加工性好的材料,切削容易,刀具磨损小,加工表面光洁。

陶瓷材料由于硬度高,难以进行切削加工,但可作为加工高硬度的材料的刀具。

除以上所述外,金属材料在热处理过程中,还需考虑其淬透性、淬硬性等工艺性能。

思考与练习题

1-1　什么是金属的力学性能? 根据载荷形式的不同,力学性能主要包括哪些指标?

1-2　什么是强度? 什么是塑性? 衡量这两种性能的指标有哪些? 各用什么符号表示?

1-3　缩颈是如何产生的? 缩颈发生在拉伸曲线上的哪个线段? 如果没有出现缩颈现象,是否表示该试样没发生塑性变形?

1-4　低碳钢做成的 $d_0=10$ mm 的圆形短试样经拉伸试验,得到如下数据:
$$F_s=21100 \text{ N}, \quad F_b=34500 \text{ N}, \quad l_1=65 \text{ mm}, \quad d_0=6 \text{ mm}$$
试求低碳钢的屈服强度,断面收缩率。

1-5　什么是硬度? HBW、HRA、HRB、HRC 各代表用什么方法测出的硬度?

1-6　下列硬度的要求和写法是否正确?
　　　　HBW150　HRC40N　HRB10　478HV　HRA79　474HBW

1-7　布氏硬度和洛氏硬度各有什么优缺点? 下列材料或零件通常采用哪种方法检查其硬度?
　　　　库存钢材　硬质合金刀头　锻件　台虎钳钳口

1-8　什么是冲击韧度? A_K 和 α_K 各代表什么?

1-9　什么是疲劳现象? 什么是疲劳强度?

1-10　用标准试样测得的金属材料的力学性能能否直接代表该材料制成零件的力学性能? 为什么?

第 2 章　金属材料的晶体结构

金属的性能是由它的内部组织结构决定的,因此作为工程技术人员,要了解金属材料的性能并合理使用金属材料,必须首先掌握材料组织结构方面的知识。

2.1　晶体结构基本知识

晶体是常见工程材料的结构形式,掌握本节中的有关晶体结构的基本概念,有助于对课程内容的学习和理解。

2.1.1　晶体与非晶体

固态物质按其原子(或分子)的聚集状态不同分为两大类,即晶体和非晶体。在自然界中,除少数固态物质(如松香、普通玻璃、沥青等)是非晶体外,绝大多数固态无机物都是晶体。晶体是指原子具有规则排列的物质,而非晶体内部原子不具有规则排列。对两者进行比较可以看出,晶体具有如下三大特征:

(1) 在晶体中,原子(或分子)在三维空间作有规则的周期性的重复排列,因此晶体一般具有规则的外形。

(2) 从液态转变成晶态固体(晶体)的转变是在一定的温度下进行的,即晶体具有固定的熔点(如铁为 1538 ℃,铝为 660 ℃)。

(3) 沿着一个晶体的不同方向所测得的性能不相同,出现或大或小的差异,即晶体具有各向异性。

常见固态金属都是晶体。金属晶体除有着上述晶体所共有的特征外,还具有金属光泽、良好的导电性、导热性和塑性,尤其是金属晶体还具有正的电阻温度系数,这是金属晶体与非金属晶体的根本区别。

2.1.2　晶格与晶胞

晶体中的原子(离子、分子)可能有无限多种排列的方式。为了便于描述和研究这些原子(离子、分子)的排列规律,通常将实际晶体结构简化为完整无缺的理想晶体,并近似地把原子(离子、分子)看成是不动的等径刚性球体,且在三维空间紧密堆积,没有局部排列不规则的缺陷,如图 2-1(a)所示。若用许多假想的平行直线将所有质点的中心连接起来,便构成一个三维几何格架,如图 2-1(b)所示,图中各直线的交点称为结点。把这种抽象的、用于描述原子在晶体中排列形式的几何空间格架叫做晶格。由于晶格中各质点的周围环境相同,故其排列具有周期重复性。因此,可以从晶格中取出一个最基本的几何单元(一般是取一个最小的平行六面体)来表达晶体中原子排列的特征,并把这种组成晶格的最小几何单元称为晶胞(如图 2-1(c)所示)。由此可见,晶格是由晶胞在三维空间内的重复堆积而成。晶胞中原子排列的规律完全能代表整个晶格中原子排列的规律。晶胞中各棱边的长度分别以 a、b、c 表示,其大小用 Å(1 Å$=10^{-8}$ cm)度量;各棱边之间的夹角用 α、β、γ 表示。a、b、c 和 α、β、γ 称为晶格常数,如图

2-1(c)所示。

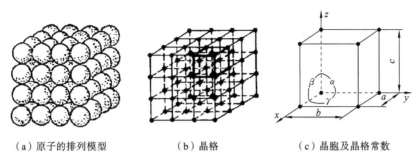

| （a）原子的排列模型 | （b）晶格 | （c）晶胞及晶格常数 |

图 2-1　简单立方晶体示意图

晶胞的大小和形状通过晶格常数 a、b、c 和各棱边之间的夹角 α、β、γ 来描述。根据这些参数，可将晶体分为 7 种晶系，见表 2-1。其中立方晶系和六方晶系比较重要。

表 2-1　7 种晶系晶胞参数

晶　　系	棱边长度与夹角关系	举　　例
三斜	$a \neq b \neq c$，$\alpha \neq \beta \neq \gamma \neq 90°$	$K_2Cr_2O_7$
单斜	$a \neq b \neq c$，$\alpha = \gamma = 90° \neq \beta$	$\beta\text{-}S$，$CaSO_4 \cdot 2H_2O$
正交	$a \neq b \neq c$，$\alpha = \beta = \gamma = 90°$	$\alpha\text{-}S$，Ga，Fe_3C
六方	$a_1 = a_2 = a_3 \neq c$，$\alpha = \beta = 90°$，$\gamma = 120°$	Zn，Cd，Mg，NiAs
菱方	$a = b = c$，$\alpha = \beta = \gamma \neq 90°$	As，Sb，Bi
四方	$a = b \neq c$，$\alpha = \beta = \gamma = 90°$	$\beta\text{-}Sn$，TiO_2
立方	$a = b = c$，$\alpha = \beta = \gamma = 90°$	Fe，Cr，Cu，Ag，Au

晶胞中原子密度最大方向上相邻原子间距的一半称为原子半径，处于不同晶体结构中的同种原子的半径是不相同的。一个晶胞内所包含的原子数目称为晶胞原子数，晶胞中原子本身所占有的体积百分数称为致密度。晶体中与任一原子距离最近且相等的原子数目称为配位数。显然，不同结构晶体的晶胞原子数、配位数和致密度不同，配位数越大的晶体致密度越高。

2.2　纯金属的晶体结构

在已知的 80 余种金属元素中，除少数十几种金属具有复杂的晶体结构外，大多数金属都具有排列紧密、对称性高的简单晶体结构。最常见最典型的金属晶体结构有体心立方、面心立方、密排六方三种类型，前两种属于立方晶系，最后一种属于六方晶系。

2.2.1　体心立方晶格

体心立方晶格的晶胞如图 2-2 所示，为一个立方体。在立方体的 8 个顶点上各有一个与相邻晶胞共有的原子，立方体中心还有一个原子。晶格常数 $a = b = c$，因此只用一个参数 a 表示即可。原子半径为体对角线（原子排列最密的方向）上原子间距的一半，即 $r = \dfrac{\sqrt{3}}{4}a$。由于立方体顶角上的原子为 8 个晶胞所共有，立方体中心的原子为该晶胞所独有，因此晶胞原子数为 $8\times\dfrac{1}{8}+1=2$，体心立方晶胞中的任一原子（以立方体中心的原子为例）与 8 个原子接触且距离相等，因而体心立方晶格的配位数为 8。其致密度为

$$K=n\cdot\frac{4}{3}\pi r^3/a^3=2\times\frac{4}{3}\pi\times\left(\frac{\sqrt{3}}{4}a\right)^3/a^3=0.68$$

式中：n——晶胞原子数；

　　　r——原子半径；

　　　a——晶格常数。

具有体心立方结构的金属有 α-Fe、Cr、W、Mo、V、Nb、β-Ti、Ta 等。

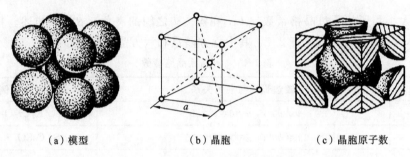

（a）模型　　　　　　　（b）晶胞　　　　　　　（c）晶胞原子数

图 2-2　体心立方晶格的晶胞示意图

2.2.2　面心立方晶格

面心立方晶格的晶胞如图 2-3 所示，也是一个立方体。除在立方体的 8 个顶角上各有一个与相邻晶胞共有的原子外，在 6 个面的中心也各有一个共有的原子。

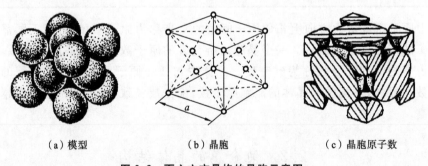

（a）模型　　　　　　　（b）晶胞　　　　　　　（c）晶胞原子数

图 2-3　面心立方晶格的晶胞示意图

与体心立方晶格一样，晶格常数也是只用一个参数 a 表示。原子半径为面对角线（原子排列最密的方向）上原子间距的一半，即 $r=\dfrac{\sqrt{2}}{4}a$。由于立方体顶角上的原子为 8 个晶胞所共有，面上的原子为两个晶胞所共有，因此晶胞原子数为 $8\times\dfrac{1}{8}+6\times\dfrac{1}{2}=4$。面心立方晶格中每一个原子（以面的中心原子为例）在三维方向上各与 4 个原子接触且距离相等，因而配位数为 12。其致密度为

$$K=4\times\frac{4}{3}\pi\times\left(\frac{\sqrt{2}}{4}a\right)^3/a^3=0.74$$

具有面心立方结构的金属有 γ-Fe、Ni、Al、Cu、Pb、Au、Ag 等。

2.2.3　密排六方晶格

密排六方晶格的晶胞如图 2-4 所示,是一个正六棱柱体。在六棱柱的 12 个顶角及上、下底面的中心各有一个与相邻晶胞共有的原子,两底面之间还有 3 个原子。晶格常数用六棱柱底面的边长 a 和高 c 表示,$c/a=1.633$。原子半径为底面边长的一半,即 $r=\dfrac{a}{2}$。由于六棱柱顶角原子为 6 个晶胞共有,底面中心的原子为两个晶胞共有,两底面之间的 3 个原子为晶胞所独有,因此晶胞原子数为 $12\times\dfrac{1}{6}+2\times\dfrac{1}{2}+3=6$。密排六方晶格中每一个原子(以底面中心的原子为例)与 12 个原子(同底面上周围有 6 个,上、下各 3 个)接触且距离相等,因而配位数为 12。其致密度与面心立方晶格相同,也是 0.74。具有密排六方结构的金属有 α-Ti、Mg、Zn、Be、Cd 等。

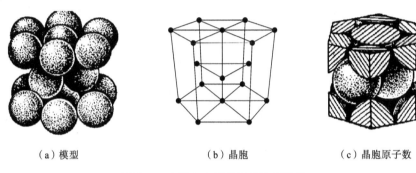

(a) 模型　　　　　　　　(b) 晶胞　　　　　　　　(c) 晶胞原子数

图 2-4　密排立方晶格的晶胞示意图

2.3　实际金属的晶体结构

实际金属不仅不是所设想的规则排列的理想单晶体,而且由于各种因素的作用,还存在着局部微区域原子排列不完整的现象。

2.3.1　实际金属的多晶体结构

单晶体是指具有一致排列方向的晶体(见图 2-5(a)),表现出各向异性。而工程实际中使用的金属材料(除专门制备的外)都是由许多排列方向不同的单晶体组成的聚合体,称为多晶体(见图 2-5(b))。虽然组成多晶体的单晶体相互间的晶格排列方向不相同,但每一个单晶体内部的原子排列大体属于同一方向,因此,每一个小的单晶体又称为晶粒,晶粒与晶粒之间的界面叫做晶界。通常金属材料的晶粒都很小,如钢铁材料的晶粒尺寸仅为 $10^{-2}\sim10^{-1}$ mm,故只有经显微镜放大以后,才能观察到。

由于多晶体中各个晶粒的内部构造是相同

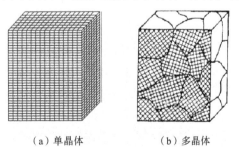

(a) 单晶体　　　(b) 多晶体

图 2-5　单晶体与多晶体结构

的,只是晶粒间排列的方向不同,而各个方向上原子分布的密度大致平均,以致每个晶粒在同方向上的性能差异相互抵消,从而使多晶体材料的性能呈现出各个方向上大体相同的现象,即多晶体表现出各向同性。如多晶体的工业纯铁,在任何方向上都有相同的弹性模量($E \approx 2.1 \times 10^5$ MPa)。

2.3.2　金属的晶体缺陷

在实际金属中,晶体内部由于结晶条件或加工等方面的影响,原子排列规则受到破坏,表现出原子排列的不完整性,称它为晶体缺陷。按照缺陷的几何特征,一般分为以下三类。

1. 点缺陷

点缺陷是指在三维空间各方向的尺寸都很小、不超过几个原子直径的缺陷。其具体形式如下。

(1) 空位　晶格上没有原子的结点称为空位,如图 2-6 所示。产生空位的原因是由于晶体中原子在结点上不停地进行热振动,在一定的温度下原子热振动能量的平均值虽然是一定的,但各个原子的热振动能量并不完全相等。有的可能高于平均值,甚至个别原子的能量会大到足以克服周围原子对它的束缚作用,从而脱离原来的结点,造成该结点的空缺,于是形成一个"空位"。

(2) 间隙原子　在晶格结点以外存在的原子称为间隙原子,如图 2-6 所示。它一般是较小的异类原子,如前所述,纯金属的 3 种晶体结构中都有空隙,因此较小的异类原子(如 B、C、H、N 等)很容易进入晶格的间隙位置。

(3) 置换原子　占据晶格结点的异类原子称为置换原子。一般来说,置换原子的半径与晶格上已有原子的半径相当或偏大,如图 2-7 所示。

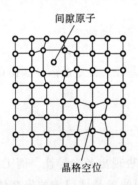

图2-6　晶格空位与间隙原子

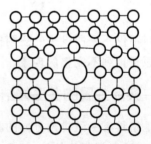

图 2-7　晶格中的置换原子

无论是哪一种点缺陷,都会使晶体中原子的平衡状态受到破坏,造成晶格的歪扭(称晶格畸变),从而使金属的性能发生变化。如随着点缺陷的增加,电子在传导时的散射增加,导致金属的电阻率增大;当点缺陷与位错发生交互作用时,会使金属强度提高,塑性下降。

2. 线缺陷

线缺陷又称为一维缺陷,这种缺陷在三维空间一个方向上的尺寸很大,另外两个方向上的尺寸很小,其具体形式就是晶体中的位错。它是指晶体中某处一列或数列原子发生的有规律的位置错动。位错有许多类型,图 2-8(a)所示为常见的一种刃形位错。它可理解为将一理想晶体部分地切开,再用一额外原子面嵌入切口,即在 EF 处的上方多插入了一个像刀刃一样的原子平面,从而使晶体沿 EF 线产生了上、下层原子位置的错动。EF 线称为刃位错线。晶体从上部多插入一个原子面称为正刃形位错,以符号"⊥"表示;晶体从下部多插入一个原子面称为负刃形位错,以符号"┳"表示,如图 2-8(b)所示。

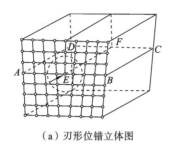 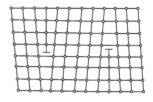

（a）刃形位错立体图　　　　　　　（b）正刃形位错和负刃形位错

图 2-8　刃形位错示意图

由图 2-8 可见,位错线 EF 处原子排列的对称性受到破坏,离 EF 线越近,原子排列的错动越大,最大达半个原子间距;离 EF 线越远,原子排列的错动越小,直至恢复到正常位置。所以,位错线 EF 周围的晶格畸变范围可描述为:它是以 EF 线为中心,直径为 3～4 个原子间距,长度为几百到几万个原子间距的细长管道,这个管道是一个应力集中区。对于正刃形位错,晶体上部受压应力,下部受拉应力;对于负刃形位错,晶体上部受拉应力,下部受压应力。在外加切应力作用下,EF 线可以移动,其移动方向与晶体上、下两部分的相对滑移方向平行。

金属中的位错很多,甚至相互连接呈网状分布。由于每个位错都产生一个应力场,故其他的位错会受到作用力,并发生交互作用,这将给金属的力学性能带来很大的影响。如特制的单晶体铁:假定此单晶体中的位错密度(单位体积中位错线的总长度)为零,则 $R_m = 56000$ MPa;若位错密度为 $10～10^3$ cm/cm^3,则 $R_m = 13400$ MPa。

3. 面缺陷

面缺陷又称为二维缺陷,这种缺陷在三维空间两个方向上的尺寸较大,另一方向上的尺寸很小。面缺陷的具体形式是晶界、亚晶界及相界。这里主要分析晶界及亚晶界。

（1）晶界　如前所述,实际金属是由许多晶粒组成的,晶粒之间则以晶界区分开来,晶粒间的位向差大多在 30°～40°之间。图 2-9 表示了两个晶粒相邻的概貌。由图可见,在晶界处原子排列是不规则的,实际上就是不同位向晶粒之间的过渡层,有几个原子间距到几百个原子间距宽。一般说来,金属纯度越高则宽度越小,反之则越大。此处晶格畸变较大,

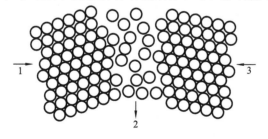

图 2-9　晶界处原子排列模型

1—晶粒Ⅰ;2—晶界;3—晶粒Ⅱ

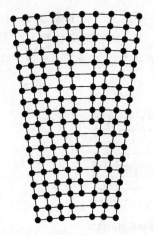

图 2-10　亚晶体结构示意图

与晶粒内部原子相比,具有较高的平均能量。由于晶界能量较高,故有自发地向低能量状态转化的趋势。通常,加热会引起晶粒长大和晶界的平直化,这可减小晶界面积,降低晶界能量。

(2) 亚晶界　晶粒本身也不是完整的理想晶体,它由许多尺寸很小、排列方向较一致(差异小于 $1°\sim2°$)的小晶块嵌镶而成,这些小晶块称为亚晶粒。亚晶粒之间的交界面称为亚晶面。亚晶面实际上是由刃形位错垂直排列形成的位错壁,如图 2-10 所示。亚晶界与晶界一样,对金属也有强化作用。

在实际金属晶体中,这些点、线、面缺陷的存在破坏了晶体原子排列的完整性,对金属的力学、物理、化学等性能都会带来很大的影响,例如,在晶粒大小一定时,亚结构越细,金属的屈服强度就越高。

2.4　合金的晶体结构

纯金属虽然具有导电性、导热性与塑性较好等特点,但是几乎各种纯金属的强度、硬度、耐磨性等力学性能都比较差,因而不适宜制作对力学性能要求较高的各种机械零件和工件模具等;其次,纯金属的种类比较有限,而且很多纯金属冶炼困难,价格昂贵。因此,只靠纯金属根本无法满足人们对金属材料的多品种和高性能要求,故生产中大量使用了合金。

2.4.1　合金的基本概念

1. 合金

所谓合金,就是由两种或两种以上的金属元素,或金属元素与非金属元素熔合在一起,形成的具有金属特性的物质。例如,钢是由铁和碳组成的合金,普通黄铜是由铜和锌组成的合金。

合金除有金属的基本特性外,还有优良的力学性能及某些特殊的物理和化学性能,如高强度、强磁性、良好的耐热性及耐蚀性等。组成合金的各元素的含量,能在很大范围内变化,可借此来调节合金的性能,以满足工业上所提出的各种不同的性能要求。

2. 组元

组成合金的独立的、最基本的单元称为组元,简称元。合金的组元通常是纯元素,但也可以是在所研究的范围内既不分解也不发生任何反应的稳定化合物。例如,普通黄铜的组元是铜和锌,铁碳合金中的 Fe_3C 也可以视为一个组元。根据合金组元数目的多少,合金可分为二元合金、三元合金和多元合金。

3. 合金系

由两个或两个以上的组元按不同的含量配制的一系列不同成分的合金,称为一个合金系,简称系。如 Cu-Zn 系、Pb-Sn 系、Fe-C 系等。

4. 相

合金中凡是结构、成分和性能相同并且与其他部分有界面分开的均匀组成部分称为相。

液态物质称为液相,固态物质称为固相。在固态下,物质可以是单相的,也可以是多相的。另外,后面将要提到"组织"这个名词,这是一个与"相"最易混淆的概念。所谓组织,是指用肉眼或借助显微镜观察到的各相晶粒在形态、数量、大小和分布上的一系列组合。组合不同,材料的性能也不相同。从实质上看,组织是一种或多种相按一定的方式相互结合所构成的整体的总称,它直接决定着合金的性能。

2.4.2　合金的相结构

在液态时,大多数合金的组元都能相互溶解,形成均匀的液溶体。在固态下,合金的相结构主要由组元在结晶时彼此之间的作用而决定。

根据合金中组元之间的相互作用不同,合金中相的结构可分为固溶体和金属化合物两种基本类型。

1. 固溶体

合金在由液态结晶为固态时,组元间会互相溶解,形成一种在某一组元晶格中包含有其他组元的新相,这种新相称为固溶体。晶格与固溶体相同的组元称为固溶体的溶剂,其他组元称为溶质。

根据溶质原子在溶剂晶格结点所占据的位置,可将固溶体分为置换固溶体和间隙固溶体两种基本类型,如图 2-11 所示。

1) 置换固溶体

当溶质原子与溶剂原子半径相接近时,溶质原子不能处于溶剂晶格的间隙中,而只能占据溶剂晶格的结点位置。这种因溶质原子占据了部分溶剂晶格中结点位置而形成的固溶体称为置换固溶体(见图 2-11(a))。置换固溶体中溶剂晶格保持不变,但晶格常数发生了变化。

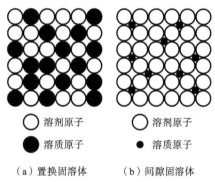

○ 溶剂原子　　　○ 溶剂原子
● 溶质原子　　　· 溶质原子

（a）置换固溶体　　　（b）间隙固溶体

图 2-11　固溶体的两种基本类型

2) 间隙固溶体

溶质原子分布在溶剂晶格的间隙中形成的固溶体称为间隙固溶体(见图 2-11(b))。

由于溶剂晶格的间隙很小,所以只有溶质原子与溶剂原子半径之比较小时(小于 0.59)才能形成间隙固溶体。一般组成间隙固溶体的溶质元素都是一些原子半径很小的非金属元素,如 H、N、B、C、O 等。而溶剂元素则多为过渡族金属元素。

3) 固溶体的溶解度

固溶体的溶解度(固溶度)是指溶质原子在固溶体中的极限浓度。根据溶解度不同,固溶体又可分为有限固溶体和无限固溶体:若溶质原子在溶剂中的溶解量受到限制,只能部分占据溶剂晶格的结点位置,则称为有限固溶体;若两组元可以按任意比例相互溶解,即溶质原子能无限制地占据溶剂晶格的结点,则形成无限固溶体。因此,置换固溶体分为有限固溶体和无限固溶体两类,其中,只有组成元素的原子半径、电化学特性相近、晶格类型相同的置换固溶体,才有可能形成无限固溶体。而间隙固溶体由于间隙有限,只能形成有限固溶体。

在有限固溶体中,固溶度与温度有密切的关系。一般来说,随着温度的升高,固溶度增大;反之,则降低。因此,在高温下固溶度已达到饱和的有限固溶体,当它从高温冷却到低温时,由于其固溶度的降低,通常会发生分解,而析出其他结构的产物。这对某些材料的热处理具有十分重要的意义。

4）固溶体的性能

溶质含量增加，溶剂晶格畸变也增加，从而固溶体塑性变形的抗力增大，固溶体的强度、硬度增加，塑性、韧性下降，这种现象称为固溶强化。如铜中加入1%的镍形成单相固溶体后，其R_m由220 MPa提高到390 MPa，硬度由40HB提高到70HB，断面收缩率Z由70%降到50%。产生固溶强化的原因是溶质原子（相当于间隙原子或置换原子）使溶剂晶格发生畸变及对位错的钉扎作用（溶质原子在位错附近偏聚），阻碍了位错的运动。

虽然材料的强度、硬度提高时，其塑性和韧性有下降的趋势，但只要其固溶度控制得当，塑性和韧性仍可保持良好。因此固溶体合金常具有比较好的综合力学性能。另外，固溶体内晶格的畸变还会使固溶体合金某些物理性能发生变化，如降低导电性、导热性等。单相固溶体合金在电解质中不会像两相合金那样构成微电池，因而单相固溶体合金的耐蚀性较高。

与纯金属相比，固溶体的强度、硬度高，塑性、韧性差，但与金属化合物相比其硬度要小得多，而塑性、韧性要好得多。

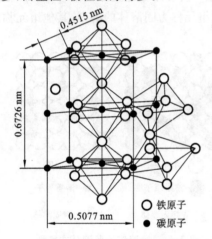

图 2-12　Fe₃C 的晶体结构

○ 铁原子
● 碳原子

2. 金属化合物

在合金相中，各组元的原子按一定的比例相互作用生成的晶格类型和性能完全不同于任一组元，并且有一定金属性质的新相，称为金属化合物。例如，钢中渗碳体（Fe₃C）是铁原子和碳原子所组成的金属化合物，它具有如图 2-12 所示的复杂晶格结构。碳原子构成一斜方晶格（$a \neq b \neq c$，$\alpha = \gamma = \beta = 90°$），在每个碳原子周围都有 6 个铁原子，构成八面体，每个铁原子为两个八面体所共有，在 Fe₃C 中 Fe 与 C 原子的比例为

$$\frac{\text{Fe 原子数}}{\text{C 原子数}} = \frac{\frac{1}{2} \times 6}{1} = \frac{3}{1} \qquad (2-1)$$

因而可用 Fe₃C 这一化学式表示。

金属化合物的熔点较高，性质硬而脆。当合金中出现金属化合物时，通常能提高合金的强度、硬度和耐磨性，但会减弱塑性和韧性。金属化合物是各类合金钢、硬质合金和许多有色金属的重要组成相，常作为强化相来发挥作用。

实际合金的组织可能是由单一的固溶体或金属化合物组成的，也可能是由几种成分和性能不同的固溶体，或固溶体与金属化合物所组成的。

2.5　金属材料的结晶

一切物质从液态到固态的转变过程统称为凝固过程。若凝固后的固态物质是晶体，则凝固过程又称为结晶。

一般的金属制品都要经过熔炼和铸造，也就是说都要经历由液态转变为固态的结晶过程。金属在焊接时，焊缝中的金属也要发生结晶。金属结晶后所形成的组织的形态，与金属的加工性能和使用性能密切相关。对于铸件和焊接件来说，结晶过程就基本上决定了它的使用性能和使用寿命，而对于尚需进一步加工的铸锭来说，结晶过程既直接影响它的轧制和锻压工艺性

能,又不同程度地影响其制成品的使用性能。因此,研究和控制金属的结晶过程,已成为提高金属材料性能的一个重要手段。

纯金属和合金的结晶,两者既有联系又有区别。显然,合金的结晶比纯金属的结晶要复杂些。为了便于研究问题,这里先介绍纯金属的结晶。

2.5.1　纯金属的结晶

结晶过程是一个十分复杂的过程,由于金属材料不透明,其结晶过程不能直接观察,研究起来十分困难。为了揭示金属结晶的基本规律,先从结晶过程的过冷现象进行分析。

1. 过冷现象

纯金属的结晶过程可用热分析法进行研究,其过程如下:将纯金属加热到呈现熔融的液体状态,让其缓慢冷却,在冷却过程中,每隔一定时间测量一次温度,把测得的温度、时间绘制成一关系曲线。这条曲线称为冷却曲线,如图 2-13 所示。

图中水平线段的出现是由于在结晶过程中,放出的结晶潜热补偿了金属冷却时散失的热量。随着结晶过程的继续进行,液体完全凝固成固体,不再放出结晶潜热,此时温度又开始连续下降。

纯金属液体在无限缓慢的冷却条件下(即平衡条件下)结晶的温度,称为理论结晶温度,用 T_0 表示。在实际生产中,金属由液态结晶为固态时,冷却速度都是相当快的,金属总是在理论结晶温度以下的某温度才开始结晶。此时的结晶温度称为实际结晶温度,用 T_n 表示。实际结晶温度低于理论结晶温度的现象称为过冷现象。理论结晶温度与实际结晶温度的差值,称为过冷度,用 ΔT 表示,即 $\Delta T = T_0 - T_n$。

金属液的过冷度不是恒定值,它与冷却速度有关。冷却速度越快,过冷度越大,金属液的实际结晶温度也越低。反之,冷却速度越慢,则过冷度越小,金属液的实际结晶温度也越高,如图 2-14 所示。

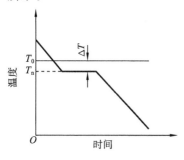

图 2-13　纯金属的冷却曲线

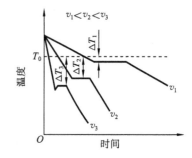

图 2-14　纯金属不同速度下的冷却曲线

2. 结晶的条件

纯金属的结晶不是在任何情况下都能自发进行的,它受以下条件的制约。

1) 热力学条件

热力学原理指出,在等温等压条件下,物质自动地由甲状态转变至乙状态,一定是甲状态下金属的自由能 G 高于乙状态下金属的自由能 G 所致,而促使这种转变发生的驱动力,就是两种状态的自由能之差。

自由能 G 是表示物质能量的一个状态函数,其表达式为

$$G = U - TS \tag{2-2}$$

式中：U 为系统内能，即系统中各种能量的总和；T 为热力学温度；S 为熵（系统中表征原子排列混乱程度的参数）。

对于固态金属：　　　　　　　　$G_固 = U_固 - TS_固$　　　　　　　　　　　　　　（2-3）

对于液态金属：　　　　　　　　$G_液 = U_液 - TS_液$　　　　　　　　　　　　　　（2-4）

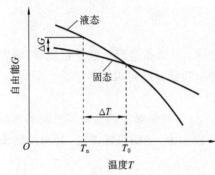

图 2-15　固、液金属自由能随温度的变化

由式（2-3）和式（2-4）可以计算固态金属与液态金属的自由能随温度变化的关系并绘制出曲线，如图 2-15 所示。由图可见，液态金属的自由能随温度上升降低得更快，所以两条曲线相交于一点，对应的温度为 T_0。它表示液态金属与固态金属的自由能相等，即二者处于平衡状态，由液态转变为固态和由固态转变为液态的可能性相同，宏观上表现为既不结晶，也不熔化。因此，T_0 是两态共存温度，也就是理论结晶温度或平衡结晶温度（还可说是金属的熔点或凝固点）。

当 $T > T_0$ 时，$G_液 < G_固$，固态晶体将熔化成为液态；当 $T < T_0$ 时，$G_液 > G_固$，液态转变为固态，即结晶成晶体。由此可知，欲使液态金属结晶为固体，必须冷却到理论结晶温度 T_0 以下的某一温度 T_n 才行。这就是金属结晶时出现过冷现象的根本原因。

2）结构条件

纯金属的结晶与其液态时的结构密切相关。固态金属中的原子是作长程有序规则排列的，如图 2-16(a) 所示。

研究指出，当固态金属熔融为液体后，原子长程有序规则排列的结构虽从整体上受到了破坏，但因原子间还存在着相当强的作用力，尤其在液态金属温度接近熔点时，其内部较小的范围内（几十到几百个原子范围）存在着时而形成，又时而消失的短程有序原子团，如图 2-16(b) 所示。由于金属结晶的实质就是使具有短程有序排列的液态金属转变成具有长程有序排列的固态金属，所以，在一定的条件下短程有序排列的原子团有可能成为结晶的核心，因此，液态金属内部极小范围内瞬时呈现的短程有序原子团，就是金属结晶所需的结构条件。

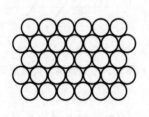
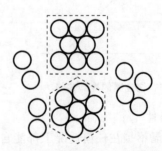

（a）固态中的长程有序结构　　　　　　（b）液态中的短程有序结构

图 2-16　固态金属与液态金属原子排列示意图

综上所述，结晶的实质也可以广义地理解为是金属从一种原子排列状态过渡到另一种原子排列状态（晶态）的过程。这样，可以把金属从液态过渡为固体晶态的转变称为一次结晶，而把金属从一种固体晶态过渡到另一种固体晶态的转变，称为二次结晶。

3. 纯金属的结晶过程

1）结晶基本过程

金属结晶的过程分为晶粒形成和晶粒长大两个阶段。

如图 2-16 所示,液态金属中存在短程有序排列的小原子团称为晶胚。这些晶胚不仅尺寸较小,大小不一,而且极不稳定,时聚时散。当温度在理论结晶温度 T_0 以上,由于液相自由能高,这些晶胚不可能长大;当液态金属冷却到 T_0 以下时,晶胚就处于热力学不稳定状态,经过一段时间(称为孕育期),某些尺寸较大,比较稳定的晶胚按金属晶体的固有规律开始长大,成为结晶的核心,将这些能够继续长大的晶胚称为晶核。随着时间的推移,液体中不断形成新的晶核,晶核形成后,便向各个方向不断地长大,就这样不断形核,不断长大,直到液体完全消失为止,如图 2-17 所示。在金属结晶完毕时,每一个晶核长成为一个晶粒,两晶粒接触后就形成了晶界,因此,结晶而成的固态金属大多数是多晶体结构,它是由许多外形不规则、大小不等、排列方向不相同的晶粒组成的。

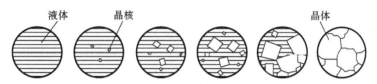

图 2-17　纯金属结晶过程示意图

2）晶核的形成方式

结晶是由晶核形成和晶核长大两个基本过程所构成,那么结晶完毕后的晶粒大小必然与两个基本过程有关,为此有必要作进一步讨论。

对于晶核形成的过程,主要讨论其两种不同的形核方式。

（1）自发形核　自发形核是指在一定过冷度下,由液态金属内部一定尺寸的短程有序原子团自发成为结晶核心的过程。这种形核方式与液体的冷却速度有直接关系,当冷却速度越大时,过冷度 ΔT 越大,实际结晶温度 T_n 越低,自由能差 $G_{液} - G_{固} = \Delta G$ 越大,则在单位时间、单位体积内可以形成结晶核心的短程有序原子团越多,即形核率 N 越大。

（2）非自发形核　在实际生产中,金属液体内常存在各种杂质,这些杂质在熔化的液态金属内往往以难熔的固体微粒形式悬浮在液体中;另外,为改善金属材料性能,在冶炼、浇注过程中也会特意加入一些能形成难熔固体微粒的物质。在一定的过冷度下结晶时,液态金属就会依附在这些微粒表面上形核并长大,这种依附于杂质表面而形成晶核的过程叫做非自发形核。固体微粒与液态金属结晶核心的晶格类型和晶格常数越接近,则固体微粒越易于起到非自发形核的作用。

非自发形核所需要克服的能量壁垒要比自发形核小得多,因此,在实际结晶过程中,虽然自发形核和非自发形核同时存在,但以非自发形核方式发生结晶更为普遍。

（3）晶核的长大方式　晶核一旦形成,便开始长大。晶核的长大方式也有两种,即均匀长大和树枝状长大。当过冷度很小时,结晶以均匀长大方式进行,由于自由晶体表面总是能量最低的密排面,因而晶粒在结晶过程中保持着规则的外形,只是在晶粒互相接触时,规则的外形才被破坏。实际金属结晶时冷却速度较大,因而主要以树枝形式长大,如图 2-18 所示。这是由于晶核棱角处的散热条件好、生长快,先形成枝干,而枝干间最后被填充。在树枝生长过程中,由于液体流动等因素的影响,某些晶枝发生偏斜或折断,因而形成亚结构。

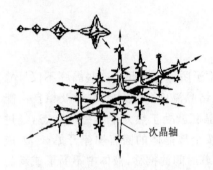

图 2-18 晶核树枝状长大示意图

——一次晶轴

（4）结晶后晶粒的大小　金属结晶后，获得由许多晶粒组成的多晶体组织，晶粒大小对金属材料的性能影响很大。

一般而言，晶粒的大小以单位面积的晶粒数目或以晶粒的平均直径表示，它对常温下金属（尤其是纯金属）的性能影响表现为：晶粒越小，则金属材料的强度、塑性、韧性越好，如表 2-2 所示。为了方便起见，工业生产中还采用晶粒度等级来表示，一些国家的标准晶粒度多分为 8 级，1 级最粗，8 级最细。

表 2-2　多晶体纯铁的晶粒大小与力学性能

晶粒平均直径/mm	力 学 性 能		
	R_m/MPa	σ_s/MPa	δ/(%)
9.70	165	40	28.8
7.00	180	38	30.6
2.50	211	44	39.5
0.20	263	57	48.8
0.16	264	65	50.7
0.10	278	116	50.0

为了提高金属材料的性能，必须了解晶粒大小的影响因素及控制方法。图 2-19 定性地表示了形核率 N 及长大率 G 与过冷度 ΔT 之间的关系。N 和 G 都是随 ΔT 的增大而增长的。但两者的增长程度是不同的，N 的增长率大于 G 的增长率。ΔT 增大，单位体积内晶核数目增多，故晶粒变细。

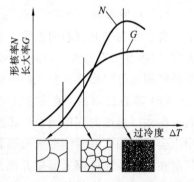

图 2-19　形核率 N 和长大率 G 与
过冷度 ΔT 的关系

在实际生产中，对于铸锭或大铸件，由于散热慢，要获得较大的过冷度很困难，而且过大的冷却速度往往导致铸件开裂而造成废品。因此，通常利用非自发形核的原理来获得细小的晶粒，提高金属强度。在浇注前往液态金属中添加某种物质，该物质通过形成悬浮在液体中的固体微粒，会促使大量非自发晶核形成，从而增大形核率 N 或对正在成长的晶体起到束缚作用，减小晶体长大率 G，达到细化晶粒的作用。这种细化晶粒的方法称为变质处理，所加的物质称为变质剂（或称孕育剂）。铸造工业中利用此法，可生产出高强度变质（孕育）铸铁。

另外，在金属结晶时，对液态金属附加机械振动、超声波振动、电磁波振动等措施，能造成枝晶破碎，使晶核数量增大，从而实现晶粒细化；在金属结晶后，采用压力加工或热处理的方法也能实现晶粒细化。

（5）同素异构转变　大多数金属在结晶之后的晶体结构都保持不变，但像 Fe、Sn、Ti、Mn 和 Co 等少数金属在结晶之后，随着温度变化，还会发生晶体结构的转变。这种在固态下从一种晶体结构转变为另一种晶体结构的现象称为同素异构转变。

　　金属的同素异构转变也是一种结晶过程,它和液态金属结晶析出金属晶体的过程相似,有一定的转变温度和过冷度;也通过晶核的形成和晶核的长大两个阶段完成,为了区别于由液态转变为固态的一次结晶,该转变又称为二次结晶或重结晶。它与一次结晶的不同主要表现在以下三个方面。

　　(1)发生固态转变时,形核一般在某些特定部位发生,如晶界、晶内缺陷、特定晶面等。因为这些部位或与新相结构相近,或原子扩散容易。

　　(2)由于固态下扩散困难,因而固态转变的过冷倾向大。固态相变组织通常要比结晶组织细。

　　(3)固态转变往往伴随着体积变化,因而易产生很大的内应力,使材料发生变形或开裂。

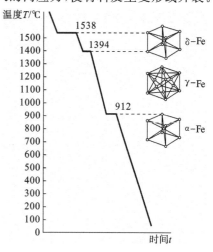

图 2-20　纯铁的冷却曲线

　　在金属晶体中,铁的同素异构转变最为典型,也最重要。图 2-20 为用热分析法测得的纯铁的冷却曲线。由图可知,液态纯铁在 1538 ℃进行一次结晶,得到具有体心立方晶格的 δ-Fe,继续冷却到 1394 ℃时发生同素异构转变,体心立方晶格的 δ-Fe 转变为面心立方晶格的 γ-Fe,再继续冷却到 912 ℃时又发生同素异构转变,面心立方晶格的 γ-Fe 转变为体心立方晶格的 α-Fe,如继续冷却到室温,晶格的类型不再发生变化。

　　金属的同素异构转变特性十分重要,正因为纯铁有这一特性,才能通过各种热处理方法来改变铁的内部组织,以改善其力学性能。这一特性是金属材料能进行热处理的主要依据。

2.5.2　合金的结晶

　　合金的结晶过程与纯金属遵循着相同的结晶基本规律,也是在过冷条件下通过形成晶核和晶核长大来完成的。但由于合金成分中包含有两个以上的组元,其结晶过程和组织比纯金属要复杂得多。一是纯金属的结晶过程是在恒温下进行的,而合金的结晶却不一定在恒温下进行;二是纯金属在结晶过程中只有一个液相和一个固相,而合金在结晶过程中,在不同的温度范围内会存有不同数量的相,且各相的成分有时也会变化;三是同一合金系,因成分不同,其组织也不同,即便是同一成分的合金,其组织也会随温度的不同而发生变化。为了研究合金的结晶过程特点和组织变化规律,需要应用合金相图这一重要工具。

　　相图是反映在平衡条件(极缓慢冷却或加热)下各成分合金的结晶过程以及相和组织存在范围与变化规律的简明示意图,用来研究合金系的状态、温度、压力及成分之间的关系。由于冷却或加热是极缓慢的,这就能保证结晶时原子的充分扩散,使之在某一条件下形成的相的成分和质量分数不随时间而改变,达到一种平衡状态,故相图又叫平衡图或状态图。

　　通常来讲,合金的熔炼、加工处理都是在常压下进行的,此时合金的结晶状态主要取决于温度与成分两个因素,故合金相图通常采用由温度及成分组成的平面坐标系来表示。相图中的每一点(即表象点)都代表某一成分的合金在某一温度下所处的相结构及组织状态。

　　在工业生产中,相图是制定合金冶炼、铸造、锻造、焊接、热处理等工艺的重要依据。根据组元的多少,相图可分为二元相图、三元相图和多元相图,本节只介绍应用最广的二元相图。

1．二元相图的建立

相图都是采用一定的测试方法、根据大量的试验数据建立起来的。试验的方法有多种，如热分析法、膨胀法、磁性法及 X 射线结构分析法等，所有这些方法都是以合金发生相变时出现某些物理参量的突变为依据的。

热分析法是通过合金相变时，放出热量或是吸收热量来确定发生相变的温度（即临界点）建立相图的。下面以热分析法为例，说明 Cu-Ni 二元合金（白铜）相图的建立过程，具体步骤如下。

（1）配制不同成分的 Cu-Ni 合金若干组（见表 2-3），表中合金组元的含量采用质量分数 w 表示，如 $w_{Cu}/(\%)=20$，是指该合金的成分为 $w_{Cu}=20\%$，而 $w_{Ni}=80\%$。后续各章中合金成分的表达方式与此相同。显然，配制的合金组数越多，测得的相图就越精确。

表 2-3　Cu-Ni 合金的成分和临界点

合金编号	合金化学成分		合金的临界点	
	$w_{Cu}/(\%)$	$w_{Ni}/(\%)$	开始结晶温度/℃	结晶终了温度/℃
①	100	0	1083	1083
②	80	20	1175	1130
③	60	40	1260	1195
④	40	60	1340	1270
⑤	20	80	1410	1360
⑥	0	100	1455	1455

（2）在极缓慢的冷却方式下，测出各组合金从液态到室温的冷却曲线，并标出其临界点温度（曲线上的转折点或恒温点）。

（3）在温度、成分坐标系中，分别作出各组合金的成分垂线，并在其上标出与冷却曲线相对应的临界点。

（4）将各成分垂线上具有相同意义的点连接成线，标明各区域内所存在的相，即测得 Cu-Ni 二元合金相图，如图 2-21 所示。

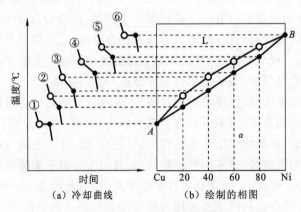

（a）冷却曲线　　　（b）绘制的相图

图 2-21　Cu-Ni 合金相图的测定

相图上的每个点、线、区均有一定的物理意义。例如相图中的 A、B 点分别为铜和镍的熔点。连接起来的曲线将相图分为三个区。开始结晶温度点的连线为液相线，该线以上为液相区,所有成分的 Cu-Ni 合金均处于液态。结晶终了温度点连线为固相线,该线以下为固相区,所有成分的 Cu-Ni 合金均处于固态。两曲线之间为液、固两相共存的两相区。两相区的存在说明,Cu-Ni 合金的结晶是在一个温度范围内进行的。

2. 二元相图的基本类型及分析

二元合金相图有多种不同的基本类型。实用的二元合金相图大都比较复杂,但复杂的相图总是可以看作是由若干基本类型的相图组合而成的。本节主要介绍匀晶、共晶、包晶、共析四种基本相图。

1) 二元匀晶相图

组成二元合金的两组元,在液态和固态均能无限互溶,且只发生匀晶反应(从液相中直接结晶析出固溶体的反应)的相图称为匀晶相图。匀晶相图是最简单的二元相图,Cu-Ni、Cu-Au、Au-Ag、Fe-Cr、W-Mo 等合金都具有这类相图,现以 Cu-Ni 合金相图为例进行分析。

(1) 相图分析　如图 2-22(a)所示为 Cu-Ni 合金相图。图中 A 点为纯铜的熔点(1083 ℃);B 点为纯镍的熔点(1455 ℃);$\overset{\frown}{AB}$ 为液相线,是加热时合金熔化终了温度点或冷却时结晶开始温度点的连线,在此线以上,合金全部为液体 L,称为液相区;$\underset{\smile}{AB}$ 为固相线,是加热时合金熔化开始温度点或冷却时结晶终了温度点的连线,在此线以下,合金全部为固相,即为 Cu 和 Ni 组成的无限固溶体,用"α"表示,称为固相区;$\overset{\frown}{AB}$ 线与 $\underset{\smile}{AB}$ 线之间为液相 L 和固相 α 两相共存区,即 L+α。

(2) 合金的结晶过程　除纯组元外,其他成分合金的结晶过程相似,现以合金 I 为例,分析合金的结晶过程(见图 2-22(a))。当合金由液态以缓慢的冷却速度冷却到液相线上的 t_1 温度时,开始从液相中结晶出成分为 $α_1$ 的固溶体,其含镍量高于合金的平均含量。这种从液相中结晶出单一固相的转变称为匀晶转变或匀晶反应。随温度下降,α 相的量不断增加,液相的量不断减少,由于原子扩散,液相成分沿着液相线变化,固相成分沿着固相线变化。例如温度降到 t_2 时,液相成分变化到 l_2,固溶体成分变化到 $α_2$。当合金冷却到固相线上的 t_4 温度时,最后一滴 l_4 成分的液体转变为 α 固溶体,固溶体的成分也变化到合金成分 $α_4$ 上来。图 2-22(b)为合金 I 结晶时的冷却曲线及组织转变示意图。

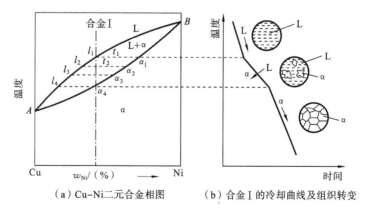

（a）Cu-Ni二元合金相图　　　　（b）合金 I 的冷却曲线及组织转变

图 2-22　Cu-Ni 二元合金的结晶过程相图的测定

由此可见,液、固相线不仅是相区分界线,也是结晶时两相的成分变化线。还可以看出,匀晶转变是变温转变,在结晶过程中,液、固两相的成分随温度而变化。在以后所接触的相图中,除水平线和垂直线外其他相线都是成分随温度的变化线。

（3）杠杆定律　当合金在某一温度下处于两相区时，由相图不仅可以知道两平衡相的成分，而且还可以用杠杆定律求出两平衡相的相对质量百分比。现以 Cu-Ni 合金为例推导杠杆定律。

① 确定两平衡相的成分：设合金成分为 x，过 x 作成分垂线，在垂线上相当于温度 t_1 的零点。作水平线，其与液、固相线的交点 a、b 所对应的成分 x_1、x_2，分别为液相和固相的成分，如图 2-23（a）所示。

② 确定两平衡相的相对质量：设成分为 x 的合金的总质量为 1，液相的相对质量为 w_{Q_L}，其成分为 x_1，固相相对质量为 w_{Q_α}，其成分为 x_2，则

$$\begin{cases} w_{Q_L} + w_{Q_\alpha} = 1 \\ w_{Q_L} \cdot x_1 + w_{Q_\alpha} \cdot x_2 = x \end{cases} \tag{2-5}$$

解方程组得

$$w_{Q_L} = \frac{x_2 - x}{x_2 - x_1}, \quad w_{Q_\alpha} = \frac{x - x_1}{x_2 - x_1} \tag{2-6}$$

式中：$x_2 - x$、$x_2 - x_1$、$x - x_1$ 即分别为相图中线段 xx_2、x_1x_2、xx_1 的长度，因此两相的相对质量百分数为

$$w_{Q_L}(\%) = \frac{xx_2}{x_1x_2} \times 100\%, \quad w_{Q_\alpha}(\%) = \frac{x_1x}{x_1x_2} \times 100\% \tag{2-7}$$

两相的相对质量比为

$$\frac{w_{Q_L}}{w_{Q_\alpha}} = \frac{xx_2}{x_1x} \tag{2-8}$$

或

$$W_{Q_L} \cdot x_1x = W_{Q_\alpha} \cdot xx_2 \tag{2-9}$$

此式与力学中的杠杆定律相似，因此也称之为杠杆定律，即合金在某温度下两平衡相的质量比等于该温度下与各自相区距离较远的成分线段之比，如图 2-23（b）所示。在杠杆定律中，杠杆的支点是合金的成分，杠杆的端点是所求两平衡相的成分。

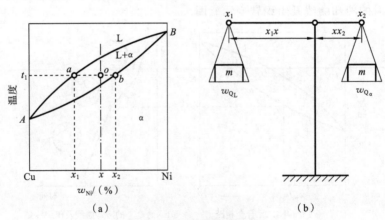

图 2-23　杠杆定律的证明

需要注意的是，杠杆定律只适用于两相区。单相区中相的成分和质量，即合金的成分和质量，没有必要使用杠杆定律。由后面的分析可知，杠杆定律不适用于三相区。

（4）枝晶偏析　固溶体合金的结晶，只有在充分缓慢冷却的条件下才能得到成分均匀的固溶体组织。在实际生产中，由于冷速较快，合金在结晶过程中固相和液相中的原子来不及扩

散,使得先结晶出的枝晶轴含有较多的高熔点元素(如
Cu-Ni 合金中的 Ni),而后结晶的枝晶间含有较多的低熔
点元素(如 Cu-Ni 合金中的 Cu)。这种在一个枝晶范围
内或一个晶粒范围内成分不均匀的现象叫做枝晶偏析。
图 2-24 所示为铸造 Cu-Ni 合金的枝晶偏析组织,图中白
亮色部分是先结晶出的耐蚀且富镍的枝干,暗黑色部分
是最后结晶的易腐蚀且富铜的枝晶间。

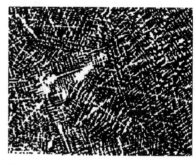

图 2-24 Cu-Ni 合金的枝晶偏析组织

枝晶偏析的大小除了与冷却速度有关以外,还与给
定成分合金的液、固相线间距有关。冷速越大,液、固相
线间距越大,枝晶偏析越严重。枝晶偏析会影响合金的性能,如力学性能、耐蚀性能及加工性
能等。生产上常将铸件加热到固相线以下 100～200 ℃长时间保温来消除枝晶偏析,这种热处
理工艺称为均匀化退火。通过均匀化退火可使原子充分扩散,使成分均匀。

2) 二元共晶相图

当两组元在液态下完全互溶,在固态下有限互溶,并发生共晶反应时所构成的相图称为共
晶相图。Pb-Sn、Pb-Sb、Al-Si、Zn-Sn、Cu-Ag 等合金均具有这类相图。下面以 Pb-Sn 合金相图
为例进行分析。

(1) 相图分析 图 2-25 为一般共晶型的 Pb-Sn 合金相图,其中 *AEB* 线为液相线,
ACEDB 线为固相线,*A* 点为铅的熔点(327 ℃),*B* 点为锡的熔点(232 ℃)。相图中有 L、α、β
三种相,形成三个单相区。L 代表液相,处于液相线以上。α 是 Sn 溶解在 Pb 中形成的固溶
体,位于靠近纯组元 Pb 的封闭区域内。β 是 Pb 溶解在 Sn 中所形成的固溶体,位于靠近纯组
元 Sn 的封闭区域内。在每两个单相区之间,共形成了三个两相区,即 L+α、L+β 和 α+β。

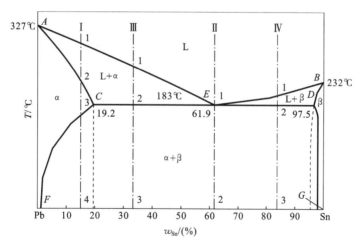

图 2-25 Pb-Sn 二元合金相图

相图中的水平线 *CED* 称为共晶线。在水平线对应的温度(183 ℃)下,*E* 点成分的液相将
同时结晶出 *C* 点对应成分的 α 固溶体和 *D* 点对应成分的 β 固溶体:$L_E \rightleftharpoons (\alpha_C + \beta_D)$。这种在一
定温度下,由一定成分的液相同时结晶出两个成分和结构都不相同的新固相的转变过程称为
共晶转变或共晶反应。共晶反应的产物,即两相的机械混合物,称为共晶体或共晶组织。发生
共晶反应的温度称为共晶温度,代表共晶温度和共晶成分的点称为共晶点,具有共晶成分的合
金称为共晶合金。在共晶线上,凡成分位于共晶点以左的合金称为亚共晶合金,位于共晶点以

右的合金称为过共晶合金。凡具有共晶成分的合金液体冷却到共晶温度时都将发生共晶反应,发生共晶反应时,L、α、β三个相平衡共存,它们的成分固定,但各自的质量在不断变化。因此,水平线 CED 是一个三相区。

相图中的 CF 线和 DG 线分别为 Sn 在 Pb 中和 Pb 在 Sn 中的溶解度曲线(饱和浓度线),称为固溶线。可以看出,随温度降低,固溶体的溶解度下降。

(2) 典型合金的结晶过程　图 2-25 中给出了四种典型合金,下面分析它们的结晶过程和显微组织。

① $w_{Sn}<19.2\%$(C 点以前)合金的结晶过程(以图 2-25 中合金 I 为例)　由图 2-25 可见,该合金液体冷却时,在 2 点以前为匀晶转变,结晶出单相 α 固溶体,这种从液相中结晶出来的固相称为一次相或初生相。匀晶转变完成后,在 2、3 点之间,为单相 α 固溶体冷却,合金组织不发生变化。温度降到 3 点以下,α 固溶体被 Sn 过饱和,由于晶格不稳,便出现第二相——β 相,显然,这是一种固态相变。由已有固相析出(相变过程也称为析出)的新固相称为二次相或次生相。形成二次相的过程称为二次析出。二次 β 呈细颗粒状,记为 β_{II}。随温度下降,α 相的成分沿 CF 线变化,β_{II} 的成分沿 DG 线变化,β_{II} 的相对质量增加,室温下 β_{II} 的相对质量百分比为:$w_{\beta_{II}}=\dfrac{F4}{FG}\times100\%$。合金 I 室温下的组织为 $\alpha+\beta_{II}$,图 2-26 为其冷却曲线和组织转变示意图。成分大于 D 点合金的结晶过程与合金 I 相似,其室温组织为 $\beta+\alpha_{II}$。

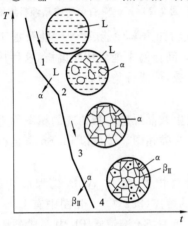

图 2-26　合金 I 冷却曲线和组织转变示意图

② 共晶合金($w_{Sn}=61.9\%$)的结晶过程(以图 2-25 中合金 II 为例)　该合金液体冷却到 E 点(共晶点)时,同时被 Pb 和 Sn 饱和,并发生共晶反应:$L_E\rightarrow\alpha_C+\beta_D$,析出成分为 C 的 α 和成分为 D 的 β。反应终了时,获得 α+β 的共晶组织。

从成分均匀的液相同时结晶出两个成分差异很大的固相,必然要有元素的扩散。假设首先析出富铅的 α 相晶核,随着它的长大,其周围液体必然贫铅而富锡,从而有利于 β 相的形核,而 β 相的长大又促进 α 相的形核,就这样,两相相间形核、互相促进,因而共晶组织较细,呈片、针、棒或点、球等形状。共晶组织中的相称为共晶相,如共晶 α、共晶 β。根据杠杆定律,可求出共晶反应刚结束时两相的相对质量百分比为

$$w_{Q_\alpha}(\%)=\frac{ED}{CD}\times100\%=\frac{97.5-61.9}{97.5-19.2}\times100\%=45.5\% \qquad (2\text{-}10)$$

$$w_{Q_\beta}(\%)=100\%-w_{Q_\alpha}=100\%-45.5\%=54.5\% \qquad (2\text{-}11)$$

注意:此时用的是 α+β 两相区的上沿,而不是三相区。

共晶转变结束后,随温度继续下降,α 和 β 的成分分别沿 CF 和 DG 线变化,即从共晶 α 中析出 β_{II},从共晶 β 中析出 α_{II},由于共晶组织细,α_{II} 与共晶 α 结合,β_{II} 与共晶 β 结合,使得二次相不易分辨,因而最终的室温组织仍为 α+β 共晶体。共晶合金的冷却曲线和组织转变过程如图 2-27 所示。

③ 亚共晶合金($19.2\%<w_{Sn}<61.9\%$)的结晶过程(以图 2-25 中合金 III 为例)　该合金的液体在 2 点以前发生匀晶转变,结晶出一次 α 相。在 1 点到 2 点的冷却过程中,一次 α 相的

成分沿 AC 线变化到 C 点,液相的成分沿 AE 线变化到 E 点,冷却到 2 点时两相的相对质量百分比为(用 L+α 两相区的下沿)

$$w_{Q_L}(\%)=\frac{C2}{CE}\times100\%,\quad w_{Q_\alpha}(\%)=\frac{2E}{CE}\times100\%$$

(2-12)

在 2 点,具有 E 点成分的剩余液体(其相对质量为 w_{Q_L})发生共晶反应 $L_E \rightleftharpoons (\alpha_C+\beta_D)$,转变为共晶组织,共晶体的质量与转变前的液相质量相等,因而 $w_{Q_E}=w_{Q_L}=\frac{C2}{CE}\times100\%$。共晶反应刚结束时,α 和 β 两相的相对质量百分数为

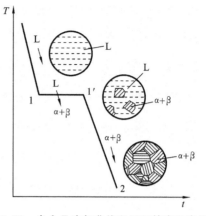

图 2-27 合金Ⅱ冷却曲线和组织转变示意图

$$w_{Q_\alpha}(\%)=\frac{2D}{CD}\times100\%,\quad w_{Q_\beta}(\%)=\frac{C2}{CD}\times100\%$$

(2-13)

共晶反应结束后,随温度下降,将从一次 α 和共晶 α 中析出 β_{II},从共晶 β 中析出 α_{II}。与共晶合金一样,共晶组织中的二次相不作为独立组织看待。但由于一次 α 粗大,其所析出的 β_{II} 分布在一次 α 上,不能忽略。因此,亚共晶合金的室温组织为 $\alpha+(\alpha+\beta)+\beta_{II}$。图 2-28 为亚共晶合金的冷却曲线及组织转变示意图。

④ 过共晶合金($61.9\%<w_{Sn}<97.5\%$)的结晶过程(以图 2-25 中合金Ⅳ为例) 过共晶合金的结晶过程及组织与亚共晶成分合金相似,所不同的是先结晶出来的一次相为 β,二次相为 α_{II}。其室温组织为 $\beta+(\alpha+\beta)+\alpha_{II}$。

(3)组织组成物在相图上的标注 所谓组织组成

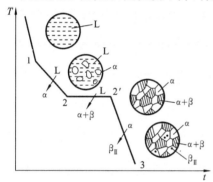

图 2-28 合金Ⅲ冷却曲线和组织转变示意图

物是指组成合金显微组织的独立部分。如上面提到的一次 α 和一次 β、二次 α 和二次 β、共晶体(α+β)都是组织组成物,它们在显微镜下可以看到并具有一定的组织特征。将组织组成物标注在相图中(见图 2-29),使所标注的组织与显微镜下观察到的组织一致。

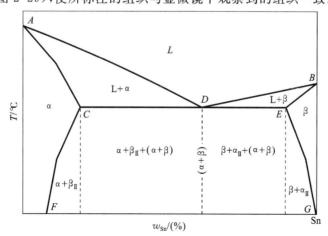

图 2-29 组织组成物在 Pb-Sn 相图上的标注

相与相之间的差别主要在结构和成分上,而组织组成物之间的差别主要在形态上。如一次 α、二次 α 和共晶 α 的结构和成分相同,是同一相,但它们的形态不同,分属不同的组织组成物。

3) 二元包晶相图

当两组元在液态下完全互溶,在固态下有限互溶,并发生包晶反应时所构成的相图称为包晶相图。Pt-Ag、Ag-Sn 等合金具有包晶相图,常见 Fe-C、Cu-Zn、Cu-Sn 等合金相图中也包含这类相图。现以 Pt-Ag 纯合金相图(见图 2-30)为例做简要说明。

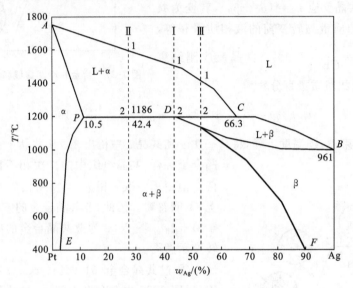

图 2-30　Pt-Ag 合金相图

(1) 相图分析　相图中有 L、α、β 三个单相区和 L+α、L+β、α+β 三个两相区。α 和 β 分别为 Ag 在 Pt 中和 Pt 在 Ag 中的固溶体,D 点为包晶点。水平线 PDC 称为包晶线,与该线成分对应的合金在该线对应温度(包晶温度)下发生包晶反应:$L_E + \alpha_P \rightleftharpoons \beta_D$。该反应是液相 L 包着固相 α,新相 β 在 L 与 α 界面上形核,并通过原子扩散分别向 L 和 α 两侧长大的过程。这种在一定温度下,由一定成分的液相包着一定成分的固相,发生反应后生成另一种一定成分新固相的反应称为包晶转变或包晶反应。

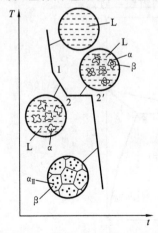

图 2-31　合金 I 结晶过程示意图

(2) 典型合金的结晶过程　图 2-31 为 D 点成分合金 I 结晶过程示意图。合金液体由 1 点冷却到 2 点时,结晶出 α 固溶体。到达 2 点,α 相的成分沿 AP 线变化到 P 点,液相的成分沿 AC 线变化到 C 点。此时,匀晶转变停止,并发生包晶反应,即由 C 点成分的液相 L 包着先析出的 P 点成分的 α 相发生反应,生成 D 点成分的 β 相。反应结束后,正好把液相 L 和 α 相全部消耗掉。温度继续下降,从 β 中析出 α_{II},最终室温组织为 $\beta + \alpha_{II}$。

P、D 点之间成分的合金 II 在 2 点以前结晶出 α 相,冷却到 2 点发生包晶转变,反应结束后,液相耗尽,而 α 相还有剩余。继续冷却,α 相和 β 相都发生二次析出,最终室温组织为 $\beta + \alpha_{II} + \beta_{II}$。$D$、$C$ 点之间成分的合金 III 在 2 点发生包晶反应结束后,α 相耗尽,而液相还有剩余。继续冷却,液相向 β 相转变。到 3 点以下,从 β 中析出 α_{II},最终室温组织为 $\beta + \alpha_{II}$。

结晶过程中,如果冷速较快,包晶反应时原子扩散不能充分进行,所生成的 β 固溶体会由于成分不均匀而产生较大的偏析。

4) 形成稳定化合物的二元合金相图

所谓稳定化合物是指在熔化前不发生分解的化合物。稳定化合物成分固定,在相图中是一条垂线,这条垂线是代表这个稳定化合物的单相区,垂足代表其成分,顶点代表其熔点,其结晶过程与纯金属一样。分析这类相图时,可把稳定化合物当作纯组元看待,将相图分成几个部分独立进行分析,使问题简化。如图 2-32 所示的 Mg-Si 合金相图就是这类相图,其中 Mg_2Si 是稳定化合物,如果把它视为一个组元,就可以把整个相图看作是由 $Mg-Mg_2Si$ 及 Mg_2Si-Si 两个简单的共晶相图组成的,这样分析起来就方便了。

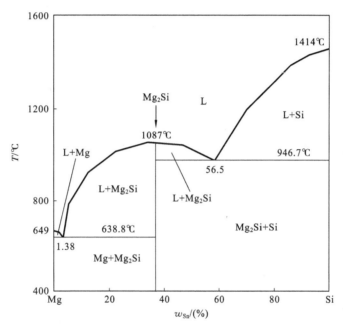

图 2-32 Mg-Si 二元合金相图

5) 具有共析反应的二元合金相图

图 2-33 是一个包括共析反应的相图,相图中与共晶相图相似的部分为共析相图部分。水平线 DCE 称为共析线,C 点称为共析点,与 C 点对应的成分和温度分别称为共析成分和共析温度。与共析线成分对应的合金冷却到共析温度时将发生共析反应:$\alpha_C \rightleftharpoons \beta_{1D} + \beta_{2E}$。所谓共析反应(或共析转变)是指在一定温度下,由一定成分的固相同时析出两个成分和结构完全不同的新固相的反应。共析反应的产物也是两相机械混合物,称为共析组织或共析体。

与共晶反应不同的是,共析反应的母相是固

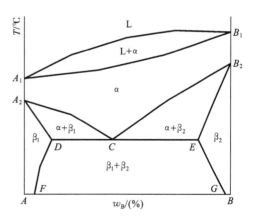

图 2-33 具有共析反应的二元合金相图示意图

相,而不是液相,因而共析转变也是固态相变。由于固态转变过冷度大,因而其组织比共晶组织细。

6)二元相图的分析步骤

实际的二元相图往往比较复杂,可按下列步骤进行分析。

(1)分清相图中包含哪些基本类型的相图。

(2)相区的确定。

① 相区接触法则:相邻两个相区的相数差为1,这是检验相区确定正确与否的准则。

② 单相区的确定:

a. 相图中液相线以上为液相区;

b. 靠着纯组元的封闭区域是以该组元为基的单相固溶体区;

c. 相图中的垂线可能是稳定化合物(单相区),也可能是相区分界线;

d. 相图中部若出现成分可变的单相区,则此区是以化合物为基的单相固溶体区;

e. 相图中每一条水平线必定与三个单相区点接触。

③ 两相区的确定:两个单相区之间夹有一个两相区,该两相区的相由两个相邻单相区的相组成。

④ 三相区的确定:二元相图中的水平线是三相区,其三个相由与该三相区点接触的三个单相区的相组成。常见三相等温水平线上的反应如表2-4所示。

表 2-4　常见三相等温水平线上的反应

反应名称	图　形	反应式	说　明
共晶反应	α　L　β	$L \rightleftharpoons \alpha + \beta$	恒温下由一个液相同时结晶出两个成分和结构都不同的固相
包晶反应	L　β　α	$L + \alpha \rightleftharpoons \beta$	恒温下由液相包着一个固相生成另一个新固相
共析反应	α　γ　β	$\gamma \rightleftharpoons \alpha + \beta$	恒温下由一个固相同时析出两个成分和结构都不同的固相

(3)分析典型合金的结晶过程。

① 作出典型合金冷却曲线示意图,二元合金冷却曲线的特征如下。

a. 在单相区和两相区冷却曲线为一斜线。

b. 由一个相区过渡到另一个相区时,冷却曲线上出现拐点:由相数少的相区进入相数多的相区曲线向右拐(放出结晶潜热);由相数多的相区进入相数少的相区曲线向左拐(相变结束)。

c. 发生三相等温转变时,冷却曲线呈一水平台阶。

② 分析合金结晶过程。

a. 画出组织转变示意图。

b. 计算各相、各组织组成物相对质量百分比:在单相区,合金由单相组成,相的成分、质量即合金的成分、质量;在两相区,两相的成分随温度下降沿各自的相线变化,各相和各组织组成物的相对质量可由杠杆定律求出(合金成分为杠杆的支点,相或组织组成物的成分为杠杆的端点);在三相区,三个相的成分固定,相对质量不断变化。杠杆定律不适用。

　　7)相图和合金性能之间的关系

　　合金的性能取决于合金的成分和组织,而合金的成分与组织的关系体现在相图中,可见,相图与合金性能之间存在着一定的联系。了解它,可利用相图大致判断出不同合金的性能。

　　(1)相图与合金力学性能、物理性能的关系。

　　① 组织为两相机械混合物的合金,其性能与合金成分呈直线关系,是两相性能的算术平均值,如图 2-34(a)所示。例如:

$$\sigma_{总} = \sigma_{\alpha} \cdot Q_{\alpha} + \sigma_{\beta} \cdot Q_{\beta}, \quad HBW_{总} = HBW_{\alpha} \cdot Q_{\alpha} + HBW_{\beta} \cdot Q_{\beta} \qquad (2\text{-}14)$$

式中:Q_{α}、Q_{β}——两相的相对质量百分数。

　　由于共晶合金和共析合金的组织细,因而其性能在共晶或共析成分附近偏离直线,出现奇点。

　　② 组织为固溶体的合金,随溶质元素含量的增加,合金的强度和硬度也增加,产生固溶强化。如果是无限互溶的合金,则在溶质含量为 50% 附近强度和硬度最高,性能与合金成分之间呈曲线关系,如图 2-34(b)所示。

　　③ 形成稳定化合物的合金,其性能成分曲线在化合物成分处出现拐点,如图 2-34(c)所示。

　　④ 各种合金电导率的变化与力学性能的变化正好相反。

　　(2)相图与铸造性能的关系。

　　根据相图还可以判断合金的铸造性能,如图 2-35 所示。共晶合金的结晶温度低、流动性好、分散缩孔少、偏析倾向小,因而铸造性能最好。铸造合金多选用共晶合金。固溶体合金液

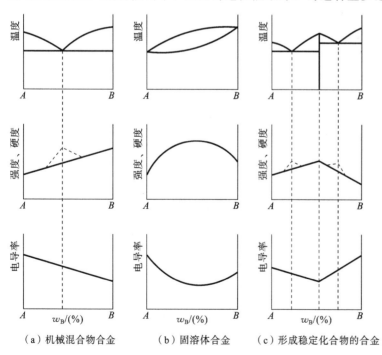

（a）机械混合物合金　　（b）固溶体合金　　（c）形成稳定化合物的合金

图 2-34　相图与合金强度、硬度及电导率的关系

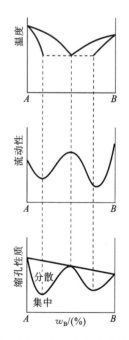

图 2-35　相图与合金铸造性能的关系

固相线间隔越大、偏析倾向越大,结晶时,树枝晶越发达,则流动性越差,补缩能力越弱,分散缩孔越多,铸造性能越差。

(3) 相图的局限性。

① 相图只给出了平衡状态的情况,而平衡状态只有在很缓慢冷却和加热或者在给定温度长时间保温的条件下才能满足,而实际生产条件下,合金很少能达到平衡状态。因此,用相图分析合金的相和组织时,必须注意该合金非平衡结晶条件下可能出现的相和组织以及与相图反映的相和组织状况的差异。

② 只能给出合金在平衡条件下存在的相、相的成分和其相对量,并不能反映相的形状、大小和分布,即不能给出合金组织的形貌状态。此外要说明的是,二元相图只反映二元系合金的相平衡关系,实际使用的金属材料往往不只限于两个组元,必须注意其他元素加入对相图的影响,尤其是其他元素含量较高时,二元相图中的相平衡关系可能完全不同。

思考与练习题

2-1　解释下列概念:

晶格　晶格常数　合金系　晶粒　晶界　相　合金　固溶体　变质处理
结晶　过冷现象　过冷度　晶核　同素异构转变　枝晶偏析　共晶转变

2-2　试从原子结构上说明晶体与非晶体的差别。

2-3　试求密排六方晶格的致密度。

2-4　试绘制示意图说明什么是单晶体,什么是多晶体。

2-5　金属晶格的基本类型有哪几种? 试绘制示意图说明它们的原子排列。

2-6　实际金属有哪些缺陷? 这些缺陷对性能有何影响?

2-7　什么是固溶体? 固溶体有哪些种类?

2-8　什么是固溶强化?

2-9　金属化合物的主要性能和特点是什么,试以 Fe_3C 为例说明。

2-10　晶粒大小对金属的力学性能有何影响? 生产中有哪些细化晶粒的方法?

2-11　说明在液体结晶的过程中晶胚和晶核的关系。

2-12　固态非晶合金的晶化过程是否属于同素异构转变? 为什么?

2-13　试根据匀晶转变相图,分析为什么会产生枝晶偏析。

2-14　什么是过冷度? 液态金属结晶时为什么必须过冷?

2-15　过冷度与冷却速度有何关系? 它对金属结晶后的晶粒大小有何影响?

2-16　何谓自发形核与非自发形核? 它们在结晶条件上有何差别?

2-17　已知:A-B 二元系共晶反应为 $L_{w_B=75\%} \xrightleftharpoons[]{500\ ℃} \alpha_{w_B=15\%} + \beta_{w_B=95\%}$,$A$ 组元的熔点为 700 ℃,B 组元的熔点为 900 ℃,并假定 α 及 β 固溶体的溶解度不随温度而改变。试画出 A-B 二元合金相图。

第3章 铁碳合金的基本组织与相图分析

铁碳合金材料是现代机械制造工业中应用最为广泛的金属材料。碳钢和铸铁是以铁和碳为主加元素的铁碳合金。要研究和选用金属材料,必须先研究铁碳合金。

铁碳相图是研究在平衡状态下铁碳合金成分、组织和性能之间的关系及其变化规律的重要工具,掌握铁碳相图对于制定钢铁材料的加工工艺具有重要的指导意义。

3.1 铁碳合金的组元与基本相

铁碳合金中的铁和碳在液态下可以相互溶解。在固态下,碳可有限地溶于铁的同素异构体中,形成间隙固溶体。当含碳量超过了铁在相应的温度下固相的溶解度时,会析出金属化合物——渗碳体。这些固溶体和金属化合物在一定条件下还可以形成混合物。铁碳合金中有以下几种基本组织。下面将介绍它们的相结构及性能。

1. 铁素体

碳溶于 α-Fe 中形成的间隙固溶体称为铁素体,以符号 F 表示,是 α-Fe 的体心立方晶格。碳在 α-Fe 的溶解度很低,在 727 ℃ 时溶解度最大,为 0.0218%,在室温时几乎为零(0.0008%)。由于铁素体的含碳量低,所以,铁素体的力学性能与纯铁相似,其强度和硬度很低,但具有良好的塑性和韧性。其力学性能为:$R_m = 180 \sim 280$ MPa;$A = 30\% \sim 50\%$;$\alpha_K = 160 \sim 200$ J/cm^2;硬度为 50~80HBS。工业纯铁($w_C < 0.02\%$)在室温时的组织即由铁素体晶粒组成。铁素体显微组织如图 3-1 所示。

2. 奥氏体

碳溶于 γ-Fe 中形成的间隙固溶体称为奥氏体,通常以符号 A 表示。碳在 γ-Fe 中的溶解度也很有限,但比在 α-Fe 中的溶解度大得多。在 1148 ℃ 时,碳在奥氏体中的溶解度最大,可达 2.11%。随着温度的降低,溶解度也逐渐下降,在 727 ℃ 时,奥氏体的含碳量 $w_C = 0.77\%$。奥氏体的强度、硬度不高,但具有良好的塑性($A = 40\% \sim 60\%$,硬度为 120~220HBS),是绝大多数钢在高温进行锻造和轧制时所要求的组织。奥氏体与 γ-Fe 一样没有磁性。奥氏体显微组织见图 3-2。

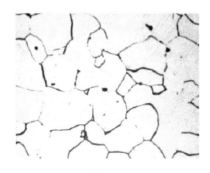

图 3-1 铁素体显微组织

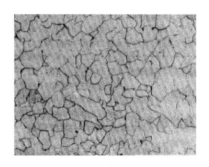

图 3-2 奥氏体显微组织

3. 渗碳体

渗碳体是一种具有复杂晶体结构的间隙化合物。它的分子式为 Fe_3C。渗碳体中碳的质量分数为 $w_C = 6.69\%$。渗碳体的熔点为 1227 ℃。渗碳体的硬度很高,约 800HBW,几乎没有塑性和韧性,是一个硬而脆的相。渗碳体是铁碳合金中主要的强化相,它的形状、大小与分布对钢的性能有很大影响。渗碳体显微组织如图 3-3 所示。

4. 珠光体

珠光体是铁素体和渗碳体呈片层相间、交错排列的机械混合物。用符号 P 表示。在缓慢冷却条件下,珠光体中碳的质量分数为 $w_C = 0.77\%$。珠光体的力学性能取决于铁素体和渗碳体。珠光体显微组织如图 3-4 所示。

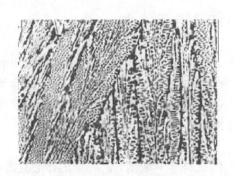

图 3-3　渗碳体显微组织

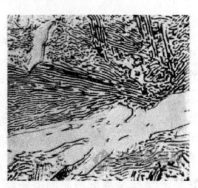

图 3-4　珠光体显微组织

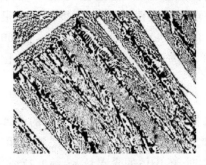

图 3-5　莱氏体显微组织

5. 莱氏体

莱氏体是奥氏体(或珠光体)和渗碳体的机械混合物。碳的质量分数为 $w_C = 4.3\%$。莱氏体又分高温莱氏体和低温莱氏体。高温莱氏体是当液态铁碳合金冷却到 1148 ℃时,从液相当中同时析出的奥氏体和渗碳体的混合物,用符号 Ld 表示。低温莱氏体是在室温下珠光体和渗碳体的混合物,用符号 Ld′表示。莱氏体中的渗碳体较多,脆性大,硬度高,塑性差。莱氏体显微组织如图 3-5 所示。

3.2　铁碳合金相图

铁碳合金相图是在平衡条件下(极缓慢冷却和极缓慢加热条件),不同质量分数的铁碳合金的组织或状态随温度变化的图形。它是研究铁碳合金质量分数、组织和性能变化规律的基本工具,是合理选用金属材料、制定热加工工艺(热处理、铸造、锻造等)的依据。由于 $w_C >$ 6.69% 的铁碳合金脆性极强,没有实用价值。而且渗碳体中 $w_C = 6.69\%$ 时,是稳定的金属化合物,可以作为一个组元。所以,研究铁碳合金相图实际上是研究 $Fe\text{-}Fe_3C$ 相图。如图 3-6 所示。

3.2.1　$Fe\text{-}Fe_3C$ 相图中的符号含义及各组织的性能特点

$Fe\text{-}Fe_3C$ 相图中的各符号代表的组织名称及性能特点见表 3-1。

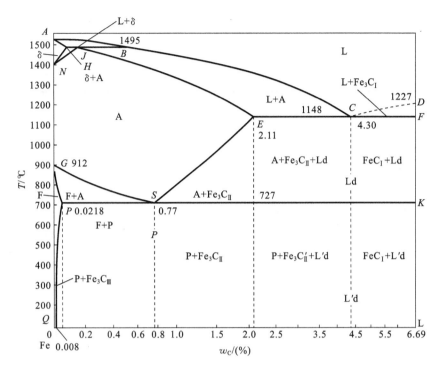

图 3-6　Fe-Fe₃C 相图

表 3-1　铁碳合金的组织名称、符号及性能特点

符　　号	组织名称	性 能 特 点
F(Fe)	铁素体	具有良好的塑性和韧性,强度和硬度低
A	奥氏体	强度和硬度不高,具有良好的塑性
Fe₃C	渗碳体	硬度很高,塑性很差,是一个硬而脆的组织
P	珠光体	强度较高,硬度适中,具有一定的塑性
Ld(Ld′)	莱氏体	其力学性能与渗碳体相似

3.2.2　Fe-Fe₃C 相图中主要特性点

Fe-Fe₃C 相图中主要特性点的温度、质量分数及含义见表 3-2。

表 3-2　Fe-Fe₃C 相图中重要的特性点

特性点	温度/℃	质量分数/(%)	含　　义
A	1538	0	纯铁的熔点
C	1148	4.3	共晶点 Lc＝(A＋Fe₃C)
D	1227	6.69	渗碳体的熔点
E	1148	2.11	碳在 γ-Fe 中的最大溶解度
G	912	0	纯铁的同素异构转变点 α-Fe⇌γ-Fe
S	727	0.77	共析转变点 As⇌F＋Fe₃C

3.2.3　Fe-Fe₃C 相图中主要的特性线

Fe-Fe₃C 相图中主要特性线及含义见表 3-3。

表 3-3　Fe-Fe₃C 相图中特性线的含义

特性线	含　义
ACD	液相线,合金在此线以上时,全部为液相,$w_C < 4.3\%$ 的合金冷却到 AC 温度线时,开始结晶出奥氏体;$w_C > 4.3\%$ 时合金冷却到 CD 温度线时,开始结晶出一次渗碳体,用符号 Fe₃C_I 表示
AECF	固相线,合金冷却到此温度线以下时,结晶结束,合金处于固态
GS	称为 A₃ 线,是冷却时,奥氏体转变为铁素体的开始线
ES	称为 A_cm 线,是碳在奥氏体中的最大溶解度线。随着温度的下降,碳在奥氏体中的溶碳量由 1148 ℃时的 2.11%,逐渐下降到 727 ℃时的 0.77%。多余的碳以渗碳体的形式析出,称为二次渗碳体,用符号 Fe₃C_II 表示
ECF	共晶转变线。当液态金属冷却到此线(1148 ℃)时,发生共晶转变。即从液态金属中结晶出奥氏体和渗碳体的混合物——莱氏体。 一定成分的液态合金,在某一恒温下,同时析出两种固相的转变,称为共晶转变
PSK	共析转变线,称为 A₁ 线。当奥氏体冷却到此线(727 ℃)时,发生共析转变。即从奥氏体中析出铁素体和渗碳体的机械混合物——珠光体。 一定成分的合金固溶体,在某一恒温下,同时析出两种固相的转变,称为共析转变

3.2.4　Fe-Fe₃C 相图中主要的区域

Fe-Fe₃C 相图中主要的区域有:5 个单相区,即液相区 L、固相区 δ、奥氏体相区 A、铁素体相区 F 和渗碳体相区 Fe₃C;7 个两相区,即 L+δ,L+A,L+Fe₃C_I,δ+A,δ+F,A+Fe₃C_II 和 F+Fe₃C_III;三相共存区,即 L+δ+A,L+A+Fe₃C 和 A+F+Fe₃C。参见图 3-6 所示的 Fe-Fe₃C 相图。

3.2.5　Fe-Fe₃C 相图铁碳合金的分类

铁碳合金由于铁和碳的质量分数的不同,在室温下将得到不同的组织。根据铁碳合金的含碳量及组织的不同,可将铁碳合金分为工业纯铁、钢及白口铸铁三类。

(1) 工业纯铁($w_C < 0.0218\%$)。

(2) 钢($0.0218\% < w_C < 2.11\%$)。

根据室温组织的不同,钢又可分为以下三种:亚共析钢($0.0218 < w_C < 0.77\%$),共析钢($w_C = 0.77\%$),过共析钢($0.77\% < w_C < 2.11\%$)。

(3) 白口铸铁($2.11\% < w_C < 6.69\%$)。

根据室温组织不同,白口铸铁又可分为三种:亚共晶白口铸铁($2.11\% < w_C < 4.3\%$),共晶白口铸铁($w_C = 4.3\%$),过共晶白口铸铁($4.3\% < w_C < 6.69\%$)。

3.3　典型合金的结晶过程及组织

为了深入了解铁碳合金组织形成的规律,下面以六种典型铁碳合金为例,分析它们的结晶过程和室温下的平衡组织。六种合金在相图中的位置,如图 3-7 所示Ⅰ~Ⅵ。

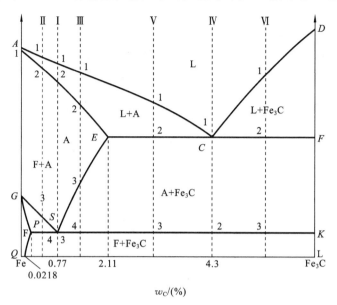

图 3-7 简化后的 Fe-Fe₃C 相图

3.3.1 共析钢的结晶过程分析

共析钢的冷却过程如图 3-8 中Ⅰ线所示。当合金由液态缓冷到液相线 1 点温度时,从液相中开始结晶出奥氏体。随温度降低,不断结晶出奥氏体,其成分沿固相线 AE 变化,液相的成分沿液相线 AC 变化。冷却至 2 点温度时,液相全部结晶为奥氏体。从 2 至 3 点温度范围内单相奥氏体冷却。冷至 3 点温度(727 ℃)时,奥氏体发生共析转变,生成珠光体。图 3-8 表示冷却过程中共析钢组织转变过程示意图。

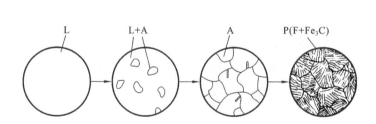

图 3-8 共析钢结晶过程组织转变示意图

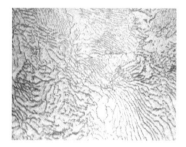

图 3-9 共析钢的显微组织

当温度继续下降时,铁素体的成分沿 PQ 线变化,析出极少量的三次渗碳体。但三次渗碳体在珠光体中难以分辨,一般忽略不计。共析钢室温下的平衡组织为珠光体。珠光体一般呈层状,其显微组织如图 3-9 所示。层状的珠光体经某种热处理后,其中的渗碳体变为球状,称为球状珠光体。

3.3.2 亚共析钢的结晶过程分析

亚共析钢的冷却过程如图 3-7 中的Ⅱ线所示。液态合金结晶过程与共析钢相同,结晶结束得到奥氏体。当合金冷至 GS 线上的 3 点温度时,开始从奥氏体中析出铁素体,称为先析铁素体。随着温度的下降,铁素体不断析出,奥氏体的含碳量逐渐增大。铁素体和奥氏体的含碳量分别沿 GP 线和 GS 线变化。冷至 4 点温度(727 ℃)时,剩余奥氏体的含碳量增加到共析点成分($w_C = 0.77\%$)。此温度时剩余的奥氏体发生共析转变,生成珠光体。图 3-10 为亚共析钢结晶过程组织转变示意图。图 3-11 为亚共析钢的显微组织。

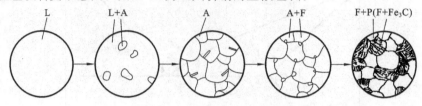

图 3-10　$w_C \leqslant 0.5\%$ 的亚共析钢结晶过程组织转变示意图

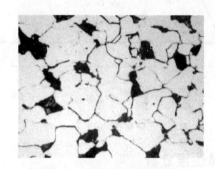

图 3-11　亚共析钢的显微组织

所有亚共析钢的结晶过程均相似,其室温下的平衡组织都是由先析铁素体和珠光体组成的。它们的差别是组织中的先析铁素体量随钢的含碳量的增加而逐渐减少。先析铁素体随其在组织中相对珠光体量的多少可呈等轴晶或网状等形态。

3.3.3　过共析钢的结晶过程分析

过共析钢的冷却过程如图 3-7 中的Ⅲ线所示。在 3 点温度以上的结晶过程也与共析钢相同。当合金冷至 ES 线上 3 点温度时,奥氏体中的含碳量达到饱和而开始析出二次渗碳体。随着温度的下降,二次渗碳体不断析出,致使奥氏体的含碳量逐渐减少,奥氏体的含碳量沿 ES 线变化。当冷却到 4 点温度时,含碳量减至 $w_C = 0.77\%$ 的奥氏体发生共析转变,生成珠光体。图 3-12 为过共析钢结晶过程组织转变示意图。

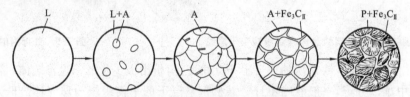

图 3-12　过共析钢结晶过程组织转变示意图

过共析钢室温下的平衡组织为二次渗碳体和珠光体,二次渗碳体一般沿奥氏体晶界析出而呈网状分布,如图 3-13 所示。网状的二次渗碳体对钢的力学性能会产生不良的影响。

3.3.4　共晶白口铸铁的结晶过程分析

共晶白口铸铁的冷却过程如图 3-7 中的Ⅳ线所示。当液态合金冷至 1 点温度(1148 ℃)

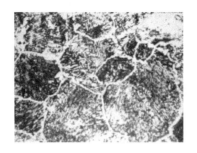

图 3-13　过共析钢的显微组织

时,将发生共晶转变,生成莱氏体。莱氏体是由共晶奥氏体和共晶渗碳体组成的。由 1 点温度继续冷却,莱氏体中的奥氏体将不断析出二次渗碳体,奥氏体的成分沿 ES 线变化。当温度降到 2 点(727 ℃)时,奥氏体的含碳量降到 $w_C=0.77\%$,在恒温下发生共析转变而生成珠光体。图 3-14 为共晶白口铸铁组织转变的示意图。

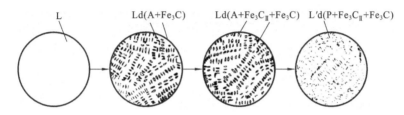

图 3-14　共晶白口铸铁结晶过程组织转变示意图

共晶白口铸铁室温下的组织是由珠光体、二次渗碳体和共晶渗碳体组成的,但这两种渗碳体难以分辨。图 3-15 所示为共晶白口铸铁的显微组织,这种组织为低温莱氏体。低温莱氏体仍保留了共晶转变后的形态特征。

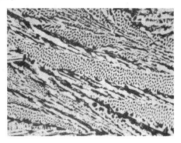

图 3-15　共晶白口铸铁的显微组织

3.3.5　亚共晶白口铸铁的结晶过程分析

亚共晶白口铸铁的结晶过程如图 3-7 中的 Ⅴ 线所示。当液态合金冷至液相线(AC 线)1 点温度时,开始结晶出的奥氏体称为初生奥氏体。随着温度的下降,结晶出的奥氏体量不断增多,其成分沿 AE 线变化。液相的成分沿 AC 线变化。当冷至 2 点温度(1148 ℃)时,奥氏体中 $w_C=2.11\%$,剩余液相的含碳量达到共晶点成分($w_C=4.3\%$),发生共晶转变,生成莱氏体。在随后的冷却过程中初生奥氏体和共晶奥氏体均析出二次渗碳体,其成分沿 ES 线变化。当温度降至 3 点(727 ℃)时,奥氏体的含碳量达到 $w_C=0.77\%$,全部奥氏体将发生共析转变而生成珠光体。图 3-16 为亚共晶白口铸铁结晶过程组织转变的示意图。室温下亚共晶白口铸铁的组织为珠光体、二次渗碳体和低温莱氏体,如图 3-17 所示。图中呈树状分布的黑色块是

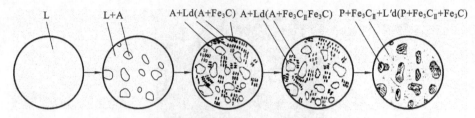

图 3-16　亚共晶白口铸铁结晶过程组织转变示意图

图 3-17　亚共晶白口铸铁显微组织

由初生奥氏体转变成的珠光体,其余部分为低温莱氏体。

3.3.6　过共晶白口铸铁的结晶过程分析

过共晶白口铸铁的冷却过程如图 3-7 中的Ⅵ线所示。其结晶过程与亚共晶白口铸铁相似,不同的是在共晶转变前液相先结晶出一次渗碳体。当冷至 2 点温度(1148 ℃)时,剩余液相成分达到 $w_C = 4.3\%$ 而发生共晶转变,形成莱氏体。在随后的冷却中,一次渗碳体不发生转变,莱氏体转变为低温莱氏体。图 3-18 为过共晶白口铸铁结晶过程组织转变的示意图。

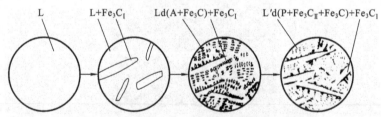

图 3-18　过共晶白口铸铁结晶过程组织转变示意图

过共晶白口铸铁的室温平衡组织为一次渗碳体和低温莱氏体,如图 3-19 所示。图中白色条片状的为一次渗碳体,其余部分为低温莱氏体。

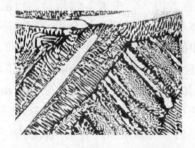

图 3-19　过共晶白口铸铁显微组织

3.4　含碳量与铁碳合金组织及性能的关系

铁碳合金在室温下的组织是由铁素体和渗碳体两相组成的。但是由于含碳量的不同,故组织中的两个相的相对数量、相对分布及形态也就不同,因而不同成分的铁碳合金具有不同的性能。

3.4.1　铁碳合金含碳量与组织的关系

从图 3-20 表示铁碳合金与含碳量室温下的平衡组织组成物及相组成物之间的定量关系中得知:钢的组织基本组成物为珠光体;亚共析钢为珠光体和二次渗碳体;白口铸铁的组织基本组成物是低温莱氏体;亚共晶白口铸铁由低温莱氏体、珠光体和二次渗碳体组成;过共晶白口铸铁由低温莱氏体和一次渗碳体组成。

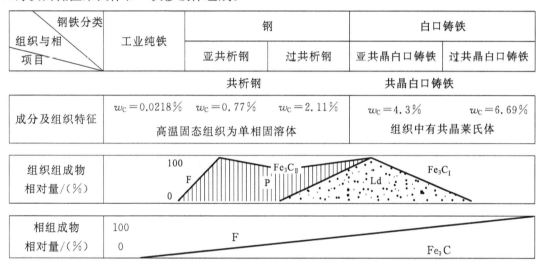

图 3-20　铁碳合金室温下的相组成相对量、组织组成物相对量

由于铁素体在室温时的含碳量很低,因此在铁碳合金中碳主要以渗碳体的形式存在。随着合金含碳的增加,组织中渗碳体的相对量也随之增加。而且,在各温度阶段形成的渗碳体因转变类型的不同,分别以不同的形态和分布构成各种组织。

从图 3-21 中可以清楚地看出铁碳合金组织变化的基本规律:随着含碳量的增加,工业纯铁中三次渗碳体的含量增加,亚共析钢中铁素体量减少,过共析钢中的二次渗碳体量增加。对于白口铸铁,随着含碳量的增加,亚共晶白口铸铁中珠光体和二次渗碳体量减少,过共晶白口铸铁中一次渗碳体和共晶渗碳体量增加。

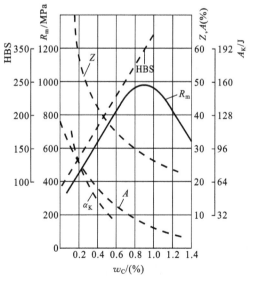

图 3-21　含碳量对缓冷钢力学性能的影响

3.4.2　铁碳合金含碳量与力学性能的关系

在铁碳合金中,碳的含量和存在形式对合金的力学性能有直接的影响。铁碳合金组织中的铁素体是软韧相,渗碳体是硬脆相,因此,铁碳合金的力学性能,取决于铁素体与渗碳体的相对量及它们的相对分布。

图 3-21 表示含碳量对缓冷状态钢力学性能的影响。从图中可以看出,含碳量很低的工业纯铁,是由单相铁素体构成的,故塑性很好,而强度、硬度很低。亚共析钢组织中的铁素体随含碳量的增多而减少,而珠光体相应增加。因此塑性、韧性降低,强度和硬度直线上升。共析钢为珠光体组织,其具有较高的强度和硬度,但塑性较低。在过共析钢中,随着含碳量的增加,开始时强度和硬度继续增加,当 $w_c = 0.9\%$ 时,由于二次渗碳体的量逐渐增加并形成连续的网状时,强度极限出现峰值后塑性和韧性急剧降低,强度也显著降低,从而使钢的脆性增加。硬度始终是直线上升的。如果能设法使二次渗碳体不形成网状,则强度不会明显下降。由此可知,强度是一个对组织形态很敏感的性能。

白口铸铁中存在莱氏体组织,具有很高的硬度和脆性,既难以切削加工,也不能进行锻造。因此,白口铸铁应用受到限制。但是由于白口铸铁具有很高的抗磨能力,对表面要求高硬度和耐磨的零件,如犁铧、冷轧辊等,常用白口铸铁制造。

3.5　铁碳相图应用

铁碳合金相图对生产实践具有重要的意义。除了在材料选用时参考外,还可以作为制定铸造、锻造、焊接及热处理等加工工艺的重要依据。

3.5.1　在选材方面的应用

铁碳相图总结了铁碳合金成分、组织和性能的变化规律,由组织可以判断出钢的力学性能,为钢材的选用提供基本依据。例如,若需要塑性好、韧性高的材料,可以选用低碳钢;若需要强度、硬度、塑性等都好的材料,可选用中碳钢;若需要硬度高、耐磨性好的材料可选用高碳钢;若需要耐磨性高,不受冲击的工件用材料,可选用白口铸铁。

随着生产技术的发展,对钢材的要求更高,这就需要按照新的需求,根据国内外资源研制新材料,而铁碳相图可作为材料研制中预测材料组织的基本依据。例如,在碳钢中加入 Mn,可以改变共析点的位置,可提高组织中珠光体的相对含量,从而提高钢的硬度和强度。

3.5.2　在制定热加工工艺方面的应用

在铸造生产中,根据铁碳合金相图可以找出不同成分铁碳合金的熔点,确定铸钢、铸铁的浇注温度;可以看出,共晶成分的铁碳合金熔点最低,结晶温度范围最小,具有良好的铸造性能。因此,铸造生产经常选用接近共晶成分的铸铁。

在锻造生产中,由于奥氏体的强度较低,塑性较好,便于塑性变形。因此钢材的锻造、轧制均选在单相奥氏体区适当的温度范围进行。一般始锻(轧)温度控制在固相线以下 100~200 ℃(见图 3-22)。温度过高,钢材易发生严重氧化或晶界熔化。终锻(轧)温度的选择可根据钢种和加工目的的不同而异。对亚共析钢,一般控制在 GS 线以上,避免在加工时铁素体呈带状组织而使钢材韧性降低。为了提高强度,某些低合金高强度钢选择 800 ℃ 为终轧温度。对于共析钢,则选择在 PSK 线以上某一温度,以便打碎网状二次渗碳体。

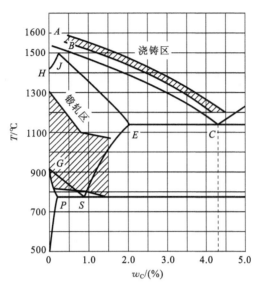

图 3-22 铁碳相图与铸锻工艺的关系

在焊接方面,焊接时从焊缝到母材各区域的加热温度是不同的。由 $Fe-Fe_3C$ 相图可知,受不同加热温度的各区域在随后的冷却中可能会出现不同的组织与性能。这就需在焊接后采用热处理的方法加以改善。

在热处理方面,$Fe-Fe_3C$ 相图对制定热处理工艺有着特别重要的意义。热处理的加热温度都以相图上的 A_1、A_3、A_{cm} 线为依据,这将在后续章节中详细讨论。

应该指出,铁碳相图不能说明快速加热或冷却时铁碳合金组织变化的规律。因此,不能完全依据铁碳相图来分析生产过程中的具体问题,需结合转变动力学的有关理论综合分析。

思考与练习题

3-1 解释下列名词并说明其性能和显微组织特征:

  铁素体　奥氏体　渗碳体　珠光体　莱氏体

3-2 分析一次渗碳体、二次渗碳体、三次渗碳体、共晶渗碳体、共析渗碳体的异同之处。

3-3 试画简化的 $Fe-Fe_3C$ 相图,说明图中主要点、线的意义,填出各相区的相和组织组成物。

3-4 简述碳钢的含碳量、显微组织与力学性能之间的关系。

3-5 同样形状的两块铁碳合金,其中一块是低碳钢,一块是白口铸铁,用什么简单的方法可以迅速区分它们?

3-6 二元合金相图表达了合金的哪些关系? 各有哪些实际意义?

3-7 说明下列各渗碳体的生成条件:一次渗碳体、二次渗碳体、三次渗碳体、共晶渗碳体、共析渗碳体。

3-8 试分析共晶反应、包晶反应和共析反应的异同点。

3-9 为什么铸造合金常选用接近共晶成分的合金,而压力加工合金常选用单相固溶体成分合金?

3-10　根据 Fe-Fe$_3$C 相图,解释下列现象:

(1) 在室温下,$w_C = 0.8\%$ 的碳钢比 $w_C = 0.4\%$ 的碳钢硬度高,比 $w_C = 1.2\%$ 的碳钢强度高?

(2) 钢铆钉一般用低碳钢制造;

(3) 绑扎物件一般用铁丝(镀锌低碳钢),而起重机吊重物时都用钢丝绳(用 60 钢、65 钢等制成);

(4) 在 1100 ℃时,$w_C = 0.4\%$ 的钢能进行锻造,而 $w_C = 0.4\%$ 的铸铁不能进行锻造;

(5) 钢适合压力加工成形,而铸铁适合铸造成形。

第4章 钢的热处理

　　钢的热处理是在通过加热、保温和冷却改变金属内部或表面的组织,以获得所需性能的工艺方法;是改善金属材料使用性能和工艺性能的一种非常重要的工艺方法;是强化金属材料,提高产品质量和寿命的主要途径之一。因此,绝大部分重要的机械零件在制造过程中都必须进行热处理。

　　热处理工艺的种类很多,本章重点介绍了我国机械制造行业中金属热处理工艺的分类方法。

4.1　概　　述

4.1.1　热处理工艺

1. 热处理

　　热处理就是将钢在固态下通过加热、保温和不同的冷却方式,改变材料整体或表面的组织,从而获得所需性能的工艺方法。

2. 热处理的分类

　　根据加热、保温和冷却方式的不同,热处理工艺大致分为整体热处理、表面热处理和化学热处理。常用钢的热处理可分类见表 4-1。

表 4-1　常用的热处理工艺

分　类	特　点	常用方法
整体热处理	对工件整体进行穿透加热	退火、正火、淬火＋回火、调质等
表面热处理	仅对工件表面进行的热处理工艺	表面淬火和回火(如感应加热淬火)、气相沉积
化学热处理	改变工件表层的化学成分、组织和性能	渗碳、渗氮、碳氮共渗、氮碳共渗、渗金属、多元共渗等

4.1.2　钢在加热和冷却时的临界点

　　金属发生结构改变的温度称为临界点。大多数热处理工艺首先要将钢加热到临界点(相变点)以上,目的是获得奥氏体。共析钢、亚共析钢和过共析钢分别被加热到 PSK 线、GS 线和 ES 线以上温度才能获得单相奥氏体组织。这些线上每一合金的相变点,都是平衡相变点。但在实际热处理时,加热和冷却都不可能是非常缓慢的,因此组织转变都要偏离平衡相变点,即加热时偏向高温,冷却时偏向低温。为了区别于平衡相变点,通常在加热时将相变点用 Ac_1、Ac_3 和 Ac_{cm} 表示;冷却时的相变点用 Ar_1、Ar_3 和 Ar_{cm} 表示。图 4-1 为钢在加热和冷却时的临界温度。

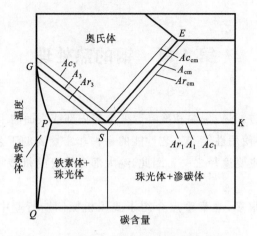

图 4-1　钢在加热和冷却时的临界温度

4.2　钢在加热时的转变

大多数的热处理工艺都要将钢加热到临界温度以上,获得全部的奥氏体组织,即为奥氏体化。以共析钢(含碳量为 0.77%)为例,来分析奥氏体化过程。

4.2.1　奥氏体的形成过程

共析钢加热到 Ac_1 线以上温度时,珠光体转变为奥氏体。奥氏体的转变过程可分四个阶段,如图 4-2 所示。

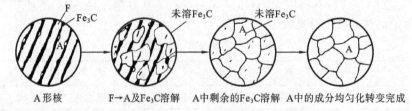

图 4-2　共析钢中奥氏体形成过程示意图

1. 奥氏体形核

奥氏体的晶核优先形成于铁素体和渗碳体的相界面上,这是因为相界面上的原子排列不规则,空位和位错密度高;成分不均匀,处于铁素体和渗碳体的中间值。相界面在浓度和结构两方面为奥氏体晶核的形成提供了有利的条件。

2. 奥氏体晶核的长大

奥氏体晶核形成后逐渐长大。晶核的长大是依靠与其相邻的铁素体向奥氏体的转变和渗碳体的不断溶解来完成的。这样,奥氏体晶核就向渗碳体和铁素体两个方向长大。

3. 剩余渗碳体的溶解

在奥氏体形成过程中,当铁素体完全转变成奥氏体后,仍有部分渗碳体尚未溶解。这部分剩余的渗碳体随着保温时间的延长,不断向奥氏体中溶解,直至全部消失。

4. 奥氏体成分的均匀化

当剩余渗碳体全部溶解后,奥氏体中的碳浓度仍然是不均匀的,在原渗碳体处比原铁素体处的含碳量要高一些。因此,需要继续延长保温时间,依靠碳原子的扩散,使奥氏体的成分逐渐趋于均匀。

亚共析钢和过共析钢的奥氏体形成过程与共析钢基本相似,不同之处是亚共析钢和过共析钢需加热到 Ac_3 或 Ac_{cm} 以上时,才能获得单一的奥氏体组织,即完全奥氏体化。但对过共析钢而言,此时奥氏体晶粒已粗化。

4.2.2 奥氏体晶粒的大小及对钢的性能影响因素

奥氏体晶粒的大小对冷却转变后钢的性能有很大影响。钢在加热时,若获得细小、均匀的奥氏体,则冷却后钢的力学性能就好。因此,奥氏体晶粒的大小是评定热处理加热质量的主要指标之一。金属组织中晶粒的大小通常用晶粒度级别指数来表示。工程上将奥氏体标准晶粒度等级分为 8 级。一般认为 4 级以下为粗晶粒,5～8 级为细晶粒,如图 4-3 所示。

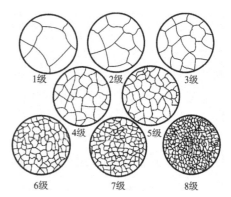

图 4-3 标准晶粒度等级示意图

1. 奥氏体晶粒度的概念

奥氏体一般有三种晶粒度,即起始晶粒度、实际晶粒度和本质晶粒度。

(1)起始晶粒度 指珠光体向奥氏体的转变刚刚完成时奥氏体晶粒的大小,一般比较细小而均匀。

(2)实际晶粒度 指钢在某一具体加热条件下实际获得的奥氏体晶粒的大小。实际晶粒度一般比起始晶粒度大,其大小直接影响钢热处理后的性能。

(3)本质晶粒度 表示某种钢在规定的加热条件下,奥氏体晶粒长大的倾向,不是晶粒大小的实际度量。

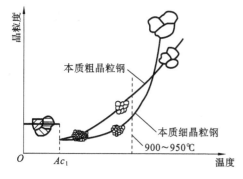

图 4-4 加热温度与奥氏体晶粒长大的关系

实践表明,不同成分的钢在加热时奥氏体晶粒长大的倾向不同。工业上,将钢加热到规定温度(930±10 ℃),保温一定时间(一般 3～8 h),冷却后测定的晶粒度为本质晶粒度。将本质晶粒度与标准晶粒度等级相比较,晶粒度为 1～4 级的定为本质粗晶粒钢,5～8 级的定为本质细晶粒钢。本质细晶粒钢在规定的条件下加热得到的晶粒是细小的。但是,它不是在任何条件下都不粗化。当超过一定的加热温度后,本质细晶粒钢比本质粗晶粒钢具有更强的长大倾向,如图 4-4 所示。

在工业生产中,一般沸腾钢为本质粗晶粒钢,镇静钢为本质细晶粒钢。需要进行热处理的零件多采用本质细晶粒钢,因为一般热处理工艺的加热温度都在 950 ℃以下,因此奥氏体晶粒不易长大,可避免过热现象。

2. 奥氏体晶粒长大及其影响因素

在高温下,奥氏体晶粒长大是一个自发过程。奥氏体化温度越高,保温时间越长,奥氏体晶粒长大越明显。随着钢中奥氏体含碳量的增加,奥氏体晶粒长大的倾向也增强。但当 $w_C > 1.2\%$ 时,奥氏体晶界上存在未溶的渗碳体,能阻碍晶粒的长大,故奥氏体实际晶粒度较小。

钢中加入能生成稳定碳化物的元素(如铌、钛、钒、锆等)和能生成氧化物及氮化物的元素(如铝),都会阻止奥氏体晶粒长大,而锰和磷是促进奥氏体晶粒长大倾向的元素。

奥氏体晶粒长大的结果,对零件的热处理质量有很大的影响。为了控制奥氏体晶粒长大程度,应采取以下措施:热处理加热时合理选择并严格控制加热温度和保温时间;合理选择钢的原始组织及含有一定量合金元素的钢材等。

4.3 钢在冷却时的转变

钢的奥氏体化不是热处理目的,而是为随后的冷却转变做组织准备。因为大多数零件或构件都是在常温下工作,而且钢件的性能最终取决于奥氏体冷却后的组织。所以研究不同冷却条件下奥氏体的转变规律,具有更重要的意义。

钢经奥氏体化后,由于冷却条件不同,其转变产物在组织和性能上有很大差别。如表 4-2 中,45 钢在同样奥氏体化条件下,由于冷却速度不同,其力学性能有明显差别。

表 4-2　45 钢经 840 ℃加热后,不同条件冷却后的力学性能

冷却方法	R_m/MPa	σ_s/MPa	A/(%)	Z/(%)	HRC	冷却方法	R_m/MPa	σ_s/MPa	A/(%)	Z/(%)	HRC
随炉冷却	519	272	32.5	49	15~18	油中冷却	882	608	18~20	48	40~50
空气冷却	657~706	333	15~18	45~50	18~24	水中冷却	1078	706	7~8	12~14	52~60

因此,在热处理生产中,常用的冷却方式有两种,即等温冷却和连续冷却,如图 4-5 所示。

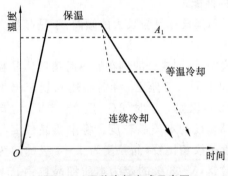

图 4-5　两种冷却方式示意图

钢在连续冷却或等温冷却条件下,其组织的转变是不能用 Fe-Fe₃C 相图分析。为了研究奥氏体在不同冷却条件下组织转变的规律,测定并绘制了过冷奥氏体等温转变曲线(称为 TTT 曲线,time temperature transformation)和过冷奥氏体连续冷却转变曲线(称为 CCT 曲线,continuous cooling transformation)。这两条曲线图揭示了过冷奥氏体转变的规律,为钢的热处理奠定了理论基础。

当温度在临界温度以上时,奥氏体是稳定的。当温度降到临界温度以下时,奥氏体是不稳定的,即奥氏体处于过冷状态,这种奥氏体称为过冷奥氏体。钢在冷却时的转变,实质上是过冷奥氏体的转变。

4.3.1　过冷奥氏体的等温转变

过冷奥氏体等温转变曲线,揭示了过冷奥氏体转变在冷却时的转变温度、时间和转变量之间的关系。现以共析钢为例,分析过冷奥氏体等温转变规律。

1. 共析钢过冷奥氏体等温转变曲线的特点

图 4-6 是共析钢过冷奥氏体等温转变曲线。曲线呈 C 字形,通常又称 C 曲线。

在 C 曲线中,左边的一条 C 形曲线为过冷奥氏体等温转变开始线,右边的一条为等温转变终了线。在转变开始线的左方是过冷奥氏体区,在转变终了线的右方是转变产物区,两条曲

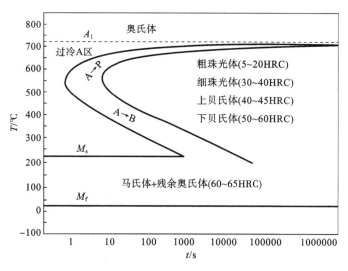

图 4-6　共析钢过冷奥氏体等温转变图

线之间是转变区。在 C 曲线下部有两条水平线,一条是马氏体转变开始线(以 M_s 表示),一条是马氏体转变终了线(以 M_f 表示)。

由共析钢的 C 曲线可以得出以下结论。

(1) 在 A_1 温度以上,奥氏体处于稳定状态。

(2) 在 A_1 温度以下,过冷奥氏体在各个温度下的等温转变并非瞬时就开始,而是经过一段"孕育期"(以转变开始线与纵坐标之间的距离表示)。孕育期越长,过冷奥氏体越稳定;反之,则不稳定。孕育期的长短随过冷度而变化,在靠近 A_1 线处,过冷度较小,孕育期较长。随着过冷度增大,孕育期缩短,约在 550 ℃时孕育期最短。此后,孕育期又随过冷度的增大而增长。孕育期最短处,即 C 曲线的"鼻尖"处过冷奥氏体最不稳定,转变最快。

(3) 过冷奥氏体在 A_1 温度以下不同温度范围内,可发生三种不同类型的转变:高温珠光体型转变;中温贝氏体型转变和低温马氏体型转变。

2. 过冷奥氏体等温转变产物的组织和性能

1) 珠光体型转变

在 $A_1 \sim 550$ ℃温度范围内,过冷奥氏体转变产物是珠光体。在转变过程中铁、碳原子都进行扩散,珠光体转变是扩散型转变。珠光体转变是以形核和长大方式进行的,在 $A_1 \sim 550$ ℃温度范围内,奥氏体等温分解为层片状的珠光体组织。珠光体层间距随过冷度的增大而减小。按其层间距的大小,高温转变的产物可分为珠光体、索氏体(细珠光体)和托氏体(极细珠光体)三种(见图 4-7)。它们的表示符号、形成温度和性能如表 4-3 所示。它们的硬度随

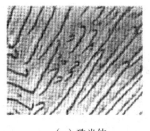

(a)珠光体　　　　　　　　　(b)索氏体　　　　　　　　　(c)托氏体
图 4-7　电子显微组织

层间距的减小而增高。

表 4-3　珠光体型组织的形成温度和硬度

组织名称	表示符号	形成温度/℃	分辨片层的放大倍数	硬度/HRC
珠光体	P	$A_1 \sim 650$	放大 400 以上	<20
索氏体	S	$650 \sim 600$	放大 1000 以上	$22 \sim 35$
托氏体	T	$600 \sim 550$	放大几千倍以上	$35 \sim 42$

2）贝氏体型转变

贝氏体转变发生在 $550\ ℃ \sim M_s$ 温度范围内。转变产物是由含碳量过饱和的铁素体和微小的渗碳体混合物，这种组织称为贝氏体，用符号 B 表示。由于贝氏体的转变温度较低，铁原子扩散困难，因此，贝氏体的组织形态和性能与珠光体不同。根据组织形态和转变温度不同，贝氏体一般可分为上贝氏体和下贝氏体两种。

（1）上贝氏体（$B_上$）的转变温度是 $550 \sim 350\ ℃$，其显微组织呈羽毛状，它是由许多密集而相互平行的扁平片的铁素体断续分布在条间的短小渗碳体组成的。如图 4-8 所示。上贝氏体的强度低、塑性差、脆性大，硬度为 $40 \sim 45$HRC，因此，工业生产上很少使用。

（2）下贝氏体（$B_下$）的转变温度是 $350\ ℃ \sim M_s$，其显微组织呈黑色针叶状，它是由针叶状铁素体和分布在针叶内的细小渗碳体粒子组成的，如图 4-9 所示。下贝氏体具有较高的强度和硬度，塑性、韧性好，并有较高的耐磨性，硬度为 $45 \sim 55$HRC。因此工业生产中常采用等温淬火的方法获得该组织。

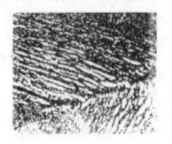 

图 4-8　上贝氏体金相显微组织　　　**图 4-9　下贝氏体金相显微组织**

3）马氏体型转变

马氏体转变是在一定温度范围内（$M_s \sim M_f$）连续冷却时完成的。由于过冷度很大，奥氏体向马氏体转变时难以进行铁、碳原子的扩展，只发生 $\gamma\text{-Fe}$ 向 $\alpha\text{-Fe}$ 的晶格转变。固溶在奥氏体中的碳全部保留在 $\alpha\text{-Fe}$ 晶格中，形成碳在 $\alpha\text{-Fe}$ 中的过饱和固溶体，称其为马氏体，以符号 M 表示。

（1）马氏体转变特点　马氏体转变属无扩散型转变，马氏体转变前后的碳浓度是没有变化的。由于过饱和的碳原子被强制地固溶在体心立方晶格中，致使晶格严重畸变。马氏体含碳量越高，则晶格畸变越严重。$\alpha\text{-Fe}$ 的晶格致密度比 $\gamma\text{-Fe}$ 的小，而马氏体是碳在 $\alpha\text{-Fe}$ 中的过饱和固溶体，比容更大。因此，当奥氏体向马氏体转变时，体积要增大。含碳量越高，体积增长越多，这将引起淬火工件产生相变内应力，容易导致工件变形和开裂。

马氏体转变速度极快，瞬间形成。马氏体转变是在 $M_s \sim M_f$ 温度范围内进行的，马氏体随温度的不断降低而增多，一直到 M_f 点。马氏体转变一般不能进行完全，总有一小部分奥氏体未能转变而残留下来，这部分奥氏体称为残余奥氏体。残余奥氏体的存在有两个原因：一是由于马氏体形成时伴随体积的膨胀,对尚未转变的奥氏体产生了多向压应力,抑制奥氏体转变;二是因为钢的 M_f 点大多低于室温,在正常淬火冷却条件下,必然存在较多的残余奥氏体。钢中残余奥氏体量随 M_s 点和 M_f 点的降低而增加。残余奥氏体的存在,不仅降低淬火钢的硬度和耐磨性,而且在工件长期使用过程中,由于残余奥氏体会继续变成马氏体,使工件尺寸发生变化。因此,生产中对一些高精度工件常采用冷处理的方法,将淬火钢件降至低于 0 ℃的某一温度,以减少残余奥氏体量。

(2) 马氏体的组织和性能　马氏体的形态主要为板条状(也称为低碳马氏体)和片状(也称为高碳马氏体)两种。其形态主要与奥氏体含碳量有关,含碳量较低的钢淬火时几乎全部得到板条状马氏体组织,而含碳量高的钢得到片状马氏体组织,含碳量介于中间的钢则是两种马氏体的混合组织。应指出,马氏体的形态变化没有严格的含碳量的界限。图 4-10、图 4-11 是两种马氏体的显微组织。

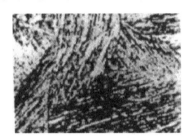　　

图 4-10　板条状马氏体金相显微组织　　　图 4-11　片状马氏体的金相显微组织

板条状马氏体显微组织呈相互平行的细板条束,束之间具有较大的位向差。片状马氏体呈针片状,在正常淬火条件下马氏体针片十分细小,在光学显微镜下不易分辨形态。板条状马氏体不仅具有较高的强度和硬度,而且还具有较好的塑性和韧性。片状马氏体的强度很高,但塑性和韧性很差。表 4-4 为碳的质量分数 $w_C = 0.01\% \sim 0.25\%$ 的碳钢淬火形成的板条状马氏体与碳的质量分数 $w_C = 0.77\%$ 的碳钢淬火形成的片状马氏体的性能比较。

表 4-4　板条状马氏体与片状马氏体性能比较

$w_C/(\%)$	马氏体形态	R_m/MPa	σ_s/MPa	$A/(\%)$	$\alpha_K/(\text{J} \cdot \text{cm}^{-2})$	硬度/HRC
$0.1 \sim 0.25$	板条状	$1020 \sim 1530$	$820 \sim 1330$	$9 \sim 17$	$60 \sim 180$	$30 \sim 50$
0.77	片状	2350	2040	1	10	66

马氏体的硬度主要取决于含碳量。$w_C < 0.6\%$ 时,随含碳量增加,马氏体硬度增加;$w_C > 0.6\%$ 时,硬度增加不明显。马氏体的塑性和韧性与其含碳量及形态有着密切关系。低碳板条状马氏体具有高的韧度,在生产中得到多方面的应用。

3. 影响过冷奥氏体等温转变的因素

C 曲线揭示了过冷奥氏体在不同温度下等温转变的规律,因此从 C 曲线形状、位置的变化,可反映出各种因素对奥氏体等温转变的影响。其主要影响因素如下。

(1) 含碳量的影响　在正常加热条件下,亚共析钢的 C 曲线随含碳量的增加向右移,过共析钢的 C 曲线随含碳量的增加向左移,共析钢的过冷奥氏体最稳定。比较图 4-12 中的三个 C 曲线可见,与共析钢比较,亚共析钢和过共析钢 C 曲线上部分别有一条先析铁素体和一条二次渗碳体的析出线。

(2) 合金元素的影响　除钴以外,凡能溶入奥氏体的合金元素都使过冷奥氏体的稳定性

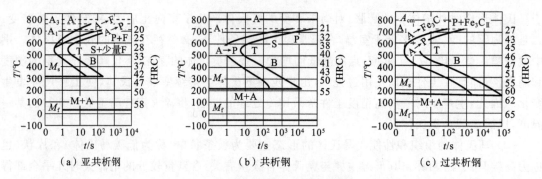

（a）亚共析钢　　　　　　　（b）共析钢　　　　　　　（c）过共析钢

图 4-12　含碳量对 C 曲线的影响

增大，使 C 曲线向右移。当奥氏体中溶入较多碳化物形成元素（如铬、钼、钒、钨和钛等）时，不仅曲线位置会改变，而且曲线的形状也会改变，C 曲线可出现两个鼻尖。

（3）加热温度和保温时间的影响　奥氏体化的温度越高，保温时间越长，奥氏体成分就越加均匀；同时晶粒也越大，晶界面积则减少。这样，会降低过冷奥氏体转变的形核率，不利于奥氏体的分解，使其稳定性增大，C 曲线右移。因此，应用 C 曲线时，需要注意其奥氏体化的条件。

C 曲线的应用很广，利用 C 曲线可以制定等温退火、等温淬火和分级淬火的工艺；可以估计钢接受淬火的能力，并据此选择适当的冷却介质。

4.3.2　过冷奥氏体的连续冷却转变

在实际生产中，过冷奥氏体大多数是在连续冷却过程中转变的。因此，必须建立过冷奥氏体连续冷却转变曲线（CCT 曲线），以了解过冷奥氏体连续冷却转变的规律。CCT 曲线也是通过实验方法测定的。

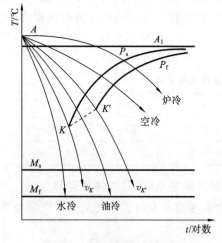

图 4-13　共析钢的 CCT 曲线

图 4-13（CCT 曲线）是共析钢的连续冷却转变曲线。图中 P_s 线为珠光体转变开始线，P_f 线为珠光体转变终了线，K 线为珠光体转变中止线。当实际冷却速度小于 v_K 时，只发生珠光珠光体转变；大于 v_K 时，则只发生马氏体转变。冷却速度介于两者之间时，奥氏体有一部分转变为珠光体，当冷却曲线与 K 线相交时，转变中止，剩余奥氏体在冷至 M_s 点以下时发生马氏体转变。

图中的 v_K 为马氏体临界冷却速度（又称上临界冷却速度），是过冷奥氏体向转变马氏体转变所需的最小冷却速度。v_K 越小，钢在淬火时越容易获得马氏体组织。v'_c 为下临界冷却速度，是保证过冷奥氏体全部转变为珠光体的最大冷却速度。

4.3.3　连续冷却转变图与等温冷却转变图的比较和应用

图 4-14 中，实线为共析钢的 CCT 曲线，虚线为 C 曲线，两种曲线的主要不同是：

（1）同一成分钢的 CCT 曲线位于 C 曲线右下方。这说明要获得同样的组织，连续冷却转变比等温转变的温度要低些，孕育期要长些。

（2）连续冷却时，转变是在一个温度范围内进行的，转变产物的类型可能不止一种，有时是几种类型组织的混合。

(3) 连续冷却转变时,共析钢不发生贝氏体转变。

CCT 曲线准确反映钢在连续冷却条件下的组织转变,可作为制定和分析热处理工艺的依据。但是,由于 CCT 曲线的测定比较难,至今尚有许多钢种未测定出来。而各钢种的 C 曲线都已测定,因此生产中常利用等温转变图来定性地、近似地分析连续冷却转变的情况。分析的结果可作为制定热处理工艺的参考。

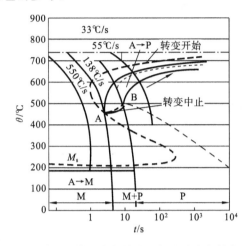

图 4-14 共析碳钢的等温冷却转变图与连续冷却转变图的比较

4.4 钢的普通热处理

钢的最基本的热处理工艺有退火、正火、淬火和回火等。

4.4.1 钢的退火

退火是将钢加热到适当温度,保温一定时间,然后缓慢冷却的热处理工艺。

1. 退火的主要目的

(1) 降低硬度,提高塑性,以利于切削加工或冷加工;

(2) 细化晶粒,消除组织缺陷,为零件的最终热处理做好准备;

(3) 消除内应力,稳定工作尺寸,以防止工件变形开裂。

退火主要用于铸、锻、焊毛坯或半成品零件,作为预备热处理。退火后获得珠光体型组织。

2. 退火的方法

根据钢的成分和退火目的不同,常用的退火方法有完全退火、等温退火、球化退火、均匀化退火、去应力退火和再结晶退火等。图 4-15 所示为常用退火和正火的加热温度范围及工艺曲线。

1) 完全退火(也称为重结晶退火)

完全退火是将钢加热到 Ac_3 温度以上 30~50 ℃,保温一定时间,随炉冷至 600 ℃ 以下,出炉在空气中冷却。获得接近平衡状态的组织。其目的在于细化晶粒,消除过热组织,降低硬度和改善切削加工性能。

完全退火主要用于亚共析钢的铸、锻件,有时也用于焊接结构。过共析钢不宜采用完全退

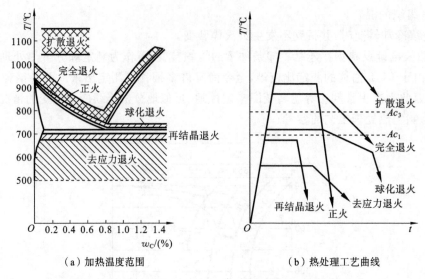

　　（a）加热温度范围　　　　　　　　　　（b）热处理工艺曲线

图 4-15　几种退火与正火的加热温度范围及工艺曲线

火,以避免二次渗碳体以网状形式沿奥氏体晶界析出,给切削加工和以后的热处理带来不利影响。

　　完全退火很费工时,生产中常采用等温退火来代替。

　　2）等温退火

　　等温退火与完全退火加热温度完全相同,只是冷却方式有差别。等温退火是以较快速度冷却到 A_1 温度以下某一温度,保温一定时间使奥氏体转变为珠光体组织,然后空冷。对某些奥氏体比较稳定的合金钢,采用等温退火可大大缩短退火周期。

　　3）球化退火

　　球化退火为使钢中碳化物球化的热处理工艺。目的是使钢中的二次渗碳体及珠光体中的渗碳体球状化,以降低硬度,改善可加工性,并为以后的热处理工序做好组织准备。

　　球化退火是将钢加热到 Ac_1 温度以上 20～40 ℃,充分保温后随炉冷却到 600 ℃以下出炉空冷。球化退火随炉冷却时,在通过 Ar_1 温度时的冷却速度应足够缓慢,以使二次渗碳体自发球化。球化退火主要用于过共析钢。若钢的原始组织中有严重的渗碳体网,则在球化退火前应进行正火消除、以保证球化退火效果。

　　4）均匀化退火（扩散退火）

　　均匀化退火是将钢加热到略低于固相线温度（Ac_3 或 Ac_{cm} 温度以上 150～300 ℃）,长时间保温（10～15 h）,然后随炉冷却,以使钢的化学成分和组织均匀化。均匀化退火能耗高,易使晶粒粗大。为细化晶粒,均匀化退火后应进行完全退火或正火。这种工艺主要用于质量要求高的合金钢铸锭、铸件或锻坯。

　　5）去应力退火（也称为低温退火）

　　去应力退火是将钢加热到 Ac_1 以下某一温度（一般约为 500～600 ℃）,保温一定时间,然后随炉冷却。去应力退火过程中不发生组织的转变,目的是为了消除铸、锻、焊件和冷冲压件的残余应力。

4.4.2　钢的正火

　　将钢加热到 Ac_3（或 Ac_{cm} 以上 30～50 ℃）,保温适当时间,出炉后在空气中冷却的热处理工艺称正火。正火与退火的目的是相同的,主要区别是:退火冷却速度较快,得到的组织比较细小,强度和硬度也稍高一些。从表4-5可以看出同一钢种退火和正火后性能的差异。

表4-5　45钢正火、退火状态力学性能

项　　目	σ_s/MPa	A/(%)	A_K/J	HBS
正火	700～800	15～20	50～80	～220
退火	650～700	15～20	40～60	～180

正火主要有以下几方面的应用。

(1) 对低碳钢和低合金钢,可用正火来调整硬度,改善切削加工性。

(2) 对力学性能要求较高的普通结构零件或大型结构零件,可用正火作为最终热处理,以提高其强度、硬度和韧度。

(3) 对过共析钢,正火可抑制渗碳体网的形成,为球化退火做好组织准备。与退火相比,正火的生产周期短,节约能量,而且操作简便。生产中常优先采用正火工艺。

4.4.3　钢的淬火

将钢加热到Ac_3或Ac_1以上,保温一定时间,以大于临界冷却速度v_c的冷速冷却,获得马氏体或下贝氏体组织的热处理工艺称为淬火。淬火的主要目的是为了获得马氏体组织,提高钢的强度、硬度和耐磨性。淬火是钢的最经济、最有效的强化手段之一。

1. 淬火加热温度的选择

钢的淬火加热温度的选择应以获得均匀细小的奥氏体组织为原则,以使淬火后获得细小的马氏体组织。图4-16为碳钢的淬火加热温度范围。

(1) 亚共析钢淬火加热温度一般为$Ac_3+(30～50\ ℃)$。淬火后获得均匀细小的马氏体组织。如果温度过高,会因为奥氏体晶粒粗大而得到粗大的马氏体组织,使钢的力学性能恶化,特别是使塑性和韧性减弱;还会导致淬火钢的严重变形。如果淬火温度低于Ac_3,淬火组织中会保留未溶铁素体,造成淬火硬度不足。

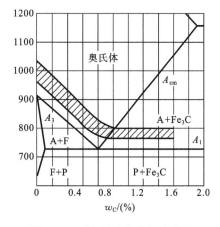

图4-16　碳钢淬火加热温度范围

(2) 共析钢和过共析钢的淬火加热温度为Ac_1+(30～50 ℃)。过共析钢加热温度选择在$Ac_1～Ac_{cm}$之间,是为了淬火冷却后获得细小片状马氏体和细小球状渗碳体的混合组织,以提高钢的耐磨性。如果淬火加热温度超出Ac_{cm}时,碳化物将完全溶入奥氏体中,不仅使奥氏体含碳量增加,淬火后残余奥氏体量增加,降低钢的硬度和耐磨性,同时,奥氏体晶粒粗化,使钢的脆性增加。此外,由于渗碳体过多的溶解,马氏体中碳的过饱和度过大,淬火应力和变形与开裂的倾向强,同时钢中的残余奥氏体量较多,钢的硬度低、耐磨性较差。

2. 加热和保温时间的确定

为了使工件各部分均完成组织转变,需要在淬火加热温度保温一定的时间,通常将工件升温和保温所需的时间计算在一起,统称为加热时间。影响加热时间的因素很多,如加热介质、钢的成分、炉温、工件的形状及尺寸等。通常根据经验公式估算或通过实验确定。生产中往往要通过实验确定合理的加热及保温时间,以保证工件质量。

3. 淬火冷却介质和冷却方法的选择

1) 淬火冷却介质

钢件进行淬火冷却时所使用的介质称为淬火介质。冷却介质应具有足够的冷却能力、较宽的使用范围,而且还具有不易老化、不腐蚀零件、不易燃、易清洗、无公害等特点。

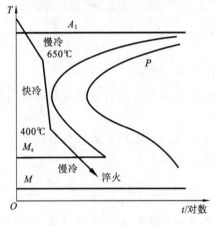

图 4-17　钢的理想淬火冷却速度

为了在淬火时得到马氏体组织,淬火冷却速度必须大于临界冷却速度。但冷却过快,工件的体积收缩及组织转变都很剧烈,从而不可避免地会引起很大的内应力,容易造成工件变形及开裂。

因此,钢的理想冷却速度应如图 4-17 所示。其目的是抑制非马氏体转变,在 C 曲线 550 ℃附近快冷。而在 650 ℃以上或 400 ℃以下 M_s 线附近发生马氏体转变时的温度范围内,为了减少淬火冷却过程中工件截面上内外温差引起的热应力和减少马氏体转变时的组织应力以及减少工件的变形与开裂等,不需要快冷。

常用的冷却介质有水、盐或碱的水溶液和油等。表 4-6 为几种常用的淬火冷却介质的冷却能力。表 4-7 为几种常用的淬火冷却介质的冷却特性。

表 4-6　常用的淬火冷却介质的冷却能力

淬火冷却介质	冷却速度/(℃·s⁻¹)		淬火冷却介质	冷却速度/(℃·s⁻¹)	
	650~550 ℃	300~200 ℃		650~550 ℃	300~200 ℃
水(18 ℃)	600	270	10%NaOH+水(18 ℃)	1200	300
水(50 ℃)	100	270	矿物油	100~200	20~50
10%NaCl+水	1100	300	0.5%聚乙烯醇+水	介于油水之间	180

表 4-7　常用的淬火冷却介质的冷却特性

淬火冷却介质	冷却特性
水	在 650~550 ℃时的冷却能力较大,在 300~200 ℃时的冷却能力过强,易使淬火零件变形开裂。常用在尺寸不大、外形较简单的碳钢零件上
盐碱水溶液	冷却能力很高,使淬火零件变形、开裂的倾向增强。常用于尺寸较大、外形简单、硬度要求高、对淬火变形要求不高的碳钢零件
矿物油	冷却能力低,能减少零件变形、开裂的现象,在高温区冷却能力也低,因此,一般作为形状复杂的中、小型合金钢的淬火介质

2) 常用的淬火方法

(1) 单介质淬火　将加热至淬火温度的工件,投入一种淬火介质中连续冷却至室温,如图 4-18(a)中曲线所示。例如,碳钢在水中淬火,合金钢在油中淬火等。单介质淬火操作简便,易于实现机械化和自动化。但也有不足之处,即易产生淬火缺陷。水中淬火易产生变形和裂纹,油中淬火易产生硬度不足或硬度不均匀等现象。

(2) 双介质淬火　如图 4-18(b)曲线所示,双介质淬火是将加热的工件先投入一种冷却

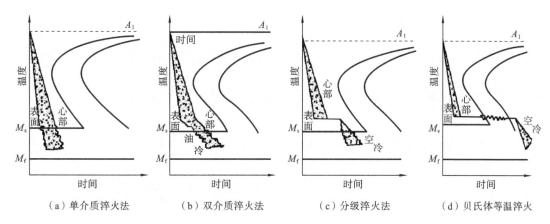

（a）单介质淬火法　　　（b）双介质淬火法　　　（c）分级淬火法　　　（d）贝氏体等温淬火

图 4-18　常用淬火方法示意图

能力强的介质中冷却,然后在 M_s 线以下区域时转入冷却能力小的另一种介质中冷却。例如,形状复杂的非合金钢工件采用水淬油冷法;合金钢工件采用油淬空冷法等。双介质淬火可使低温转变时的内应力减小,从而有效防止工件的变形与开裂。能否准确地控制工件从第一种介质转到第二种介质时的温度,是双介质淬火的关键,需要一定的实践经验。

（3）分级淬火　将加热的工件先放入温度在 M_s 点附近（150～260 ℃）的盐浴或碱浴中,稍加停留（约 2～5 min）,等工件整体温度趋于均匀时,再取出空冷以获得马氏体,如图 4-18(c)曲线所示。分级淬火可更为有效地避免变形和裂纹的产生,而且比双介质淬火易于操作,一般适用于形状较复杂、尺寸较小的工件。

（4）等温淬火　如图 4-18(d)中曲线所示,等温淬火与分级淬火相似,其差别在于等温淬火是在稍高于 M_s 点温度的盐浴或碱浴中,保温足够的时间,使其发生下贝氏体转变后出炉空冷。等温淬火的内应力很小,工件不易变形与开裂,而且具有良好的综合力学性能。等温淬火常用于处理形状复杂、尺寸要求精确,并且硬度和韧度都要求较高的工件,如各种冷、热冲模、成形刃具和弹簧等。

4.4.4　钢的淬透性和淬硬性

1. 淬透性的概念

钢的淬透性是钢在淬火时获得淬硬层（马氏体组织）深度的能力。在相同的淬火条件下,获得的淬硬层越深,表明钢的淬透性越好。钢的临界冷却速度越低,钢的淬透性越好。因此,凡是能降低临界冷却速度的方法,都可以提高钢的淬透性。如图 4-19 所示,工件在淬火后,整个截面的冷却速度不同,工件表层的冷却速度最大,中心层的冷却速度最小。冷却速度大于该钢 v_c 的表层部分,淬火后得到马氏体组织,图 4-19(b)中的阴影区域表示获得马氏体组织的深度。一般规定:由钢的表面至内部马氏体组织占 50％处的距离为有效淬硬深度。

淬透性是钢的一种重要的热处理工艺性能,其高低以钢在规定的标准淬火条件下能够获得的有效淬硬深度来表示。用不同钢种制造的相同形状和尺寸的工件,在同样条件下淬火,淬透性好的钢有效淬硬深度较大。

2. 影响淬透性的因素

影响淬透性的因素很多。钢的淬透性主要取决于钢的马氏体临界冷却速度的大小,实质是取决于过冷奥氏体的稳定性,即 C 曲线的位置。钢的 C 曲线越靠右,其淬透性越好。如亚

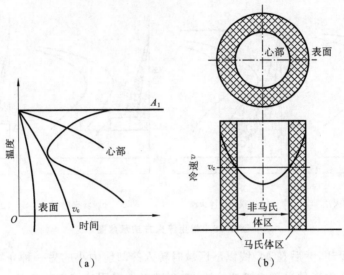

图4-19　钢的有效淬硬深度与冷却速度的关系

共析钢随含碳量增加,钢的临界冷却速度低,淬透性提高;而过共析钢随含碳量增加,钢的临界冷却速度反而提高,淬透性降低。因此,钢的化学成分(包括合金元素)和奥氏体化条件等是影响淬透性的主要因素。

3. 淬透性对钢的力学性能的影响

淬透性对钢件的力学性能影响很大,如图4-20所示。如果整个工件淬透,表面与心部的力学性能均匀一致,能充分发挥钢的力学潜能。如果工件未淬透,表面与心部的力学性能存在很大的差异,高温回火后,虽然截面上的硬度基本一致,但未淬透部分的屈服强度和冲击韧度却显著降低。

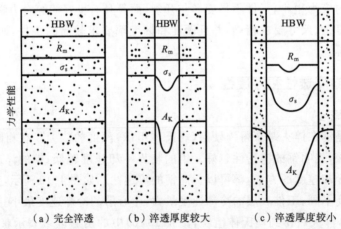

图4-20　淬透性对钢回火后力学性能的影响(阴影部分表示淬透层)

机械制造中许多在重载荷下工作的重要零件以及承受拉压应力的重要零件,常要求工件表面和心部的力学性能一致,此时应选用能全部淬透的钢;而对于应力主要集中在工件表面、心部应力不大(如承受弯曲应力)的零件,则可考虑选用淬透性低的钢。焊接件一般不选用淬透性高的钢,否则易在焊缝及热影响区出现淬火组织,造成焊件变形和开裂。

4. 淬透性的测定

淬透性的测定方法很多,国家标准《钢的淬透性末端试验方法》(GB/T 225—1988)规定用末端淬火法测定结构钢的淬透性。《工具钢淬透性试验方法》(GB 227—1991)规定用断口评级法测定工具钢的淬透性。

5. 钢的淬硬性

钢淬火后能够达到的最高硬度叫钢的淬硬性,又叫可硬性。它主要取决于马氏体的含碳量,奥氏体中固溶的碳越多,淬火后马氏体的硬度也就越高。淬透性和淬硬性的含义是不同的,淬透性主要取决于钢中是否含有可使 C 曲线明显右移的合金元素。淬硬性高的钢,其淬透性不一定高。

6. 淬火缺陷及预防措施

1) 氧化与脱碳

钢在加热时,表面有一层松脆的氧化铁皮的现象称为氧化;脱碳指表面含碳量降低的现象。氧化和脱碳会降低钢件表层的硬度和疲劳强度,而且还影响零件的尺寸。为了防止氧化和脱碳,通常在盐浴炉内加热,要求更高时,可在工件表面涂覆保护剂或在保护气氛及真空中加热。

2) 过热和过烧

钢在淬火加热时,奥氏体晶粒显著粗化的现象称为过热。若加热温度过高,出现晶界氧化并开始部分熔化的现象称为过烧。工件过热,不仅会降低钢的力学性能(尤其是韧性),也容易引起淬火变形和开裂。过热组织可以用正火处理予以纠正,而过烧的工件只能报废。为了防止工件的过热和过烧,必须严格控制加热温度和保温时间。

3) 变形与开裂

工件淬火冷却时,由于不同部位存在温度差异及组织转变的不同所引起的应力称为淬火内应力。当淬火应力超过钢的屈服强度时,工件将产生变形;当淬火应力超过钢的抗拉强度时,工件将产生裂纹而成为废品。为了防止工件的变形和开裂的产生,可采用不同的淬火方法(如分级淬火或等温淬火等)和工艺合理的设计措施(如结构对称、截面均匀、避免尖角等),尽量减少淬火应力,并在淬火后及时进行回火处理。

4) 硬度不足

由于加热温度过低、保温时间不足、冷却速度不够大或表面脱碳等原因造成的硬度不足,可采用重新淬火的方法来消除(但淬火前要进行一次退火或正火处理),而且还须注意以下两点区别。

(1) 淬透性与实际工件的有效淬硬深度的区别。采用同一种钢、不同截面的工件在同样奥氏体化条件下淬火,其淬透性是相同的,但是其有效淬硬深度却因工件的形状、尺寸和冷却介质的不同而有差别。淬透性乃是钢本身所固有的属性,对于一种钢,它是确定的,可用于不同钢种之间的比较。而实际工件的有效淬硬深度,它除了取决于钢的淬透性外,还与工件的形状、尺寸及采用的冷却介质等外界因素有关。

(2) 钢的淬透性与淬硬性是两个不同的概念,淬硬性是指钢淬火后能达到的最高硬度,它主要取决于马氏体的含碳量。淬透性好的钢其淬硬性不一定高。例如低碳合金钢淬透性相当好,但其淬硬性却不高;高碳钢的淬硬性高,但其淬透性却差。

4.4.5　回火

回火是将淬火钢加热到 Ac_1 以下某一温度,保温一定时间,然后冷却至室温的热处理工艺。淬火钢一般不能直接使用,必须进行回火。回火的主要目的是:改变强度高、硬度高,塑性差、韧性差的淬火组织;减少或消除淬火应力;防止工件变形与开裂;稳定工件尺寸及获得工件所需的组织和性能。回火决定了钢在使用状态下的组织和寿命。

1. 淬火钢在回火时的组织转变

淬火后,钢的组织是不稳定的,具有向稳定组织转变的自发倾向。回火加速了自发转变的过程。淬火钢在回火时,随着温度的升高,组织转变可分四个阶段。

第一阶段(80~200 ℃以下):马氏体分解。

马氏体内过饱和的碳原子,以 ε-碳化物的形式析出,使马氏体的过饱和度降低。ε-碳化物是弥散度极高的薄片状组织。这种马氏体和 ε-碳化物的回火组织称回火马氏体。此阶段钢的淬火内应力减少,韧性改善,但硬度并未明显降低。

第二阶段(200~300 ℃):残余奥氏体分解。

淬火钢中原来没有完全转变的残余奥氏体,此时发生分解,转变为下贝氏体组织。这个阶段转变后的组织是下贝氏体和回火马氏体。淬火内应力进一步降低,但马氏体分解造成硬度降低,被残余奥氏体分解引起的硬度升高所补偿,故钢的硬度降低并不明显。

第三阶段(300~400 ℃):马氏体分解完成且 ε-碳化物转化为渗碳体。

马氏体继续分解,直至过饱和的碳原子几乎全部从固溶体内析出,与此同时,ε-碳化物逐渐转变为极细的稳定 Fe_3C,形成尚未再结晶的针状铁素体和细球状渗碳体的混合组织,称为回火托氏体。此时钢的淬火内应力基本消除,硬度有所降低。

第四阶段(400 ℃以上):渗碳体的球化、长大与铁素体的回复和再结晶。

温度高于 400 ℃后,铁素体发生回复与再结晶,渗碳体颗粒不断聚集长大。形成块状铁素体与球状渗碳体的混合组织,称为回火索氏体。钢的强度、硬度不断降低,但韧性却明显改善。

2. 回火的分类及其应用

淬火钢回火后的组织和性能取决于回火温度。根据钢件的性能要求,回火温度可以分为三类。

(1) 低温回火(150~250 ℃)回火后的组织是回火马氏体,它基本保持马氏体的高硬度和耐磨性,钢的内应力和脆性有所降低。低温回火主要用于各种工具、滚动轴承、渗碳件和表面淬火件。

(2) 中温回火(350~500 ℃)回火后的组织为回火托氏体,具有较高的弹性极限和屈服强度,具有一定的韧度和硬度。中温回火主要用于各种弹簧和模具等。

(3) 高温回火(500~ 650 ℃)回火后的组织为回火索氏体,它具有强度、硬度较高,塑性和韧性都较好的综合力学性能。高温回火广泛用于汽车、拖拉机、机床等机械中的重要结构零件,如各种轴、齿轮、连杆、高强度螺栓等。

通常将淬火与高温回火相结合的热处理称为调质处理。调质处理一般作为最终热处理,但也可作为表面淬火和化学热处理的预备热处理。应指出,工件回火后的硬度主要与回火温度和回火时间有关,而回火后的冷却速度对硬度影响不大。实际生产中,回火件出炉后通常采用空冷。

3. 淬火钢回火时的力学性能的变化

淬火钢回火时,总的变化趋势是随着回火温度的升高,碳钢的硬度、强度降低;塑性提高,但回火温度太高,塑性会有所下降;冲击韧度随着回火温度升高而增大,但在 250~400 ℃ 和 450~650 ℃ 温度区间回火,可能出现冲击韧度显著降低的现象,这称为钢的回火脆性。

(1) 第一类回火脆性　淬火钢在 250~400 ℃ 温度范围出现的回火脆性称为第一类回火

脆性,又称低温回火脆性。几乎所有的钢都会出现,这类脆性产生以后无法消除,因而又称为不可逆回火脆性,生产上要避免在 250～400 ℃ 温度范围内回火。

（2）第二类回火脆性　淬火钢在 450～650 ℃温度范围出现的回火脆性称为第二类回火脆性,又称高温回火脆性。这种脆性主要发生在含 Cr、Ni、Si、Mn 等合金元素的结构钢中。此类回火脆性是可逆的,只要在工件回火后快速冷却就可避免,加入 W 或 Mo 元素可使这类钢不出现第二类回火脆性,如图 4-21 所示。

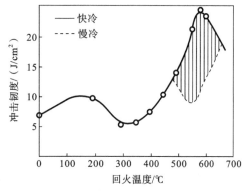

图 4-21　钢的韧度与回火温度的关系

4.5　钢的表面热处理和化学热处理

在实际生产中,很多机械零件是在冲击载荷、交变载荷及摩擦等条件下工作的,如曲轴、凸轮轴、齿轮、主轴等。这些零件要求表层具有高强度、高硬度、强耐磨性及高疲劳强度,而心部要具有足够的塑性和韧性。因此,为了达到这些性能要求,生产中仅对表层进行热处理,这种工艺称为表面热处理。常用的表面热处理方法分为表面淬火和化学热处理。

4.5.1　表面淬火

表面淬火是将钢的表面快速加热至淬火温度,并立即以大于 v_c 的速度冷却,使表层得到马氏体组织的热处理方法。此时工件表面具有高的硬度和耐磨性,而心部仍为淬火前的组织,即具有足够的强度和韧度。表面淬火不改变钢表层的成分,仅改变表层的组织,且心部组织不发生变化。

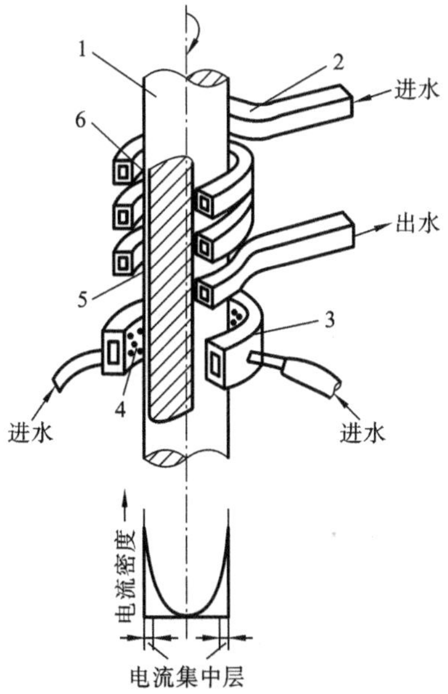

生产中广泛应用的表面淬火方法有感应加热和火焰加热表面淬火。

1. 感应加热表面淬火

感应加热表面淬火的基本原理如图 4-22 所示。将工件放在铜管绕制的感应圈内,当感应圈通电时,感应圈内部和周围产生同频率的交变磁场,于是工件中相应产生自成回路的感应电流。由于集肤效应,感应电流主要集中在工件表层,使工件表面迅速加热到淬火温度。随即喷水冷却,使工件表层淬硬。

根据所用电流频率的不同,感应加热可分为高频（200～300 kHz）加热、中频（2500～8000 Hz）加热、工频（50 Hz）加热等,用于各类中小型、大型机械零件。感应电流频率越高,电流集中的表层越薄,加热层也越薄,淬硬层深度越小。

感应加热表面淬火零件一般采用中碳钢和中碳低合金结构钢。应用感应加热表面淬火最广泛的是汽车、拖

图 4-22　感应加热表面淬火示意图

1—工件；2—加热感应线圈；

3—淬火喷水套；4—喷水孔；

5—淬硬层；6—间隙

拉机、机床和工程机械中的齿轮、轴类等。该方法也可用于高碳钢、低合金钢制造的工具和量具,以及铸铁冷轧辊等。

经感应加热表面淬火的工件,表面不易氧化、脱碳,变形小,淬火层深度易于控制,一般高频感应加热淬硬层深度为 1.0~2.0 mm,表面硬度比普通淬火零件高 2~3 HRC。此外,该热处理方法生产效率高,易于实现生产机械化,多用于大批量生产的形状较简单的零件。

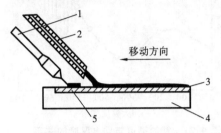

图 4-23　火焰表面淬火示意图

1—烧嘴;2—喷水管;3—淬硬层;

4—工件;5—加热层

2. 火焰加热表面淬火

使用乙炔-氧焰或煤气-氧焰,将工件表面快速加热到淬火温度,立即喷水冷却的淬火方法称火焰加热表面淬火,如图 4-23 所示。

火焰表面淬火的淬硬层深度为 2~6 mm。这种表面淬火所用设备简单,投资少,但是加热时易过热,淬火质量不稳定,适用于大型工件,如大模数齿轮等的表面淬火。

4.5.2　化学热处理

为了提高工件表面硬度、耐磨性、疲劳强度、热硬性和耐蚀性;改善工件表面的物理化学性能;将工件置于一定的活性介质中保温,使一种或几种元素渗入工件表层的表面热处理方法称为化学热处理。化学热处理的种类很多,一般以渗入的元素来命名。主要有渗碳、渗氮和碳氮共渗(氰化)等。

化学热处理的基本原理是活性原子渗入工件表层,其基本过程如下。

(1) 化学介质分解出能够渗入工件表层的活性原子。

(2) 钢件的表面的吸收活性原子,进入铁的晶格中形成固溶体或化合物。

(3) 扩散渗入的活性原子由表面向内部扩散,形成一定厚度的扩散层。

1. 渗碳

渗碳是将工件置于渗碳的介质中,加热到高温(900~950 ℃),使碳原子渗入工件表层,从而使工件表面达到高碳钢的含碳量的热处理方法。其主要目的是提高零件表层的含碳量,以提高表面层的硬度、耐磨性和疲劳强度。渗碳适用于低碳钢和低碳合金钢,常用于汽车齿轮、活塞销、套筒等零件。

根据采用的渗碳剂的不同,渗碳可分为气体渗碳、液体渗碳和固体渗碳三种。目前生产中广泛采用气体渗碳。气体渗碳是将工件置于密封的渗碳炉中(见图4-24),加热到 900~950 ℃,通入渗碳气体(如煤气、石油液化气、丙烷等)或易分解的有机液体(如煤油、甲苯、甲醇等),在高温下通过反应分解出活性碳原子,活性碳原子渗入工件表面的高温奥氏体中,并通过扩散形成一定厚度的渗碳层。渗碳的时间主要由渗碳层的深度决定,一般保温 1 h,渗碳层厚度约 0.2~0.3 mm,渗碳层中 $w_c = 0.8\% \sim 1.1\%$。工件渗碳后必须进行淬火和低

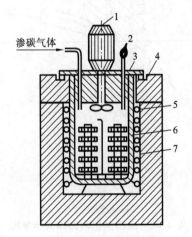

图 4-24　气体渗碳法示意图

1—风扇电动机;2—排出废气火焰;3—炉盖;

4—砂封;5—电炉丝;6—耐热罐;7—工件

温回火。

一般低碳钢经渗碳淬火后表层硬度可达 60~64 HRC,心部为 30~40 HRC。

气体渗碳的渗碳层质量高,渗碳过程易于控制,生产率高,劳动条件好,易于实现机械化和自动化,适于成批或大量生产。

2. 渗氮

将氮原子渗入工件表层的过程称渗氮(氮化)。目的是提高工件表面硬度和疲劳强度,改善其耐磨性、热硬性和耐蚀性。常用的渗氮方法主要有气体渗氮、液体渗氮及离子渗氮等。

气体渗氮是将工件置于通入氨气的炉中,加热至 500~600 ℃,使氨分解出活性氮原子,渗入工件表层,并向内部扩散形成氮化层。

气体渗氮的特点是:与渗碳相比,渗氮工件的表面硬度较高,可达 1000~1200 HV(相当于 69~72 HRC);渗氮温度较低,渗氮件一般不再进行其他热处理(如淬火等),工件变形很小;渗氮后工件的疲劳强度可提高 15%~35%;渗氮层具有高耐蚀性。但是渗氮工艺复杂,生产周期长,成本高,氮化层薄而脆,不宜承受集中的重载荷。

思考与练习题

4-1　指出 A_1、A_3、A_{cm};Ac_1、Ac_3、Ac_{cm};Ar_1、Ar_3、Ar_{cm} 各相变点的意义。

4-2　试述共析钢奥氏体形成的几个阶段,分析亚共析钢和过共析钢奥氏体形成的主要特点。

4-3　指出影响奥氏体实际品粒度的因素。

4-4　说明共析钢 C 曲线各个区、各条线的物理意义,在曲线上标注出各类转变产物的组织名称及其符号和性能。

4-5　何谓钢的马氏体临界冷却速度?它的大小受哪些因素影响?它与钢的淬透性有何关系?

4-6　试比较共析钢过冷奥氏体等温转变图和连续转变图的异同点。

4-7　试分析奥氏体化条件对钢的淬透性的影响。

4-8　试述马氏体转变的特点。定性说明两种主要类型马氏体的组织形态和性能差异。

4-9　正火和退火的主要区别是什么?生产中应如何选择正火和退火?

4-10　简述各种淬火方法及其适用范围。

4-11　试比较索氏体与回火索氏体、托氏体与回火托氏体、马氏体与回火马氏体之间在形成条件、金相形态与性能上的主要区别。

4-12　现有用 20 钢和 40 钢制造的齿轮各一个,为提高齿面的硬度和耐磨性,宜采用何种热处理工艺?热处理后在组织和性能上有何不同?

第5章 常用金属材料

金属材料是指包含元素以金属元素为主、具有金属特性的材料。包括纯金属、碳素钢、合金钢、铸铁和有色金属材料等。其中碳素钢和铸铁价格低廉,工艺性能和力学性能好,是机械制造中应用最广泛的金属材料。合金钢是在碳素钢的基础上加入一些合金元素所获得的钢。了解各种金属的分类、牌号及正确选用各类钢材,制定合理的冷热加工工艺,对工件提高效能、延长寿命、节约材料、降低成本,以及产生良好的经济效益很有帮助。

5.1 碳 素 钢

碳素钢是指碳的质量分数小于 2.11%、含有少量常存元素的铁碳合金。碳素钢具有良好的力学性能,容易冶炼,价格低廉,是机械制造中应用最广泛的金属材料。

5.1.1 常存元素对碳钢性能的影响

1. 锰的影响

锰在碳素钢中是有益元素,广泛用于熔态钢的脱氧和脱硫。锰能溶入铁素体,形成置换固溶体使之强化,能提高钢的强度、硬度。含锰量高的钢,经冷加工或冲击后具有高的耐磨性。锰与硫形成 MnS,能消除硫的有害作用;起断屑作用,改善切削加工性。锰在钢中的质量分数一般为 0.25%~0.8%。

2. 硅的影响

硅在碳素钢中是有益元素。硅是铁素体形成元素。它既提高 A_1 温度,又提高 A_3 温度。由于硅有石墨化的作用,所以一般它在钢中与锰结合作为碳化物的稳定剂。硅能溶入铁素体使之强化,提高钢的强度、硬度,但会使钢的塑性和韧性降低。硅在钢中的质量分数通常为 $w_{Si} < 0.4\%$。

3. 硫的影响

硫在碳素钢中是有害元素。硫通过形成脆的硫化物 FeS 对钢产生最有害的影响。在热加工时,容易产生脆性(称为热脆性)。如果在钢中加入足够量的锰,硫与锰形成 MnS,可降低钢中锰的含量。但硫能改善低碳钢的切削加工性。普通钢中硫的质量分数不大于 0.045%。

4. 磷的影响

磷是钢材中的有害元素。磷在常温下能全部溶入铁素体中,使钢的强度、硬度升高,但塑性、韧性变差,在低温时表现尤为突出。这种在低温时由磷导致钢严重脆化的现象称为"冷脆"。磷的存在还会使钢的焊接性能变坏,因此对钢中的含磷量要严格控制。普通钢中磷的质量分数不大于 0.045%。

5.1.2 碳素钢的分类

碳素钢的分类方法很多,可根据不同的需要,采用不同的分类方法。下面介绍三种常用的分类方法。

1. 按钢的含碳量分类

(1) 低碳钢($w_C \leq 0.25\%$)。

(2) 中碳钢($w_C = 0.25\% \sim 0.60\%$)。

(3) 高碳钢($w_C > 0.60\%$)。

2. 按钢的质量分类（有害杂质硫、磷含量）

(1) 普通钢 硫的质量分数不大于 0.05%，磷的质量分数不大于 0.045%。

(2) 优质钢 硫的质量分数不大于 0.035%，磷的质量分数不大于 0.035%。

(3) 高级优质钢 硫的质量分数不大于 0.025%，磷的质量分数不大于 0.025%。

3. 按钢的用途分类

(1) 碳素结构钢 这类钢主要用于制造各类工程构件(如桥梁、船舶、建筑物等)及各种机械零件(如齿轮、螺钉、连杆等)，这类钢多属于低碳钢和中碳钢。

(2) 碳素工具钢 这类钢主要用于制造各种刃具、量具和模具，其含碳量较高，碳的质量分数一般大于 0.7%，属于高碳钢。

5.1.3 碳素钢的牌号、性能及用途

在《钢铁产品牌号表示方法》(GB/T 221—2008)中规定，采用汉语拼音字母、化学符号与阿拉伯数字相结合的原则表示碳素钢的牌号。

1. 碳素结构钢

碳素结构钢牌号由代表屈服强度的汉语拼音首位字母 Q、屈服强度数值、质量等级符号和脱氧方法等部分组成。其中：质量等级为 A、B、C、D、E，表示硫磷含量不同；脱氧方法用 F(沸腾钢)、B(半镇静钢)、Z(镇静钢)、TZ(特殊镇静钢)表示，钢号中"Z"和"TZ"可以省略。例如 Q235AF，代表屈服强度 $\sigma_s = 235$ MPa、质量为 A 级的沸腾碳素结构钢。常用碳素结构钢的牌号、化学成分、力学性能及应用举例见表 5-1。

表 5-1 碳素结构钢牌号、化学成分和力学性能(摘自 GB/T 700—2006)

牌号	等级	化学成分(质量分数)/(%)≤					脱氧方法	拉伸试验			应用举例
		C	Mn	Si	S	P		R_{eH}/MPa	R_m/MPa	A/(%)	
				不大于							
Q195	—	0.12	0.50	0.30	0.040	0.035	F,Z	(195)	315~430	33	用于制造钉子、铆钉、垫块及轻负荷的冲压件
Q215	A	0.15	1.20	0.35	0.050	0.045	F,Z	215	335~450	31	
	B				0.045						
Q235	A	0.22	1.40	0.35	0.050	0.045	F,Z	235	370~500	26	用于制造小轴、拉杆、螺栓、螺母、法兰等不太重要的零件
	B	0.20	1.40		0.045						
	C	0.17	1.40	0.35	0.040	0.040	Z				
	D				0.035	0.035	TZ				
Q275	A	0.24	0.40~0.70	0.35	0.050	0.045	F,Z	275	410~540	22	用于制造拉杆、连杆、转轴、心轴、齿轮和键等
	B	0.22			0.045		Z				
	C	0.20	1.50	0.35	0.040	0.040	Z				
	D				0.035	0.035	TZ				

2. 优质碳素结构钢

优质碳素结构钢的牌号用两位数字表示。这两位数字表示钢中平均碳的质量分数（以万分之几计）。若钢中锰的含量较高，在数字后面附化学元素符号 Mn。例如，45 钢，表示钢中碳的平均质量分数 $w_C = 0.45\%$；60Mn 表示碳的平均质量分数 $w_C = 0.60\%$，$w_{Mn} = 0.70\% \sim 1.00\%$ 的优质碳素结构钢。常用优质碳素结构钢的牌号、化学成分、力学性能及应用举例见表 5-2 至表 5-4。

表 5-2　优质碳素结构钢牌号和化学成分（摘自 GB/T 699—1999）

牌　号	化学成分/（%）					
	C	Si	Mn	Cr	Ni	Cu
08F	0.05～0.11	≤0.03	0.25～0.50	0.10	0.30	0.25
10F	0.07～0.13	≤0.07	0.25～0.50	0.15	0.30	0.25
08	0.05～0.11	0.17～0.37	0.35～0.65	0.10	0.30	0.25
10	0.07～0.13	0.17～0.37	0.35～0.65	0.15	0.30	0.25
25	0.22～0.29	0.17～0.37	0.50～0.80	0.25	0.30	0.25
45	0.42～0.50	0.17～0.37	0.50～0.80	0.25	0.30	0.25
15Mn	0.12～0.18	0.17～0.37	0.70～1.00	0.25	0.30	0.25
25Mn	0.22～0.29	0.17～0.37	0.70～1.00	0.25	0.30	0.25
35Mn	0.32～0.39	0.17～0.37	0.70～1.00	0.25	0.30	0.25
65Mn	0.62～0.70	0.17～0.37	0.90～1.20	0.25	0.30	0.25

表 5-3　优质碳素结构钢牌号和力学性能（摘自 GB/T 699—1999）

牌号	试样毛坯尺寸/mm	推荐热处理/℃			力 学 性 能					钢材交货状态硬度 HBW10/3000（=）	
		正火	淬火	回火	R_m/MPa	R_{eL}/MPa	A/（%）	Z/（%）	A_K/J	未热处理钢	退火钢
					不小于						
08F	25	930			295	175	35	60		131	
10F	25	930			315	185	33	55		137	
08 钢	25	930			325	195	33	60		131	
10 钢	25	930			335	205	31	55		137	
15 钢	25	920			375	225	27	55		143	
20 钢	25	910			410	245	25	55		156	
45 钢	25	850	840	600	600	335	16	40	39	229	197
85 钢	25		820	480	1130	980	6	30		302	255
15Mn	25	920			410	245	26	55		163	
25Mn	25	900	870	600	490	292	25	50	71	207	
35Mn	25	870	850	600	560	335	18	45	55	229	197
65Mn	25	830			735	430	9	30		285	229

表 5-4　优质碳素结构钢的用途

牌号	用 途 举 例
10 10F	用来制造锅炉管、油桶顶盖、钢带、钢丝、钢板和型材,用于制造机械零件
20 20F	用于不经受很大应力而要求韧性好的各种机械零件,如拉杆、轴套、螺钉、起重钩等;也用于制造在 6.0×10^6 Pa(60 个大气压)、450 ℃以下非腐蚀介质中使用的管子等;还可以用于心部强度不大的渗碳与碳氮共渗零件,如轴套、链条的滚子、轴以及不重要的齿轮、链轮等
35	用于热锻的机械零件,冷拉和冷顶锻钢材,无缝钢管,机械制造中的零件,如转轴、曲轴、轴销、拉杆、连杆、横梁、星轮、套筒、轮圈、钩环、垫圈、螺钉、螺母等;还可以用来制造汽轮机机身、轧钢机机身、飞轮等
40	用来制造机器的运动零件,如辊子、轴、曲柄销、转动轴、活塞杆、连杆、圆盘等
45	用来制造蒸汽锅炉机、压缩机、泵的运动零件;还可以用来代替渗碳钢制造齿轮、轴、活塞销等零件,但零件需经高频或火焰表面淬火,并可用作铸件
55	用于制造齿轮、连杆、轮圈、轮缘、扁弹簧及轧辊等,也可用作铸件
65	用于制造气门弹簧、弹簧圈、轴、轧辊、各种垫圈、凸轮及钢丝绳等
70	用于制造弹簧

3. 碳素工具钢

　　碳素工具钢的牌号由代表碳的符号"T"(碳的汉语拼音字首)与阿拉伯数字组成。其中数字表示钢中的碳的质量分数为千分之几。例如 T8,表示 $w_C=0.8\%$ 的碳素工具钢。碳素工具钢都是优质钢,若钢号末尾标 A,表示该钢是高级优质钢。碳素工具钢的牌号、化学成分、力学性能及应用举例见表 5-5。

表 5-5　碳素工具钢的牌号、化学成分和用途(摘自 GB/T 1298—2008)

牌号	化学成分(质量分数,%)			试样淬火 HRC 不小于	用 途 举 例
	C	Mn	Si		
T7	0.65~0.74	≤0.40	≤0.35	800~820 ℃水 62	承受冲击、韧性较好、硬度适当的工具, 如扁铲、手钳
T8	0.75~0.84	≤0.40	≤0.35	780~800 ℃水 62	承受冲击、要求较高硬度的工具, 如冲头、木工工具
T8Mn	0.80~0.90	0.40~0.60	≤0.35	780~800 ℃水 62	承受冲击、淬透性要求较大的工具
T9	0.85~0.94	≤0.40	≤0.35	760~780 ℃水 62	韧性中等、硬度高的工具
T10	0.95~1.04	≤0.40	≤0.35	760~780 ℃水 62	不受剧烈冲击、高硬度耐磨的工具

4. 工程用铸造碳素钢的牌号

　　工程用铸造碳素钢牌号是由 ZG("铸钢"二字汉语拼音字首)与表示力学性能的两组数字组成,第一组数字表示最小的屈服强度,第二组数字表示最小的抗拉强度,若牌号末尾标字母 H(焊)表示该钢是焊接结构用碳素铸钢。例如,ZG200-400 表示屈服强度为 200 MPa、抗拉强度为 430 MPa 的工程用铸钢。工程用铸造碳素钢的牌号、化学成分、力学性能及应用举例见表 5-6。

表 5-6　工程用铸造碳素钢的牌号、成分和力学性能及应用举例

牌号	主要化学成分（质量分数，%）≤				室温力学性能（不小于）					用途举例
	C	Si	Mn	P、S	R_{eH} /MPa≥	R_m /MPa≥	A /(%)≥	Z /(%)≥	A_K /J≥	
ZG200-400	0.20	0.60	0.80	0.035	200	400	25	40	30	良好的塑性、韧性和焊接性，用于受力不大的机械零件，如机座、变速箱壳等
ZG230-450	0.30	0.60	0.90	0.035	230	450	22	32	25	一定的强度和好的塑性、韧性，焊接性良好。用于受力不大、韧性好的机械零件，如钻座、外壳、轴承盖、阀体、犁柱等
ZG270-500	0.40	0.60	0.90	0.035	270	500	18	25	22	较高的强度和较好的塑性，铸造性良好，焊接性尚好，切削性好。用于轧钢机机架、轴承座、连杆、箱体、曲轴、缸体等

5.2　合　金　钢

　　碳素钢种类繁多，生产比较简单，成本低廉。经过热处理后，可以在不改变化学成分的前提下使力学性能得到不同程度的改善和提高。但是碳素钢的淬透性比较差，强度、屈强比、回火稳定性、抗氧化、耐蚀、耐热、耐低温、耐磨损以及特殊电磁性等方面往往较差，不能满足特殊使用性能的需求。因此，为了提高碳素钢的性能，在钢中特意加入锰、铬、硅、镍、钨、钒、铝、钛、硼、铝、铜等合金元素和稀土元素，所获得的钢种，称为合金钢。由于合金元素与铁、碳以及合金元素之间的相互作用，改变了钢的内部组织结构，从而能提高和改善钢的性能。

5.2.1　合金元素在钢中的主要作用

　　碳素钢加入合金元素后，钢的基本组元铁和碳与加入的合金元素会发生交互作用，从而改变钢的相变点和合金状态图，改变钢的组织结构和性能。钢的合金化的目的是利用合金元素与铁、碳的相互作用和对铁碳相图及对钢的热处理的影响来改善钢的组织和性能。

　　合金元素在钢中的作用,按与碳相互作用形成碳化物趋势的大小,分为碳化物形成元素与非碳化物形成元素两大类。常用的合金元素如下。

　　非碳化物形成元素:镍、硅、铝、钴、铜、氮、硼。

　　碳化物形成元素:锰、铬、钼、钨、钒、钛、铌、锆。

　　铁素体和渗碳体是钢中的两个基本相,由于合金元素的性能和种类的差异,一部分合金元素可溶于铁素体中形成合金铁素体,一部分合金元素可溶于渗碳体中形成合金渗碳体。非碳化物形成元素主要溶于铁素体中,形成合金铁素体;碳化物形成元素可以溶于渗碳体中,形成合金渗碳体,也可以和碳直接结合形成特殊碳化物。

1. 合金元素对钢基本相的影响

　　(1) 强化铁素体　大多数合金元素(除铅外)都能溶于铁素体,形成合金铁素体,引起晶格畸变,产生固溶强化作用,使合金钢中的铁素体的强度、硬度升高,塑性、韧性下降,如图 5-1 所示。

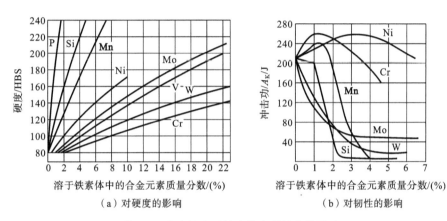

　　(a) 对硬度的影响　　　　　　　　(b) 对韧性的影响

图 5-1　合金元素对铁素体力学性能的影响

　　(2) 形成合金碳化物　碳化物是钢中的重要相之一。它的类型、大小、形状结合分布对钢的性能有很重要的影响。在钢中能形成碳化物的合金元素称为碳化物形成元素,有铁、锰、铬、钼、钒、铌、锆、钛等(按与碳亲和力由弱到强排列)。与碳的亲和力越强,形成的碳化物就越稳定,硬度就越高。由于与碳的亲和力强弱不同及在钢中的含量不同,合金元素可以形成三种类型的碳化物。

　　① 合金渗碳体　如 $(Fe,Mn)_3C$、$(Fe,Cr)_3C$ 等。合金渗碳体比渗碳体稳定,硬度略高,可明显提高低合金钢的强度。

　　② 合金碳化物　如 Cr_7Ca、Fe_3W_3C 等。

　　③ 特殊碳化物　如 WC、VC、TiC 等。从合金渗碳体到特殊碳化物,稳定性及硬度依次升高。碳化物的稳定性越高,就越难溶于奥氏体,也越不易聚集长大。随着碳化物数量的增加,钢的硬度、强度提高,塑性、韧性下降。

2. 合金元素对 Fe-Fe_3C 相图的影响

　　合金元素对碳钢中的相平衡关系影响很大。加入合金元素,可使 α-Fe 与 γ-Fe 的存在范围发生变化,使 Fe-Fe_3C 相图、相变温度、共析成分发生变化。

　　1) 合金元素对奥氏体相区的影响

　　(1) 扩大单相奥氏体区的合金元素有镍、锰、钛、氮等。这些元素会使 A_1 线、A_3 线下降(见图 5-2(a)),使单相奥氏体区扩大至常温,即可在常温下保持稳定的单相奥氏体组织。利用合金元素扩大奥氏体相区的作用可生产出奥氏体钢。

　　(2) 缩小单相奥氏体区的合金元素有铬、钼、钛等。这些元素会使 A_1 线、A_3 线升高(见图 5-2(b)),使钢在高温与常温下均保持铁素体组织,这类钢称为铁素体钢。

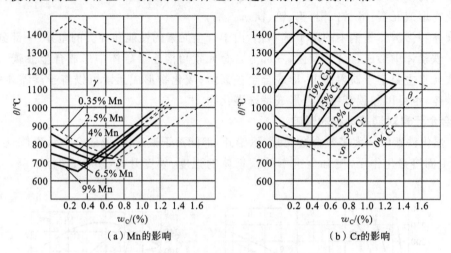

（a）Mn的影响　　　　　　　　　　（b）Cr的影响

图 5-2　合金元素对铁碳相图奥氏体区的影响

　　2) 合金元素对 S、E 点的影响

　　大多数合金元素都使 Fe-Fe$_3$C 相图的 S 点和 E 点向左移,S 点左移意味着共析点含碳量降低,使含碳量相同的碳素钢和合金钢有不同的组织和性能。例如,$w_{Cr}=12\%$ 的合金钢,其共析点的含碳量约为 0.4%,$w_C=0.4\%$ 时这种合金钢便有了共析成分,而 $w_C=0.5\%$ 的碳钢还属于亚共析钢。E 点左移意味着共晶点的含碳量降低,$w_{Cr}=12\%$ 的合金钢,当 w_C 仅为 1.5% 时就会出现莱氏体组织。例如,在高速钢($w_C=0.7\%\sim0.8\%$)的铸态组织中就有莱氏体,故可称之为莱氏体钢。

3. 合金元素对钢热处理的影响

　　1) 合金元素对钢加热时组织转变的影响

　　合金钢的奥氏体形成过程和碳素钢基本相同,但碳化物形成元素都阻碍碳原子的扩散,因而可减缓奥氏体的形成。例如,碳化物形成元素铬、钼、钨、钛、钒等,由于它们与碳有较强的亲和力,能大大降低碳在奥氏体中的扩散速度,即降低奥氏体的形成速度。因此合金钢的奥氏体化比碳素钢需要的温度更高,保温时间更长。除锰以外的大多数合金元素都能阻止奥氏体晶粒长大,达到细化晶粒的目的。

　　2) 合金元素对钢冷却时组织转变的影响

　　除钴外,大多数合金元素都使钢的过冷奥氏体的稳定性提高,不同程度使 C 曲线右移。由于合金钢的 C 曲线向右移,临界冷却速度降低,钢的淬透性提高。图 5-3 所示为合金元素对过冷奥氏体等温转变和 M_s 点的影响示意图。

　　3) 合金元素对钢回火时组织转变的影响

　　对淬火后的合金钢进行回火时,其回火过程的组织转变与碳素钢相同,但由于合金元素的加入,使回火转变具有以下特点。

　　(1) 回火稳定性　淬火钢在回火过程中抵抗硬度下降的能力称为回火稳定性。由于合金元素在回火过程中推迟了马氏体的分解和残余奥氏体的转变,使回火的硬度降低过程变慢,从而提高了钢的回火稳定性。提高钢的回火稳定性作用性较强的合金元素有钒、硅、钼、镍、钴等。

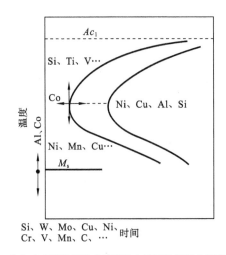
（a）含非碳化物形成元素和少量碳化物形成元素的钢

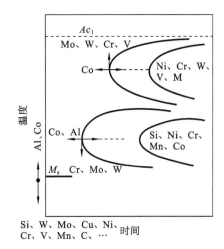
（b）含较多碳化物形成元素的钢

图 5-3　合金元素对过冷奥氏体等温转变和 M_s 点的影响示意图

（2）二次硬化现象　在高合金钢中,钨、钼、钒等强碳化物形成元素在 $500\sim600$ ℃回火时,会形成细小弥散的特殊碳化物,使钢回火后硬度有所升高;同时淬火后残余的奥氏体在回火冷却过程中部分转变为马氏体,使钢回火后硬度显著提高。这两种现象都称为"二次硬化"。图 5-4 所示为 $w_C=0.3\%$ 的含钼钢的回火温度与硬度关系曲线。

高的回火稳定性和二次硬化使合金钢在较高温度（$500\sim600$ ℃）下仍保持高硬度（$\geqslant60$ HRC）,这种性能称为热硬性。热硬性对高速切削刀具及热变形模具等非常重要。

（3）第二类回火脆性　又称可逆回火脆性、高温回火脆性。发生的主要原因是镍、铬、锑等合金元素在原奥氏体晶界上产生严重偏聚,在温度 $400\sim650$ ℃时,钢的强度、硬度急剧降低。钼和钨可降低第二类回火脆性,如图 5-5 所示。

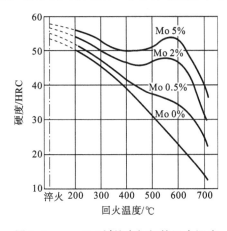
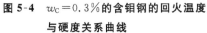

图 5-4　$w_C=0.3\%$ 的含钼钢的回火温度
与硬度关系曲线

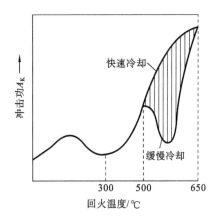

图 5-5　回火脆性曲线

5.2.2　合金钢的分类和牌号

合金钢的分类可按照合金钢的主要用途、合金元素的质量分数、含有主要合金元素的种类和金相组织来分。

1. 合金钢的分类

1）按合金钢的主要用途分类

（1）合金结构钢　可分为建筑及工程用结构钢和机械制造用结构钢。建筑及工程用结构钢主要用于建筑、桥梁、船舶、锅炉或金属结构件。机械制造用结构钢是主要用于制造机械设备上结构零件的钢，如渗碳钢、轴承钢等。

（2）合金工具钢　主要用于制造各类刃具、量具和模具等。

（3）特殊性能钢　具有特殊化学和物理性能的钢，有不锈钢、耐热钢和耐磨钢。

2）按合金元素总含量分类

（1）低合金钢　其中合金元素总的质量分数小于 5%。

（2）中合金钢　其中合金元素总的质量分数为 5%～10%。

（3）高合金钢　其中合金元素总的质量分数大于 10%。

3）按金相组织分类

钢的金相组织因处理方法不同而异。按照牌号或退火组织可分为亚共析钢、共析钢、过共析钢和莱氏体钢；按正火组织可分为珠光体钢、贝氏体钢、马氏体钢和奥氏体钢。

2. 合金钢的编号

我国合金钢的编号是按照合金钢中的含碳量及所含合金元素的种类（元素符号）和含量来编制的。一般采用"含碳量＋合金元素的种类及含量＋质量级别"编号，以反映各种合金钢的主要成分、用途和主要性能。

1）合金结构钢的编号

一般采用"两位数字＋化学元素符号＋数字"表示。前面两位数字表示钢中碳的平均质量分数，用万分之几表示；化学元素符号表明钢中含有的主要合金元素；后面的数字表示该合金元素的平均质量分数，用百分之几表示。例如 60Si2Mn，表示平均 $w_C=0.6\%$、$w_{Si}>1.5\%$、$w_{Mn}<1.5\%$ 的合金结构钢；09Mn2 表示平均 $w_C=0.09\%$、$w_{Mn}>1.5\%$ 的合金结构钢。

若合金元素的平均质量分数小于 1.5，牌号中只标出元素符号，不标明含量；若合金元素的平均质量分数为 1.5%～2.5%，为 2.5%～3.5%，…，相应地表成 2，3，…，例如 $w_{Mn}=1.5$～2.5，2.5～3.5，…时，在该元素后面相应地用整数 2，3，…注出其近似含量。

2）合金工具钢的编号

合金工具钢的牌号以"一位数字（或没有数字）＋元素＋数字＋…"表示。当碳的平均质量分数 $w_C<1.0\%$ 时，用一位数表示碳的平均质量千分数；当 $w_C\geqslant1.0\%$ 时，为了避免与结构钢相混淆，编号前不标数字。例如 9Mn2V 表示平均 $w_C=0.9\%$，$w_{Mn}=1.70\%$～2%，含少量 V 的合金工具钢；CrWMn 牌号前面没有数字，表示钢中平均 $w_C>1.0\%$，$w_{Mo}=0.9\%$～1.4%，$w_{Cr}=0.9\%$～1.4%，$w_V=0.9\%$ 的铸钢。高速工具钢牌号中不标出含碳量。

3）滚动轴承钢的编号

滚珠轴承钢在钢号前标以"G"字，其后为铬（Cr）＋数字，数字表示铬的平均质量千分数，如 GCr15。这里应注意牌号中铬元素后面的数字是表示含铬量为 1.5%，其他元素仍按百分之几表示，如 GCr15SiMn 表示铬的质量分数为 1.5%，硅、锰的质量分数均小于 1.5% 的滚动轴承钢。

4）特殊性能钢的编号

特殊性能钢的编号表示与合金工具钢基本相同，只是当 $w_C<0.08\%$ 及 0.03% 时，在牌号

前面分别冠以"0"及"00",例如 0Cr19Ni9、00Cr30Mo2 等。

5.2.3　合金结构钢

合金结构钢是在碳钢的基础上加入一些合金元素形成的。合金结构钢具有较高的淬透性、较高的强度和韧度,优良的综合力学性能,主要用于制造重要的工程结构和机器零件。主要有低合金高强度结构钢、合金渗碳钢、合金调质钢、合金弹簧钢和滚动轴承钢。

1. 低合金高强度结构钢

1) 化学成分

低合金高强度结构钢的成分特点是:低含碳量($w_C < 0.20\%$)、低合金(总合金元素含量 $w_{Me} < 3\%$)。

主要合金元素有锰、钒、钛、铌、铝、铬、镍等。锰有固溶强化铁素体、增加并细化珠光体的作用;钒、钛、铌等主要作用是细化晶粒;铬、镍可提高钢的冲击韧度,改善钢的热处理性能,提高钢的强度,并且铝、铬、镍均可提高对大气的抗蚀能力。为改善钢的性能,高性能级别钢可加入钼、稀土等元素。

2) 性能和用途

这类钢比低碳素结构钢的强度高 10%～30%,具有良好的塑性、韧性以及焊接工艺性能,较低的冷脆转变温度和良好的耐蚀能力。因此,用低合金结构钢代替低碳钢,可以减少材料和能源的损耗,减轻工程结构件的自重,增加可靠性。

3) 热处理特点

低合金高强度结构钢一般经热轧或热轧后在正火状态下使用,不需要进行专门的热处理。使用状态下的显微组织为铁素体＋索氏体。有特殊要求时,可进行一次正火处理。常用低合金高强度结构钢的牌号、力学性能及应用,见表 5-7、表 5-8(GB/T 1591—2008)。

表 5-7　低合金高强度结构钢牌号、力学性能及应用

牌号	力 学 性 能			特性及应用
	屈服强度 R_{eL}/(N/mm²)	抗拉强度 R_m/(N/mm²)	断后伸长率 A/(%)	
Q345	≥345	470～630	≥20	具有良好的综合力学性能,塑性和焊接性良好,冲击韧度较高,一般在热轧或正火状态下使用。适用于桥梁、船舶、车辆、管道、锅炉、各种容器、油罐、电站、厂房结构和低温压力容器等结构件
Q390	≥390	490～650	≥20	具有良好的综合力学性能,塑性和冲击韧度良好,一般在热轧状态下使用。适用于制作锅炉汽包、中高压石油化工容器、桥梁、船舶、起重机、承受较高载荷的焊接件和结构件等
Q420	≥420	520～680	≥19	具有良好的综合力学性能,优良的低温韧性,焊接性好,冷热加工性良好,一般在热轧或正火状态下使用。适用于制作高压容器、重型机械、桥梁、船舶、机车车辆、锅炉及其他大型焊接结构件

表 5-8　新旧低合金高强度结构钢标准牌号对照及用途举例

新　标　准	旧　标　准	用　途　举　例
Q295 (A、B、C、D、E)	09MnV 9MnNb 09Mn2 12Mn	车辆的冲压件、冷弯型钢、螺旋焊管、拖拉机轮圈、低压锅炉汽包、中低压化工容器、输油管道、储油罐、油船等
Q345 (A、B、C、D、E)	12MnV 14MnNb 16Mn 18Nb 16MnRE	船舶、铁路车辆、桥梁、管道、锅炉、压力容器、石油储存、起重及矿山机械、电站设备厂房钢架等
Q390 (A、B、C、D、E)	15MnTi 16MnNb 10MnPNbRE 15MnV	中高压锅炉汽包、中高压石油化工容器、大型船舶、桥梁、车辆、起重机及其他承受较高载荷的焊接结构件等
Q420 (A、B、C、D、E)	15MnVN 14MnVTiRE	大型船舶、桥梁、电站设备、起重机械、机车车辆、中压或高压锅炉及容器及其大型焊接结构件等

2. 合金渗碳钢

许多机器零件的工作条件是比较复杂的,如内燃机上的凸轮轴,汽车和拖拉机中的变速齿轮、活塞销等,这类零件在工作中承受强烈的摩擦磨损,同时又承受较大的交变载荷,因此,零件具有要求"内韧外硬"的性能,从而产生了合金渗碳钢。

1) 化学成分

合金渗碳钢含碳低。一般 $w_C=0.10\%\sim0.25\%$,属低碳钢。经过渗碳以后,零件表面含碳量变高,而心部含碳量低,使零件心部有好的塑性和韧性,抵抗冲击载荷。主要合金元素是铬,还可加入镍、锰、硼、钨、钼、钒、钛等元素。

2) 性能和用途

合金渗碳钢用于承受强烈冲击载荷和摩擦磨损的机械零件。合金渗碳钢经渗碳、淬火和低温回火后,表面渗碳层硬度高,以保证优异的耐磨性和接触疲劳抗力,同时具有适当的塑性和韧性。心部具有高的韧度和足够高的强度。

3) 热处理特点

合金渗碳钢的预先热处理一般采用正火工艺,渗碳后热处理一般是淬火加低温回火,或是渗碳后直接淬火。渗碳后工件表面碳的质量分数可达到 $0.8\%\sim1.5\%$,热处理后表层获得高碳回火马氏体＋合金碳化物＋残余奥氏体,硬度一般为 58～64 HRC。常用合金渗碳钢的牌号、热处理、力学性能及用途见表 5-9。

表 5-9　常用合金渗碳钢的牌号、热处理、力学性能及用途(摘自 GB 3077—1999)

牌　号	热处理工艺			力学性能(不小于)				用　途　举　例
	第一次 淬火/℃	第二次 淬火 回热温度 /℃	加热温 度/℃	抗拉强 度 R_m/ (N/mm²)	规定非 比例延 伸强度 $R_{P0.2}$/ (N/mm²)	断后伸 长率 A/(%)	冲击吸 收功 A_K/J	
20Cr	880 水,油	780～820 水,油	200 水,空	835	540	10	47	截面在 30 mm 以下、载荷不大的零件,如机床及小汽车齿轮、活塞销等

续表

牌　号	热处理工艺			力学性能(不小于)				用 途 举 例
	第一次淬火/℃	第二次淬火回热温度/℃	加热温度/℃	抗拉强度 R_m/(N/mm²)	规定非比例延伸强度 $R_{P0.2}$/(N/mm²)	断后伸长率 A/(%)	冲击吸收功 A_K/J	
20CrMnTi	880 油	870 油	200 水,空	1080	850	10	55	汽车、拖拉机截面在 30 mm 以下,承受高速、中或重载荷以及受冲击、摩擦的重要渗碳件,如齿轮、轴、齿轮轴、爪形离合器、蜗杆等
20MnVB	860 油	—	200 水,空	1080	885	10	55	模数较大、载荷较重的中小渗碳件,如重型机床齿轮、轴,汽车后桥主动、被动齿轮等淬透性件
12Cr2Ni4	860 油	780 油	200 水,空	1080	835	10	71	大截面、载荷较高、缺口敏感性低的重要零件,如重型载重车、坦克的齿轮等
18Cr2Ni4WA	950 空	850 空	200 水,空	1180	835	10	78	截面更大,性能要求更高的零件,如大截面的齿轮、传动轴、精密机床上控制进刀的蜗轮等

3. 合金调质钢

合金调质钢是指调质处理后使用的中碳合金结构钢。主要用于受力复杂、要求综合力学性能的重要零件,如齿轮、轴类件、连杆、螺栓等。

1) 化学成分

调质钢中碳的质量分数一般为 0.3%~0.5%。钢中常见的合金元素是锰、硅、铬、镍、钼、硼等,其主要作用是提高钢的淬透性,保证零件整体具有良好的综合力学性能。在合金调质钢中有时还要辅加合金元素钨、钼、钒、钛等,这些强碳化物形成元素可阻碍高温时奥氏体晶粒长大,主要作用是细化晶粒,提高回火稳定性和钢的韧度,钨、钼还可抑制第二类回火脆性的发生。

2) 性能和用途

许多机器设备上的重要零件,如机床主轴、汽车和拖拉机后桥半轴、曲轴、连杆等都使用调质钢。因为这类零件要求材料具有高强度、高韧度相结合的良好综合力学性能。

3) 热处理特点

调质钢热加工后必须进行热处理,以降低硬度,便于切削加工。合金元素含量少、淬透性低的调质钢,可采用退火;淬透性高的调质钢,要采用正火加高温回火。例如 40CrNiMo 钢正火后硬度在 400HBS 以上,经高温回火后硬度才降至 207～240HBS,可满足切削的要求。调质钢的最终热处理为调质处理。常用合金调质钢的牌号、热处理、力学性能及用途,见表 5-10。

表 5-10　常用合金调质钢的牌号、热处理、力学性能及用途(摘自 GB 3077—1999)

牌　号	热处理		力学性能(不小于)					用途举例
	淬火/ ℃	回火/ ℃	抗拉强度 R_m /(N/mm²)	规定非比例延伸强度 $R_{P0.2}$ /(N/mm²)	断后伸长率 A/(%)	断面收缩率 Z/(%)	冲击吸收功 A_K/J	
40Cr	850 油	520 水,油	980	785	9	45	47	汽车后半轴、机床齿轮、轴、花键轴、顶尖套等
40MnB	850 油	500 水,油	980	785	10	45	47	代替 40Cr 钢制造中、小截面重要调质件等
35CrMo	850 油	550 水,油	980	835	12	45	63	受冲击、振动、弯曲、扭转载荷的机件,如主轴、大电机轴、曲轴、锤杆等
40CrNiMoA	850 油	600 水,油	980	835	12	55	78	韧性好、强度高及大尺寸重要调质件,如重型机械中高载荷轴类、直径大于 250 mm 汽轮机轴、叶片、曲轴

4. 合金弹簧钢

弹簧钢是用于制造弹簧等弹性元件的钢种,如板簧、螺旋弹簧、钟表发条等均可采用弹簧钢制造。弹簧钢要有高的弹性极限和屈强比,还应具有足够的疲劳强度和韧度才能承受交变载荷和冲击载荷的作用。

1) 化学成分

弹簧钢含碳量高于调质钢,一般为 $w_C = 45\% \sim 0.7\%$。合金元素主要有硅、锰、铬等,主要作用是提高弹簧钢的淬透性,并提高弹性极限。弹簧钢中还可以加入钨、钼、钒等,减少硅锰弹簧钢脱碳和过热的倾向,进一步提高弹性极限、耐热性和耐回火性。

2) 性能和用途

弹簧的主要失效形式为疲劳断裂和由于塑性变形而失去弹性。因此弹簧钢的性能要求具有高的强度、极好的弹性、高的疲劳强度、足够的塑性和韧性,还应具有良好的淬透性及较低的脱碳敏感性。

3) 热处理特点

弹簧钢热处理一般是淬火和中温回火,所得回火托氏体组织弹性极限和屈服强度高。例如 60Si2Mn 钢,淬火后经 480 ℃ 回火,$R_{0.2} \approx 1200$ MPa,$R_m \approx 1300$ MPa,屈强比 $R_{0.2}/R_m = 92\%$。常用弹簧钢的牌号、热处理、力学性能用途列于表 5-11 中。

表 5-11　常用合金弹簧钢牌号、热处理、力学性能及用途（摘自 GB 1222—2007）

牌号	热处理		力学性能			用途举例
	淬火/℃	回火/℃	R_m/(N/mm^2)	R_{eL}/(N/mm^2)	Z/(%)	
60Si2Mn	870 油	480	1275	1180	25	用途广，汽车、拖拉机、机车上的减振板簧和螺旋弹簧，汽缸安全阀弹簧等
60Si2CrA	870 油	420	1765	1570	20	用于制作承受高应力及 300~350 ℃以下的弹簧，如汽轮机汽封弹簧、破碎机用弹簧等
30W4Cr2VA	1050~1100 油	600	1470	1325	40	用于制作工作温度<500 ℃的耐热弹簧，如锅炉主安全阀弹簧、汽轮机汽封弹簧等

5. 滚动轴承钢

滚动轴承钢主要用于制造滚动轴承的内、外套圈以及滚动体，此外还可用于制造某些工具，例如模具、量具等。

1）化学成分

轴承钢中碳的质量分数一般为 w_C＝0.95%~1.15%。主要合金元素是铬，其作用是提高淬透性以及形成合金渗碳体，提高硬度和耐磨性。但铬含量过高会使残余奥氏体量增多，导致钢硬度、疲劳强度和零件的尺寸稳定性降低，适宜的铬质量分数为 0.40%~1.65%。除了铬元素外，还常加入硅、锰、钒等元素。硅、锰可以进一步提高淬透性，便于制造大型轴承。

2）性能和用途

滚动轴承在工作时承受峰值很高的交变接触压应力，同时滚动体与内、外套圈之间还产生强烈的摩擦，并受到冲击载荷作用、大气和润滑介质的腐蚀作用。这就要求轴承钢必须具有高而均匀的硬度和耐磨性、高的抗压强度和接触疲劳强度、足够的韧性；此外，还要求在大气和润滑介质中有一定的耐蚀能力和良好的尺寸稳定性。

3）热处理特点

滚动轴承钢的热处理工艺主要为球化退火、淬火和低温回火。球化退火能大幅度降低钢材硬度，有利于切削加工。淬火＋低温回火可获得极细的马氏体和均匀、细小的粒状合金渗碳体组织，硬度为 61~65HRC。常用滚动轴承钢的牌号、化学成分、热处理及用途见表 5-12。

表 5-12　常用滚动轴承钢牌号、化学成分、热处理及用途（摘自 GB/T 18254—2002）

牌号	化学成分（%）				P | S 不大于	热处理		回火 HRC	用途举例
	C	Si	Mn	Cr		淬火/℃	回火/℃		
GCr4	0.95~1.05	0.15~0.30	0.25~0.45	0.35~0.50	0.025	810~830	150~170	62~66	用于制造滚动轴承上的小直径钢球、滚子、滚针等
GCr15	0.95~1.05	0.15~0.35	0.25~0.45	1.40~1.65	0.025	830~846	150~160	62~66	广泛用于汽车、拖拉机、内燃机、机床及其他工业设备上的轴承

牌　号	化学成分（%）						热处理			用　途　举　例
	C	Si	Mn	Cr	P	S	淬火/℃	回火/℃	回火 HRC	
					不大于					
GCr15SiMn	0.95～ 1.05	0.45～ 0.75	0.95～ 1.25	1.40～ 1.65	0.025		820～ 840	150～170	62～64	大型轴承或特大轴承（外径＞440 mm）的滚动体和内外套圈

5.2.4　合金工具钢

主要用于制造各种加工和测量工具的钢称为工具钢。工具钢按化学成分可分为碳素工具钢、合金工具钢和高速工具钢三大类。合金工具钢与碳素工具钢相比，主要是合金元素提高了钢的淬透性、耐回火性和强韧性，添加金属元素后，有时会出现脱碳敏感性、回火脆性，同时可能导致加工性降低等。

1. 合金刃具钢

刃具在加工零件时受工件的压力，并与工件产生强烈的摩擦，使刀刃硬度降低；此外，刃具还承受一定的冲击和振动。因此刃具钢的基本性能要求是高的硬度、高的热硬性、高的耐磨性，以及足够的塑性和韧性。

1）低合金刃具钢

低合金刃具钢是在碳素工具钢的基础上加入少量的合金元素（一般不超过 3%～5%）的工具钢，主要用于制造刀刃、铣刀、丝锥等刃具。钢中常加入的合金元素有铬、钨、硅、锰、钒、钼等。其中铬、硅、锰、钼的主要作用是提高淬透性；硅则能提高钢的回火稳定性；作为碳化物形成元素的铬、钨、钒、钼等的作用是提高钢的硬度和耐磨性。低合金刃具钢的预备热处理通常是锻造后进行球化退火，目的是改善锻造和切削加工性能。最终热处理是淬火＋低温回火，组织为回火马氏体＋未溶的碳化物＋少量残余奥氏体，具有较高的硬度和耐磨性。9SiCr 和 CrWMn 是常用的低合金刃具钢。常用低合金刃具钢的牌号、成分、热处理和用途见表 5-13。

表 5-13　常用刃具钢的牌号、成分、热处理和用途（摘自 GB 1299—2000）

牌　号	化学成分（%）						热处理		用　途　举　例
	C	Si	Mn	Cr	P	S	淬火/ ℃ （冷却剂）	淬火后 HRC	
					不大于			不小于	
9SiCr	0.85～ 0.95	1.20～ 1.60	0.30～ 0.60	0.95～ 1.25	0.03		820～860 （油）	62	板牙、丝锥、钻头、铰刀、齿轮铣刀、拉刀等，还可制作冷冲模、冷轧辊等
Cr06	1.30～1.45	≤0.40	≤0.40	0.50～0.70	0.03		780～810 （水）	64	制作剃刀、刀片、手术刀具以及刮刀、刻刀等
Cr2	0.95～1.10	≤0.40	≤0.40	1.30～1.65	0.03		830～860 （油）	62	用于制作加工材料不很硬的低速切削刀具，还可制作样板、量规、冷轧辊等
9Cr2	0.80～0.95	≤0.40	≤0.40	1.30～1.70	0.03		820～850 （油）	62	主要用于制作冷轧辊、钢印、冲孔凿、冷冲模、冲头量具及木工工具等

2）高速钢

高速工具钢(简称高速钢)用于制造高速切削刃具的钢。按成分特点可分为钨系、钼系和钨钼系等。它们的成分特点是含碳量高($w_C = 0.7\% \sim 1.4\%$),合金元素含量大,主要有钨、钒、钼及大量的铬等。其中钨、钼、钒主要是提高热硬性,铬主要是提高淬透性。此外钢中还加入钛、钴、铝、硼等元素,它们都以提高钢的硬度和热硬性为主要目的。高速钢的热处理特点是:淬火温度高(1200 ℃以上);回火时温度高(560 ℃左右);回火次数多(3 次)。采用高的淬火温度是为了让难溶的特殊碳化物充分溶入奥氏体,最终使马氏体中的钨、钼、钒等含量足够高,保证其热硬性足够高;回火温度高是因为马氏体中的碳化物形成元素含量高,阻碍回火,因而耐回火性高;多次回火是因为高速钢淬火后的残余奥氏体量很大(占 30% ~ 50%),多次回火才能消除残余奥氏体。图 5-6 所示是高速钢 W18Cr4V 的热处理工艺曲线。常用钢种有 W18Cr4V 钢和 W6Mo5Cr4V2 等。常用高速工具钢的牌号、化学成分、热处理及硬度见表 5-14。

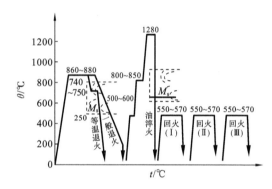

图 5-6　W18Cr4V 钢热处理工艺曲线

表 5-14　常用高速工具钢的牌号、化学成分、热处理及硬度(摘自 GB/T 9943—2008)

牌号	化 学 成 分						热 处 理				
	C	Mn	Cr	V	W	Mo	预热温度 /℃	淬火温度/℃ (冷却剂)		回火温度 /℃	硬度 /HRC 不小于
								盐浴炉	箱式炉		
W18Cr4V	0.73~ 0.83	0.10~ 0.40	3.80~ 4.40	1.00~ 1.20	17.50~ 18.70	—	800~ 900	1250~ 1270 (油)	1260~ 1280 (油)	550~ 570	63
W6Mo5Cr4V2	0.80~ 0.90	0.15~ 0.40	3.80~ 4.40	1.75~ 2.20	5.50~ 6.75	4.50~ 5.50	800~ 900	1200~ 1220 (油)	1210~ 1230 (油)	540~ 560	63(箱式炉) 64(盐浴炉)

2. 合金模具钢

模具是机械、仪表等工业部门中的主要加工工具。根据用途模具用钢可分为冷作模具钢和热作模具钢。

1）冷作模具钢

冷作模具钢用于制作使金属发生冷塑性变形的模具,如冷冲模、冷墩模、冷挤压模等。这类钢工作时承受大的弯曲应力、压力、冲击及摩擦。因此,应具有高硬度、良好的耐磨性和足够的强度、韧度。尺寸较小的冷作模具可选用低合金含量的冷作模具钢 9Mn2V、CrWMn 等,也可采用量具刃具钢 9SiCr 或轴承钢 GCr15 等。若承受重载荷、形状复杂、要求淬火变形小、耐磨性好的大型模具,则必须选用淬透性大的高铬、高碳的冷作模具钢或高速钢。这主要是指 Cr12、Cr12MoV 等。

冷作模具钢的预备热处理是球化退火,最终热处理一般是淬火后低温回火,硬度可达到 62~64HRC。常用的冷作模具钢牌号、化学成分、热处理及用途见表 5-15。

表 5-15　常用合金冷作模具钢的牌号、化学成分、热处理及用途(摘自 GB 1299—1985)

牌号	化学成分(%)							热处理		用途举例
	C	Si	Mn	Cr	W	Mo	V	淬火/ ℃ (冷却剂)	= HRC	
CrWMn	0.90~ 1.05	≤0.40	0.80~ 1.10	0.90~ 1.20	1.20~ 1.60	—	—	800~ 830 (油)	62	用于制作淬火变形很小、长而形状复杂的切削刀具及形状复杂、高精度的冷冲模
Cr12	2.00~ 2.30	≤0.40	≤0.40	11.50~ 13.00	—	—	—	950~ 1000 (油)	60	用于制作冷冲模、冲头、钻套、量规、螺纹滚丝模、拉丝模等
Cr12MoV	1.45~ 1.70	≤0.40	≤0.40	11.00~ 12.50	—	0.40~ 0.60	0.15~ 0.30	950~ 1000 (油)	58	用于制作截面较大、形状复杂、工作繁重的各种冷作模具等
9Mn2V	0.85~ 0.95	≤0.40	1.70~ 2.00			0.10~ 0.25		780~ 810 (油)	62	用于制作要求变形小、耐磨性好的量规、块规、磨床主轴等

2) 热作模具钢

热作模具钢用于制作使金属在高温下塑变成形的模具,如热锻模、热挤压模、压铸模等。这类钢在工作时承受很大的压力和冲击,反复受热和冷却,因此要求模具钢在高温下具有足够的强度、硬度、耐磨性和韧性,以及良好的耐热疲劳性。热作模具钢一般使用中碳合金钢,含碳量为 $w_C=0.3\%\sim0.6\%$。加入的合金元素有铬、锰、镍、钼、钨等,其中铬、锰、镍的主要作用是提高淬透性;钨、钼能提高回火稳定性;铬、钨、钼、硅还可提高耐热疲劳性。

热作热模钢需经反复锻造,目的是使碳化物均匀分布。锻造后的预备热处理一般是完全退火,目的是消除锻造应力、降低硬度(197~241HBS),便于切削加工。最终热处理为淬火+高温(中温)回火,以获得回火索氏体或回火托氏体组织。工作温度为 500 ℃左右。常用的热作模具钢的牌号、化学成分、热处理及用途见表 5-16。

3. 合金量具钢

合金量具钢主要用于制造各种测量工具,如卡尺、千分尺、块规、样板等。这类钢在使用过

表 5-16　常用热作模具钢的牌号、化学成分、热处理及用途（摘自 GB 1299—2000）

牌号	化学成分（%）							交货状态(退火) HBW 10/3000	热处理 淬火/℃ (冷却剂)	用途举例
	C	Si	Mn	Cr	W	Mo	V			
5CrMnMo	0.50~0.60	0.25~0.60	1.20~1.60	0.60~0.90	—	0.15~0.30	—	197~241	820~850 (油)	制作中小型锤锻模厚度小于等于 L250 mm(边长＝300~400 mm)小压铸模
5CrNiMo	0.50~0.60	≤0.40	0.50~0.80	0.50~0.80	—	0.15~0.30	—	197~241	830~860 (油)	制作形状复杂、冲击载荷大的各种大、中型锤锻模
3Cr2W8V	0.30~0.40	≤0.40	≤0.40	2.20~2.70	7.50~9.00	—	0.20~0.50	≤255	1075~1125 (油)	制作压铸模、平锻机凸模和凹模、镶块、热挤压模等
4Cr5W2VSi	0.32~0.42	0.80~1.20	≤0.40	4.50~5.50	1.60~2.40	—	0.60~1.00	≤229	1030~1050 (油或空冷)	制作高速锤用模具与冲头,热挤压用模具,有色金属压铸模等

程中会与被测工件发生摩擦和碰撞,因此量具钢在工作部分应该具有高的硬度、高的耐磨性、高的尺寸稳定性以及足够的韧性。量具钢含碳量高,一般为 $w_C＝0.9\%～1.5\%$。为了减少淬火变形,常加入铬、钨、锰等元素,以提高钢的淬透性,使淬火时可采用较缓和的冷却介质,减少热应力及变形,以保证高的尺寸精度。对简单量具如卡尺、样板、直尺、量规等,采用 T10A、T11A、T12A、Cr2、9SiCr 等钢制造;对形状复杂、精度要求高的量具如块规、塞规等,一般都采用热处理变形小的冷作模具钢,如 CrWMn、CrMn 或滚动轴承钢制造;对要求耐蚀性的量具可用马氏体型不锈钢,如 4Cr13、9Cr18 等制造。

　　合金量具钢在使用过程中应具有较高的尺寸稳定性,因此,通常是在冷却速度较慢的冷却介质中淬火,并进行冷处理(−50～−78 ℃),使残余奥氏体转变为马氏体。淬火后长时间低温回火,进一步降低内应力,提高回火马氏体的稳定性。常用量具刃具钢的牌号、成分、热处理和用途见表 5-17。

表 5-17　常用量具刃具钢的牌号、成分、热处理和用途（摘自 GB 1299—2000）

牌号	化学成分/（%）				P	S	热处理		用途举例
	C	Si	Mn	Cr	不大于		淬火/℃ (冷却剂)	淬火后硬度 HRC 不小于	
9SiCr	0.85~0.95	1.20~1.60	0.30~0.60	0.95~1.25	0.03		820~860 (油)	62	板牙、丝锥、钻头、铰刀、齿轮铣刀、拉刀等,还可作冷冲模、冷轧辊等

牌号	化学成分/(%)						热处理		用途举例
	C	Si	Mn	Cr	P	S	淬火/℃ (冷却剂)	淬火后硬度 HRC 不小于	
					不大于				
Cr06	1.30~1.45	≤0.40	≤0.40	0.50~0.70	0.03		780~810 (水)	64	制作剃刀、刀片、手术刀具以及刮刀、刻刀等
Cr2	0.95~1.10	≤0.40	≤0.40	1.30~1.65	0.03		830~860 (油)	62	用于制作加工材料不很硬的低速切削刀具,可制作样板、量规、冷轧辊等
9Cr2	0.80~0.95	≤0.40	≤0.40	1.30~1.70	0.03		820~850 (油)	62	主要用于制作冷轧辊、钢印、冲孔凿、冷冲模、冲头量具及木工工具等

5.2.5　特殊性能钢

特殊性能钢是指具有特殊的物理、化学性能及力学性能,在特殊的环境、工作条件下使用的钢。工程中常用的特殊性能钢有不锈钢、耐磨钢、耐热钢等。

1. 不锈钢

不锈钢指能够抵抗空气、蒸汽和水等弱腐蚀性介质腐蚀的钢。不锈钢中的主要合金元素是铬。铬是不锈钢获得耐蚀性的基本合金元素,当 $w_{Cr} > 13\%$ 时,能使钢的表面形成致密的 Cr_2O_3 保护膜,避免形成电化学原电池。不锈钢中还含有钛、镍、氮、锰等合金元素。但是耐蚀性随含碳量的增加而降低,因此,大多数不锈钢的含碳较低,有些不锈钢甚至低于 0.03%(如 Cr12)。

对不锈钢性能的要求,最重要的是耐蚀性能,还要有合适的力学性能,良好的冷、热加工和焊接工艺性能。不锈钢按化学成分可分为铬不锈钢和铬镍不锈钢两大类;按使用状态下钢的组织类型可分为马氏体不锈钢、铁素体不锈钢、奥氏体不锈钢、奥氏体-铁素体双相不锈钢和沉淀硬化不锈钢等类型。

2. 耐热钢

耐热钢主要用于热工动力机械(汽轮机、燃气轮机、锅炉和内燃机)、化工机械、石油装置和加热炉等高温条件工作的构件。钢的耐热性是高温抗氧化性和高温强度保持性的综合性能,耐热钢按性能和用途可分为抗氧化钢和热强钢两类。按使用状态下的组织,可分为奥氏体型、铁素体型、珠光体型、马氏体型等多种类型钢。表 5-18 列举了几种常用耐热钢的热处理、室温力学性能及用途。

3. 耐磨钢

铁路道岔、坦克履带、挖掘机铲齿等构件的共同特点是工作时其表面受到剧烈的冲击、强摩擦、高压力。因此这类零件制造用钢必须具有表面硬度高、耐磨,心部韧度、强度高的特点。

通常用高锰钢制造这类零件,其牌号是 ZGMn13。其成分特点是具有锰、含碳量高,$w_{Mn}=11.5\%\sim14.5\%$,$w_C=0.9\%\sim1.3\%$。其铸态组织是奥氏体和大量锰的碳化物,经固溶化处理可获得单相奥氏体组织。单相奥氏体组织的韧性、塑性很好。

表 5-18　常用耐热钢的牌号、热处理、力学性能及用途(摘自 GB/T 1221—2007)

类别	牌号	热 处 理			室温力学性能(不小于)				用途举例
		退火	淬火	回火	R_m /MPa	$R_{P0.2}$ /MPa	$A/$ (%)	$Z/$(%)	
奥氏体型	06Cr23Ni3		1030~1150 (固溶快冷)		520	205	35	50	可承受 980 ℃ 以下反复加热,用于制作炉用材料
	45Cr14Ni 14W2Mo	820~830 (快冷)			705	315	20	35	内燃机重载荷排气阀
	26Cr18Mn 12Si2N		1100~1150 (快冷)		685	390	35	45	锅炉吊架,耐 1000 ℃高温,加热炉传送带,料盘,炉爪等
铁素体型	06Cr13Al	780~830 (空,缓冷)			410	175	20	60	燃气透平压缩机叶片,退火箱,淬火台架等
	10Cr17	780~850 (空,缓冷)			450	205	22	50	900 ℃以下耐氧化部件,散热器,炉用部件,油喷嘴等
马氏体型	12Cr5Mo		900~950 (油冷)	600~700 (空冷)	590	390	18		锅炉吊架,燃气轮机衬套,泵的零件,阀,活塞杆,高压加氢设备部件
	4Cr10Si2Mo		1010~1040 (油冷)	720~760 (油冷)	885	685	10	35	650 ℃中高载荷汽车发动机进、排气阀等
	12Cr12Mo		950~1000 (空冷)	650~710 (空冷)	685	550	18	60	汽轮机叶片,喷嘴块,密封环等
	12Cr13	800~900 (缓冷或 750 快冷)	950~1000 (油冷)	700~750 (快冷)	540	345	22	55	耐氧化、耐腐蚀部件(800 ℃以下)

5.3　铸　铁

　　铸铁是指含碳质量分数大于 2.11%,比碳钢含有较多的硅、锰、硫、磷等杂质的铁碳合金。工业上使用的铸铁含碳的质量分数一般在 2.5%~4.0%。铸铁具有优良的铸造性能、切削加工性、减震性和耐磨性,且生产工艺简单,价格低廉。所以在工业上得到广泛的应用。但与钢相比,其抗拉强度较差,塑性、韧性都较差。

5.3.1　铸铁的分类及石墨化

1. 铸铁的分类

铸铁中的碳除极少量固溶于铁素体之外,大部分以渗碳体(碳化物状态)和石墨(游离状态)两种形式存在。石墨的晶格类型为简单六方晶格,如图 5-7 所示。

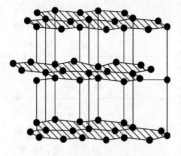

图 5-7　石墨的晶体结构

1) 按碳的存在形态分类

根据碳在铸铁中存在的形态不同,铸铁可分为下列几种。

(1) 白口铸铁　碳全部以碳化物形式存在。其断口呈亮白色。由于有大量硬而脆的渗碳体,工业上极少直接用它来制造机械零件,而主要作炼钢原料或可锻铸铁零件的毛坯。

(2) 麻口铸铁　碳大部分以渗碳体形式存在,少部分以石墨形式存在,断口呈灰白色。这种铸铁硬而脆,工业生产中很少使用。

(3) 灰铸铁　碳大部分以石墨形式存在,断口呈灰色。灰铸铁是工业生产中应用最广泛的一种铸铁材料。

2) 按石墨的存在形态分类

根据石墨的存在形态不同(见图 5-8),铸铁又可分为以下几种类型。

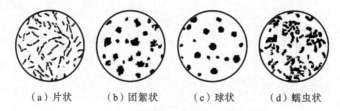

　(a) 片状　　　(b) 团絮状　　　(c) 球状　　　(d) 蠕虫状

图 5-8　铸铁中石墨形态示意图

(1) 灰铸铁　铸铁中的石墨以片状形态存在。

(2) 可锻铸铁　铸铁中的石墨以团絮状形态存在。一定成分的白口铸铁经过较长时间的高温石墨化退火,使其中的渗碳体大部分或全部分解成团絮状石墨。这种铸铁的强度、塑性和韧性比灰铸铁好,但并不可锻。

(3) 球墨铸铁　铸铁中的石墨以球状石墨形式存在。铁液经过球化处理后浇铸,铸铁中的碳大部分或全部成球状石墨形式存在,用于力学性能要求较高的铸件。

(4) 蠕墨铸铁　铸铁中的碳以蠕虫状石墨形态存在。石墨形状介于片状与球状石墨之间,类似于片状石墨,但片短而厚,头部较圆,形似蠕虫。

灰铸铁、可锻铸铁、球墨铸铁、蠕墨铸铁是一般工程应用铸铁,为了满足工业生产的各种特殊性能要求,向上述铸铁中加入某些合金元素,可得到具有耐磨、耐热、耐腐蚀等特性的多种合金铸铁。

2. 铸铁的石墨化

铸铁组织中石墨的形成过程称之为石墨化过程。铸铁的石墨化有两种方式:一种是石墨直接从液态金属或奥氏体中析出;另一种是渗碳体在一定条件下分解出石墨,铸铁的石墨化以哪种方式进行,主要取决于铸铁的成分与保温冷却条件。

　　1) 铁碳合金双重相图

　　铁碳合金实际上存在两个相图,即 Fe-Fe₃C 相图和 Fe-G 相图。实践证明,成分相同的铁液在冷却时,冷却速度越缓慢,析出石墨的可能性越大;冷却速度越快,则析出渗碳体的可能性越大。此外,形成的渗碳体若加热到高温,长时间保温,又可分解为铁素体和石墨。因此,石墨是稳定相,而渗碳体仅是亚稳定相。Fe-Fe₃C 相图说明了亚稳定相 Fe₃C 的析出规律,而要说明稳定相石墨的析出规律,必须应用 Fe-G 相图。为了便于比较和应用,习惯上把这两个相图合画在一起,称为铁碳合金双重相图,如图 5-9 所示。其中实线表示 Fe-Fe₃C 相图,虚线表示 Fe-G 相图,凡虚线与实线重合的线条都用实线表示。

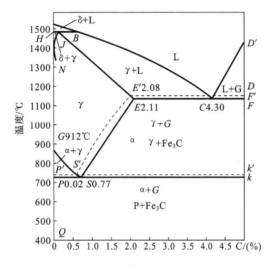

图 5-9　铁碳合金双重相图

　　2) 石墨化过程

　　根据 Fe-G 相图,可将铸铁的石墨化过程分为三个阶段。

　　第一阶段石墨化:铸铁液体中析出一次石墨(过共晶合金)和在 1154 ℃($E'C'F'$线)通过共晶反应形成共晶石墨。

　　第二阶段石墨化:在 1154～738 ℃温度范围内奥氏体沿 $E'S'$ 线析出二次石墨。

　　第三阶段石墨化:在 738 ℃($P'S'K'$线)通过共析反应析出共析石墨。

　　3) 影响石墨化的因素

　　铸铁的组织取决于石墨化过程进行的程度,而影响石墨化的主要因素是铸铁的化学成分和冷却速度。

　　(1) 化学成分的影响　　碳与硅是强烈促进石墨化的元素,对铸铁的石墨化进行程度起决定性作用。实验表明,在铸铁中每增加质量分数为 1% 的硅,能使共晶点碳的质量分数相应降低 0.33%。

　　磷也是促进石墨化的元素,但其作用较弱。磷在铸铁中还易生成 Fe₃P,常与 Fe₃C 形成共晶组织分布在晶界上,增加铸铁的硬度和脆性,故一般应限制其含量。但磷能提高铁液的流动性,能改善铸铁的铸造性能。

　　硫是强烈阻碍石墨化的元素,并降低铁液的流动性,使铸铁的铸造性能恶化,其含量应尽可能降低。

锰也是阻碍石墨化的元素。但它和硫有很大的亲和力,在铸铁中能与硫形成 MnS,减弱硫对石墨化的有害作用。故锰含量允许在较高的范围。

各种元素对石墨化过程的影响互有差别,按促进石墨化的元素作用,由强至弱排列为铝、碳、硅、钛、镍、铜、磷;按阻碍石墨化的元素作用,由弱至强排列为钨、锰、钼、硫、铬、钒、镁。

(2) 冷却速度的影响　冷却速度对铸铁石墨化的影响也很大。冷却速度越慢,越有利于石墨化过程的进行。若冷却速度较快,则不利于石墨化过程的进行。图 5-10 表示化学成分 (C+Si) 和冷却速度(铸件壁厚)对铸铁组织的综合影响。从图中可以看出,对于薄壁铸件,容易形成白口铸铁组织。要得到灰铸铁组织,应增加铸铁的碳、硅含量。相反,壁厚大的铸件,为避免得到过多的石墨,应适当减少铸铁的碳、硅含量。

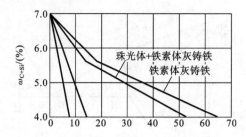

图 5-10　铸铁的成分和冷却速度(壁厚)对铸铁组织的影响

5.3.2　铸铁的种类

1. 灰铸铁

1) 灰铸铁的化学成分、组织和性能

灰铸铁的化学成分范围一般为:$w_C = 2.5\% \sim 3.6\%$,$w_{Si} = 2.5\% \sim 3.6\%$,$w_{Mn} = 0.5\% \sim 1.3\%$,$w_S < 0.15\%$,$w_P < 0.3\%$。

根据基体的组织不同,灰铸铁可分为以下三种。

(1) 铁素体灰铸铁　在铁素体的基体上分布着片状石墨(见图 5-11(a))。

(2) 珠光体+铁素体灰铸铁　在珠光体+铁素体的基体上分布着片状石墨(见图 5-11(b))。

(3) 珠光体灰铸铁　在珠光体的基体上分布着片状石墨(见图 5-11(c))。

(a) 铁素体灰铸铁　　　　(b) 铁素体+珠光体灰铸铁　　　　(c) 珠光体灰铸铁

图 5-11　灰铸铁的显微组织

灰铸铁的力学性能取决于基本组织和石墨的数量、形状、大小及分布状态。铁素体基体强度、硬度低,珠光体基体强度、硬度较高。石墨使铸铁的力学性能降低了,却获得了碳钢所没有的优良性能。例如,良好的耐磨性、减振性,低的缺口敏感性和优良的切削加工性能。此外,灰铸铁的成分接近共晶成分,熔点低,流动性好,凝固过程中析出了比容较大的石墨,减少了收缩率,故具有良好的铸造工艺性,能够铸造形状复杂的零件。

2）灰铸铁的牌号及用途

灰铸铁的牌号以"HT"和其后的一组数字表示。其中"HT"表示"灰铁"二字的汉语拼音，其后一组数字表示最小抗拉强度值。灰铸铁的牌号、力学性能及用途见表 5-19。

表 5-19　灰铸铁牌号、不同壁厚铸件的力学性能和用途（摘自 GB/T 9439—2010）

灰铸铁类别	牌号	铸件壁厚/mm	力学性能		用途举例
			R_m/MPa	HBS	
铁素体灰铸铁	HT100	5～40	100	—	适用于载荷小、对摩擦和磨损无特殊要求的不重要零件，如防护罩、盖、油盘、手轮、支架、底板、重锤、小手柄、镶导轨的机床底座等
铁素体＋珠光体灰铸铁	HT150	5～10	150	—	承受中等载荷的零件，如机座、支架、箱体、刀架、床身、轴承座、工作台、带轮、法兰、泵体、阀体、管路附件（工作压力不大）、飞轮、电动机座等
		10～20		—	
		20～40		120	
珠光体灰铸铁	HT200	20～40	200	170	承受较大载荷和要求一定的气密封性或耐蚀性等较重要零件，如汽缸、齿轮、机座、飞轮、床身、汽缸体、活塞、齿轮箱、刹车轮、联轴器盘、中等压力（80 MPa 以下）阀体、泵体、液压缸、阀门等
				150	
	HT250		250	210	
				190	
孕育铸铁	HT300	40～80	300	250	承受高载荷、耐磨和高气密性的重要零部件，如重型机床、剪床、压力机、自动机床的床身、机座、机架、高压液压件、活塞环、齿轮、凸轮、车床卡盘、衬套、大型发动机的汽缸体、缸套、汽缸盖等
				220	
	HT350		350	290	
				260	

3）灰铸铁的热处理和孕育处理

灰铸铁的热处理只能改变基本组织，不能改变石墨的形状、大小和分布，所以灰铸铁的热处理一般只用于消除铸件内应力和白口组织、稳定尺寸或提高工件表面的硬度和耐磨性等。

（1）消除应力退火　将铸件缓慢加热到 500～600 ℃，保持一段时间，随炉降至 200 ℃后出炉空冷。

（2）消除白口组织的退火　将铸件加热到 850～950 ℃，保温 2～5 h，然后随炉冷却到 400～500 ℃出炉空冷，使渗碳体在高温和缓慢冷却中分解，用以消除白口，降低硬度，改善切削加工性。

（3）表面处理　为了提高某些铸件的表面耐磨性，常采用高（中）频表面淬火或解除电阻加热表面淬火等方法，使工作（如机床导轨）获得细马氏体基体＋石墨组织。

为了改善灰铸铁的组织和力学性能，生产上常采用孕育处理。孕育处理是在浇注前往铁液中加入少量孕育剂（如硅铁、硅钙合金等），改变铁液的结晶条件，从而获得珠光体基体加细小均匀分布的片状石墨组织的工艺过程。经孕育处理后的灰铸铁称为孕育铸铁，也称变质铸铁。孕育铸铁的强度有较大的提高，塑性和韧性也有改善。适用于制造力学性能要求较高、截面尺寸变化较大的大型铸件。

2. 球墨铸铁

球墨铸铁是在浇注时向铁液中加入一定量的球化剂（稀土镁合金等），使石墨呈球状结晶而形成的。球墨铸铁具有良好的力学性能，还能通过热处理进一步提高力学性能。

1）球墨铸铁的化学成分、组织和性能

球墨铸铁成分中碳和硅的质量分数较高，以促进石墨化和改善体流动性。锰的质量分数较低，可以去硫脱氧和稳定细化珠光体。硫和磷的质量分数应严格控制。

球墨铸铁的基体组织上分布着球状石墨（见图 5-12），由于球状石墨对基体组织的割裂作用和应力集中作用很小，所以球墨铸铁的力学性能远高于灰铸铁。在某些性能方面甚至可与碳钢相媲美，同时还具有灰铸铁的减振性、耐磨性和低缺口敏感性等一系列优点。

（a）铁素体球墨铸铁　　　（b）铁素体+珠光体球墨铸铁　　　（c）珠光体球墨铸铁

图 5-12　球墨铸铁的显微组织

2）球墨铸铁的牌号及用途

球墨铸铁的牌号用"QT"及其后的两组数字表示。其中"QT"表示"球铁"二字的汉语拼音字首，后面的两组数字分别表示最低抗拉强度和最低断后伸长率。各种球墨铸铁的牌号、力学性能和用途见表 5-20。

表 5-20　球墨铸铁的牌号、力学性能和用途（摘自 GB 1348—2009）

牌　号	力 学 性 能				基体组织类型	用途举例
	抗拉强度 R_m/MPa	屈服强度 R_{eL}/MPa	断后伸长率 A/(%)	布氏硬度 HBW		
QT400-18	400	250	18	120～175	铁素体	承受冲击、振动的零件，如汽车、拖拉机轮毂、差速器壳、拨叉、农机具零件、中低压阀门、上下水及输气管道、压缩机高低压汽缸、电动机机壳、齿轮箱、飞轮壳等
QT500-7	500	320	7	170～230	铁素体＋珠光体	机器座架、传动轴飞轮、电动机架、内燃机的机油泵齿轮、铁路机车车轴瓦等
QT600-3	600	370	3	190～270	铁素体＋珠光体	载荷大、受力复杂的零件，如汽车、拖拉机曲轴、连杆、凸轮轴，部分磨床、铣床、车床的主轴、机床蜗杆、蜗轮、轧钢机轧辊，大齿轮、汽缸体，桥式起重机大小滚轮等
QT700-2	700	420	2	225～305	珠光体	

3）球墨铸铁的热处理

（1）退火　球墨铸铁退火的目的是为了获得塑性好的铁素体，改善切削性能、消除铸造应力。高温退火适用于原始铸态组织中存在渗碳体的铸件。低温退火适用于原始铸态组织中无渗碳体的铸件。

（2）正火　球墨铸铁正火的目的是增加基体中珠光体的数量，细化晶粒，提高球墨铸铁的强度、硬度和耐磨性。球墨铸铁的导热性差，正火后有较大的内应力，因此，需精细去应力退火。即加热温度为 550～600 ℃,保温 3～4 h 后出炉。

（3）调质处理　球墨铸铁调质处理的目的是获得较高的强度,良好的韧性和综合力学性能。主要用于受力复杂、截面尺寸较大、综合力学性能要求高的铸件,如曲轴、连杆等。

（4）等温淬火　球墨铸铁等温淬火的目的是既要保证铸件有高的强度,又要保证有良好的塑性和韧性。等温淬火时将铸件加热到 860～920 ℃（奥氏体区）,适当保温,快速放入 250～350 ℃ 的盐浴炉中进行 0.5～1.5 h 的等温处理,然后空冷,使过冷奥氏体转变为下贝氏体。

3. 可锻铸铁

可锻铸铁是由一定化学成分的白口铸铁通过石墨化退火而获得的具有团絮状石墨的铸铁。可锻铸铁的生产过程分为两步:第一步先铸成白口铸铁件;第二步再经高温长时间的可锻化退火,使渗碳体分解出团絮状石墨。

1）可锻铸铁的化学成分、组织和性能

可锻铸铁的化学成分范围一般为:$w_C = 2.2\% \sim 2.8\%$,$w_{Si} = 1.2\% \sim 2.0\%$,$w_{Mn} = 0.4\% \sim 1.2\%$,$w_S < 0.2\%$,$w_P < 0.1\%$。由此可见,可锻铸铁的成分特点是低碳、低硅含量,可以保证完全抑制石墨化过程,获得白口组织。如果铸件不是完全的白口组织,一旦有片状石墨生成,则在随后的退火过程中,由渗碳体分解的石墨将会沿已有的石墨片析出,最终得到粗大的片状石墨组织,为此必须控制铸件化学成分。

可锻铸铁的石墨呈团絮状（见图 5-13）,大大削弱了片状石墨对基体的割裂作用。与灰铸铁相比,可锻铸铁具有优良的力学性能,特别是具有较好的塑性和韧性。与球墨铸铁相比,可锻铸铁的质量稳定,铁液处理简单,便于组织生产。

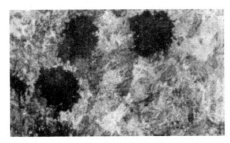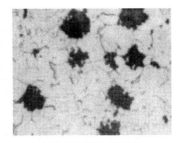

　（a）珠光体基体可锻铸铁　　　　　　　　（b）铁素体基体可锻铸铁

图 5-13　可锻铸铁的显微组织

2）可锻铸铁的牌号及用途

可锻铸铁的牌号用“KTH”、“KTZ”和后面的两组数字表示。其中“KT”是“可铁”两字的汉语拼音首字母;“H”、“Z”表示“黑”、“铸”字的拼音字首;两组数字分别表示最低抗拉强度和最低断后伸长率。常用可锻铸铁的牌号、性能及用途见表 5-21。

4. 蠕墨铸铁

蠕墨铸铁是在一定成分的铁液中加入适量的蠕化剂,获得的石墨形态介于片状与球状之间,而呈蠕虫状的铸铁（见图 5-14）。其生产方法和程序与球墨铸铁基本相同,只是添加剂不同。

1）蠕墨铸铁的化学成分、组织和性能

蠕墨铸铁的化学成分要求与球墨铸铁相近,高碳、低硫、低磷。生产方法与球墨铸铁相似,只是加入了蠕化剂。蠕化剂有镁钛合金、稀土镁钛合金、稀土镁钙合金等。蠕虫状的石墨对基体的割裂作用介于灰铸铁和球墨铸铁之间。因此,其性能也介于相同基体组织的灰铸铁和球

表 5-21　可锻铸铁的牌号、性能及用途（摘自 GB 9440—2010）

种类	牌号	试样直径/mm	力学性能			布氏硬度 HBW	用途举例
			抗拉强度 R_m/MPa(min)	$R_{P0.2}$/MPa (min)	断后伸长率 A/(%) (min) ($L_0=3d$)		
					不大于		
黑心可锻铸铁	KTH300-06	12 或 15	300	—	6	≤150	制作弯头、三通管件、中低压阀门等
	KTH330-08		330	—	8		制作机床扳手、犁刀、犁柱、车轮壳、钢丝绳轧头等
	KTH350-10		350	200	10		汽车、拖拉机：前后轮毂、后桥壳、减速器壳、转向节壳、制动器，铁道零件等
	KTH370-12		370	—	12		
珠光体可锻铸铁	KTZ450-06		450	270	6	150～200	载荷较高和耐磨损零件，如曲轴、凸轮轴、连杆、齿轮、活塞环、摇臂、轴套、耙片、万向接头、棘轮、扳手、传动链条以及犁刀、矿车轮等
	KTZ550-04		550	340	4	180～230	
	KTZ650-02		650	430	2	210～260	

注：(1) 试样直径 12 mm 只适用于主要壁厚小于 10 mm 的铸件。
　　(2) 带 * 号的为过渡牌号。

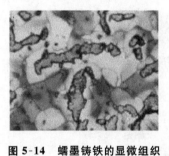

图 5-14　蠕墨铸铁的显微组织

墨铸铁之间；铸造性能和热传导性、耐疲劳性以及减振性与灰铸铁相近。蠕墨铸铁已在工业中广泛应用，主要用来制造大功率柴油机汽缸、汽缸套，电动机外壳、机座，机床床身、阀体，起重机卷筒，纺织机零件、钢锭模等铸件。

2）蠕墨铸铁的牌号及用途.

蠕墨铸铁的牌号用"RuT"加抗拉强度数值（GB/T 26655—2011），例如 RuT340。各牌号蠕墨铸铁的主要区别在于基体组织。表 5-22 所示为蠕墨铸铁的牌号、性能及用途。

表 5-22　蠕墨铸铁的牌号、性能及用途（摘自 GB/T 26655—2011）

牌号	力学性能			硬度值范围/HBW	用途举例
	抗拉强度 R_m/(N/mm²)	规定非比例延伸强度 $R_{P0.2}$/(N/mm²)	伸长率 A/(%)		
	不大于				
RuT260	260	195	3	121～197	增压机废弃进气壳体，汽车底盘零件等
RuT300	300	240	1.5	140～217	排气管、变速箱体、汽缸等、液压件、纺织零件、钢锭模具等
RuT340	340	270	1.0	170～249	重型机床件，大型齿轮箱体、盖、座，飞轮，起重机卷筒等

牌　号	力 学 性 能				用 途 举 例
	抗拉强度 R_m /(N/mm²)	规定非比例延伸强度 $R_{P0.2}$ /(N/mm²)	伸长率 A/(%)	硬度值范围/HBW	
	不大于				
RuT380	380	300	0.75	193～274	活塞环、汽缸套、制动盘、钢珠研磨盘等
RuT420	420	335	0.75	200～280	

5.3.3　合金铸铁

在铸铁熔炼时加入一定量的合金元素,可以使铸铁具有特殊性能(如耐热、耐酸、耐磨等),这类铸铁称为合金铸铁。合金铸铁与在相似条件下使用的合金钢相比具有熔炼简便、成本较低、使用性能良好的优点,但力学性能比合金钢低,脆性较大。

1. 耐磨铸铁

耐磨铸铁按其工作条件大致可分为两大类:一种是在无润滑、干摩擦条件下工作的抗磨铸铁。在孕育铸铁中加入磷($w_P = 0.4\% \sim 0.6\%$)得到高磷铸铁。高磷铸铁中的磷共晶具有很高的硬度,能大大提高铸铁的耐磨性。为了提高高磷铸铁的强度和韧性,还可以加入铬、钼、钨、铜、钛、钒等合金元素,以形成磷铜钛铸铁、磷铜钼铸铁、磷钨铸铁等。如球磨机、轧辊和破碎机零件等均采用了高磷铸铁。另一类是在有润滑条件下工作的减磨铸铁。耐磨铸铁具有优良的抗磨料磨损性能,在矿山、冶金、电力、建材和机械制造等行业获得广泛应用,如制作机床导轨、汽缸套和活塞环等。

2. 耐热铸铁

耐热铸铁具有抗高温氧化和抗生长性能,能够在高温下承受一定载荷。在铸铁中加入铝、硅、铬等合金元素,在铸铁表面形成致密的保护性氧化膜(如 Al_2O_3、SiO_2、Cr_2O_3),使铸铁在高温下具有抗氧化能力,同时能够使铸铁的基体变为单向铁素体,在高温下不发生相变;加入镍、钼能增加铸铁在高温下的强度和韧度,从而提高铸铁的耐热性。

常用的耐热铸铁有硅铸铁、高铬铸铁、镍铬硅铸铁、镍铬球墨铸铁、中硅球墨铸铁等,主要用于制造加热炉附件,如炉底板、加热炉传送链构件、换热器、渗碳坩埚等。

3. 耐蚀铸铁

耐蚀铸铁主要是在铸铁中加入了一定量的硅、铝、铬、镍、铜等元素,使铸件表面生成致密的氧化膜,从而提高耐蚀性。高硅($w_{Si} = 10\% \sim 18\%$)铸铁是最常用的耐蚀铸铁,为了提高对盐酸腐蚀的抵抗能力可加入铬和钼等合金元素。高硅铸铁广泛用于化工、石油、化纤、冶金等工业所用设备,如泵、管道、阀门、储罐的出口等。高铬($w_{Cr} = 20\% \sim 35\%$)铸铁在各种氧化性酸和多种盐的条件下工作十分可靠。对强力的热苛型碱溶液一般用高镍铸铁。

5.4　非铁金属材料

5.4.1　铝及其合金

1. 工业纯铝

工业纯铝使用的纯铝呈银白色,纯度为 99.0%～99.9%,熔点为 660 ℃,密度为 2.7

g/cm³，具有面心立方晶体结构。

　　工业纯铝塑性好，强度、硬度低，一般不宜作结构材料使用；其密度低，基本无磁性，导电、导热性优良，仅次于银和铜。在大气中，铝的表面会生成致密的薄膜，阻止其氧化，故抗大气腐蚀的能力强。

　　工业纯铝用途非常广泛，主要用于制作电线、电缆、电器元件；可用于换热器件、冷却器、化工等设备的制造；还可用于食品、药品的包装等。

2. 铝合金的分类与强化途径

1）铝合金的分类

铝合金依据其成分和工艺性能，可划分为变形铝合金和铸造铝合金两大类。变形铝合金塑性优良，适宜于压力加工。铸造铝合金塑性低，更适宜于铸造成形。图 5-15 是二元铝合金固态下局部互溶的共晶相图。凡合金成分位于 D′左边的铝合金，在加热时都能形成单项固溶体组织，这类合金塑性较高，属于变形铝合金。变形铝合金还可进一步划分成可热处理强化变形铝合金和不可热处理强化铝合金。位于 D′右边的铝合金都具有低熔点共晶组织，流动性好，属于铸造铝合金。

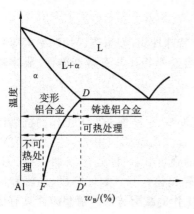

图 5-15　二元铝合金相图

　　应该指出，铸造铝合金和变形铝合金的界限并非是截然分开的，如铝硅铸造合金可轧制成薄板，变形铝合金可浇注成铸件。

2）铝合金的强化途径

　　（1）固溶处理　将铝合金加热到 α 单相区内一温度，使第二相溶入 α 中形成均匀的单相固溶体组织，然后在水中快冷，使第二相来不及重新析出而形成过饱和的 α 固溶体单相组织。这种处理方法称为固溶热处理或固溶。经固溶处理铝合金的性能特点：硬度、强度无明显升高，而塑性、韧性得到改善；组织不稳定，有向稳定组织状态过渡的倾向。

　　（2）时效强化　固溶处理后的铝合金，在室温下放置一段时间后，随时间的延长或温度的升高，铝合金的强度和硬度都升高的现象称为时效，也称之为时效强化（见图 5-16）。时效过程中，铜原子经热迁移在固溶体晶格的某些部位富集，形成许多微小的富集区，区内固溶体晶格畸变严重，引起显著固溶变化（见图 5-17）。若人工时效时加热温度过高，保温时间过长，富集区内的溶质组元就脱溶形成第二相导致富集区消失，强化效果随之失去，这种现象称为过时效。

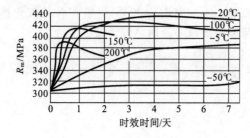

图 5-16　不同温度下的时效曲线

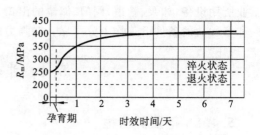

图 5-17　$w_C = 4\%$ 的 Al-Cu 合金的自然时效曲线

3. 常用铝合金

1) 变形铝合金

变形铝合金根据性能特点和用途的不同,分为防锈铝合金(LF)、硬铝合金(LY)、超硬铝合金(LC)、锻铝合金(LD)四类。常用铝合金的原代号、力学性能及用途列于表 5-23 中。《变形铝及铝合金化学成分》规定的牌号对应于表 5-23 中。

表 5-23　常用变形铝合金的牌号、性能和用途(GB/T 3190—2008)

类别	原代号	新牌号	状态①	力学性能		用途举例
				R_m/MPa	σ_s/MPa	
防锈铝合金	LF2	5A02	O	190	125	在液体下工作的中等强度的焊接件、冷冲压件和容器、骨架零件等
				250	150	
	LF21	3A21	O	130	80	要求高的可塑性和良好的焊接性、在液体或气体介质中工作的低载荷零件如油箱、油管、液体容器、饮料罐
			H×4	160	100	
			H×8	2207	110	
硬铝合金	LY11	2A11	T4	420	270	用于制作各种要求中等强度的零件和构件,冲压的连接部件,空气螺旋桨叶片,局部镦粗的零件(如螺栓、铆钉)
	LY12	2A12	T4	460	—	用量最大,用于制作各种高载荷的零件和构件(但不包括冲压件和锻件),如飞机上的骨架零件、蒙皮、翼梁、铆钉等 150 ℃以下工作的零件
			O	210	300	
			T4	520	—	
			T4	500	260	
	LY9	2B12	O	420	—	主要用作铆钉材料
超硬铝合金	LC3	7A03	T6	520	320	受力结构的铆钉
	LC4	7A04	T6	600	—	用作承力构件和高载荷零件,如飞机上的大梁、桁条、加强框、蒙皮、翼肋、起落架零件等,通常多用以取代 2A12
			O	260	—	
			T6	540	—	
			O	220	—	
锻铝合金	LD5	2A50	T6	420	—	形状复杂和中等强度的锻件和冲压件,内燃机活塞,压气机叶片、叶轮、圆盘以及其他在高温下工作的复杂锻件。2A70 耐热性好
	LD7	2A70	T6	440	—	
	LD8	2A80	T4	440	—	

注:状态符号采用 GB/T 16475—1996 规定代号:O—退火,T4—固溶+自然时效,T6—固溶+人工时效,H×4—半冷作硬化,H×8—冷作硬化

防锈铝合金属于不能热处理强化的铝合金,常采用冷变形方法强化。主要合金元素是锰、镁。锰的作用是固溶强化和提高耐蚀性,镁的作用是固溶强化和降低合金密度。

其他三类变形铝合金都属于可热处理强化的铝合金。其中硬铝合金属于 Al-Cu-Mg 系,超硬合金属于 Al-Cu-Mg-Zn 系。

2) 铸造铝合金

铸造铝合金可分为铝硅合金、铝铜合金、铝镁合金和铝锌合金四类,常用合金牌号、代号、主要性能特点及用途列于表 5-24 中。表中代号 ZL 表示铸造铝合金,YL 表示压铸铝合金,其化学成分、力学性能及热处理工艺规范详见 GB/T 1173—1995 和 GB/T 15115—1994。

表 5-24　　常用铸造铝合金的牌号(代号)、主要性能特点及用途

类　　别	牌号(代号)	主要性能和强化处理方法	典 型 应 用
铝硅合金	ZAlSi12(ZL102) YZAlSi12(YL102)	铸造性能好,有集中缩孔,吸气性大,需变质处理,耐蚀性、焊接性好,可切削性差,不能热处理强化,强化度不高,耐热性较低	适于铸造形状复杂,耐蚀性和气密性好,承受较低载荷,工作温度不高于 200 ℃的薄壁零件,如仪表壳罩、盖,船舶零件等
	ZAlSi5Cu1Mg (ZL105)	铸造工艺性能和气密性良好,无热裂倾向,熔炼工艺简单,不需变质处理,可热处理强化,强度高,塑性、韧性差,焊接性能和切削性能良好,耐热性、耐蚀性能一般	在航空工业中应用广泛,铸造形状复杂,承受较高静载荷,工作温度低于 225 ℃的零件,如汽缸体、盖,发动机曲轴箱等
	ZAlSi12Cu2Mg1 (ZL108) YZAlSi12Cu2 (YL108)	密度小,热膨胀系数小,热导率高,耐热性好,铸造工艺性能优良,气密性好,线收缩小,可得到尺寸精确铸件,无热裂倾向,强度高,耐磨性好,需变质处理	常用的活塞铝合金,用于铸造汽车、拖拉机的活塞和其他工作温度低于 250 ℃的零件
铝铜合金	ZAlCu5Mn (ZL201)	铸造性能不好,热裂、缩孔倾向大,气密性低,可热处理强化,室温强度高,韧性好,耐热性能高,焊接快、切削性能好,耐蚀性能差	工作温度在 300 ℃以下承受中等负载,中等复杂程度的飞机受力铸件,亦可用于低温承力件,用途广泛
	ZAlCu4 (ZL203)	典型铝铜二元合金,铸造工艺性能差,热裂倾向大,不需变质处理,可热处理强化,有较高的强度和塑性,切削性好,耐热性一般,人工时效状态耐蚀性差	形状简单,承受中等静载荷或冲击载荷,工作温度低于 200 ℃的小零件,如支架、曲轴等
	ZAlRE5Cu3Si2 (ZL207)	含有 4.4%～5.0%混合稀土,实质上是 Al-RE-Cu 系合金,耐热性高,可在 300～400℃下长期工作,为目前耐热性最好的铸造铝合金。结晶范围小,充填能力好,热裂倾向小,气密性高,不能热处理强化,室温力学性能较低,焊接性能好,耐蚀能力低于铝硅系、铝镁系、而优于铝铜系合金	铸造形状复杂,在 300～400 ℃下长期工作,承受气压和液压的零件
铝镁合金	ZAlMg10 (ZL301)	典型铝镁二元合金,铸造性能差,气密性低,熔炼工艺复杂,可热处理强化,耐热性不高,有应力腐蚀倾向,焊接性差,可切削性能好,其最大优点是耐大气和海水腐蚀	承受高静载荷或冲击载荷,工作温度低于 200 ℃,长期在大气或海水中工作的零件,如水上飞机、船舶零件
	ZAlMg5Si1 (ZL303)	铸造性能较 ZL301 好,耐蚀性能良好,可切削性为铸造铝合金中最佳者,焊接性能好,热处理不能明显强化,室温力学性能较低,耐热性一般	工作温度低于 200 ℃,承受中等载荷的耐蚀零件,如海轮配件、航空或内燃机车零件

续表

类别	牌号(代号)	主要性能和强化处理方法	典型应用
铝锌合金	ZAlZn11Si7 (ZL401)	铸造性能优良,需进行变质处理,在铸造状态下具有自然时效能力,不经热处理可达到高的强度,耐热性、焊接性和切削性优良,耐蚀性低,可采用阳极化处理以提高耐蚀性	适于大型、形状复杂、承受高静载荷、工作温度不超过200℃的铸件,如汽车零件、仪表零件、医疗器械、日用品等
	ZAlZn6Mg (ZL402)	铸造性能良好,铸造后有自然时效能力,较高的力学性能,耐蚀性能良好,耐热性能低,焊接性一般,可加工性能良好	承受高静载荷或冲击载荷、不能进行热处理的铸件,如空气压缩机活塞,精密仪表零件等

3) 铝硅合金

铝硅铸造合金俗称硅铝明,是一种应用广泛的共晶型铸造铝合金。ZL102 是应用最早的典型的硅铝明,$w_{Si}=11\%\sim13\%$,一般铸造所得组织几乎全部是粗大的共晶体($\alpha+Si$),其中 Si 是粗大的针状硅晶体,它使合金的力学性能严重降低。通常采用变质处理,在浇注前向合金中加入占合金质量 $2\%\sim3\%$ 的变质剂(2 份 NaF 和 1 份 NaCl),则可使粗大的针状共晶变为细小粒状硅,并且使相图共晶点右移(见图 5-18),得到细小的共晶体($\alpha+Si$)加上初生的亚共晶组织($\alpha+Si$)$+\alpha$,力学性能显著提高,由 $R_m=140$ MPa、$A=3\%$,提高到 $R_m=180$ MPa、$A=8\%$。

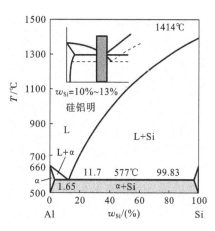

图 5-18　铝硅合金相图

5.4.2　铜及其合金

铜及其合金在我国的使用历史最悠久,至今也是应用最广的重非铁金属材料。

1. 纯铜

纯铜指纯度高于 99.3% 的工业用金属铜。密度为 8.96×10^3 kg/m³,熔点为 1083 ℃。导电、导热性能优良,塑性好,易于进行冷、热加工,但强度、硬度低,经冷变形加工后强度可提高,但塑性显著下降。

工业纯铜按杂质含量可分为 T1、T2、T3、T4 四个牌号,序号越大纯度越低。例如 T1 的含铜量为 $w_{Cu}=99.95\%$,而 T4 为 $w_{Cu}=99.50\%$,余量为杂质。纯铜一般不作结构材料使用,主要用于制造电线、电缆、电子元件及导热器件。

2. 铜合金

铜合金按化学成分的不同,铜合金可分为黄铜、白铜和青铜。黄铜是以锌为主加元素的铜合金,白铜是以镍为主加元素的铜合金,青铜是除黄铜和白铜以外的所有铜合金。工业上应用较多的是黄铜和青铜。

1) 黄铜

黄铜按成分的不同分为普通黄铜和特殊黄铜;按加工方式的不同分为加工黄铜和铸造

黄铜。

(1) 普通黄铜　普通黄铜是最简单的铜锌二元合金。随含锌量增加其强度和塑性都上升。当 $w_{Zn} > 45\%$ 以后铜合金组织全部是脆性相，使强度和塑性均急剧下降，如图 5-19 所示。

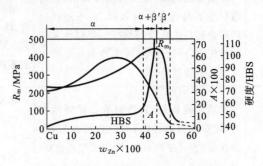

图 5-19　锌对普通黄铜力学性能的影响

(2) 特殊黄铜　为改善黄铜的性能，加入少量铝、锰、锡、硅、铅、镍等元素就得到特殊黄铜，如铅黄铜、锡黄铜、铝黄铜、锰黄铜、铁黄铜、硅黄铜等。它们比普通黄铜具有更高的强度、硬度，更好的耐蚀性和铸造性能。其中铝、锰、硅能改善力学性能；铝、锰、锡能提高耐蚀性；硅和铅共存时能提高耐磨性；铅能提高切削加工性；铁可细化晶粒；镍能降低应力腐蚀的倾向。

(3) 黄铜的热处理。

① 去应力退火　由于有残余应力存在，黄铜在潮湿的大气或海水，尤其在含有氨的环境中易产生腐蚀导致断裂，称为应力腐蚀。故冷加工后的黄铜应在 250~300 ℃ 的温度下去应力退火。

② 再结晶退火　消除加工黄铜的加工硬化现象。

(4) 黄铜的代号及牌号。

《加工黄铜—化学成分和产品形状》(GB 5232—2007)规定压力加工普通黄铜的牌号用"黄"字的汉语拼音首字母"H"加数字表示，数字表示平均含铜的质量分数。特殊黄铜牌号由 H、合金元素符号、铜含量、合金元素含量组成。常用的 α 单相黄铜有 H80、H70 等，常用的 α+β′ 双相黄铜有 H62、H59 等。《铸造铜合金技术条件》(GB 1176—1987)、《压铸铜合金》(GB 15116—1994)规定了铸造铜合金的牌号、成分及其他技术条件。表 5-25 列出了部分常用典型黄铜的牌号(代号)、力学性能和用途。

表 5-25　常用典型黄铜的牌号、力学性能和用途

类别	代号或牌号	力学性能		主要性能	用途举例
		R_m/MPa	A/(%)		
普通加工黄铜	H80	640	5	在大气、淡水及海水中有较高的耐蚀性，加工性能优良	造纸网、薄壁管、皱纹管、建筑装饰用品、镀层等
	H68	660	3	有较高强度，为黄铜中最佳者，为黄铜中应用最广泛的，有应力腐蚀开裂倾向	复杂冷冲件和深冲件，如子弹壳、散热器外壳、导管、雷管等
	H62	600	3	有较高的强度，热加工性能好，可加工性能好，易焊接。有应力腐蚀开裂倾向，价格较便宜，应用较广泛	一般机器零件、铆钉、垫圈、螺钉、螺帽、导管、散热器、筛网等

类别	代号或牌号	力学性能		主 要 性 能	用 途 举 例
		R_m/MPa	A/（%）		
铅黄铜	HPb59-1	550	5	加工性能好,可冷、热加工,易焊接,耐蚀性一般。有应力腐蚀开裂倾向,应用广泛	热冲压和切削加工制作的零件,如螺钉、垫片、衬套、喷嘴等
锰黄铜	HMn58-2	700	10	在海水、过热蒸汽、氯化物中有较高的耐蚀性。但有应力腐蚀开裂倾向,导热导电性能低	应用较广的黄铜品种,主要用于船舶制造和精密电器制造工业
铸造黄铜	ZCuZn38	295 295	30 30	良好的铸造性能和可加工性能;力学性能较好,可焊接,有应力腐蚀开裂倾向	一般结构杆,如螺杆、螺母、法兰、阀座、日用五金等
铸铝黄铜	ZCuZn31Al12 YZCuZn30Al13	295 390	12 15	铸造性能良好,在空气、淡水、海水中耐蚀性较好,易切削,可焊接	适于压力铸造,如电机、仪表压铸件及造船和机械制造业的耐蚀件
铸锰黄铜	ZCuZn40Mn2	345 390	20 25	有较高的强度和耐蚀性,铸造性能好,受热时组织稳定	在水、蒸汽、液体燃料中的耐蚀件,需镀锡或浇注巴氏合金的零件
铸硅黄铜	ZCuZn16Si4	345 390	15 20	具有较高的强度和良好的耐蚀性,铸造性能好、流动性高,铸件组织致密,气密性好	接触海水的管配件、水泵、叶轮,在空气、淡水、油、燃料及压力 4.5 MPa 和温度低于 250 ℃ 的蒸汽中工作的铸件

2）青铜

除黄铜和白铜以外的其他铜合金都称为青铜。青铜种类较多,有锡青铜、铅青铜、硅青铜、铍青铜、钛青铜等。常用青铜代号、牌号、主要性能及用途见表 5-26。各类青铜的化学成分和其他技术条件详见《加工青铜-化学成分和产品形状》(GB 5233—2001)和《铸造铜合金技术条件》(GB 1176—1987)。

（1）普通青铜（锡青铜）　它是以锡为主要元素的铜合金,其力学性能取决于锡的含量。当 $w_{Sn}<7\%$ 时,锡完全溶入铜中形成单相固溶体组织,随锡含量增加,合金的强度提高、塑性增强。当 $w_{Sn}>7\%$ 时组织中出现脆性相,强度继续升高,塑性急剧下降。当 $w_{Sn}>20\%$ 后,组织中脆性相过多,合金强度、塑性都很低。故工业用锡青铜含锡量为 $w_{Sn}=3\%\sim14\%$。$w_{Sn}<8\%$ 的锡青铜具有良好的塑性和一定的强度,适于压力加工;$w_{Sn}>8\%$ 的锡青铜由于塑性差只适于铸造。

（2）铝青铜　铝青铜是以铝为主加元素的铜合金。铝青铜强度比黄铜、铝青铜高,耐磨性、耐蚀性及耐热性比黄铜、锡青铜都好,且价格低,还可热处理（淬火、回火）强化。当铝含量 $w_{Al}\leqslant5\%$ 时强度很低,塑性高;当 $w_{Al}\geqslant12\%$ 时塑性很差,加工困难。故实际应用的铝青铜含铝量 $w_{Al}=5\%\sim10\%$。当 $w_{Al}=5\%\sim7\%$ 时塑性好,适于冷变形加工;当 $w_{Al}=9\%\sim10\%$ 时强度高,常以铸态使用。

表 5-26　常用青铜的牌号(代号)、主要性能及用途

类别	牌号(代号)	力学性能		主要性能和强化处理方法	用途举例
		抗拉强度 R_m/MPa	断后伸长率 A/(%)		
压力加工锡青铜	QSn4-3	550	4	有高的耐磨性和弹性,抗磁性良好,能很好地承受冷、热态压力加工;在硬态下,可切削加工性好,易焊接,在大气、淡水、海水中耐蚀性好	制作弹簧及其他弹性元件、化工设备上的耐蚀零件以及耐磨零件、抗磁零件、造纸工业用的刮刀
	QSn6.5-0.4	700~800	7.5~12	锡磷青铜,性能用途和QSn6.5-0.1相似。因含磷量较高,其抗疲劳强度较高,弹性和耐磨性较好,但在热加工时有热脆性	除用于弹簧和耐磨零件外,主要用于造纸工业制作耐磨的铜网和所受载荷小于 980 MPa,圆周速度小于 3 m/s 的零件
	QSn4-4-2.5	550~650	2~4	含锌、铅,高的减磨性和良好的可切削性,易于焊接,在大气、淡水中具有良好的耐蚀性	轴承、卷边轴套、衬套、圆盘以及衬套的内垫等
铸造锡青铜	ZCuSn10Zn2	240 245	12 6	耐蚀性、耐磨性和切削加工性能好,铸造性能好,铸件致密性较高,气密性好	在中等及较高载荷和小滑动速度下工作的重要管配件及阀、旋塞、泵体、齿轮、叶轮和蜗轮等
	ZCuSn10Pb1	200 310 330	3 2 4	硬度高,耐磨性极好,不易产生咬死现象,有较好的铸造性能和切削加工性能,在大气和淡水中有良好的耐蚀性	可用于高载荷和高滑动速度下工作的耐磨零件,如连杆衬套、轴瓦、齿轮、蜗轮等
特殊青铜(无锡青铜)	QBe2	950	3	含有少量镍,是力学、物理、化学综合性能良好的一种合金。经淬火调质后,具有高的强度、硬度、疲劳强度和优良的弹性、耐磨性和耐热性,同时还具有优良的导电性、导热性和耐寒性,无磁性,碰击时无火花,易于焊接,在大气、淡水和海水中耐蚀性极好	制造各种精密仪表、仪器中的弹簧和弹性元件,各种耐磨零件以及在高速、高温高压下工作的轴承、衬套,矿山和炼油厂用的冲击加工不产生火花的工具以及各种深冲零件
	ZCuPb30	—	—	有良好的自润滑性,易切削,铸造性能差,易产生比重偏析	要求高滑动速度的双金属轴瓦、减摩零件等
	ZCuAl10Fe3	490 540	13 15	高的强度,耐磨性和耐蚀性能好,可以焊接,但不易钎焊,大型铸件自 700 ℃空冷可防止变脆	强度高,耐磨、耐蚀的重型铸件,如轴套、螺母、蜗轮及在 250 ℃ 以下工作的管配件

　　铝青铜的结晶温度区间小,有良好的流动性,晶内偏析倾向小,缩孔集中,易获得致密的铸件,但凝固收缩大,铸造时应加大冒口。

　　铝青铜在大气、海水中及大多有机酸、碳酸中具有比黄铜和锡青铜更高的耐蚀性,因此铝青铜是无锡青铜中应用最广的一种。其缺点是焊接性能较差,对过热蒸汽不稳定。

5.4.3　滑动轴承合金

　　滑动轴承是机器中用于支撑轴进行运转的主要零部件,它是由轴承座和轴瓦组成的。用于制造轴瓦及内衬的合金称为轴承合金。

　　为确保机器的正常运转,轴承合金应具备:较高的抗压强度与疲劳强度,以承受轴颈所施加的载荷;良好的磨合能力,使载荷能均匀分布;足够的塑性和韧性,以保证轴承与轴颈的配合良好,并能承受冲击和振动;较小的摩擦因数,并能保持住润滑油,以减少对轴颈的摩擦;小的膨胀系数和良好的导热性、耐蚀性,以防止轴瓦与轴颈因强烈摩擦升温而发生咬合,并能抵抗润滑油的侵蚀;加工工艺性良好,价格低廉。

　　常用的轴承合金有以下几种。

　　《铸造轴承合金》(GB/T 1174—1992)规定的牌号表示方法与 GB/T 8063—1994 中规定的铸造有色金属及其合金牌号表示方法相同。

　　(1) 锡基轴承合金(锡基巴氏合金)　锡基轴承合金是以锡为基础,加入锑、铜等元素组成的合金。例如 ZSnSb12Pb10Cu4,表示 $w_{Sb}=12\%$, $w_{Pb}=10\%$, $w_{Cu}=4\%$ 的锡基轴承合金。

　　(2) 铅基轴承合金(铅基巴氏合金)　铅基轴承合金也是软机体上分布硬质点的组织。常用牌号为 ZPbSb16Sn16Cu2,其中 $w_{Sb}=16\%$, $w_{Sn}=10\%$, $w_{Cu}=2\%$。

　　铅基轴承合金的硬度、强度比锡基轴承合金低,韧性比后者差,但价格低,铸造性能好,常用于制作低速、低负荷的轴承,工作温度不超过 120 ℃。常用锡基铅基轴承合金的牌号、性能特点及用途如表 5-27 所示。

表 5-27　部分锡基、铅基轴承合金牌号、性能特点及用途

牌　　号	熔化温度/℃	力学性能(不小于)			主 要 性 能	用 途 举 例
		R_m/MPa	A/(%)	硬度/HBS		
ZSnSb12Pb10Cu4	185			29	性软而韧,耐压,硬度较高,热硬性较低,浇注性能差	一般中速中压发动机的主轴承,不适于高温
ZSnSb11Cu6	241	90	6.0	27	应用较广,不含铅,硬度适中,减摩性和耐磨性较好,膨胀系数比其他巴氏合金都小,具有优良的导热性和耐蚀性,疲劳强度低,不宜浇注很薄且振动载荷大的轴承	重载、高速、工作温度低于 110 ℃ 的重要轴承,如 750 kW 以上电动机、890 kW 以上快速行程柴油机、高速机床主轴的轴承和轴瓦

牌　号	熔化温度/℃	力学性能（不小于）			主要性能	用途举例
		R_m/MPa	A/(%)	硬度/HBS		
ZSnSb4Cu4	225	80	7.0	20	韧度为巴氏合金中最高者，与ZSnSb11Cu6相比，强度、硬度较低	浇注层较薄的重载荷高速轴承，如涡轮内燃机高速轴承
ZPbSb16Sn16Cu2	240	78	0.2	30	与ZSnSb11Cu6相比，摩擦因数较大，耐磨性和使用寿命不低，但冲击韧度低，不能承受冲击载荷，价格便宜	工作温度低于120℃，无显著冲击载荷，重载高速轴承及轴衬
ZPbSb15Sn10	240	60	1.8	24	冲击韧度比ZPbSb16-Sn16Cu2高，摩擦因数大，但模糊性好，经退火处理，其塑性、韧性、强度和减摩性均大大提高，硬度有所下降	承受中等冲击载荷，中速机械的轴承，如汽车、拖拉机的曲轴和连杆轴承
ZPbSb15Sn5	248		0.2	20	与ZSnSb11Cu6相比，耐压强度相当，塑性和导热性较差，在工作温度不高于100℃、冲击载荷较低的条件下，二者使用寿命相近，属于性能较好的铅基低锡轴承合金	低速、强压力条件下的机械轴承，如矿山水泵轴承、汽车轮机、中等功率电动机、空压机的轴承和轴衬

　　（3）铜基轴承合金　铜基轴承合金有铅青铜、锡青铜和铝青铜（如 ZCuPb30、ZCuSn10Pb1、ZCuAl10Fe3）。与锡基轴承合金相比，具有疲劳强度高、承载能力强、耐磨性优良以及导热性高、摩擦因数低的优点，因而能在较高温度（250℃）下工作，可以制造承受高载荷、高速度的重要轴承，如航空发动机、高速柴油机等的轴承。铅青铜的强度较低，因此也需在钢瓦上挂衬。

　　（4）铝基轴承合金　铝基轴承合金是一种新型减磨材料，具有密度小、导热性好、疲劳强度高和耐蚀性好等优点，并且原料丰富，价格低。其缺点是膨胀系数大，运转时易于轴颈咬合。常用的铝基轴承合金是 ZA1Sn6Cu1Ni1。

5.4.4　硬质合金与粉末冶金

1. 硬质合金

　　硬质合金是将一些难熔的金属化合物粉末和黏结剂粉末混合加压成形，再经烧结而成的一种粉末冶金产品。硬质合金种类很多，常用的有金属陶瓷硬质合金和钢硬质合金。

2. 粉末冶金

将金属粉末与金属或非金属粉末（或纤维）混合，经过成形、烧结等过程制成零件或材料的工艺方法称为粉末冶金。以铁基粉末冶金为例简述其工艺过程：粉料制取→粉料混合→成形→烧结→后处理→成品。

粉末冶金制品中常见的是各种衬套和轴套，近年来又逐渐发展到用粉末冶金法制造一些其他的机械零件如齿轮、凸轮、含油轴承、摩擦片等。与一般零件生产方法相比，粉末冶金法具有少切削或无切削、材料利用率高、生产率高，机械加工设备少、成本低等优点。

思考与练习题

5-1　指出下列每个牌号钢的类别、含碳量、热处理工艺、主要用途。

　　　　　　T8、Q345、40Cr、20CrMnTi、GCr15、9SiCr、Cr12、W18Cr4V

5-2　合金钢中经常加入的合金元素有哪些？按其与碳的作用如何分类？

5-3　合金元素在钢中以什么形式存在？

5-4　为什么大多数合金钢的奥氏体化加热温度比碳素钢的高？

5-5　为什么含钛、铬、钨等元素的合金钢的回火稳定性比碳素钢的高？

5-6　为什么相同基体的球墨铸铁的力学性能比灰铸铁的高得多？

5-7　化学成分和冷却速度对铸铁石墨化有何影响？阻碍石墨化的元素主要有哪些？

5-8　何谓石墨化？石墨化的影响因素有哪些？

5-9　为什么一般机器的支架、机床床身常用灰铸铁制造？

5-10　试述石墨对铸铁性能特点的影响。

5-11　铝合金分为几类？各类铝合金各自有何强化方法？

5-12　变形铝合金分哪几类？主要性能特点是什么？并简述铝合金强化的热处理方法。

第2篇　金属零件的加工

第6章　金属铸造加工

6.1　概　　述

金属铸造加工就是将金属熔化后注入预先造好的铸型中,等其凝固后得到一定形状和性能铸件的成形方法。铸造是现代机械制造业中获取零件毛坯最常用的加工方法之一。对于一些精度要求不高的机械,铸件还可直接作为零件使用。据统计:在一般机器设备中,铸件占总质量的 $40\%\sim90\%$;在农业机械中占 $40\%\sim70\%$;在金属切削机床和内燃机中占$70\%\sim80\%$。

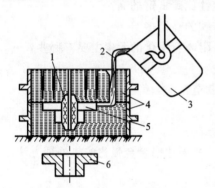

图 6-1　金属铸造加工

1—型芯;2—金属液;
3—浇包;4—铸腔;5—型腔;6—铸件

如图 6-1 所示的铸造加工过程为将熔融金属液浇入铸型时,充满整个型腔,在随后的冷却过程中逐渐凝固成铸件。显然,铸件的形状取决于型腔,铸型型腔不同,浇注后就可获得不同形状的铸件。因此,铸造加工的实质就是利用熔融金属具有流动性的特点,实现金属的液态成形。

铸造加工的方法很多,常分为两大类。

(1) 砂型铸造　它是用型砂紧实成铸型的铸造方法,是目前生产中应用最多、最基本的铸造方法。其生产的铸件占铸件总产量的 80% 以上。

(2) 特种铸造　它是与砂型铸造不同的其他铸造方法,如熔模铸造、金属型铸造、压力铸造、离心铸造等。

与其他加工方法相比,铸造具有以下几个方面的特点。

(1) 铸造能生产形状复杂,特别是内腔复杂的毛坯。例如机床床身、内燃机缸体和缸盖、涡轮叶片、阀体等。铸件的形状、尺寸与零件十分接近,机械加工余量小,可节约金属材料,减少切削加工工作量。

(2) 铸造的适应性广。铸造既可用于单件生产,也可用于成批或大量生产;铸件的轮廓尺寸可从几毫米至几十米,质量可从几克到几百吨;工业中常用的金属材料都可用铸造方法成形。

(3) 铸造的成本低。铸造所用的原材料来源广泛,价格低廉,还可利用废旧的金属材料,一般不需要价格昂贵的设备。

(4) 由于铸件是在液态下成形的,所以用铸造的方法生产复合铸件是一种最经济的方法,可使用不同的材质构成铸件(例如衬套)。此外,通过结晶过程的控制,可使铸件的各个部位获得不同的结晶组织和性能。

但是,铸造也存在一些缺点,如:铸造工艺过程复杂,工序多,一些工艺过程难以控制,易出现铸造缺陷,铸件质量不够稳定,废品率较高;铸件内部组织粗大、不均匀,其力学性能不如同类材料锻件的高;劳动强度大、劳动条件差等。不过随着铸造技术与计算机应用的迅速发展,新材料、新工艺、新技术和新设备的推广和使用,铸造生产的情况将大大改观,铸件质量和铸造生产率将得到很大的提高。

6.2　金属液态成形铸造性能

铸造性能是合金在铸造生产中表现出来的工艺性能,通常用合金的流动性、收缩性、吸气性以及偏析倾向等来衡量。其中以流动性和收缩性对铸件的成形质量影响最大。

6.2.1　金属的流动性

1. 流动性的概念

金属的流动性是指金属液本身的流动能力,是金属重要的铸造性能之一。金属的流动性越好,金属液充填铸型的能力越强,就越容易得到轮廓清晰、壁薄而形状复杂的铸件。

浇注时,金属液能够充满铸型,是获得外形完整、尺寸精确、轮廓清晰铸件的基本条件。但是在充填过程中,金属液因散热而伴随着结晶现象,同时还遭受铸型的阻碍,如果金属的流动性不足,金属液在没充满铸型之前就停止流动,铸件将产生浇不足或冷隔现象。此外,金属的流动性好还有利于金属液中的气体、渣、砂等杂质的上浮与排除,易于对金属液在凝固过程中所产生的收缩进行补充。因此,在进行铸件设计和制定铸造工艺时,必须考虑金属的流动性。

金属液的流动性通常是用浇注螺旋形试样的方法来衡量的。先用模样造型,获得型腔形状如图 6-2 所示螺旋形试样的铸型。将金属液浇入铸型中,测出其实际的螺旋线长度。在相同的浇注工艺条件下,浇出的试样越长,说明合金液的流动性越好。常用的合金流动性见表6-1。

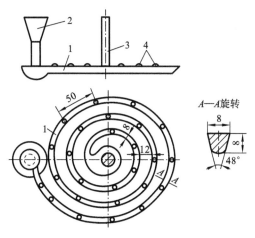

图 6-2　螺旋形试样

1—试样铸件;2—浇口;3—冒口;4—试样凸点

2. 影响金属流动性的因素

1）化学成分

不同种类的合金具有不同的流动性,同种类合金中,化学成分比例不同,结晶特性各有差异,其流动性也不尽相同。由于纯金属和共晶成分的金属是在恒温下进行结晶的,液态合金从表层逐渐向中心凝固,固液界面比较光滑,对液态合金的流动阻力较小。同时,共晶成分合金

表 6-1　常用铸造合金的流动性

合　　金	造型材料	浇注温度/ ℃	螺旋线长度/mm
灰铸铁（碳硅含量为 6.2%）	砂型	1300	1300
（碳硅含量为 5.9%）	砂型	1300	1300
（碳硅含量为 5.6%）	砂型	1300	1000
（碳硅含量为 4.2%）	砂型	1300	600
铸钢（w_C＝0.4%）	砂型	1600	100
	砂型	1640	200
铝硅合金	金属型（300 ℃）	680～720	700～800
镁合金（Mg-Al-Zn）	砂型	700	400～600
锡青铜（w_{Sn}＝9%～11%）	砂型	1040	420
硅黄铜（w_{Sn}＝1.5%～4.5%）	砂型	1100	1000

的凝固温度最低，可获得较大的过热度（即浇注温度与合金熔点的温度），从而推迟合金的凝固，因此其流动性最好。其他成分的合金则是在一定温度范围内结晶的，结晶过程中由于初生树枝状晶体与液体金属两相共存，粗糙的固液界面使合金的流动阻力加大，合金的流动性大大降低。合金的结晶温度区间越宽，其流动性越差。图 6-3 所示为铁碳合金含碳量与流动性的关系。

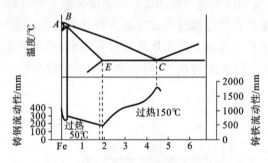

图 6-3　铁碳合金含碳量与流动性的关系

　　铸铁的其他元素（如硅、锰、磷、硫）对流动性也有一定影响。硅和磷可提高金属液体的流动性，而硫可使液体的流动性降低。

　　2）浇注条件

　　（1）浇注温度　在一定温度范围内，浇注温度越高，合金的流动性越好。但过高，金属液体吸气多，氧化严重，流动性反而降低。因此根据生产经验，每种合金均有一定的浇注温度范围。一般铸钢的浇注温度为 1520～1620 ℃，铝合金的为 680～780 ℃，灰铸铁的为 1230～1450 ℃，黄铜的为 1060 ℃，青铜的为 1200 ℃左右。

　　（2）充型压力　液态金属在流动方向所受的压力越大，流动性就越好。例如，增加直浇道高度，利用人工加压方法如压铸、低压铸造等。

　　（3）浇注系统的结构　浇注系统结构越复杂，其流动的阻力越大，流动性就越低。故在设计浇注系统时，要合理布置内浇道在铸件上的位置，选择恰当的浇注系统和各部分的横截面积。

　　3）铸型填充条件

　　（1）铸型的导热能力　即铸型从液态合金中吸收和储存热量的能力。铸型材料的导热系数和比热越大，对液态合金的激冷能力越强，合金的充型能力就越差。如金属铸型对液态合金的激冷能力比砂型大,容易产生浇不足等缺陷。

(2) 铸型温度　　在金属型铸造和熔模铸造时,为了减少铸型和金属液之间的温度差,减缓冷却速度,可将铸型预热数百度再进行浇注,使充型能力得到提高。

(3) 铸型的排气能力　　在金属液的热作用下,型腔中的气体膨胀,型砂中的水分汽化,煤粉和其他有机物燃烧,将产生大量的气体。如果铸型的排气能力差,则型腔中气体的压力增大,将阻碍液态合金的充型。因此对型砂要求具有良好的透气性,并要设法减少气体来源。工艺上可在远离浇口的最高部位开设出气口。

4) 铸件结构

当铸件壁厚过小,壁厚急剧变化或有较大水平面等结构时,都会使液态合金的充型能力降低。因此设计铸件时,铸件的壁厚必须大于规定的最小允许壁厚值。

有的铸件需设计工艺孔或流动通道,如图 6-4 所示的壳体铸件,在大平面上增设肋条有利于金属液充满铸型型腔,并可防止夹砂缺陷的产生。

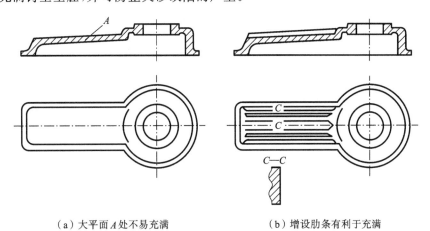

　　　(a) 大平面 A 处不易充满　　　　　　　(b) 增设肋条有利于充满

图 6-4　壳体结构对流动性的影响

综上所述,为了提高合金的流动性,应尽量选用共晶成分合金,或结晶温度范围小的合金;应尽量提高金属液的质量,金属液越纯净,含气体、夹杂越少,流动性越好。

但在许多实际情况下,合金化学成分是确定的,需从其他方面考虑提高金属流动性,如提高浇注温度、合理设置浇注系统及改进铸件结构等。

6.2.2　金属的凝固与收缩

液态金属的温度降低到液相线至固相线范围时,合金就从液态向固态转变。这种由液态向固态转化的过程称为凝固。

浇入铸型的金属液在冷凝过程中,若其液态收缩和凝固收缩得不到补充,铸件将产生缩孔或缩松缺陷。为防止上述缺陷,必须合理地控制铸件的凝固过程。

1. 铸件的凝固方式与铸件质量的关系

在合金的凝固过程中,铸件截面上一般存在三个区域,即固相区、凝固区和液相区,液相和固相同时并存的区域叫做凝固区域。凝固区域的宽窄对铸件质量有很大的影响。而铸件的凝固方式就是依据凝固区的宽窄 S(见图 6-5(c))来划分的。

1) 逐层凝固

纯金属或共晶成分合金在凝固过程中因不存在液、固并存的凝固区(见图 6-5(a)),其铸件断面上的凝固区域为零,故断面上外层的固体和内层的液体由一条界线(凝固前沿)清楚地分开。随着温度的下降,固体层不断加厚、液体层不断减少,直达铸件的中心,这种凝固方式称为逐层凝固。

呈逐层凝固方式的铸件,其凝固前沿与液态合金紧密接触,凝固区域又很窄,故凝固阶段发生的体积收缩可以随时得到液态合金的补充。因此,铸件产生缩松倾向较小,只是在铸件最后凝固的地方产生集中缩孔。只需在铸件热节部位设置冒口便可清除,因此一般认为这类合金的补缩性能好,易获得组织致密的铸件。

2) 糊状凝固

如果合金的结晶温度范围很宽,或铸件断面温度分布比较平坦,则在凝固的某段时间内,铸件表面并不存在固体层,而液、固并存的凝固区贯穿整个断面(见图 6-5(b))。由于这种凝固方式与水泥类似,即先呈糊状而后固化,故称糊状凝固或称体积凝固方式。

呈糊状凝固的铸件,凝固初期尚能得到冒口中液体金属的补缩。但是,当液-固两相共存的糊状物变得黏稠后,树枝状等轴晶又把尚未凝固的液体分割成若干互不相通的小熔池,每个枝晶成长时均要"争夺"这些液体,结果在树枝晶间将形成许多小孔洞,即分散性缩孔(缩松)。因此通常认为这类合金的补缩能力较差,难以获得组织致密的铸件。

3) 中间凝固

大多数合金的凝固介于逐层凝固和糊状凝固之间(见图 6-5(c)),称为中间凝固方式。

铸件质量与其凝固方式密切相关。一般说来,逐层凝固时,合金的充型能力强,便于防止缩孔和缩松;糊状凝固时,难以获得结晶紧实的铸件。在常用合金中,灰铸铁、铝硅合金等倾向于逐层凝固,易于获得紧实铸件;球墨铸铁、锡青铜、铝铜合金等倾向于糊状凝固,为获得紧实铸件常需采用适当的工艺措施,以便补缩或减小其凝固区域。

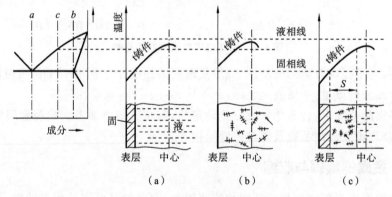

图 6-5　逐渐的凝固方式

2. 金属的收缩

1) 收缩性的概念

铸造合金从浇注、凝固直至冷却到室温的过程中,其体积或尺寸缩减的现象,称为收缩。收缩是合金的物理本性。

合金的收缩给铸造过程带来了许多困难,是许多铸造缺陷(如缩孔、缩松、裂纹、变形等)产生的根源。为使铸件的形状、尺寸符合技术要求,组织致密,必须研究收缩的规律性。

合金的收缩经历如下三个阶段:

(1) 液态收缩　它是从浇注温度冷却到凝固开始温度(即液相线温度)发生的收缩;

　　(2) 凝固收缩　它是从凝固开始温度冷却到凝固终止温度(即固相线温度)发生的收缩;

　　(3) 固态收缩　它是从凝固终止温度到室温的收缩。

　　液态收缩和凝固收缩表现为合金体积的缩小,用单位体积收缩量(即体积收缩率)来表示。固态收缩表现为铸件尺寸的缩小,常用线收缩率来表示。体积收缩是产生缩孔、缩松的主要原因,固态收缩是铸件产生内应力、变形和开裂的主要原因,常用铸造合金体积收缩率和线收缩率表 6-2、表 6-3 所示,其中铸钢收缩率最大,灰铸铁收缩率最小。由于灰铸铁中大部分碳是以石墨态析出的,石墨的比容大,析出石墨所产生的体积膨胀,能抵消合金的部分收缩,故其收缩率小。

表 6-2　几种铁碳合金的体积收缩率

合金种类	含碳量/(%)	浇注温度/ ℃	液态收缩/(%)	凝固收缩/(%)	固态收缩/(%)	总体积收缩/(%)
铸造碳钢	0.35	1610	1.6	3	7.86	12.46
白口铸铁	3.00	1400	2.4	4.2	5.4~6.3	12~12.9
灰铸铁	3.50	1400	3.5	0.1	3.3~4.2	6.9~7.8

表 6-3　几种常用铸造合金的线收缩率

合金种类	灰铸铁	可锻铸铁	球墨铸铁	碳素铸钢	铝合金	铜合金
线收缩率/%	0.8~1.0	1.2~2.0	0.8~1.3	1.3~2.0	0.8~1.6	1.2~1.4

　　2) 影响金属收缩性的因素

　　(1) 化学成分　碳素钢随含碳量增加,其凝固收缩增加,而固态收缩略减。灰铸铁中,碳是形成石墨的元素,硅促进石墨化,硫阻碍石墨化。因此,灰铸铁中碳、硅含量越大,硫含量越小,则析出的石墨越多,凝固收缩越小。

　　(2) 浇注温度　浇注温度越高,过热度越大,液态收缩就越大。

　　(3) 铸件结构与铸件条件　合金在铸型中并不是自由收缩,而是受阻收缩,其阻力来源于以下两个方面:铸件的各个部分冷却速度不同,因互相制约而对收缩产生的阻力;铸型和铸芯对收缩的机械阻力。

　　因此,铸件的实际收缩量要小于自由收缩率。铸件结构越复杂,铸型强度越高,实际收缩率与自由收缩率的差别越大。在设计铸型时,必须根据铸造合金的种类和铸型尺寸、形状等选取合适的收缩率。

3. 缩孔和缩松的形成及防止

　　液态合金在铸型内冷却凝固时,由于液态收缩和凝固收缩会产生体积减小,若得不到补充,就会在铸件最后凝固的部位形成孔洞。其中大而集中的孔洞称为缩孔,细小而分散的孔洞称为缩松。缩孔和缩松都是不能忽略的铸件缺陷。

　　1) 缩孔的形成

　　缩孔的形成过程如图 6-6 所示。液态合金充满铸型(见图 6-6(a))后,因铸型的快速冷却,铸件外表面很快凝固而形成外壳,而内部仍为液态(见图 6-6(b))。随着冷却和凝固,内部液体因液态收缩和凝固收缩,体积减小,液面下降,铸件内出现空隙(见图 6-6(c)、(d))。在上部形成表面不光滑、形状不规则、近似于倒圆锥形的缩孔(见图 6-6(e))。纯金属、近共晶成分的合金,因结晶温度范围窄,凝固是由表及里逐层进行的,容易形成集中的缩孔。

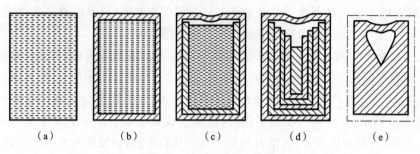

图 6-6　缩孔形成示意图

2）缩松的形成

缩松实际上是分散在铸件上的小缩孔。缩松的形成过程如图 6-7 所示。铸件首先从外层开始凝固,凝固前沿表面凹凸不平(见图 6-7(a))。当两侧凹凸不平的凝固前沿在中心会聚时,剩余液体被分隔成许多小熔池(见图 6-7(b))。最后,这些众多的小熔池在凝固收缩时,因得不到金属液的补充而形成缩松(见图 6-7(c))。缩松隐藏于铸件内部,从外部难以发现。

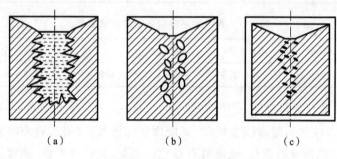

图 6-7　缩松形成示意图

结晶温度范围大的合金,其发达的树枝状晶体易将未凝固的金属液分隔,形成缩松。

3）缩孔和缩松的防止

缩孔和缩松会影响铸件的力学性能、气密性和物理、化学性能。在实际生产中,铸件的合金成分、铸型结构形式是确定的,这就需要采取合适的工艺措施来防止缩孔和缩松的发生。

（1）顺序凝固　铸件的顺序凝固原则,是采用各种措施保证铸件结构上的各部分,按照远离冒口的部分先凝固,然后沿冒口方向顺序凝固的方式进行凝固,使得铸件上远离冒口的部分到冒口之间建立一个递增的温度梯度,如图 6-8 所示。这样就保证了冒口总有一个补缩通道,能将液体补充到铸件的任一部位,使缩孔最后产生在冒口内,获得完好的致密铸件。

（2）浇注系统的引入位置及浇注工艺　浇注系统的引入位置即内浇道,与铸件各部分的温度分布有直接的关系,如图 6-9 所示。

浇注温度和浇注速度都对铸件收缩有影响,应根据铸件结构、浇注系统类型来确定。用高的浇注温度缓慢地浇注,有利于顺序凝固;通过多个内浇道低温快浇,有利于实现同时凝固原则。

（3）冒口、补贴和冷铁的作用　冒口在铸件厚壁处和热节部位设置冒口,是防止缩孔、缩松最有效的措施。冒口的尺寸应保证冒口比铸件被补缩部位凝固得晚,并有足够的金属液供给。

① 补贴　对于板件和壁厚均匀的薄壁件,由于冒口的有效补缩距离有限,往往在铸件的内部仍会产生缩孔和缩松(见图 6-10(a))。若在铸件壁上部靠近冒口处增加一个楔形厚度,使

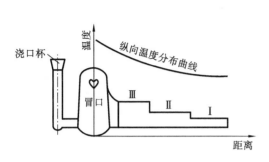

图 6-8　顺序凝固方式示意图

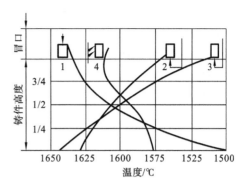

图 6-9　浇注系统的引入位置与铸件纵向
温度分布的关系

1—顶注式；2—底注快浇；3—底注慢浇；4—阶梯式注入

铸件壁厚变成朝冒口逐渐增厚的形状，即造成一个向冒口逐渐递增的温度梯度。所增加的楔形部分，称为"补贴"（见图 6-10(b)）。

② 冷铁　由金属材料制成的激冷物称冷铁，它包括铸铁、钢材、铜等金属材料。将冷铁放入铸型某一特定部位，用以加速铸件某局部热节的冷却（见图 6-11），这是消除铸件中缩孔和缩松的有效措施。

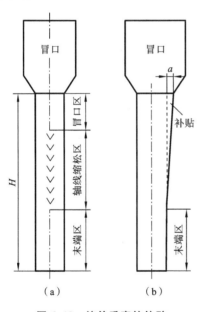

图 6-10　铸件垂直的补贴

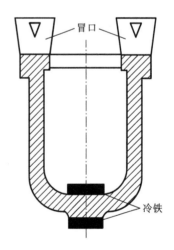

图 6-11　冷铁应用的例子

缩松的预防较为困难，对气密性要求高的铸件应注意选择结晶温度范围小的合金。

4. 铸造应力、变形及裂纹

1）铸造应力与防止

铸件凝固后，温度继续下降，产生固态收缩，尺寸减小。当线收缩受到阻碍时，便在铸件内部产生应力。这种应力有的仅存在冷却过程中，有的一直残留到室温，故称其为残余内应力。

铸造内应力是导致铸件变形和产生裂纹的主要因素。铸造内应力简称铸造应力，按产生的机理分为热应力、金相组织体积变化产生的相变应力和机械应力。

(1) 热应力　它是由于铸件壁厚不均匀,各部分冷却速度不同,以致在同一时期内铸件各部分收缩不一致而引起的。落砂后热应力仍存在于铸件内,是一种残留铸造内应力。

为了分析热应力的形成,首先必须了解金属自高温冷却到室温时应力状态的改变。

固态金属在再结晶温度以上的温度时(钢和铸铁为 620~650 ℃),处于塑性状态。此时,在较小的应力下就可发生塑性变形(即永久变形),变形之后应力可自行消除。在再结晶温度以下,金属处于弹性状态,此时,其在应力作用下将发生弹性变形,而变形之后应力继续存在。

由图 6-12 所示的框形铸件来分析热应力的形成。其中粗杆 I 代表铸件厚壁部分,细杆 II 代表铸件薄壁部分,上、下刚性横梁代表薄壁与厚壁之间的连接。此模型所得结论,能够适用于所有具有薄、厚壁差别的铸件。

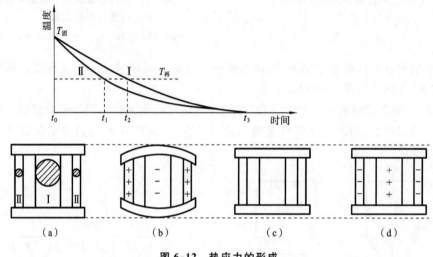

图 6-12　热应力的形成
＋表示拉应力；－表示压应力

当铸件处于高温阶段时,两杆均处于塑性状态。尽管两杆冷却速度不同,收缩不一致,但瞬时的应力均可通过塑性变形而自行消失。继续冷却后,冷速较快的杆 II 已进入弹性状态,而粗杆 I 仍处于塑性状态。由于细杆 II 冷速快,收缩大于粗杆 I,所以细杆 II 受拉伸,粗杆 I 受压缩,形成了暂时内应力,但这个内应力随之便因粗杆 I 的微量塑性变形(压短)而消失。当进一步冷却到更低温度时,粗杆 I 也处于弹性状态,此时,尽管两杆长度相同,但所处的温度不同。粗杆 I 的温度较高,还将进行较大的收缩;而细杆 II 的温度较低,收缩已趋停止。因此,粗杆 I 的收缩必然受到细杆 II 的强烈阻碍,于是,细杆 II 受压缩,粗杆 I 受拉伸,直至室温,形成了残余内应力。由此可见,热应力将使铸件的厚壁或心部受拉伸,薄壁或表层受压缩。铸件的壁厚差别越大,合金线收缩率越高,弹性模量越大,热应力也越大。

(2) 相变应力　铸件在冷却过程中往往产生固态相变,相变时其相变产物往往具有不同的比容。例如,碳钢发生 $\delta \rightarrow \gamma$ 转变时,体积缩小;发生 $\gamma \rightarrow \alpha$ 转变时,体积胀大。铸件在冷却过程中,由于各部分冷却速度不同,会导致相变不同时发生,则会产生相变应力。例如,铸件在淬火或加速冷却时,在低温形成马氏体,由于马氏体的比容较大,则相变引起的内应力可能使铸件破裂。

(3) 机械应力　机械应力是指铸件的固态收缩(即线收缩)受到铸型、型芯、浇注系统、冒口或箱挡等的阻碍而产生的内应力(也称收缩应力),如图 6-13 所示。

机械应力可使铸件产生拉伸或切应力,是一种暂时应力。一经落砂、打断浇、冒口后,应力

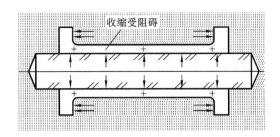

图 6-13　受砂型和砂芯机械阻碍的铸件

会随之自行消除。但机械应力在铸型中可与热应力共同起作用,增大某些部位的拉伸应力,促进了铸件产生裂纹的倾向。

铸造内应力对铸件质量危害很大。它会使铸件的精度和使用寿命大大降低。在存放、加工甚至使用过程中,铸件会因残余应力的存在发生翘曲变形和裂纹。因此必须尽量减小或消除铸造内应力。

铸造内应力的防止方法主要有以下几个。

① 调整结构　设计铸件时尽量使其壁厚均匀、形状对称,并尽量减小热节;尽量避免牵制收缩结构,使铸件各部分能自由收缩。

② 同时凝固　设计铸件的浇注系统时,应采用"同时凝固"的原则。

为实现"同时凝固",可将浇口开在铸件的薄壁处,使薄壁处铸型在浇注过程中的升温较厚壁处高,从而补偿薄壁处的冷速快现象。有时为增大厚壁处的冷速,还可在厚壁处安放冷铁(见图 6-14)。坚持同时凝固原则可减少铸造内应力、防止铸件的变形和裂纹缺陷,又可不用冒口,省工省料。其缺点是铸件心部容易出现缩孔或缩松,主要用于普通灰铸铁、锡青铜等。这是由于:灰铸铁的缩孔、缩松倾向小;锡青铜的糊状凝固倾向大,用顺序凝固也难以有效地消除其显微缩松缺陷。

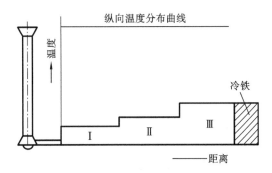

图 6-14　同时凝固原则示意图

③ 时效处理　时效处理分自然时效和人工时效两种。将铸件置于露天场地半年以上,使其内应力自然释放,这种方法称为自然时效;将灰铸铁中、小件加热到 $550\sim660$ ℃的塑性状态,保温 36 h 后缓慢冷却,也可消除铸件中的残余应力,这种方法称为人工时效或去应力退火。生产中的人工时效常常是在铸件粗加工后进行的,这样可以将原有铸造内应力和粗加工后产生的热应力一并消除。

2) 铸件的变形与防止

具有残余应力的铸件,其处于不稳定状态,将自发地进行变形以减小内应力,趋于稳定状态。显然,只有原来受拉伸部分产生压缩变形,受压缩部分产生拉伸变形,才能使铸件中的残余内应力减少或消除。铸件变形的结果将导致铸件产生扭曲。图 6-15 所示为壁厚不均匀的 T 形梁铸件挠曲变形的情况,变形的方向是厚的部分向内凹,薄的部分向外凸,如图中双点画线所示。

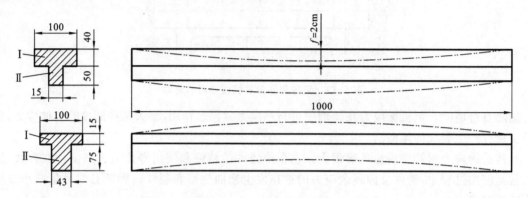

图 6-15　T 形钢铸件的变形

为了防止铸件变形,除在铸件设计时尽可能使铸件的壁厚均匀、形状对称外,在铸造工艺上应采用同时凝固办法,以便冷却均匀。对于长而易变形的铸件,还可以采用"反变形"工艺。反变形法是在统计铸件变形规律的基础上,在模样上预先做出相当于铸件变形量的反变形量,以抵消铸件的变形。

铸件产生挠曲变形后,往往只能减小应力,而不能完全消除应力。机加工以后,由于失去平衡的残余应力存在于零件内部,经过一段时间后又会产生二次挠曲变形,致使机器的零部件失去应有的精度。为此,对于不允许发生变形的重要机件必须进行时效处理。

　　3) 铸件的裂纹与防止

当铸造内应力超过金属的强度极限时,铸件便产生裂纹。裂纹是一种严重的铸件缺陷,必须设法防止。裂纹按形成的温度范围可分为热裂纹和冷裂纹两种。

(1) 热裂纹　热裂纹的形状特征是裂纹短、缝隙宽、形状曲折、缝内呈氧化色。热裂纹是铸钢和铝合金铸件的常见缺陷,是在凝固末期高温下形成的。此时,结晶出来的固体已形成完整的骨架,开始固态收缩,但晶粒之间还存在少量液体,因此金属的强度很低。如果金属的线收缩受到铸型或型芯的阻碍,收缩应力超过了该温度下金属的强度,即产生热裂。

防止热裂的方法是使铸件结构合理,改善铸型和型芯的退让性,减小浇冒口对铸件收缩的机械阻碍,内浇道设置符合同时凝固原则。此外,减少合金中有害杂质硫、磷的含量,提高合金高温强度,有助于减少热裂的发生。

(2) 冷裂纹　冷裂纹是铸件处于弹性状态即在低温时形成的裂纹。其形状特征是:裂纹细小,呈连续直线状,具有金属光泽或呈轻微氧化色。

冷裂纹常出现在铸件受拉应力的部位,特别是应力集中的地方(如尖角、缩孔、气孔、夹渣等缺陷附近)。有些冷裂纹在落砂时并未形成,而是在铸件清理、搬运或机械加工时受到振击才出现的。

合金的成分和熔炼质量对冷裂有很大的影响,不同的铸造合金其冷裂倾向也不同。灰铸铁、白口铸铁、高锰钢等塑性较差的合金较易产生冷裂纹;塑性好的合金因内应力可通过其塑性变形自行缓解,故冷裂倾向小。

为防止铸件冷裂,除应设法减小铸件内应力外,还应控制钢、铁的含磷量。如铸钢中磷的质量分数大于 0.1%、铸铁中磷的质量分数大于 0.5%,因冲击韧度急剧下降,冷裂倾向将明显增加。此外,浇注后,不能过早开箱。

6.2.3　铸件的质量控制

由于铸造工序繁多,影响铸件质量的因素繁杂,很难综合控制,因此,铸件缺陷几乎难以完全避免,废品率较其他金属加工方法高。同时,许多铸造缺陷隐藏在铸件内部,难以发现和修补,有些缺陷只有在机械加工时才能暴露出来,这不仅会浪费机械加工工时,增加制造成本,有时还会延误整个生产任务的完成。因此,进行铸造的质量控制、降低废品率是非常重要的。

铸件缺陷种类繁多,名称也不尽统一。表 6-4 列出了常见铸件缺陷名称及分类,可供参考。

表 6-4　铸件的常见缺陷、特征及产生的主要原因

类别	名称	图例及特征	产生的主要原因
形状类缺陷	错型	 铸件在分型面处有错移	(1) 合型时上、下砂箱未对准 (2) 上、下砂箱未夹紧 (3) 模样上、下半模有错移
	偏芯	 铸件上孔偏斜或轴心线偏斜	(1) 型芯放置偏斜或变形 (2) 浇口位置不对,液态金属冲歪了型芯 (3) 合型时碰歪了型芯 (4) 制模样时,型芯头偏心
	变形	 铸件向上、向下或向其他方向弯曲或扭曲等	(1) 铸件结构设计不合理,壁厚不均匀 (2) 铸件冷却不当,冷缩不均匀
	浇不足	 液态金属未充满铸型,铸件形状不完整	(1) 铸件壁太薄,铸型散热太快 (2) 合金流动性不好或浇注温度太低 (3) 浇口太小,排气不畅 (4) 浇注速度太慢 (5) 浇包内液态金属不够

类别	名称	图例及特征	产生的主要原因
孔洞类缺陷	缩孔	铸件的厚大部分有不规则的较粗糙的孔形	(1) 铸件结构设计不合理，壁厚不均匀，局部过厚 (2) 浇、冒口位置不对，冒口尺寸太小 (3) 浇注温度太高
	气孔	析出气孔多而分散，尺寸较小，位于铸件各断面上；侵入气孔数量较少，尺寸较大，存在于铸件的局部地方	(1) 熔炼工艺不合理、金属液吸收了较多的气体 (2) 铸型中的气体侵入金属液 (3) 起模时刷水过多，型芯未干 (4) 铸型透气性差 (5) 浇注温度偏低 (6) 浇包工具未烘干
夹杂类缺陷	砂眼	铸件表面上或内部有型砂充填的小凹坑	(1) 型砂、芯砂强度不够，不够紧实，合型时松砂或被液态金属冲垮 (2) 型腔或浇口内的散砂未吹净 (3) 铸件结构不合理，无圆角或圆角太小
	夹杂物	铸件表面上有不规则并含有熔渣的孔眼	(1) 浇注时挡渣不良 (2) 浇注温度太低，熔渣不易上浮 (3) 浇注时断流或液态金属未充满浇口，渣和液态金属一起流入型腔
裂纹冷隔类缺陷	冷隔	铸件表面似乎已熔合，实际并未熔透，有浇坑或接缝	(1) 铸件设计不合理，铸壁较薄 (2) 合金流动性差 (3) 浇注温度太低，浇注速度太慢 (4) 浇口太小或布置不当，浇注曾有中断

类别	名称	图例及特征	产生的主要原因
裂纹冷隔类缺陷	裂纹	 在夹角处或厚薄交接处的表面或内层产生裂纹	(1) 铸件厚薄不均,冷缩不一 (2) 浇注温度太高 (3) 型砂、芯砂退让性差 (4) 合金内含硫量、含磷量较高
表面缺陷	粘砂	 铸件表面粘砂粒	(1) 浇注温度太高 (2) 型砂选用不当,耐火度差 (3) 未刷涂料或涂料太薄

　　铸件缺陷的产生不仅来源于不合理的铸造工艺,还与造型材料、模具、合金的熔炼和浇注等各个环节密切相关。此外,铸造合金的选择、铸件结构工艺性、技术要求的制订等设计因素是否合理,对于是否易于获得健全铸件也具有重要影响。就一般机械设计和制造人员而言,应从如下几方面来控制铸件质量。

　　(1) 合理选定铸造合金和铸件结构　在进行设计选材时,在能保证铸件使用要求的前提下,应尽量选用铸造性能好的合金。同时,还应结合合金铸造性能的要求,合理设计铸件结构。

　　(2) 合理制订铸件的技术要求　具有缺陷的铸件并不都是废品,若其缺陷不影响铸件的使用要求,可视为合格铸件。

　　对合格铸件中缺陷允许存在的程度,一般应在零件图或有关技术文件中做出具体规定,作为铸件质量检验的依据。

　　应该注意的是,对铸件的质量要求必须合理。若要求过低,将导致产品质量低劣;若要求过高,则导致铸件废品率的增加和铸件成本的提高。

　　(3) 模样质量检测　若模样(模板)、型芯盒不合格,可造成铸件形状或尺寸不合格等缺陷。因此,必须对模样、型芯盒及其有关标记进行认真检验。

　　(4) 铸件质量检验　它是控制铸件质量的重要措施。生产中检验铸件的目的是依据铸件缺陷的存在程度,确定和分辨合格铸件、待修补铸件及废品。同时,通过缺陷分析寻找缺陷产生的原因,以便"对症下药",解决生产问题。

　　检验铸件质量最常用的是宏观法。它是通过肉眼观察(或借助尖嘴锤)找出铸件的表面缺陷和皮下缺陷,如气孔、砂眼、夹渣、夹砂、粘砂、缩孔、浇不足、冷隔、尺寸误差等。对于铸件内部缺陷则要通过一定的仪器才能发现,如进行耐压试验、磁力探伤、超声波探伤、X 射线探伤等。此外,若有必要还可对铸件(或试样)进行解剖检验、金相检验、力学性能检验和化学成分分析等。

6.3　砂　型　铸　造

砂型铸造是传统的铸造方法,它适用于各种形状、大小、批量及各种合金铸件的生产,在铸造生产中占主导地位。用砂型铸造生产的铸件,约占铸件总质量的 90%,因此,掌握砂型铸造是合理选择铸造方法和正确设计铸件的基础。

以型砂为造型材料,借助模样及工艺装备来制造铸型的铸造方法称为砂型铸造,它包括造(芯)、熔炼、浇注、落砂及清理等几个基本过程,如图 6-16 所示。

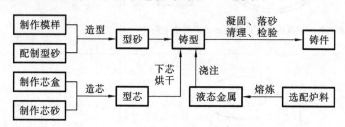

图 6-16　砂型铸造生产过程流程图

6.3.1　造型

1. 造型材料

砂型铸造用的造型材料是制造型砂和芯砂的材料,主要由原砂、黏结剂(黏土、水玻璃、树脂等)、附加物(煤粉、重油、木屑)、水按一定比例混制而成。造型材料根据黏结剂种类的不同,可分为黏土砂、水玻璃砂和树脂砂等。其中,黏土砂应用最广,适用于各类铸件;水玻璃砂强度高,铸型不需烘干,硬化速度快,生产周期短,主要用于铸钢件的生产;树脂砂强度较高,透气性和复用性好,铸件易于清洗,便于实现机械化和自动化生产,适用于铸件的成批大量生产。

砂型铸造在浇铸和凝固的过程中要承受熔融金属冲刷、静压力和高温作用,并要排出大量气体,型芯则要承受铸件凝固时的收缩压力,因此造型材料应具有以下主要性能要求。

(1)可塑性　可塑性是指型砂在外力作用下可以成形,外力消除后仍能保持其形状的特征。可塑性好,易于成形,能获得型腔清晰的砂型,从而保证铸件的轮廓尺寸精度。

(2)强度　强度是指型砂抵抗外力破坏的能力。砂型应具有足够的强度,在浇注时能承受熔融金属的冲击和压力不致发生变形和毁坏,从而避免铸件产生夹砂、结疤和砂眼等缺陷。

(3)耐火性　耐火性是指型砂在高温熔融金属的作用下不软化、不熔融烧结及不黏附在铸件表面上的性能。耐火性差会造成铸件表面黏砂,使清理和切削加工困难,严重时则造成铸件的报废。

(4)透气性　砂型的透气性用紧实砂样的孔隙度表示。透气性差,熔融金属浇入铸型后,在高温的作用下,砂型中产生的及金属内部分离出的大量气体就会滞留在熔融金属内部且不易排出,从而导致铸件产生气体等缺陷。

(5)退让性　退让性是指铸件冷却收缩时,砂型与型芯的体积可以被压缩的能力。退让性差时,铸件收缩时会受到较大阻碍,使铸件产生较大的内应力,从而导致变形或裂纹等铸造缺陷。

2. 造型用工具和工艺装备

造型用工艺装备主要包括砂箱、模样、芯盒及浇注系统、冒口等。模样多用来形成铸型型腔,浇注后形成铸件的外部轮廓,但模样尺寸要比铸件的轮廓尺寸大一些,大出的部分就是铸件的收缩量;芯盒是用来制作砂芯的,砂芯多用来形成铸件的内腔或局部复杂表面。

3. 造型方法

用型砂制造铸型的过程称为造型,它包括手工造型和机器造型两种,由于手工造型和机器造型对铸造工艺的要求有着明显的差异,许多情况下,造型方法的选定是制订铸造工艺的前提,因此,研究造型方法的选择非常重要。

1)手工造型

手工造型操作灵活,工艺装备(模样、芯盒和砂箱等)简单,生产准备时间短,适应性强,可用于各种大小、形状的铸件。但是,手工造型对工人技术水平要求较高,生产率低,劳动强度大,铸件质量不稳定,故主要用于单件、小批生产。

根据铸件结构、生产批量和生产条件,手工造型的具体工艺是多种多样的。如图 6-17 所示压环及其分型面。由于压环的内径大、高度小,这样便可利用起模后形成的砂垛(即自带型芯)制出铸件内腔,不需另制型芯。但在不同生产条件下,采用的造型方法也将有所不同。

(1)单件、小批生产　由于铸件尺寸较大,又属回转体,故在单件、小批生产的条件下宜采用刮板-地坑造型(见图 6-18)。刮板造型虽较实体模型费工,要求工人技术水平高,但制造刮板可节省许多工时和木材,因而使铸件的成本得到显著降低。地坑造型因省去下箱,使砂箱的准备及运输简化,故在大、中型铸件生产时常被采用。

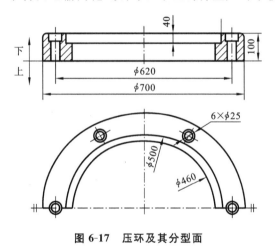

图 6-17　压环及其分型面

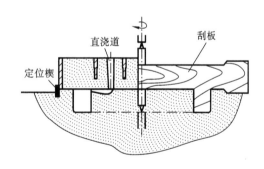

图 6-18　刮板-地坑造型

(2)成批生产　当铸件的生产批量较大,又缺乏机械化的条件下,上述压环仍可采用手工造型。根据压环结构,宜采用整模造型(木模或金属模)两箱造型。此时,由于把模具费用均摊到每个铸件上,而造型工时对铸件的成本影响变得显著,故在成批生产中的铸件成本仍不会太高。这不仅简化了刮板-地坑造型过程中的各个工序,还因型砂的紧实度较为均匀,使铸件的表面质量得到提高。

2)机器造型(造芯)

现代化的铸造车间已经广泛采用机器造型,并与浇注和落砂等工序共同组成流水线生产。

机器造型(造芯)可大大提高劳动生产率,改善劳动条件。砂型质量好(紧实度高而均匀,型腔轮廓清晰),铸件尺寸精度高、表面光洁,加工余量小,铸件质量也好。在大批量生产中,尽管机器造型所需设备、模板、专用砂箱以及厂房等投资较大,但铸件的成本仍能显著降低。

(1) 机器造型(造芯)基本工作原理　机器造型是对紧砂和起模等主要工序实现了机械化。为了适应不同形状、尺寸和不同批量铸件生产的需要,造型机的种类繁多,紧砂和起模方法也有所不同。其中,以压缩空气驱动的振压式造型机最为普通。如图 6-19 所示为顶杆起模式振压造型机的工作过程。

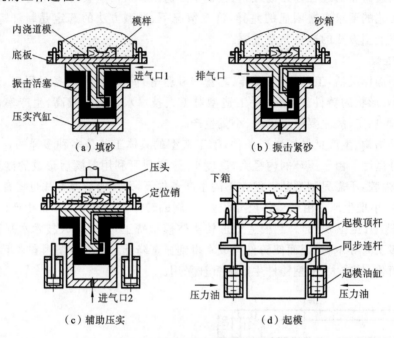

（a）填砂　　　　　　　　　　　（b）振击紧砂

（c）辅助压实　　　　　　　　　　（d）起模

图 6-19　振压造型机的工作原理

填砂如图 6-19(a)所示:打开沙斗门,将型砂放满砂箱。

振击紧砂如图 6-19(b)所示,先使压缩空气从进气口 1 进入振击汽缸底部,活塞在上升过程中关闭进气口,接着又打开排气口,使工作台与振击汽缸顶部发生一次振击。如此反复进行振击(一般振动高度为 25~80 mm,频率为 150~300 次/分),使型砂在惯性力的作用下被初步紧实。

辅助压实如图 6-19(c)所示,由于振击后砂箱上层的型砂紧实度仍然不足,还必须进行辅助压实。此时,压缩空气从进气口 2 进入压实汽缸底部,压实活塞带动砂箱上升,在压头的作用下,将型砂压实。

起模如图 6-19(d)所示,当压缩空气推动的压力油进入起模油缸时,四根顶杆平稳地将砂箱顶起,从而使砂型与模样分离。

这种造型机结构简单,价格较低,生产率为 30~60 箱/小时,目前主要用于一般机械化铸造车间。它的主要缺点是型砂紧实度不够高、噪声大、工人劳动条件差。铸件质量和生产率不能满足日益增长的要求。在现代化的铸造车间里已逐步被机械化程度更高的造型机(如微振压实造型机、高压造型机、射压造型机、多工位造型机)所取代。

射压造型机的工作原理图如图 6-20 所示,它是采用射砂和压实复合方法紧实型砂。首先,利用压缩空气使型砂从射砂头射入造型室内(见图 6-20(a)),造型室由左、右两块模板(又称压实板)组成。射砂完毕后,通过右模板(即右压实板)水平施压,以进行压实(见图 6-20

(b))。然后,左模板向左移动,起模一定距离后向上翻起,以让出空间。右模板前移,推出砂型,并与前一块砂型合上,形成空腔(见图 6-20(c)、(d))。最后,左、右模板恢复原位,准备下一次射砂(见图 6-20(e)、(f))。射压造型所形成的是一串无砂箱的垂直分型的铸型。通常,射砂造型与浇注、落砂、配砂构成一个完整的自动生产线,其生产率可高达每小时 240～300 型。射压造型的主要缺点是因采用的是垂直分型方式,下芯困难,且对模具精度要求高,现主要用于大量生产小型简单件。

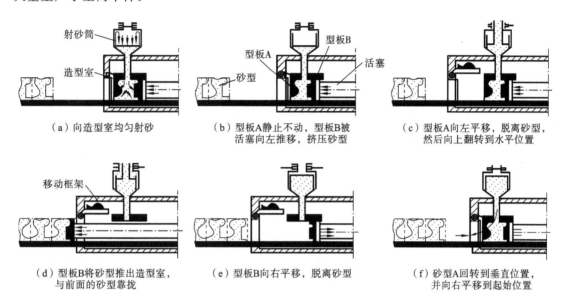

图 6-20　垂直分型无箱射压造型

（2）机器造型的工艺特点　机器造型的工艺特点通常是采用模板进行两箱造型。模板是将模样、浇注系统沿分型面与模底板连接成一整体的专用模具。造型后,模底板形成分型面,模样形成铸型型腔,而模底板的厚度并不影响铸件的形状与尺寸。

机器造型所用模板可分为单面和双面的两种,其中以单面模板最常用。单面模板(振击造型机见图 6-21)是仅用于制造半个铸型的模板。造型时,采用两个配对的单面模板分别在两台造型机上同时造上箱和下箱,造好的两个半型依靠箱锥定位而合箱。双面模板仅用于生产小铸件,它是把上、下两个半模及浇注系统固定在同一底板的两侧,此时,上、下两箱均在同一台造型机上制出,待铸型合箱后将砂箱脱除(即脱箱造型),并在浇注之前在铸型上加套箱,以防错箱。

由于机器造型的紧砂方式不能紧实型腔穿通的中箱,故不能进行三箱造型,同时也应避免活块。因为取出活块时,会使造型机的生产率显著降低,所以,在设计大批量生产铸件及制订铸造工艺方案时,必须考虑机器造型的这些工艺要求,并采取措施予以满足。

6.3.2　熔炼

熔炼过程就是将金属炉料按照一定分配比配好后,放入加热炉中加热,使其成为熔融状态。熔炼后的金属液,其成分和温度必须满足铸造工艺要求,否则,铸件质量和性能难以保证。铸铁的熔炼设备一般采用冲天炉,铸钢熔炼一般采用电弧炉,非铁金属熔炼一般采用反射炉、感应炉及坩埚炉等。

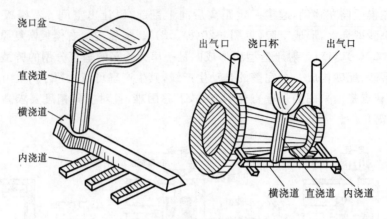

图 6-21 浇注系统示意图

6.3.3 浇注

浇注过程就是将出炉后的金属液通过浇包注入型腔过程。浇包是一种运送金属液的容器,其容积应根据铸件大小和生产批量来定。

1. 对浇注过程的要求

出炉后的金属液应按规定的温度和速度注入铸型中。若浇注温度过高,则金属液吸气严重,铸件容易产生气孔,且晶粒粗大,力学性能降低;反之则金属液流动性下降,易产生浇不足、冷隔等缺陷。浇注速度过快,容易冲毁铸型型腔而产生夹砂;浇注速度过低,铸型内表面受金属液长时间烘烤而易变形脱落。

2. 浇注系统的组成

浇注系统是将金属液导入铸型的通道,它由浇口杯、直浇道、横浇道和内浇道四部分组成,如图 6-21 所示。简单铸件一般只有直浇道和内浇道两部分,大型铸件或结构较复杂的铸件才增设浇口杯和横浇道,其作用如下。

1)浇口杯

在直浇道顶部,用于承接并导入熔融金属,还可以起缓冲和挡渣的作用。

2)直浇道

垂直通道,调节金属液的速度和静压力,直浇道越高,金属液的充型能力越强。

3)横浇道

水平通道,截面多为梯形,用于分配金属液进入内浇道,并有挡渣作用。

4)内浇道

直接与铸型型腔相连,用于引导金属液进入型腔。

一般情况下,直浇道的横截面积应大于横浇道的,横浇道的横截面积应大于内浇道的,以保证在浇注过程中金属液始终充满浇注系统,从而使熔渣浮集在横浇道上部,保证浇入铸型中金属液的纯净。

有些大型铸件由于铸型内金属液较多,冷却时其体积收缩量较大,为保证尺寸和形状要求,必须增设冒口。冒口的主要作用就是补缩,它一般设置在铸件的厚大部位,浇注后其内部储存有足够的金属液,当型腔内的金属液因收缩而体积变小时,冒口将向型腔中补充金属液。

6.3.4　落砂、清理和铸件质量检验

落砂是用手工或机械使铸件和型砂、砂箱分开的操作过程。铸型浇注后,铸件只有在砂型内冷却到适当的温度才能落砂。过早进行落砂,会使铸件变大,导致其变形或开裂,而铸件表层还会产生白口组织,使切削加工困难。铸件的冷却时间应根据其形状、大小和壁厚决定。

清理是落砂后从铸件上清除表面粘砂、型芯和多余金属等的操作过程。铸钢件、非铁合金铸件的浇冒口、浇道可用铁锤敲击、气割、锯削等方式除去;表面粘砂、飞翅、氧化皮等可用清理滚筒、喷砂或抛丸机等设备清理。

铸件的质量检验包括外观质量、内部质量和使用质量的检验。砂型铸造由于工艺较复杂,铸件质量受砂型质量、造型、金属熔炼和浇注等诸多因素的影响,容易产生铸造缺陷。常见的铸造缺陷有气孔、缩孔、砂眼、黏砂和裂纹等。

6.4　特　种　铸　造

特种铸造是指砂型铸造以外的其他铸造方法。虽然砂型铸造是铸造生产的最基本方法,并有很多优点,如能适应不同种类的合金、能生产不同形状和尺寸的铸件、具有很大的灵活性等。但是,随着现代工业的不断发展,砂型铸造也存在一些难以克服的问题,如一个铸型只能铸一次、铸件尺寸不一、表面较粗糙、加工余量大、废品率高、生产率低、劳动条件差等。为了克服上述缺点,一些有别于传统砂型铸造的工艺方法应运而生,这些方法被称为特种铸造法。特种铸造法都能不同程度地提高铸件质量或满足一些零件的特殊性能要求。

6.4.1　压力铸造

压力铸造简称压铸,是通过压铸机将熔融金属以高速压入金属铸型,并使金属在压力作用下结晶的铸造方法。压铸机常用的压力为 $5\sim150$ MPa,充填速度为 $0.5\sim50$ m/s,充填时间为 $0.1\sim0.2$ s,分为热压室式和冷压室式两大类。

热压室式压铸机压室与合金熔化炉成一体或压室浸入熔化的液态金属中,用顶杆或压缩空气产生压力进行压铸。图 6-22 为热压室压铸机结构示意图。热压室式压铸机压力较小,压室易被腐蚀,一般只用于铅、锌等低熔点合金的压铸,生产中应用较少。冷压室式压铸机压室和熔化金属的坩埚是分开的,根据压室与铸型的相对位置不同,可分为立式和卧式两种。

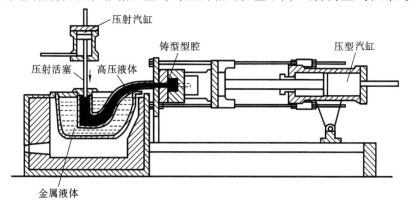

图 6-22　热压室式压铸机结构示意图

压铸工艺过程分为合型与浇注、压射、开型及顶出铸件几道工序,如图 6-23 所示。合型与浇注是先闭合压型,然后用手工将定量勺内的金属液体通过压射室上的注液孔向压射室内注入,如图 6-23(a)所示;压射是将压射冲头向前推进,将金属液压入到压型中,如图 6-23(b)所示;开型及顶出铸件是待铸件凝固后,抽芯机构将型腔两侧型芯同时抽出,活动半型左移开型,铸件借冲头的前驱动作被顶离压室,如图 6-23(c)所示。

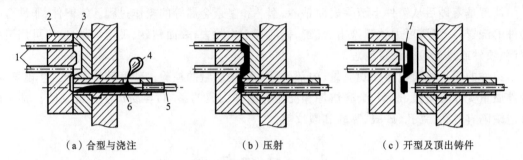

|（a）合型与浇注 | （b）压射 | （c）开型及顶出铸件|

图 6-23　冷压室式卧式压铸机工作过程

1—顶杆;2—活动半型;3—固定半型;4—金属液;5—压射冲头;6—压射室;7—铸件

和砂型铸造相比,压铸工艺具有下面几个特点:生产率极高,最高每小时可压铸 500 件,是生产率最高的压铸方法,而且便于实现自动化。铸件精度高、表面质量好,尺寸精度可达 IT11~IT13,表面粗糙度值 Ra 可达 6.3~1.6,铸件不用切削加工即可使用。铸件力学性能高,压型内金属液体冷却速度快,并且在高压下结晶,因此铸件组织致密、强度和硬度高。铸件平均抗拉强度比砂型铸造高 25%~30%。可铸出形状复杂的薄壁件,铝合金铸件最小壁厚可达 0.5 mm,最小孔径可达 0.7 mm,螺纹最小螺距可达 0.75 mm,齿轮最小模数可达 0.5。便于铸出镶嵌件。压铸工艺的不足之处为:设备投资大,只有在大批量生产条件下才合算;不适合于钢、铸铁等高熔点合金,目前多用于低熔点的有色金属铸件;冷却速度太快,液态合金内的气体难以除尽,致使铸件内部常有气孔和缩松;不能通过热处理方法提高铸件性能,因为高压下形成的气孔会在加热时体积膨胀,导致铸件开裂或表面起泡。

目前压铸工艺主要用于大批量生产的低熔点有色金属铸件,其中铝合金占总量的 30%~60%,其次为锌合金,铜合金只占总量的 1%~2%。汽车、拖拉机制造业应用压铸件最多,其次是仪表、电子仪器制造业,再次为农业、国防、计算机、医疗等机器制造业。压铸生产的零件主要有发动机汽缸体、汽缸盖、变速箱体、发动机罩、仪表和照相机壳

图 6-24　典型压铸件

体、支架、管接头及齿轮等,典型压铸件如图 6-24 所示。

6.4.2　金属型铸造

将液态合金浇入金属铸型获得铸件的方法称为金属型铸造。和砂型铸造相比,金属型可重复多次使用,故又称为永久型铸造。金属型一般用铸铁、铸钢、低碳钢及低合金钢制成。金属型分两个半型,以铰链连接、销钉定位,一半固定,另一半可开可合。按分型面的方位,金属型可分为整体式、水平分型式、垂直分型式和复合分型式四种类型。在工业生产中应用最广的是垂直分型式,它便于开设浇口和取出铸件,也易于实现机械化生产。图 6-25 为铸造铝活塞

金属型结构示意图。铸件冷却凝固后,先向两侧拔出金属型芯,然后向上抽出中型芯,再把左、右型芯向中间并拢并抽出,最后水平分开左、右半型。图 6-26 为复合分型式金属型,金属型的内腔可用金属型芯或砂芯来制造。通常,金属型芯用于非铁金属,砂芯用于钢铁金属。

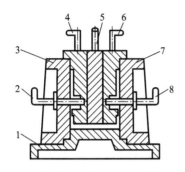

图 6-25　铸造铝活塞金属型结构示意图

1—底座;2—左金属型芯;3—左半型;4—左型芯;
5—中型芯;6—右型芯;7—右半型;8—右金属型芯

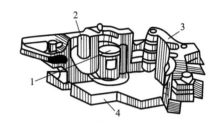

图 6-26　复合分型式金属型

1—型芯;2—左半型;3—右半型;4—底座

和砂型相比,金属型有导热块,具有无退让性和透气性等缺点。为了获得合格的铸件,必须采用喷刷涂料,预热铸型,控制开型时间、浇注温度、铸件厚度等工艺措施来保证铸件的质量。

金属型腔和型芯表面必须喷刷一层厚度为 0.3～0.4 mm 的耐火涂料,以防止高温金属液体对金属型壁的直接冲刷;涂料层还可以减缓铸件的冷却速度;同时涂料层还有一定的蓄气、排气能力,可以减少铸件中气孔的数量。不同铸造合金采用不同的涂料,铝合金铸件常采用由氧化锌粉、滑石粉和水玻璃组成的涂料;灰铸铁铸件常采用由石墨、滑石粉、耐火黏土、桃胶和水组成的涂料。金属型要预热才能使用,预热温度为铸铁件 250～350 ℃、非铁金属件 100～250 ℃。预热的目的是减缓铸型对金属的激冷作用,降低液体合金冷却速度,因收缩量越大,铸件出型和抽芯也越困难,铸件产生内应力和裂纹的可能性也越大。开型时间为 10～60 s。通常,浇注温度比砂型高 20～30 ℃。铸造铝合金为 680～740 ℃,灰铸铁为 1300～1370 ℃,铸造锡青铜为 1100～1150 ℃。为防止铸件产生白口组织,铸铁件壁厚应大于 15 mm。铁水中的碳、硅总的质量分数应高于 6%。

金属型铸造具有许多优点:可一型多铸,便于自动化生产,能大大提高生产率;可节省造型材料,减少粉尘污染;铸件精度和表面质量比砂型铸造显著提高;冷却速度快,铸件晶粒细小,力学性能好,如铸铝件的屈服强度平均提高了 20%,抗拉强度平均提高了 25%。目前金属型主要用于生产大批量有色金属铸件,如铝合金活塞、汽缸体、汽缸盖、水泵壳体及铜合金轴瓦、轴套等。典型金属型及铸件如图 6-27 所示。

图 6-27　典型金属型及铸件

6.4.3　低压铸造

低压铸造是介于重力铸造(如砂型、金属型铸造)和压力铸造之间的一种铸造方法。它是使液态合金在压力作用下,自下而上地充填型腔,并在压力下结晶,形成铸件的工艺过程。所用压力较低,一般为 0.02~0.06 MPa。

图 6-28 为低压铸造工作原理示意图。密闭的保温坩埚用于熔炼与储存金属液体,升液管与铸型垂直相通,铸型可用砂型、金属型等,其中金属型最为常用,但金属型必须预热并喷刷涂料。浇注时,先缓慢向坩埚室通入压缩空气,使液体金属在升液管内平稳上升,注满铸型型腔。升压到所需压力并保压,直到铸件凝固。撤压后升液管和浇口中未凝固的液体金属在重力作用下流回坩埚内。最后由气动装置开启上型,取出铸件。

低压铸造时,充型速度、工作压力及保压时间是几个关键工艺参数,如掌握不当就会造成铸件无法取出或浇不足等缺陷。

低压铸造的特点为:充型时的压力和速度便于控制和调节,充型平稳,液体金属中的气体较容易排出,气孔、夹渣等缺陷较少;低压作用下,升液管中的液体金属源源不断地补充到铸型中,弥补因收缩引起的体积缺陷,能有效防止缩孔、缩松的出现,尤其是克服铝合金的针孔缺陷,省掉了补缩冒口,使金属利用率提高到 90%~98%;铸件组织致密、力学性能好;压力提高了金属液体的充型能力,有利于形成轮廓清晰、表面光洁的铸件,尤其有助于大型薄壁件的铸造。

目前低压铸造主要用于质量要求较高的铝、镁合金铸件的大批量生产,如汽缸、曲轴、高速内燃机活塞、纺织机零件等。典型低压铸造铸件如图 6-29 所示。

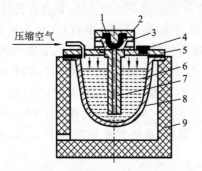

图 6-28　低压铸造工作原理示意图

1—铸件;2—上型;3—下型;4—注液口;5—密封盖;
6—金属液体;7—升液管;8—坩埚;9—保温室

图 6-29　低压铸造铸件

6.4.4　消失模铸造

采用聚苯乙烯发泡塑料模样代替普通模样,造好型后不取出模样就浇入金属液;在金属液的作用下,塑料模样燃烧、汽化、消失,金属液最后完全取代原来塑料模所占据的空间位置。这种不用取出就可以获得所需铸件的铸造方法称为消失模铸造方法。

消失模铸造工艺过程如图 6-30 所示。将与铸件尺寸形状相似的泡沫塑料模型黏结组合成模型簇,然后在其表面刷涂耐火涂料并烘干,如图 6-30(a)所示;把烘干好的模型簇埋在干石英砂中振动造型,如图 6-30(b)所示;加好压板及压铁,如图 6-30(c)所示;在负压下开始浇注,如图 6-30(d)所示。高温金属液体一接触泡沫塑料模型就马上使模型汽化,金属液体占据泡沫模型原来的空间,冷却凝固后形成铸件。

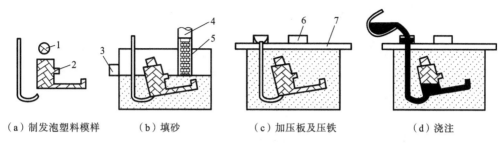

（a）制发泡塑料模样　　　（b）填砂　　　　　（c）加压板及压铁　　　　（d）浇注

图 6-30　消失模铸造工艺过程

1—冒口；2—模样；3—振动器；4—漏斗；5—干砂；6—压重；7—盖板

消失模铸造具有下列特点：铸件质量好，成本低；对铸件材料和尺寸没有限制；铸件尺寸精度高，表面比较光洁；生产过程中能减少工艺环节，节省生产时间；铸件内部缺陷大大减少，铸造组织比较致密；有利于实现大规模生产，使采用自动化流水线方式进行铸造生产成为可能；能改善作业环境、降低工人劳动强度及减少能源消耗。与传统铸造技术相比，消失模铸造技术具有巨大的优越性，被誉为绿色铸造技术。

6.4.5　连续铸造

将液态金属连续不断地注入结晶器内，凝固的铸件也连续不断地从结晶器的另一端被拉出，这种可获得任意长度铸件的方法称为连续铸造。连续铸造一般在连续铸造机上进行。生产中常用的卧式连续铸造机如图 6-31 所示。保温炉中的金属液体在重力作用下，连续不断地注入结晶器的型腔中。循环冷却水通过冷却套使结晶器保持冷却，金属液体在结晶器内遇冷逐渐凝固。当铸锭被移出结晶器时，已完全凝固成固体。铸锭在横向外力作用下，滚过拉出滚轮、剪床和切断砂轮，这些工具能截取任意长度的铸锭。

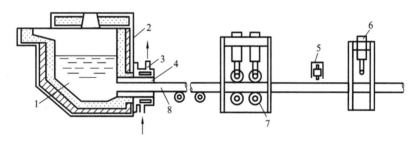

图 6-31　卧式连续铸造机

1—熔融金属；2—保温炉；3—冷却套；4—结晶器；5—切断砂轮；6—剪床；7—滚轮；8—铸锭

与普通铸造相比，连续铸造有以下优点：冷却速度快，液体补缩及时，铸件晶粒组织致密，力学性能好，无缩孔等缺陷；无浇注系统和冒口，铸锭轧制时不必切头去尾，可节约大量金属并提高材料利用率；可实现连铸连轧，节约能源；容易实现自动化。

连续铸造主要用于自来水管、煤气管等长管，或连续铸锭等产品制造。也可和轧制工艺连用，生产壁厚小于 2.2 mm 的铸铁管。

6.5　铸造工艺设计基本内容

铸造工艺设计即为了获得合格的铸件，在生产之前，根据零件的结构特点、技术要求、生产批量和生产条件等情况编制出的控制该铸件生产工艺的技术文件。铸件工艺设计主要包括合理绘制铸造工艺图、铸件毛坯图、铸型装配图和编写铸造工艺卡片等,它们既是铸件生产的指导性文件,也是生产准备、管理和铸件验收的依据。因此,铸造工艺设计的好坏,对铸件的质量、生产率及成本起着决定性的作用。这里主要讨论砂型铸造工艺设计基本内容。

6.5.1　浇注位置与分型面的选择

浇注位置是指浇注时铸件所处的位置。分型面是指两个半铸型相互接触的表面。一般先从保证铸件的质量出发来确定浇注位置,然后从工艺操作方便性出发来确定分型面。

1. 浇注位置的选择

浇注位置确定了铸件在浇注时受重力作用的状态,选择时应以保证铸件质量为前提,同时考虑造型和浇注的方便。选择原则如下。

1) 铸件的重要表面应朝下

浇注时铸件处于上方的部分缺陷比较多,组织也不如下部致密。这是因为浇注后金属液体中的砂粒、渣粒和气体上浮的结果。图 6-32 所示的机床导轨面、齿轮工作面都是重要表面,浇注时应朝下放置。因结构原因,当某些铸件的重要表面不能朝下时,也应尽可能置于侧立位置,以减少缺陷的产生。

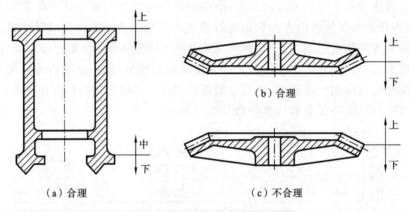

（a）合理　　　　（b）合理　　　　（c）不合理

图 6-32　床身和锥齿轮的浇注位置

2) 铸件上的大平面应尽可能朝下

铸件朝上的大平面除容易产生砂眼、气孔和夹渣等缺陷外,还极容易产生夹砂缺陷。这是由于大平面浇注时,金属液体上升速度慢,铸型顶面型砂在高温金属液的强烈烘烤下,会急剧膨胀而起拱或开裂,造成铸件夹砂,严重时还会使铸件报废。图 6-33 所示为平台铸件的合理浇注位置。对于大的平板类铸件,必要时可采用倾斜浇注。

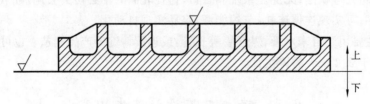

图 6-33　平台铸件浇注位置

3) 铸件的薄壁部位应置于下部

置于铸型下部的铸件因浇注压力高,可以防止浇不到、冷隔等缺陷。图 6-34 为某机器盖

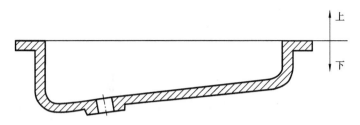

图 6-34　薄壁盖的浇注位置

正确的浇注位置。

此外,若铸件需要补缩,还应将其厚大部分置于铸件上方,以便设置冒口补缩;为了简化造型,浇注位置还应有利于下芯、合型和检验等。

2. 分型面的选择

分型面的设置是为了造型时模样能从铸型中取出。选择铸件分型面应满足造型工艺的要求,同时考虑有利于铸件质量的提高。选择原则如下。

1）便于起模

分型面选得合适,模样就能顺利地从铸型中取出。为此,通常将铸件的最大截面作为分型面,以保证模样的取出。前面介绍的手工造型方法中,分型面的选择均体现了这一原则。

2）简化造型

尽量使分型面平直、数量少,以避免不必要的活块和型芯,便于下芯、合型和检验等。图6-35 所示的弯曲臂,采用平面分型显然是合理的;图 6-36 所示机床支柱采用图(b)的分型方案,可以使下芯、检验方便。

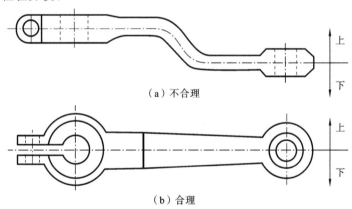

（a）不合理

（b）合理

图 6-35　起重臂的分型面

3）尽量使铸件位于同一砂箱内

铸件集中在一个砂箱内,可减少错型引起的缺陷,有利于保证铸件上各表面间的位置精度,方便切削加工。若整个铸件位于一个砂箱有困难,则应尽量使铸件上的加工面与加工基准面位于同一砂箱内。图 6-37 所示铸件的分型方案中,(a)方案不易错型,且下芯、合型也较方便,故是合理的。

此外,分型面的选择也应结合浇注位置综合考虑,尽可能使两者相适应,避免合型后翻动铸型,防止因翻动引起的偏芯、砂眼、错型等缺陷。

4）应尽量减少砂芯的数目

图 6-38 所示是一接头,若按图(a)所示对称分型,则必须制作砂芯;若按图(b)分型,内

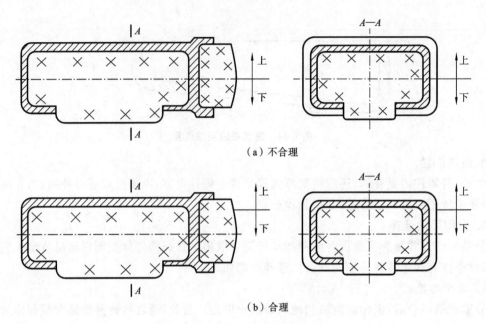

（a）不合理

（b）合理

图 6-36　机床支柱分型面的选择方案

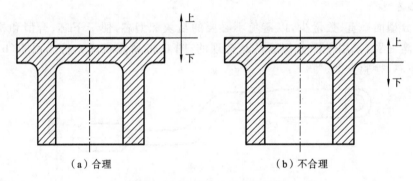

（a）合理　　　　　　　　　　　（b）不合理

图 6-37　铸件的两种分型方案

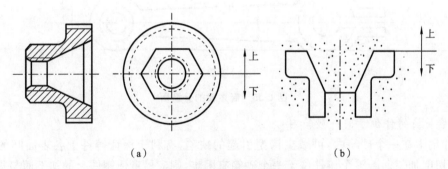

（a）　　　　　　　　　　　　（b）

图 6-38　接头分型面的选择

孔可以用堆吊砂（亦称自带砂芯），这样图（b）不仅铸件披缝少，不需另外制作砂芯，而且易清洗。

　　上述基本原则，对某个具体铸件来说多难以全面满足，有时甚至互相矛盾。因此，必须抓住主要矛盾，全面考虑，也需要对生产环节进行深入了解，根据各单位的具体情况，从多方案的分析对比中选出最优方案。

6.5.2　铸造工艺的参数确定

为了绘制铸造工艺图,在铸造工艺方案初步确定之后,还必须选定铸件的机械加工余量、起模斜度、收缩率、型芯头尺寸等工艺参数。

1. 机械加工余量

机械加工余量是指为保证铸件加工面尺寸和零件精度,在铸件工艺设计时预先增加,在切削加工时切去的金属层厚度。加工余量大小应根据铸件的材质、造型方法、铸件大小、加工表面的精度要求以及浇注位置等因素来确定,具体数值可查阅有关铸造工艺手册。

2. 最小铸出孔

铸件上的孔与槽是否铸出,应考虑工艺上的可能性和使用上的必要性。一般来说,较大的孔、槽应当铸出,以减少切削加工工时,节约金属材料,同时也可减少铸件的热节;较小的孔,尤其是位置精度要求较高的孔、槽则不必铸出,采用机械加工反而更经济。灰铸铁件的最小铸孔(毛坯孔径)推荐如下:单件小批量生产时为 30～50 mm,成批生产时为 15～30 mm,大量生产时为 12～15 mm。对于零件图上不要求加工的孔和槽,无论大小,均应铸出。

3. 线收缩率

线收缩率是指铸件从线收缩起始温度冷却至室温的收缩率,常以模样与铸件的长度差除以模样长度的百分比表示。制造模样或芯盒时要按确定的线收缩率,将模样(芯盒)尺寸放大一些,以保证冷却后的铸件尺寸符合要求。铸件冷却后各尺寸的收缩余量可由下式求得:

$$收缩余量 = 铸件尺寸 \times 线收缩率$$

铸件线收缩率的大小不仅与合金的种类有关,而且还与铸件的尺寸、结构形状及铸型种类等因素有关。通常灰铸铁件的线收缩率为 0.7%～1.0%;铸钢件的线收缩率为 1.5%～2.0%;非铁金属件的线收缩率为 1.0%～1.5%。

4. 起模斜度

起模斜度是指为使模样容易从铸型中取出或为使型芯容易自芯盒脱出,平行于起模方向在模样或芯盒壁上制造出的斜度,如图 6-39 所示。起模斜度的大小与造型方法、模样材料、垂直壁高度等有关,通常为 $15'$～$3°$。一般来说,木模的斜度比金属模的要大;机器造型比手工造型时的斜度小些;铸件的垂直壁越高,斜度越小;模样的内壁斜度应比外壁斜度略大,通常为 $3°$～$10°$。

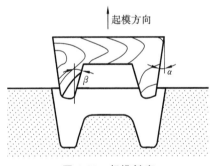

图 6-39　起模斜度

5. 型芯头

型芯头的形状和尺寸,对型芯装配的工艺性和稳定性有很大影响。垂直型芯一般都有上、下芯头(见图 6-40(a)),但短而粗的型芯也可省去上芯头。型芯头必须留有一定的斜度。下芯头的斜度应小些($6°$～$7°$),上芯头的斜度为便于合型应大些($8°$～$10°$)。水平芯头(见图 6-40(b))的长度取决于型芯头直径及型芯的长度。悬臂型芯头必须加长,以防合型时型芯下垂或被金属液体抬起。型芯头与铸型型芯座之间应有小的间隙(S),以便于铸型的装配。

有关模样上型芯头长度(L)或高度(H),以及与型芯配合间隙(S),详见 JB/T 5106—1991 标准。

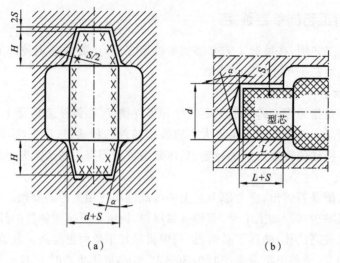

（a）　　　　　　　　　　　（b）

图 6-40　型芯头的构造

6.5.3　铸造工艺图

1. 绘制铸造工艺图

铸造工艺设计的内容和一般程序见表 6-5。铸造工艺图是表示铸型分型面、浇冒口系统、浇注位置、型芯结构尺寸、控制凝固措施（如放置冷铁）等的图样，如图 6-41 所示。

表 6-5　铸造工艺设计的内容和一般程序

项目	内容	用途	设计程序
铸造工艺图	在零件图上用规定的红、蓝等各色符号表示出浇注位置和分型面，加工余量，收缩率，起模斜度，反变形量，浇冒口系统，内外冷铁，铸助，砂芯形状、数量及型芯头尺寸等	是制造模样、模底板、芯盒等工装以及进行生产准备和验收的依据	（1）产品零件的技术条件和结构工艺性分析 （2）选择造型方法 （3）确定分型面和浇注位置 （4）选用工艺参数 （5）设计浇冒口、冷铁等 （6）型芯设计
铸件图	把经过铸造工艺设计后，改变了零件形状、尺寸的地方都反映在铸件图上	是铸件验收和机加工夹具设计的依据	（7）在完成铸造工艺图的基础上，画出铸件图
铸型装配图	表示出浇注位置，型芯数量，固定和下芯顺序，浇冒口和冷铁布置，砂箱结构和尺寸大小等	是生产准备、合型、检验、工艺调整的依据	（8）在完成砂箱设计后画出
铸造工艺卡片	说明造型、造芯、浇注、落砂、清理等工艺操作过程及要求	是生产管理的重要依据	（9）综合整个设计内容

根据生产规模的不同，铸造工艺图可直接在铸件零件图上用红、蓝色笔绘出规定的工艺符号和文字，也可以用墨线另行单独绘制。

铸造工艺图中应明确表示出铸件的浇注位置、分型面、型芯、浇冒口设置和工艺参数等内容。工艺参数可在技术条件中用文字作集中说明，以使图面清晰明了。对个别不宜集中说明

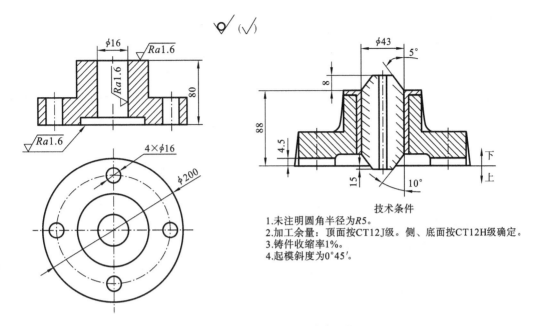

图 6-41　联轴器零件图及铸造工艺图

的参数,可在图上单独注明,如铸件上的加工余量,若某个表面由于特别需要而要采用非标准的加工余量,则可在相应表面上标出具体数值。

2. 铸造工艺设计实例

图 6-41 所示为联轴器零件,材料为 HT200,成批生产,采用砂型铸造、手工造型。其铸造工艺分析如下。

1) 选择浇注位置和分型面

(1) 浇注位置　该铸件的浇注位置可以有两个方案,即轴线垂直放置的位置和轴线水平放置的位置。轴线垂直放置的浇注位置能使铸件圆周方向性能均匀,朝上的端面易出现的夹渣等缺陷可通过增大加工余量去除。

(2) 分型面　该铸件的分型面选择也有两个方案,即铸件的大端面和过铸件轴线的剖面。它们都能使模样顺利地从铸型中取出,但前者可采用整模造型,后者需采用分模造型。

由于该铸件的轴向尺寸不大,故采用图 6-41 所示的浇注位置和分型方案,用整模造型,铸型处于下箱,这样铸件的尺寸精度高,表面光洁,不易产生错型缺陷,而且模样制造也方便些。

2) 确定工艺参数

铸件采用手工造型、砂型铸造,在成批生产的条件下,其尺寸公差等级可达 CT13~CT11,相配套的加工余量等级为 H。由于浇注时处在上方的端面易产生缺陷,故单独取为 J 级。具体数值可查阅有关铸造工艺手册。铸件结构简单,收缩阻力不大,取铸件线收缩率为 1‰;起模斜度选择为 0°45′;型芯头结构、尺寸见图 6-41。

3) 冒口、浇注系统设计

由于铸件采用了铸造性能优良的灰铸铁 HT200,因此其浇、冒口设计无特殊要求。铸件下薄上厚,高度不大,可采用顶注式的压边浇口,能完成浇注成形,也可进行由上而下的补缩,效果较好。

根据上述选定的浇注位置、分型方案及工艺参数,就可在原有的零件图上绘出铸造工艺图，详见图 6-41。

6.6 铸件的结构工艺性

铸件的结构工艺性是指铸件的结构在满足使用要求的前提下，是否便于铸造成形的特性。它是衡量铸件设计质量的一个重要方面。良好的结构工艺性能简化铸造工艺，提高铸件质量，提高生产率和降低铸件成本。

6.6.1 合金铸造性能对铸件结构的要求

铸件结构设计时应充分考虑合金铸造性能的特点和要求，以尽可能减少铸造缺陷（缩孔、缩松、变形、裂纹、浇不到、冷隔等），保证获得优质铸件。其基本要求如下。

1. 铸件的壁厚应合理

在一定的工艺条件下，由于受合金流动性的限制，铸造合金能浇注出的铸件存在一个最小值。实际铸件壁厚若小于这个最小值，则易出现冷隔、浇不到等缺陷。在砂型铸造条件下，铸件的最小壁厚主要取决于合金的种类和铸件尺寸。表 6-6 列出了几种常用铸造合金在砂型铸造时铸件最小壁厚的参考数据。

表 6-6　砂型铸造条件下铸件的最小壁厚　　　　　　　　　（单位：mm）

铸件尺寸/mm×mm	铸钢	灰铸铁	球墨铸铁	可锻铸铁	铝合金	铜合金
<200×200	6～8	5～6	6	5	3	3～5
200×200～500×500	10～12	6～10	12	8	4	6～8
>500×500	15	15	—	—	5～7	—

铸件壁厚也不宜过大，因为过大的壁厚将导致晶粒粗大、缩孔和缩松等缺陷，铸件结构的强度也不会因为其厚度的增加而成正比地增加。对于过厚的铸件壁，可采用加强肋使壁厚减小，如图 6-42 所示。

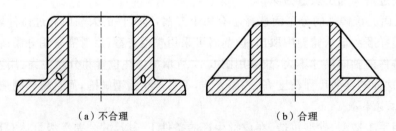

（a）不合理　　　　　　　　　　　（b）合理

图 6-42　采用加强肋减小铸件壁厚

2. 铸件的壁厚应尽量均匀

铸件壁厚均匀性关系到铸件在铸造时的温度分布以及缩孔、缩松和裂纹等缺陷的产生。图 6-43(a)所示铸件由于壁厚不均匀而产生缩松和裂纹，改为图 6-43(b)结构后可避免这类缺陷。

铸件上的内壁和肋等散热条件差，故应比外壁薄些，以使整个铸件能均匀冷却，减少热应力。通常铸件内、外壁的厚度差为 10%～20%。

3. 铸件的连接应采用圆角和逐步过渡

铸件壁间的连接采用铸造圆角，可以避免直角连接引起的热节和应力集中，减少缩孔和裂

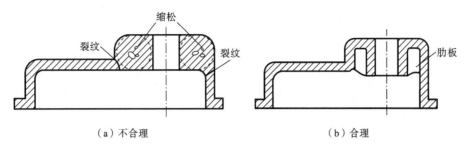

（a）不合理　　　　　　　　　（b）合理

图 6-43　铸件壁厚设计

纹,如图 6-44 所示。此外,圆角结构还有利于造型,并且铸件外形美观。

　　铸件上的肋或壁的连接应避免交叉和锐角,壁厚不同时还应采用逐步过渡,以防接头处的热量和应力集中。图 6-45 为接头的结构,其中图(b)、(c)为交错接头和环状接头。图(b)、(c)为锐角连接时的过渡形式,也是合理的接头形式。

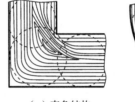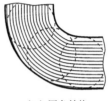

（a）直角结构　　　　（b）圆角结构

图 6-44　铸造直角

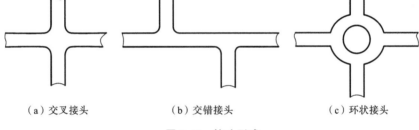

（a）交叉接头　　　　（b）交错接头　　　　（c）环状接头

图 6-45　接头形式

4. 铸件结构应能减少变形和受阻收缩

　　有些壁厚均匀的细长件和较大的平板件都容易产生变形,采用对称式结构或增设加强肋后,由于提高了结构刚度,可使变形减少,如图 6-46 所示。

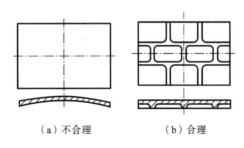

（a）不合理　　　　　　（b）合理

图 6-46　防止变形的铸件结构

　　铸件收缩受阻时即会产生收缩应力甚至裂纹。因此,铸件设计时应尽量使其能自由收缩。图 6-47 所示为几种轮辐设计。其中,图(a)所示为直条型偶数轮辐,在合金线收缩时轮辐中产生的收缩力互相抗衡,容易出现裂纹,而其余的几种结构可分别通过轮缘、轮辐和轮毂的微量变形来减小应力。

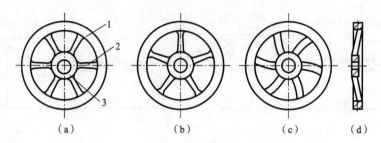

图 6-47　轮辐的设计

1—轮缘；2—轮辐；3—轮毂

6.6.2　铸件工艺对铸件结构的要求

铸件的结构不仅应有利于保证铸件的质量，而且应尽可能使铸造工艺简化，以稳定产品质量和提高生产率。其基本要求如下。

1. 铸件应具有尽量少而简单的分型面

铸件需要多个分型面时，不仅造型工艺复杂，而且容易出现错型、偏芯和造成铸件精度下降等。因此，应尽量减少分型面。图 6-48 所示端盖铸件，由于外形中部存在侧凹，需要两个分型面进行三箱造型，或增设外型芯后用两箱造型，造型工艺都很复杂，若将其改为图 6-48（b）所示结构，则仅需一个分型面，简化了造型。

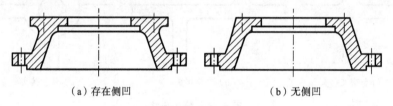

（a）存在侧凹　　　　　　　　　　（b）无侧凹

图 6-48　端盖铸件

此外，铸件上的分型面最好是一个简单的平面。图 6-49 所示摇臂铸件，要用曲面分型生产。将结构改成图所示形式，则铸型的分型面为一个水平面，造型、合型均方便。

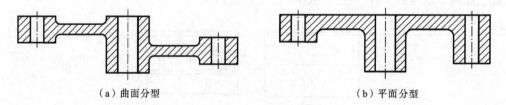

（a）曲面分型　　　　　　　　　　（b）平面分型

图 6-49　摇臂铸件的结构

2. 铸件结构应便于起模

为了便于造型中的起模，铸件在垂直于分型面的非加工表面上都应设计出铸造斜度。

有些铸件上的凸台、肋板等常常妨碍起模，使得工艺中要增加型芯或活块，从而会增加造型、制模的工作量。如果对其结构稍加改进，就可避免这些缺点。图 6-50（a）所示的铸件凸台会阻碍起模，若将凸台向上延伸到顶部，则可避免活块而顺利起模（见图 6-50（b））。

图 6-51（a）所示铸件上部的肋条和凸台也会使起模受阻，改成图 6-51（b）结构后，便可顺利地取出模样。

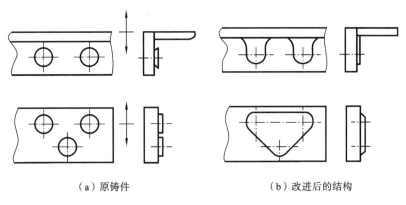

（a）原铸件　　　　　　　　　　　（b）改进后的结构

图 6-50　铸件凸台设计

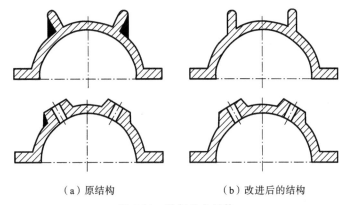

（a）原结构　　　　　　　　　　　（b）改进后的结构

图 6-51　肋与凸台结构

3. 避免不必要的型芯

虽然采用型芯可以制造出各种结构复杂的铸件,但是使用型芯造型会增加制作型芯的工时和工艺装备,提高铸件成本,并且使铸型装配复杂化,还易产生缺陷。因此,设计铸件结构时应尽量避免不必要的型芯。图 6-52 所示为悬臂托架铸件,原结构采用封闭式中空结构(见图 6-52(a)),需采用悬臂型芯,既费工时,型芯又难以固定。改成图 6-52(b)所示的工字形截面的结构后,铸件就可省去型芯。

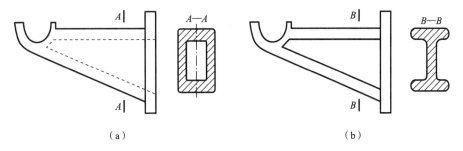

（a）　　　　　　　　　　　　　　　　（b）

图 6-52　悬臂托架

图 6-53(a)所示铸件,其内腔出口处较小,所以只好采用型芯。改为图 6-53(b)所示的开式内腔结构后,就可用自带型芯,取代原型芯。

4. 应便于型芯的固定、排气和清理

型芯在铸型中应能可靠地固定和排气,以免铸件产生偏芯、气孔等缺陷。型芯的固定主要

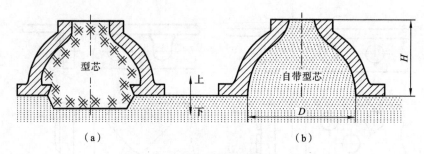

图 6-53　内腔结构比较图

是依靠型芯头。虽然在某种情况下可以用型芯撑,但还须考虑到排气的可能性、型芯放置的稳固性以及铸件的气密性等。如图 6-54(a)所示,轴承支架铸件需要两个型芯,其中右边的大型芯呈悬臂状,须用型芯撑做辅助支撑。型芯的固定、排气与清理都较困难。若改为图 6-54(b)所示结构,型芯为一个整体,上述问题均能得到解决。

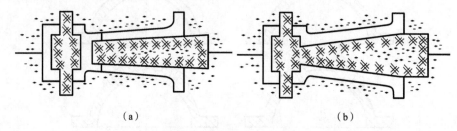

图 6-54　轴承支架铸件

6.7　生产过程中计算机的应用

　　铸造是机械工业重要的基础工艺与技术,广泛地应用于机械制造、航空航天、能源、交通、化工、建筑及社会生活的各个领域,并随着各相关技术领域的发展而不断更新、发展和完善,是我们生产和生活中时时不可或缺的一项重要工艺技术。现在,高速发展的工业,对铸造的精密性、质量与可靠性、经济、环保等要求越来越高,铸造作为一种传统工艺与技术又面临着新的挑战。

　　随着电子计算机的迅猛发展,计算机模拟仿真得以在微机上实现,铸造凝固过程数值模拟技术大量应用于生产实际。以工业发达国家为例,目前已有 $15\%\sim20\%$ 的铸造企业在生产中采用凝固模拟分析技术,以精确地预测铸件的缺陷以及改进铸件的出品率。铸造凝固过程数值模拟主要是针对铸造过程中金属液体的充型过程、凝固过程温度分布,凝固过程应力分布等进行数值模拟仿真,从而得到不同时刻金属液体的流动状态,铸件、铸型温度分布和应力分布等,为工艺设计人员制定工艺过程提供依据。该方法可以在保证铸件质量的前提下有效地缩短铸件试制周期、降低生产成本、提高企业竞争力,有很大的现实意义。可采用铸造过程热应力场数值模拟技术,对铸件凝固过程热应力场进行数值模拟,分析铸件温度、应力、变形随时间的动态变化过程。工程设计人员可以根据不同时刻的温度分布,修改工艺条件,让铸件冷却过程更加均匀,并可减少热节数量;根据不同时刻应力分布,找出应力集中的区域,可以采用设置加强肋或倒圆角的方式,减少集中应力和最终变形的大小。因此,铸造过程热应力场数值模拟对制定科学的工艺条件,提高产品良品率有十分实际的意义。

1. 问题描述

目前热应力单向耦合模拟方法得到了广泛的应用,本节旨在研究铸件、铸型冷却过程中界面热阻变化对温度场分布的影响,探索接触压力和气隙宽度对界面热阻的影响,更准确地模拟铸件、铸型温度场和应力场等。

选取典型铸件应力框作为分析对象,尺寸示意图如图 6-55 所示。铸件材质为 ZG25,铸型材质为树脂砂,初始浇注温度为 1530 ℃,假定铸件的冷却时间为 20000 s,落砂时间为 12000 s。在砂型中预埋 S 型热电偶测量应力框关键点 1 和 2 的温度随时间变化曲线。

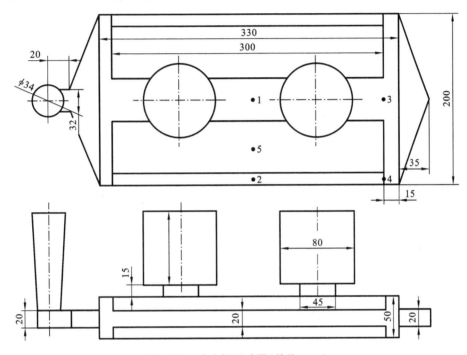

图 6-55　应力框尺寸图(单位:mm)

2. 材料的物性参数及模型建立

具体的 ZG25 和树脂砂的热物性参数和高温力学性能参数如表 6-7～表 6-10 所示。

使用通用造型软件 UG 对铸件、铸型、冒口及浇注系统进行几何造型,完成后导出 parasolid 格式的几何文件,三维实体如图 6-56 所示。

表 6-7　树脂砂的热物性参数

温度/℃	热导率/(W·m⁻¹·K⁻¹)	温度/℃	比热/(J·kg⁻¹·K⁻¹)
		27.0	676
25.0	7.33E−001	127.0	858
200.0	6.40E−001	327.0	993
400.0	5.86E−001	527.0	1074
600.0	5.90E−001	727.0	1123
800.0	6.40E−001	927.0	1166
1000.0	7.03E−001	1127.0	1201
1400.0	8.29E−001	1327.0	1203
		1400.0	1203

表 6-8　树脂砂的高温力学性能参数

温度/℃	25	500	1000	1500	1600
弹性模量/Pa	2.06E+09	1.70E+08	9.00E+06	2.00E+04	1.00E+01
膨胀系数	1.06E−05	1.06E−05	1.06E−05	1.06E−05	1.06E−05
泊松比	0.3	0.3	0.3	0.3	0.3
屈服应力/Pa	1.00E+09	1.00E+09	5.00E+08	7.00E+07	7.00E+06
硬化模量/Pa	2.06E+08	7.00E+06	9.00E+04	2.00E+02	1.00E+00

表 6-9　ZG25 的热物性参数

温度/℃	−17.8	1450	1510	1530
热导率/(W·m⁻¹·K⁻¹)	29.90	31.98	25.33	25.33
热焓/(J·m⁻³)	0.00E+00	8.25 E+09	1.05 E+10	1.12 E+10

表 6-10　ZG25 的高温力学性能参数

温度/℃	25	200	600	800	1200	1530
弹性模量/Pa	1.84E+11	1.68E+11	5.00E+10	8.50E+09	5.00E+08	4.80E+07
膨胀系数	1.40E−05	1.50E−05	1.70E−05	1.80E−05	2.20E−05	2.30E−05
泊松比	0.28	0.30	0.33	0.34	0.38	0.39
屈服应力/Pa	2.40E+08	2.05E+08	1.20E+08	9.00E+07	5.00E+07	3.00E+07
硬化模量/Pa	5.20E+09	4.80E+09	3.10E+09	1.20E+09	8.00E+06	2.00E+05

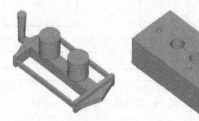

(a) 铸件(含浇注系统与冒口)　　　　(b) 铸型

图 6-56　铸件、铸型几何模型

在 UG 中进行三维实体建模后将 CAD 模型导入 ANSYS。铸件、铸型接触界面的网格质量直接影响铸件、铸型接触行为。为此,首先使用辅助单元 MESH200 对铸件和铸型接触界面以映射的方式划分网格,然后使用实体单元自由划分铸件、铸型网格。

为了提高计算效率但又不损失模拟精度,需要合理地控制分析模型大小,因此将铸件单元最大边长取为 20 mm,铸型单元最大边长取为 30 mm。铸件网格如图 6-57 所示,单元总数为 18688 个,节点总数为 30694 个。铸型网格如图 6-58 所示,单元总数为 66996 个,节点总数为 96653 个。

3. 模拟结果分析

经过施加边界条件和载荷(铸件表面对流换热)、设定求解分析选项、保存热分析物理环境等操作之后,实现 ANSYS 求解。

其中,利用软件可完成热分析结果后处理、结构分析结果后处理等。现在主要是阐述关键点温度场的变化,即主要进行温度场结果分析。

热-力双向耦合计算完毕后,利用 ANSYS 后处理模块显示温度场计算结果。图 6-59(a)、

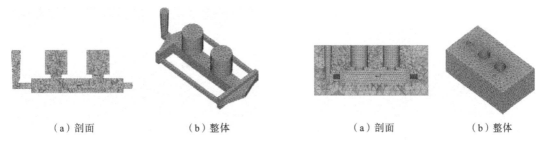

（a）剖面　　　　（b）整体　　　　　　　　（a）剖面　　　　（b）整体

图 6-57　铸件有限元网格模型　　　　　　**图 6-58　铸型有限元网格模型**

（b）分别为不同时刻铸件温度分布云图,可见在液态金属充型 5 s 时,由于铸型温度低,铸件表面温度梯度较高,这显示了铸型对铸件表面的激冷作用,符合实际情况。根据图 6-59(b),同粗杆相比,应力框细杆比表面积大,冷却速度更快。

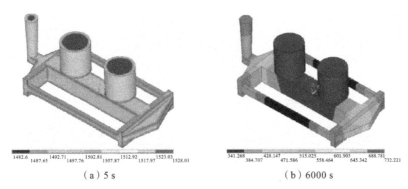

（a）5 s　　　　　　　　　　　　　（b）6000 s

图 6-59　应力框的温度分布云图

图 6-60(a)、(b)分别为不同时刻铸型温度分布云图。根据图 6-60(a)所示,在凝固 5 s 时,受高温铸件的影响,铸型内表层温度升高,在冒口缩颈部位最高温度达到 469 ℃;根据图 6-60(b)所示,在凝固 6000 s 时,铸件向铸型传递热量,铸型内整体温度升高显著。

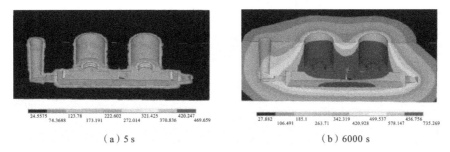

（a）5 s　　　　　　　　　　　　　（b）6000 s

图 6-60　铸型温度分布云图

利用 ANSYS 的时间后处理器,提取关键点温度随时间变化的曲线,关键点位置如图 6-55 所示。图 6-61 给出了关键点温度随时间变化的曲线。可以看出,细杆中心冷却速度明显快于粗杆中心,随着铸件的凝固,铸型受到铸件的加热,内部温度逐渐上升,而后随铸件一起逐渐下降。

比较双向耦合和单向耦合得到的 1 点和 2 点的温度差值,并与实验结果进行对比,如图 6-62所示。

在铸件凝固初期 0～600 s 内,铸件和铸型处于自然接触状态,界面热阻变化不大,双向耦合和单向耦合的结果都和实验结果很接近;在 600～3200 s 内,铸件和铸型间出现较为明显的

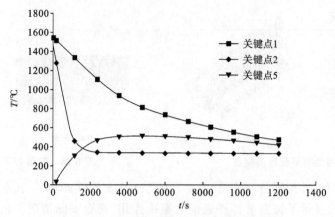

图 6-61　关键点温度随时间变化曲线图

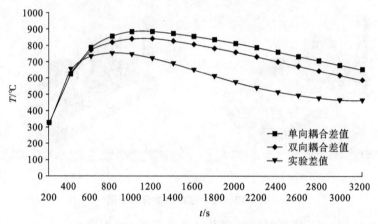

图 6-62　1 点和 2 点温度差值随时间变化曲线图

压力和气隙,界面热阻变化较大,单向耦合同双向耦合模拟结果出现了较为明显的差值,同实验数据相比,双向耦合的结果更接近实验结果。

思考与练习题

6-1　试述铸造生产的特点,并举例说明其应用情况。

6-2　试列表分析比较整模造型、分模造型、挖砂造型、活块造型和刮板造型的特点和应用情况。

6-3　典型浇注系统由哪几部分组成? 各部分有何作用?

6-4　什么是合金的铸造性能? 试比较铸铁和铸钢的铸造性能。

6-5　什么是合金的流动性? 合金流动性对铸造生产有何影响?

6-6　什么是顺序凝固原则? 什么是同时凝固原则? 各需采取什么措施来实现? 上述两种凝固原则的适用场合有何不同?

6-7　铸件为什么会产生缩孔、缩松? 如何防止或减少它们的危害?

6-8　什么是铸造应力? 铸造应力对铸件质量有何影响? 如何减小或防止这种应力?

6-9　砂型铸造时铸型中为何要有分型面? 举例说明选择分型面应遵循的原则。

6-10　为什么空心球难以铸造? 要采取什么措施才能铸造? 试用图示出。

6-11　试确定图 6-63 所示灰铸铁零件的浇注位置和分型面,绘出其铸造工艺图(批量生

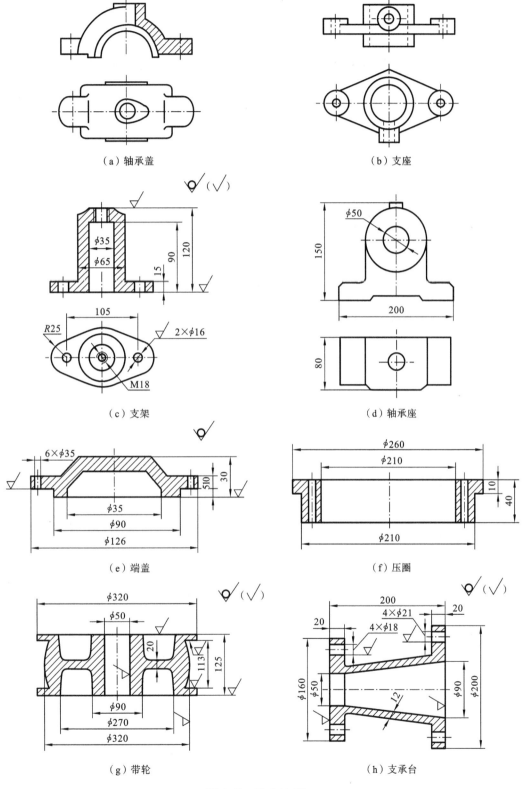

（a）轴承盖　　　　　　　　　　　　　　　　　（b）支座

（c）支架　　　　　　　　　　　　　　　　　（d）轴承座

（e）端盖　　　　　　　　　　　　　　　　　（f）压圈

（g）带轮　　　　　　　　　　　　　　　　　（h）支承台

图 6-63　题 6-11 图

产、手工造型,浇、冒口设计略)。

6-12　为什么要规定铸件的最小壁厚?灰铸铁件的壁过薄或过厚会出现哪些问题?

6-13　为什么铸件壁的连接要采用圆角和逐步过渡的结构?

6-14　试述铸造工艺对铸件结构的要求。

6-15　图 6-64 所示各铸件均有两种结构,分别采用哪一种比较合理?为什么?

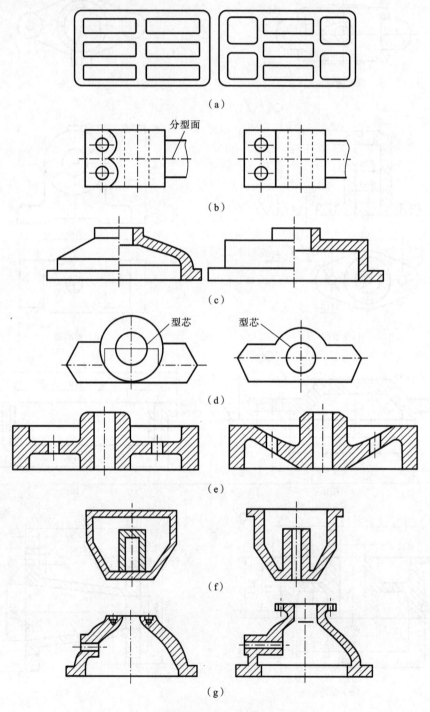

图 6-64　题 6-15 图

6-16　消失模铸造、压力铸造、低压铸造、金属型铸造和连续铸造各有何特点？应用范围如何？

6-17　下列铸件在大批量生产时,采用什么铸造方法为宜？

铝活塞、汽轮机叶片、大模数齿轮滚刀、车床床身、发动机缸体、大口径铸铁管、汽车化油器、钢套镶铜轴承。

第7章 金属塑性加工

金属塑性加工是指通过对坯料施加外力,使其产生塑性变形,从而改变其尺寸、形状和改善性能,用以制造机械零件或毛坯的成形加工方法。金属塑性加工能够显著影响金属材料的组织,改善金属材料的性能,因而其在机械制造、汽车、仪表、造船、冶金及国防等工业中有着广泛的应用。

7.1 概　述

金属塑性加工主要包括自由锻造、模型锻造、板料冲压、轧制、挤压、拉拔等(见图7-1)。

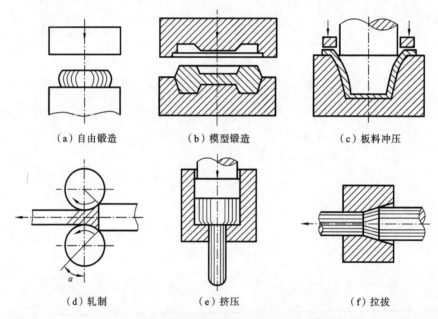

(a) 自由锻造　　　(b) 模型锻造　　　(c) 板料冲压

(d) 轧制　　　　(e) 挤压　　　　(f) 拉拔

图 7-1　金属塑性加工基本生产方式示意图

锻造是指金属加热以后,用锤或外力使其产生塑性变形,从而获得具有一定形状、尺寸和力学性能的毛坯或零件的加工方法。它可分为自由锻造和模型锻造。其中,自由锻造是指使用通用的工具,不用特殊形状的锻模,金属变形较自由的锻造方法;模型锻造是指使用特殊形状的锻模,金属变形受到锻模槽限制的锻造方法。

板料冲压是指板料在冲床压力作用下,利用装在冲床上的冲模使其变形或分离,从而获得毛坯或零件的加工方法;轧制是指坯料通过旋转的轧辊压缩,横截面积减小、长度增加的塑性加工工艺;挤压成形是指在三向不均匀的应力作用下,坯料从模具孔中或缝隙挤出,横截面积减小、长度增加的塑性加工工艺;拉拔则是在拉力的作用下,使坯料通过模孔而获得相应形状和尺寸制品的塑性加工方法。

用于塑性加工的金属材料必须具有良好的塑性和较小的变形抗力,以使其锻压时变形容易而不破坏。一般而言,各类钢和大多数有色金属及其合金都具有不同程度的塑性,均可以在一定的温度下进行锻压,而脆性材料(如铸铁)塑性很差,不适于锻压加工。另外,不锈钢塑性良好但变形抗力大,锻压不好进行,而低碳钢塑性好,变形抗力小,锻压比较容易。因此,金属材料的塑性和变形抗力可作为综合评定其加工性能的工艺性能指标,金属材料塑性越好,变形抗力越小,锻压性能也越好。金属材料的锻压性能还与金属材料的温度密切相关,当把金属材料加热到一定温度时(奥氏体区),其强度下降,变形抗力减小,且塑性增强,变形能力增加,锻压性能会得到提升。所以,金属材料在进行薄板冲压时无须加热,在进行锻造时需要加热。

塑性加工可以获得细晶组织,很多承受重载荷的、受力复杂的零件都使用塑性加工件。塑性加工主要有以下优点。

(1)改善金属的内部组织,提高材料的力学性能　塑性加工可压合气孔、微裂纹,使组织致密、晶粒细化、内部杂质呈锻造流线状分布。因此,锻件的强度要高于铸件。

(2)节省金属材料　由于力学性能提高,在相同的载荷条件下,可减小零件的截面尺寸,减小零件质量。此外,随着锻压工艺的提高,一些锻件的加工精度接近成品尺寸,可以做到少切削或无切削。

(3)生产率高　除了自由锻外,其他锻压加工方法都有很高的生产率,更容易实现自动化。

塑性加工目前存在的缺点是:因为塑性加工是在固态下成形,金属流动困难,不能获得形状复杂的锻件;一般的锻件尺寸精度、形状精度及表面质量不够高;塑性加工机械和模具成本较高。

塑性加工适用范围极其广泛,为国民经济建设做出了很大的贡献。其中锻造主要应用于机床、汽车、拖拉机、化工机械、国防等工业部门生产中,如齿轮、连杆、曲轴、主轴、高压法兰、高压容器、刀具、模具、轴承环等都采用锻造的方法加工。板料冲压主要应用于汽车轮壳、轮毂、自行车链轮、电动机的硅钢片及其他容器等零件的加工。但由于不能获得形状复杂的毛坯或零件,塑性加工精度和表面质量还有待提高,生产设备又比较贵,它的应用范围也受到了一定的限制。

7.2　金属塑性变形与再结晶

金属材料经过塑性加工之后,其内部组织会发生很大变化,金属的性能也得到改善和提高。为了正确选用塑性加工方法,合理设计塑性加工成形的零件,必须了解金属塑性变形的实质、规律和影响因素。

7.2.1　金属塑性变形的实质

金属在外力作用下,其内部必将产生应力,此应力迫使原子离开原来的平衡位置,从而改变原子间的距离,使金属发生变形,并引起原子位能的增高。但高位能原子具有返回原来低位能平衡状态的倾向。这种去除外力后,金属完全恢复原状的变形称为弹性变形,弹性变形会随着外力的消失而消失,不能用于成形加工。当外力进一步增加,使金属的内应力超过该金属的屈服强度时,即使作用在金属上的外力撤销,金属的变形也会部分保留下来,而产生一部分永久变形,称为塑性变形,因而可以利用塑性变形进行压力加工。

正常情况下,金属塑性变形有两种形式:滑移和孪生。滑移是指晶体的一部分沿一定的晶面和方向相对于另一部分发生滑动位移的现象；孪生是指晶体的一部分沿一定晶面和方向相对于另一部分所发生的切变。发生切变的部分称为孪生带或孪晶，发生孪生的晶面称为孪生面，孪生的结果使孪生面两侧的晶体呈镜面对称，如图 7-2 所示。

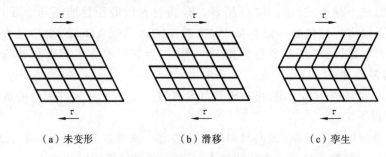

（a）未变形　　　　　　　（b）滑移　　　　　　　（c）孪生

图 7-2　晶体塑性变形的基本形式

由于孪生所需的切应力和变形速度都比滑移所需的要大得多，因此，金属的塑性变形多是以滑移方式进行的，下面主要对这种方式进行介绍。

1. 纯金属的塑性变形

纯金属一般有单晶体或多晶体结构。对于单晶体，在切应力作用下，晶体的一部分与另一部分将沿着一定的晶面产生相对滑移（该面称滑移面），从而造成单晶体的塑性变形，当外力继续作用或增大时，晶体还将在另外的滑移面上发生滑移，使变形继续进行，因而得到一定的变形量。

单晶体的滑移运动相当于滑移面上、下两部分晶体彼此以刚性的整体做相对滑动，这是一种纯理想晶体的滑移。实现这种滑移所需的外力要比实际测得的数据大几千倍，这说明实际晶体结构及其塑性变形并非如此。实际晶体内部存在大量缺陷，其中以位错对金属塑性变形的影响最为明显。由于位错的存在，部分原子处于不稳定的状态。在比理论值低得多的切应力作用下，处于高能位的原子很容易从一个相对平衡的位置上移动到另一个位置，形成位错运动，从而实现整个晶体的塑性变形，如图 7-3 所示。

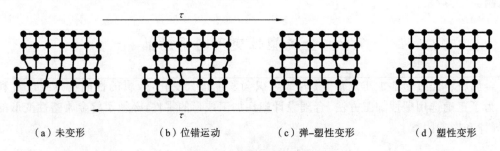

（a）未变形　　　　（b）位错运动　　　　（c）弹–塑性变形　　　　（d）塑性变形

图 7-3　位错运动示意图

工业中实际使用的金属大多是由许多微小晶粒组成的多晶体，其塑性变形可看成是组成多晶体的多个单晶体塑性变形的综合效果。但由于晶界的存在及晶粒的取向不同，各晶粒的塑性变形将受到周围方向不同的晶粒及晶界的影响与约束，使得晶粒之间的塑性变形同时包含滑移和转动两种方式。另外，晶粒的大小和均匀程度也会影响多晶体的塑性变形，晶粒越细，晶界面积越大，变形抗力也越大，金属材料的强度就越高；而另一方面，晶粒越细，晶粒分布越均匀，越不容易造成应力集中，金属材料就具有较好的塑性和较高的冲击韧度。

2. 合金的塑性变形

就合金组织而言,合金一般可分为单相固溶体和多相混合物两种。由于合金元素的存在,其塑性变形行为与纯金属明显不同。

单相固溶体合金的组织与纯金属相同,因而其塑性变形过程也与多晶体纯金属相似。但由于溶质原子的存在,晶格会发生畸变,从而使固溶体的强度、硬度提高,塑性、韧性下降,这种现象称为固溶强化,它是溶质原子与位错相互作用的结果。在单相固溶体合金中,溶质原子不仅会使晶格发生畸变,而且易被吸附在位错附近形成气团,使位错被钉扎住,要使位错脱钉,则必须增加外力,从而使变形抗力提高。

当合金由多相混合物组成时,合金的塑性变形除与合金基体的性质有关外,还与第二相的性质、形态、大小、数量和分布有关。第二相可以是纯金属,也可以是固溶体或化合物,工业合金中的第二相多数是化合物。

当第二相在晶界内呈网状分布时,对合金的强度和塑性都不利;当在晶界内呈片状分布时,可提高强度、硬度,但会降低塑性和韧性;当在晶界内呈颗粒状弥散分布时,由于硬的颗粒不易切变,阻碍了位错的运动,从而使变形抗力提高。这时,虽合金的塑性、韧性略有下降,但强度、硬度可显著提高,而且第二相颗粒越细,分布越均匀,合金的强度、硬度越高,这种强化方法称为弥散强化或沉淀强化。

7.2.2　塑性变形对金属组织和性能的影响

在不同温度下,塑性变形对金属组织和性能的影响不同,因此将金属的塑性变形分为冷变形和热变形两种。下面以冷塑性变形为主进行介绍。

1. 金属材料的加工硬化

金属材料在冷塑性变形时,随着变形程度的增加,金属材料的强度和硬度提高,但塑性和韧性下降,这种现象称为冷变形强化,也称加工硬化。冷塑性变形时金属产生加工硬化的原因如下。

(1) 晶体内部存在位错源,随变形量增加,晶体内的位错也会增多,位错之间的交互作用(堆积、缠结等)使变形抗力增加。

(2) 随变形量增加,亚结构细化,亚晶界对位错运动有阻碍作用。

(3) 随变形量增加,空位密度增加。

(4) 晶粒由有利的排列方向转到不利的排列方向时会发生几何硬化,使变形抗力增加。

由于加工硬化的存在,金属材料中已变形部分将发生硬化而停止变形,未变形部分则继续变形,从而金属的整体变形较均匀。实际生产中,加工硬化是强化金属材料的重要手段之一,对那些不能用热处理进行强化的金属材料尤其重要。但加工硬化会给金属材料的进一步变形带来困难,比如冷拔钢丝会越拉越硬,因此,必须在变形工序间安排中间退火来消除加工硬化,恢复材料塑性,才能继续变形。

2. 残余内应力

冷塑性变形完成后,金属材料的晶格会严重畸变,变形金属的晶粒被压扁或拉长,形成纤维组织,甚至破碎成许多亚晶体,同时产生内应力,如图 7-4 所示。

内应力是指平衡于金属内部的应力,它是因金属在外力作用下产生内部不均匀变形而引起的。金属发生塑性变形时,以热的形式散失掉的能量约占外力做功的 90%,只有 10% 的功转化为内应力残留于金属中。

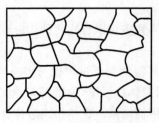 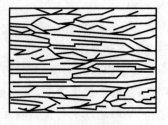

（a）冷轧前退火组织状态　　　　　　　（b）冷轧后的组织

图 7-4　冷轧前后金属晶粒形状的变化

内应力分为三类：第一类内应力平衡于金属表面与心部之间，又称宏观内应力；第二类内应力平衡于晶粒之间或晶粒内不同区域之间，又称微观内应力；第三类内应力是由晶格缺陷引起的畸变应力。第三类内应力是形变金属中的主要内应力，也是使金属强化的主要原因，而第一、二类内应力都使金属强度降低。

内应力的存在，使金属耐蚀性下降，并易引起零件在加工、淬火过程中的变形和开裂。因此，金属在塑性变形后，通常要进行退火处理，以消除或降低内应力。

7.2.3　回复和再结晶

金属材料经冷塑性变形后，组织处于不稳定状态，有自发恢复到变形前组织状态的倾向，

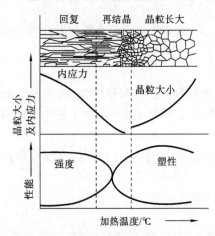

图 7-5　冷变形金属加热时的变化

但在常温下，原子扩散能力小，不稳定状态可以维持相当长的时间，通过加热则使原子扩散能力增强，从而打破金属材料的不稳定状态。在对加工硬化的金属材料进行加热时，变形金属将相继发生回复、再结晶和晶粒长大三个阶段的组织变化，如图 7-5 所示。

1. 回复与回复温度

由于加工硬化是一种不稳定现象，在将冷变形后的金属材料加热到一定温度后，因原子的活动能力增强，原子回复到自身平衡位置，使晶格畸变减少，晶粒内残余内应力显著下降，这种现象称为回复。此时的温度称为回复温度，即

$$T_回 \approx (0.25 \sim 0.3)T_熔 \tag{7-1}$$

式中：$T_回$——金属回复温度，K；

　　　$T_熔$——金属熔点温度，K。

发生回复时，金属组织变化不明显，其强度、硬度略有下降，塑性略有提高，但内应力、电阻率等显著下降，因此，生产中常利用回复现象对工件进行去应力退火，以消除内应力，稳定组织，并保留强化性能。如对冷拔弹簧钢丝绕制成弹簧后常进行 $250 \sim 300 \ ℃$ 的低温退火（也称定性处理），就是利用回复现象消除内应力使其定型。

2. 再结晶与再结晶温度

如果将加工硬化后的金属材料加热到较高的温度，被拉长的晶粒会重新形核、结晶，变为完整的等轴晶粒，使金属的力学性能恢复到变形前的状态，这种冷变形组织在加热时重新改组的过程称为再结晶。再结晶前后新、旧晶粒的晶格类型和成分完全相同。由于再结晶后金属组织复原，金属材料的强度、硬度下降，塑性、韧性提高，加工硬化消失。

再结晶是在一定的温度范围内进行的,开始产生再结晶现象的最低温度称为再结晶温度$T_{再}$,单位为 K。影响再结晶温度的因素如下。

1) 金属的预先变形度

金属预先变形度越大,则再结晶温度越低。这是由于预先变形度越大,组织越不稳定,加热时易较早出现再结晶。当变形度达到一定值后,再结晶温度趋于某一最低值,称为最低再结晶温度,如图 7-6 所示。实验表明,纯金属的最低再结晶温度与其熔点之间存在如下近似关系:

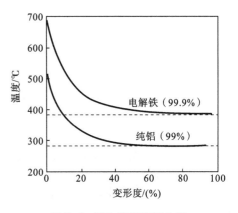

图 7-6　预先变形度对金属再结晶温度的影响

$$T_{再} \approx 0.4 T_{熔} \qquad (7-2)$$

式中:$T_{熔}$——纯金属的热力学温度熔点。

例如,纯铁的熔点为 1538 ℃,则其再结晶温度为 $T_{再}=0.4 \times (1538+273)$ K $=724$ K,即 451 ℃。可见,纯金属的熔点越高,其再结晶温度也越高。

2) 金属的纯度

金属中的微量杂质或合金元素,特别是高熔点元素起阻碍扩散和晶界迁移作用,可使金属再结晶温度显著提高。如纯铁的再结晶温度为 724K(451 ℃),而加入少量碳变成低碳钢后,提高到 813K(540 ℃)。

3) 加热速度和保温时间

提高加热速度会使再结晶推迟到较高温度发生,而延长保温时间,则可使原子扩散充分,再结晶温度降低。

经过再结晶后,金属的强度、硬度明显下降,而塑性上升。生产中把常温下经过塑性变形的金属,加热到再结晶温度以上(100~200 ℃),使其发生再结晶的处理过程称为再结晶退火。再结晶退火可以消除加工硬化,提高塑性,便于对金属继续进行压力加工,如在金属冷轧、冷拉、冷冲压过程中,需在各工序中穿插再结晶退火,对金属进行软化处理。

3. 再结晶后的晶粒度

在金属材料再结晶后,一般都能得到细小而均匀的等轴晶粒,但并不一定如此,这取决于以下两个因素。

1) 金属的预先变形度

预先变形度对金属的影响,实质上是变形均匀程度对金属的影响。如图 7-7 所示,当变形度很小时,晶格畸变小,不足以引起再结晶。当变形度达到 2%~10% 时,金属中只有部分晶粒变形,变形不均匀,再结晶时晶粒大小不一,容易互相吞并长大,再结晶后晶粒特别粗大,这个变形度称为临界变形度。生产中应尽量避免临界变形度下的加工。

超过临界变形度后,随变形程度增加,变形越来越均匀,再结晶时形核量大而均匀,使再结晶后晶粒细而均匀,达到一定变形量之后,晶粒度基本不变。对于某些金属,当变形量相当大时(>90%),再结晶后晶粒又重新出现粗化现象,一般认为该现象与形变织构有关。

2) 加热速度和保温时间

加热温度越高,保温时间越长,金属材料的晶粒越大,金属的力学性能下降越明显。加热温度对晶粒大小的影响尤其显著,如图 7-8 所示。

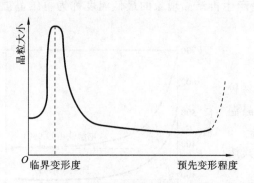

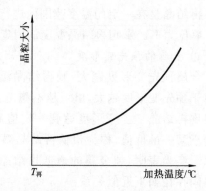

图 7-7　预先变形度与再结晶退火后晶粒大小的关系　　　　图 7-8　再结晶退火温度对晶粒大小的影响

7.2.4　金属材料的冷加工与热加工

在金属学中,金属材料在再结晶温度以下的塑性变形称为冷变形,此种变形过程无再结晶现象,变形后的金属材料具有冷变形强化现象,所以冷变形的变形程度一般不宜过大,以避免产生破裂。冷变形能使金属材料获得较高的强度、硬度和低粗糙度,故生产中常用它来提高产品的性能,称为冷加工,如冷拉拔、冷冲压;而金属材料在再结晶温度以上的塑性变形称为热变形,变形后,金属具有再结晶组织,而无加工硬化痕迹。金属只有在热变形情况下,才能以较小的功达到较大的变形,同时能获得具有高力学性能的细晶粒再结晶组织。因此,金属塑性加工多采用热变形来进行,称为热加工,如热锻、热轧、热挤压。

显然,冷加工、热加工并不是以具体的加工温度的高低来区分的。例如,钨的最低再结晶温度约为 1200 ℃,所以,钨即使在稍低于 1000 ℃ 的高温下塑性变形仍属于冷加工;而锡的最低再结晶温度约为 -71 ℃,所以,锡即使在室温下塑性变形仍属于热加工。

由于热加工时能量消耗小,但金属材料表面易氧化,因而热加工一般用于截面尺寸大、变形量大、在室温下加工困难的工件。而冷加工一般用于截面尺寸小、塑性好、尺寸精度及表面粗糙度要求高的工件。

7.3　金属的可锻性

金属的可锻性是指衡量金属材料在经受压力加工时获得优质零件难易程度的一个工艺性能。金属的可锻性常用塑性和变形抗力来综合评定。塑性越好,变形抗力越小,则锻压性能越好,反之,锻压性能越差。

7.3.1　影响金属可锻性的因素

金属的可锻性与金属的本质和变形条件有关,影响金属可锻性的因素如下。

1. 金属内在因素的影响

1) 化学成分

不同化学成分的金属塑性不同,因而可锻性也不同。纯金属一般有良好的锻压性能,优于其合金;含合金元素少的也优于含合金元素多的。例如纯铁的可锻性比碳钢好,而碳钢随其含碳量的增加塑性和可锻性逐渐降低,特别是当钢中加入较多的碳化物形成元素铬、铝、钨、钒时,可锻性显著下降。

2）金属组织

金属内部的组织结构不同，其可锻性有很大差别。固溶体（如奥氏体）塑性好，变形抗力小，因而锻造性好；化合物（如渗碳体）可锻性则较差。另外，晶粒细小均匀的组织其可锻性优于粗晶粒组织。

2. 外部变形条件的影响

1）变形温度

如果变形温度较低，金属的塑性差，变形抗力大，不但锻压困难，而且容易开裂。适当提高变形温度有利于改善金属的锻造性能，并对生产率、产品质量及金属的有效利用等均有极大的影响。

金属在加热中随温度有升高，其性能变化很大。如图 7-9 所示为低碳钢在不同温度时的力学性能变化曲线。从图中可看到，在 300 ℃以上随温度升高，金属的塑性升高，变形抗力下降，即金属的可锻性增加。其原因是金属原子在热能作用下，处于极为活泼的状态中，很容易进行滑移变形。对碳钢而言，加热温度超过 Fe-C 合金状态图的 A_3 线时，其组织为单一的奥氏体，塑性好，故很适合进行压力加工。

但温度过高，会使金属产生氧化、脱碳、过热或过烧等缺陷，其至使锻件报废，因此必须严格控制锻造温度。

锻造温度范围系指始锻温度（开始锻造的温度）和终锻温度（停止锻造的温度）间的温度区间。始锻温度和终锻温度的确定以合金状态图为依据。碳钢的始锻温度和终锻温度如图 7-10 所示。始锻温度比 AE 线低 200 ℃左右，终锻温度约为 800 ℃。终锻温度过低，金属材料的可锻性急剧变差，使加工难以进行，若强行锻造，将导致锻件破裂报废。表 7-1 为常用金属材料锻造温度范围。

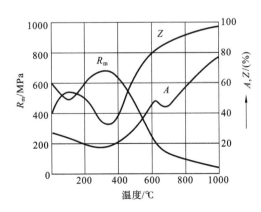

图 7-9　低碳钢的力学性能与温度变化的关系

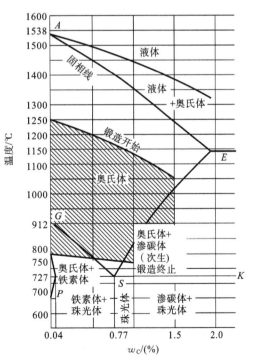

图 7-10　碳钢的锻造温度范围

表 7-1　常用金属材料的锻造温度范围

金 属 材 料	始锻温度/℃	终锻温度/℃	锻造温度范围/℃
碳素结构钢	1200~1250	800~850	400~450
碳素工具钢	1050~1150	750~800	300~350
合金结构钢	1150~1200	800~850	350
合金工具钢	1050~1150	800~850	250~300
高速合金钢	1100~1150	900	200~250
耐热钢	1100~1150	850	250~300
弹簧钢	1100~1150	800~850	300
轴承钢	1080	800	280

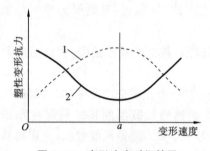

图 7-11　变形速度对塑性及
变形抗力的影响

1—变形抗力曲线；2—塑性变形曲线

2）变形速度

变形速度指金属材料在压力加工过程中单位时间内的相对变形量。它对金属材料可锻性能有正负两方面的影响，如图 7-11 所示。一方面由于变形速度的增大，回复和再结晶不能及时消除加工硬化，金属材料塑性下降、变形抗力增大，可锻性变差。另一方面，金属材料在变形过程中，消耗在塑性变形中的能量有一部分转化为热能（称为热效应现象），从而使金属温度升高，其塑性增加、变形抗力减少（图 7-11 中的 a 点以后），锻造性能得到改善。变形速度越大，热效应现象越明显。但热效应现象只有在使用高速锻造时才有明显效果，一般的锻造设备，因为变形速度较小，所以影响不大。

3）应力状态

采用不同的变形方法，金属中产生的应力状态是不同的，因而表现出不同的可锻性。

如图 7-12 所示，挤压时金属处于三向压应力状态，拉拔时金属处于一向受拉、两向受压状态。当金属处于拉应力状态时，金属内部的气孔、微裂纹会产生应力集中，使缺陷扩大，金属容易被锻裂。而压应力则有助于缺陷的压合，可提高金属的塑性。

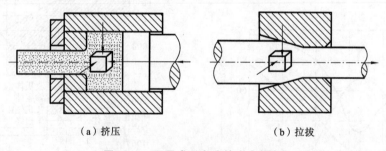

（a）挤压　　　　　　　　　　（b）拉拔

图 7-12　不同成形方法的应力状态

综上所述，金属的可锻性既取决于金属的本质，又取决于变形条件。在锻压生产中要力求创造有利的变形条件，充分发挥金属的塑性，降低变形抗力，使功耗最小，变形充分，用最经济的方法达到加工的目的。

7.3.2　锻造流线与锻造比

1. 锻造流线

锻造流线(也称流纹)是指在锻造时,金属材料的脆性杂质被打碎,并顺着金属材料的主要方向呈碎粒状或链状分布,而塑性杂质随着金属变形沿主要伸长方向呈带状分布,这样热锻后的金属组织就具有一定的方向性,其沿着流线方向(纵向)的抗拉强度较高,而垂直于流线方向(横向)的抗拉强度较低。

生产中若能利用流线组织纵向强度高的特点,使锻件中的流线组织连续分布并且与其受拉力方向一致,则会显著提高零件的承载能力。例如,吊钩采用弯曲工序成形时,就能使流线方向与吊钩受力方向一致,如图 7-13(a)所示,从而可提高吊钩承受拉伸载荷的能力。图 7-13(b)所示的锻压成形的曲轴中,其流线的分布是合理的。图 7-13(c)所示是切削成形的曲轴,由于其流线不连续,所以流线分布不合理。

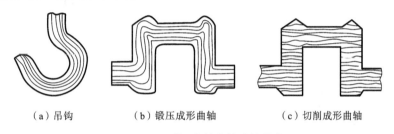

（a）吊钩　　　　　（b）锻压成形曲轴　　　　　（c）切削成形曲轴

图 7-13　吊钩、曲轴中的流线分布

2. 锻造比

锻造比是锻造时金属变形程度的一种表示方法。锻造比用金属变形前后的横断面积的比值、长度比值或高度比值 Y 来表示。不同的锻造工序,锻造比的计算方法各不相同。

拔长时的锻造比为

$$Y_{拔}=\frac{S_0}{S}=\frac{L}{L_0} \tag{7-3}$$

镦粗时的锻造比为

$$Y_{镦}=\frac{S}{S_0}=\frac{H_0}{H} \tag{7-4}$$

式中:H_0、S_0、L_0——坯料变形前的高度、横截面积和长度;

H、S、L——坯料变形后的高度、横截面积和长度。

锻造比对锻件质量影响很大,锻造比越大,热变形程度也越大,热加工流线也越明显,其金属组织、性能改善越明显。但锻造比过大时,金属材料的力学性能随锻造比变大,增加不明显,而金属材料的各向异性会大大增加,而锻造比过小时性能达不到要求,因此,碳素结构钢取 $Y=2\sim3$,合金结构钢取 $Y=3\sim4$。对某些高合金钢,为了击碎粗大碳化物,并使其细化和分散,应采取较大的锻造比,如高速钢取 $Y=5\sim12$,不锈钢取 $Y=4\sim6$。

7.4　锻造工艺过程

金属材料加热以后,用外力使其产生塑性变形,从而获得具有一定形状、尺寸和力学性能的毛坯或零件的加工方法称为锻造。在金属塑性加工中，它是极为重要的一类加工方法。

锻造工艺过程一般包括加热、锻造成形、冷却、检验、热处理等。

在锻造前，对金属材料进行加热，主要是提高其塑性、降低变形抗力，改善金属材料的可锻性，相关内容在前述章节中作了详细介绍，在此不再赘述。

锻件的冷却方式一般分为空冷、炉冷、坑冷。冷却方式主要根据材料的化学成分、锻件形状特点和截面尺寸等因素确定，锻件的形状越复杂、尺寸越大，冷却速度应越慢。如低、中碳钢和低合金结构钢的小型锻件均采用空冷；高碳高合金钢（Cr12 等）应采用随炉冷却的方式；合金结构钢（40Cr、35SiMn）在坑中、箱中用砂子、石棉灰、炉灰覆盖冷却。

锻后的零件或毛坯要按图样技术要求进行检验。经检验合格的锻件，最后进行热处理。结构钢锻件采用退火或正火处理；工具钢锻件采用正火加球化退火处理；对于不再进行最终热处理的中碳钢或合金钢锻件，可进行调质处理。

锻造工艺过程中较为复杂的是锻造成形，根据锻造时所采用的设备、工模具及成形方式的不同，锻造可分为自由锻造、模型锻造等，下面将对具体成形方法进行介绍。

7.4.1　自由锻造

自由锻造是利用冲击力或压力使坯料在上下砧铁（砧铁）之间产生变形，以获得所需锻件的加工方法。由于在锻造时金属变形较自由，称其为自由锻造。自由锻造分手工锻造和机器锻造两种，其中机器锻造是自由锻造的基本方法。

自由锻造的优点是工艺灵活，所用工具简单，设备与工具通用性大，成本低，可锻造的锻件质量由 1 kg 以下至 300 t 以上。在重型机械中，自由锻是生产大型和特大型锻件的唯一成形方法。但自由锻也有其缺点，主要是加工余量大，生产率低，劳动强度大和要求工人技术水平较高。

1. 自由锻造设备

根据对坯料作用力的性质不同，自由锻造设备可分为产生冲击力的锻锤和产生静压力的水压机两大类。

锻锤是利用锤击的动能转化为金属的变形功进行锻造，其吨位以落下部分的质量来表示，金属在锤上一次变形的时间约为千分之几秒。生产中常用的锻锤有空气锤和蒸汽-空气锤。空气锤吨位小，用来锻造小型锻件。蒸汽-空气锤的吨位稍大，一般为 1～8 t，需要一套蒸汽炉或空气压缩机等辅助设备，结构比空气锤复杂。例如，双柱拱式蒸汽-空气锤是通过对滑阀的控制，引导空气或压缩空气进入汽缸推动活塞运动，从而使锤头工作的。

水压机是以静压力作用在坯料上，工作时震动和噪声小，作用在坯料上的时间较长，易于将坯料锻透。锻件组织均匀、细密，力学性能较高。水压机的吨位以压力表示，可达 5～15000 MN，可以锻造的锻件质量达 1～300 t。水压机本体的基本原理是将高压水通入工作缸，推动工作柱塞，使活动横梁带动上砧沿立柱下压，坯料在巨大的压力下产生塑性变形。回程时，将压力水通入回程缸，通过回程柱塞和拉杆使活动横梁回升。

2. 自由锻造的基本工序

自由锻是通过局部锻打逐步成形的，自由锻工序可分为基本工序、辅助工序和修整工序。自由锻工序简图见表 7-2。

表 7-2　自由锻工序及简图

工序	说　明	示　意　图
辅助工序	辅助工序是为基本工序操作方便而进行的预先变形,如压钳口、压钢锭棱边、压肩等	压钳口 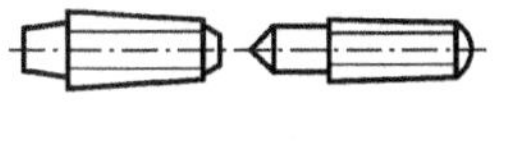　　　　倒棱 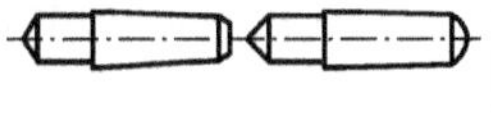　　　　压肩 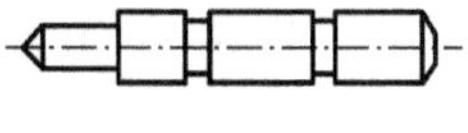
基本工序	基本工序是改变坯料形状、尺寸以获得所需锻件的工艺过程。如镦粗、拔长、冲孔、弯曲、扭转、错移等	完全镦粗 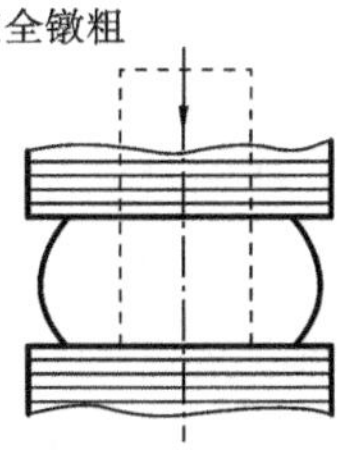　　局部镦粗 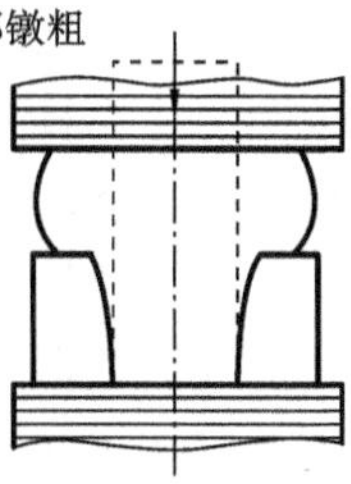 拔长 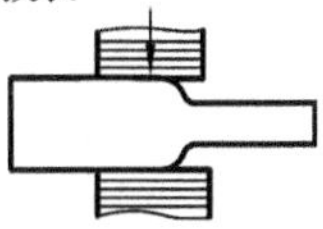　　带心轴拔长 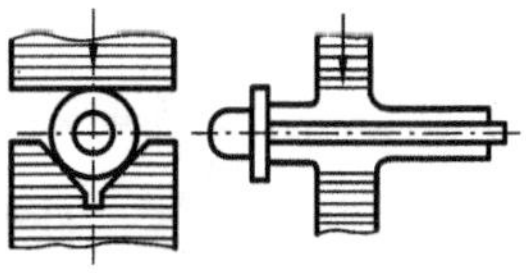 用实心冲子冲孔 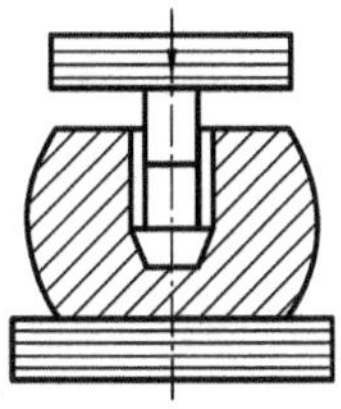　　用空心冲子冲孔 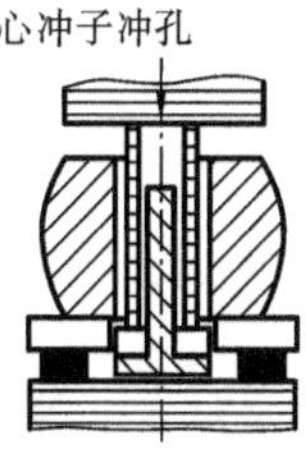
修整工序	修整工序是用来修整锻件表面缺陷,使其符合图样要求的工艺过程。如校正、平整、滚圆等	校正 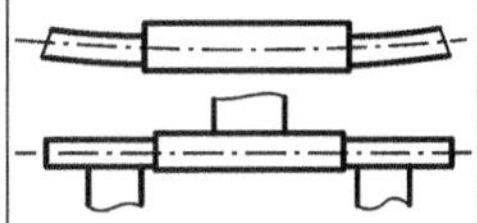　　滚圆 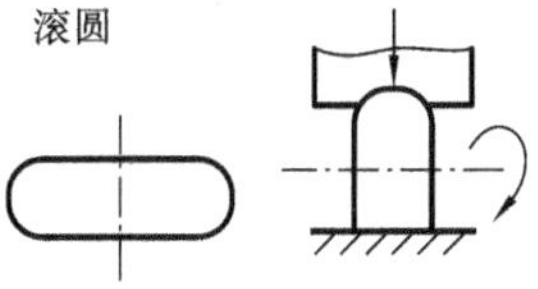　　平整 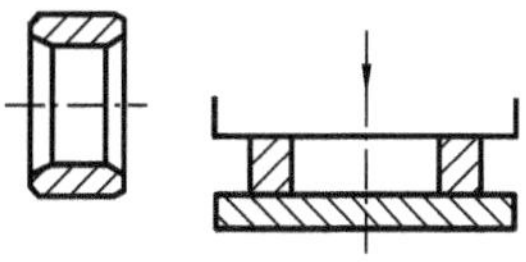

如图所示,辅助工序是为基本工序操作方便而进行的预先变形工序,包括压肩、切痕和钢锭倒棱等。修整工序是用于减少锻件表面缺陷的工序,包括精整锻件表面外形、鼓形滚圆和弯曲校直等。基本工序是使金属坯料实现主要的变形要求,达到或基本达到锻件所需形状和尺寸的工艺过程,包括镦粗、拔长、冲孔、切割、弯曲、扭转和错移等。实际生产中常采用的是镦粗、拔长和冲孔三个工序。

（1）镦粗　使坯料的横截面积增加、高度减小的工序称镦粗。

工艺要求:圆坯料的高度与直径之比应小于 2.5,否则易镦弯;坯料加热温度应在允许的最高温度范围内,以便消除缺陷,减小变形抗力。

应用:镦粗工序主要用于圆盘类工件,如齿轮、圆饼等,也可以作为冲孔前辅助工序。

（2）拔长　使坯料长度增加、横截面积减小的工序称拔长。

工艺要求：坯料的下料长度应大于直径或边长；拔长台阶前应先压肩；矩形坯料拔长时要不断翻转，以免造成偏心与弯曲。

应用：广泛用于轴类、杆类锻件的生产（还可以用来改善锻件内部质量）。

（3）冲孔　在工件上冲出通孔或不通孔的工序称为冲孔。

工艺要求：孔径小于 450 mm 的可用实心冲子冲孔；孔径大于 450 mm 的用空心冲子冲孔；孔径小于 30 mm 的孔，一般不冲出。冲孔前将坯料镦粗以改善坯料的组织性能及减小冲孔的深度。

3. 自由锻造工艺规程的制定

自由锻造工艺规程主要包括绘制锻件图、坯料质量和尺寸计算、确定锻造工序、选择锻造设备、确定坯料锻造温度范围、锻件冷却及热处理和填写工艺卡等。

（1）绘制锻件图　锻件图是在零件图的基础上，考虑自由锻造工艺特点而绘制成的，它是锻造生产和检验的依据。绘制时主要考虑下列因素。

① 余量　自由锻件尺寸精度和表面质量较差，一般都需经切削加工后制成零件，因此零件的加工表面应根据其尺寸精度的要求留有相应的加工余量，如图 7-14(a)所示。

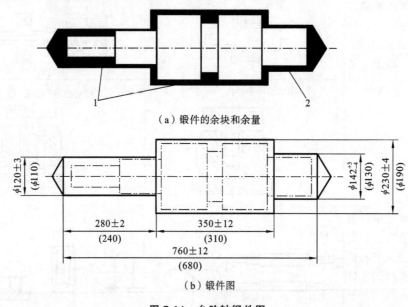

（a）锻件的余块和余量

（b）锻件图

图 7-14　台阶轴锻件图

1—余块；2—余量

② 余块　为简化锻件形状，在其难以锻造的部分增加一部分金属，增加的这部分金属称余块，如图 7-14(a)所示。

③ 锻件公差　坯料在锻造时，由于受各种因素的影响，锻件的实际尺寸不可能锻得与锻件基本尺寸一样，允许有一定限度的偏差。锻件最大尺寸与基本尺寸之差称上偏差；锻件最小尺寸与基本尺寸之差称下偏差；上、下偏差之代数差称锻件公差，通常为加工余量的 1/4～1/3。

在确定好余量、余块、公差之后，便可以绘制锻件图。图 7-14(b)为台阶轴锻件图，锻件外部形状用粗实线表示，零件的轮廓形状用双点画线表示，在尺寸线上面标出锻件的基本尺寸与公差，零件尺寸加上括号标在尺寸线下面。表 7-3 列出了台阶轴类的加工余量和锻造公差。

表 7-3　台阶轴类锻件加工余量与锻造公差

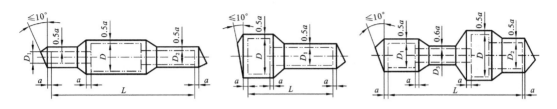

零件总长 L/mm		零件直径 D/mm							
	大于	0	50	80	120	160	200	250	315
	至	50	80	120	160	200	250	315	400
		余量 a 与极限偏差							
大于	至	锻造精度等级 F							
0	315	7±2	8±3	9±3	10±4	—	—	—	—
315	630	8±3	9±3	10±4	11±4	12±5	13±5	—	—
630	1000	9±3	10±4	11±4	12±5	13±5	14±6	16±7	—
1000	1600	10±4	12±5	13±5	14±6	15±6	16±7	18±8	19±8
1600	2500	—	13±5	14±6	15±6	16±7	17±7	19±8	20±8
2500	4000	—	—	16±7	17±7	18±8	19±8	21±9	22±9
4000	6000	—	—	—	19±8	20±8	21±9	23±10	—

（2）坯料质量和尺寸计算　坯料质量可按下式计算：

$$m_{坯料}=m_{锻件}+m_{烧损}+m_{料头} \tag{7-5}$$

式中：$m_{坯料}$——坯料质量；

　　　$m_{锻件}$——锻件质量；

　　　$m_{烧损}$——加热时坯料表面氧化而烧损的质量，第一次加热时占金属材料的 2%～3%，以后各次加热时占金属材料的 1.5%～2.0%；

　　　$m_{料头}$——在锻件过程中冲掉或被切掉的那部分金属材料的质量，如冲孔时坯料中部的料芯，修切端部产生的料头，当锻造大型锻件采用钢锭作坯料时，还要考虑切掉的钢锭头部和钢锭尾部的质量。

根据坯料的质量（$m_{坯料}$），由式（7-6）求出坯料的体积：

$$V_{坯料}=m_{坯料}/\rho \tag{7-6}$$

式中：ρ——材料的密度，对于钢铁 $\rho=7.85\times10^3$ kg/m^3。

镦粗时，为了避免镦弯，便于下料，坯料的高度 H_0 和圆坯料的直径 D_0 或方坯料的边长 L_0 之间应满足下面的要求：

$$1.25D_0\leqslant H_0\leqslant2.5D_0 \tag{7-7}$$

$$1.25L_0\leqslant H_0\leqslant2.5L_0 \tag{7-8}$$

将上述关系代入体积计算公式，便可求出 D_0（或 L_0）。

对于圆坯料

$$V_{坯} = \frac{\pi}{4}D_0^2 H_0 = \frac{\pi}{4}D_0^2(1.25\sim2.5)D_0 = (0.98\sim1.96)D_0^3 \tag{7-9}$$

$$D_0 = (0.8\sim1.0)\sqrt[3]{V_{坯}} \tag{7-10}$$

对于方坯料 $L_0 = (0.75\sim0.90)\sqrt[3]{V_{坯}}$ （7-11）

确定坯料时,应考虑坯料在锻造过程中必需的变形程度,即金属材料的锻造比。对于以碳素钢锭为坯料并采用拔长方法锻制的锻件,锻造比一般不小于 2.5～3;如果采用轧材作坯料,则锻造比可取 1.3～1.5。此时,可根据已知锻件的最大截面积 S_{max} 和要求的锻造比 $Y_{拔长}$ 求出坯料横截面积 $S_{坯}$,即

$$S_{坯} = Y_{拔长}S_{max} \tag{7-12}$$

坯料直径（或边长）求出后,还应按照钢材的标准直径加以修正,然后再计算出坯料的长度。表 7-4 列出了热轧圆钢的标准直径,以供参考。

表 7-4   热轧圆钢的标准直径   （单位:mm）

5	5.5	6	6.5	7	8	9	10	11	12
13	14	15	16	17	18	19	20	21	22
23	24	25	26	27	28	29	30	31	32
33	34	35	36	38	40	42	45	48	50
52	55	56	58	60	63	68	70	75	80
85	90	95	100	105	110	115	120	125	130
140	150	160	170	180	190	200	210	220	—

（3）确定锻造工序   确定锻造工序,主要依据是自由锻的工序特点和锻件的形状。另外,自由锻工序的选择与整个锻造工艺过程中的坯料加热次数（火次）和变形程度有关。坯料加热次数与每一次加热时坯料成形所经工序都应明确规定出来,写在工艺卡上。对一般锻件的大致分类及所采用的工序如表 7-5 所示。

表 7-5   锻件分类及所需锻造工序

锻件类别	图 例	锻造工序
盘类锻件		镦粗（或拔长及镦粗）,冲孔
轴类锻件		拔长（或镦粗及拔长）,切肩和锻台阶
筒类锻件		镦粗（或拔长及镦粗）,冲孔,在心轴上扩孔

续表

锻件类别	图　　例	锻造工序
环类锻件		镦粗（或拔长及镦粗），冲孔，在心轴上扩孔
曲轴类锻件		拔长（或镦粗及拔长），错移，锻台阶，扭转
弯曲类锻件		拔长，弯曲

（4）确定锻造设备及吨位　选用锻件设备及吨位的依据是锻件的尺寸和质量，同时还要考虑现有的设备条件，具体可参照表 7-6 选用。

表 7-6　自由锻造的锻造能力范围

锻件类型	锻锤落下部分质量/t	0.25	0.5	0.75	1	2	3	5
圆饼	D/mm	＜200	＜250	＜300	＝400	＝500	＝600	＝750
	H/mm	＜35	＜50	＜100	＜150	＜200	＝300	＝300
圆环	D/mm	＜150	＜350	＜400	＝500	＝600	＝1000	＝1200
	H/mm	＝60	＝75	＜100	＜150	＜200	＜250	＝300
圆筒	D/mm	＜150	＜175	＜250	＜275	＜300	＜350	＝700
	d/mm	＝100	＝125	＞125	＞125	＞125	＞150	＞500
	L/mm	＝165	＝200	＝275	＝300	＝350	＝400	＝550
圆轴	D/mm	＜80	＜125	＜150	＝175	＝225	＝275	＝350
	m/kg	＜100	＜200	＜300	＜500	＜750	＝1000	＝1500
方块	$H＝B$/mm	＝80	＝150	＝175	＝200	＝250	＝300	＝450
	m/kg	＜25	＜50	＜70	＝100	＝350	＝800	＝1000
扁方	B/mm	＝100	＜160	＜175	＝200	＜400	＝600	＝700
	H/mm	＞7	＝15	＝20	＝25	＝40	＝50	＝70
钢锭直径/mm		125	200	250	300	400	450	600
钢锭边长/mm		100	175	225	275	350	400	550

注：D 为锻件外径；d 为锻件内径；H 为锻件高度；B 为锻件宽度；L 为锻件长度；m 为锻件质量。

（5）确定锻造温度范围　锻件的锻造温度范围主要由所锻造的金属材料决定,可参照表7-1确定。

（6）填写工艺卡片　工艺卡片是指导生产和技术检验的重要文件。表7-7为自由锻典型工艺实例。

表 7-7　台阶轴自由锻工艺卡

锻件名称	台阶轴	工艺简图
锻件材料	45 钢	
锻件质量	40 kg	
锻件尺寸	$\phi150$ mm×295 mm	
锻造设备	0.75 t 自由锻	

序　号	操作说明	工 艺 简 图
1	拔长并压肩	
2	拔长一端并切头	
3	调头,压肩	
4	拔长并压肩	
5	拔长端部,截取总长	
6	修整各外圆并校直	

4. 自由锻锻件的结构工艺性

锻件结构合理,可达到锻造方便、节约金属材料、保证锻件质量和提高生产率的目的。因此,设计自由锻成形的零件时,除满足使用性能要求外,还必须考虑自由锻设备和工具的特点,使零件结构符合自由锻锻件结构工艺性要求,如表 7-8 所示。

表 7-8　自由锻锻件的结构工艺性要求

工 艺 要 求	图　例	
	工艺性差	工艺性好
避免锥面和斜面		
避免圆柱面与圆柱面相切		
避免非规则截面与非规则外形		
避免肋板和凸台等结构		
截面有急剧变化或形状复杂的零件,可分段锻造,再用焊接或机械连接组成整体		

在考虑自由锻锻件结构工艺性时,主要从以下方面出发。

① 锻件上具备锥体或斜面的结构,从工艺角度上讲是不合理的。因为锻造这种结构的锻件必须制造专用工具,锻件成形也比较困难,使工艺过程复杂化,操作很不方便,影响设备的使用效率,应尽量避免或进行改进设计。

② 锻件由数个简单几何体构成时,几何体的交接处不应形成空间曲线,这种结构锻造成形极为困难。应改为平面与圆柱、平面与平面相接,消除空间曲线,使锻造成形易于进行。

③ 自由锻锻件上不应设计出加强肋、凸台、工字形截面或空间曲线形表面,这些结构难以用自由锻的方法获得。如果采用特殊工具或特殊工艺措施来生产,必将降低生产率,增加产品成本。

④ 锻件的横截面积有急剧变化或形状较复杂时,应设计成由几个简单件构成的组合体。每个简单件锻造成形后,再用焊接或机械连接方式构成整体零件。

7.4.2　模型锻造

把金属坯料放在锻模槽内施加压力使其变形的锻造方法称为模型锻造,简称模锻。因金属材料是在模腔内产生变形的,因此获得的锻件与模腔的形状相同。

1. 模锻的特点

模锻与自由锻造比较有下列优点。

(1) 生产率高(比自由锻造高 3～4 倍甚至更多),能改善劳动条件。使用模槽使坯料变形,易于成形,故能提高生产率。锻模不需要人力开合,能减轻劳动强度。

(2) 锻件质量好。模锻可以获得合理的纤维组织,使锻件力学性能好。模锻尺寸准确,表面光洁,加工余量小。

(3) 节省金属材料,减少了切削加工工时。

(4) 可以锻造出自由锻造很难锻出的形状,技术操作容易。

模锻与自由锻造相比也有一定的缺点。

(1) 制造锻模要用较好的材料,价格较高。特别是形状复杂的锻件锻模,制造困难,制造费用高。

(2) 由于模锻时是整个坯料放在模槽内加压变形的,所以对模锻设备的吨位要求较大。而模锻设备的吨位是有限的,所以模锻件质量一般在 150 kg 以下。如用自由锻造与模锻联合生产的办法,就能锻造 3.5～5 t 的大锻件。

综上所述,模锻只适用于中、小型锻件的大批量生产。由于模锻适应现代化大生产的要求,它在飞机、汽车、拖拉机等国防工业和机械制造业中应用十分广泛,模锻件约占这些行业锻件总质量的 90% 左右。

2. 常用模锻方法

模锻按使用设备的不同,可分为锤上模锻、压力机上模锻和胎模锻等。其中锤上模锻工艺适应性广,可生产各种类型的模锻件,设备费用也相对较低,是我国模锻生产中应用最多的模锻方法。

1) 锤上模锻

锤上模锻是将上模固定在锤头上,下模紧固在模垫上,通过随锤头做上下往复运动的上模,对置于下模中的金属坯料施以直接锻击,来获得锻件的锻造方法。它有以下特点:

① 金属在模腔中是在一定速度下经过多次连续锤击而逐步成形的;

② 锤头的行程、打击速度均可调节,能实现轻重缓急不同的打击,因而可进行制坯工作;

③ 由于惯性作用,金属在上模模腔中具有更好的充填效果;

④ 锤上模锻可适应性广,可以进行单腔模锻和多腔模锻。但由于锤上模锻打击速度较快,对变形速度较敏感的低塑性材料(如镁合金等)进行锤上模锻不如在压力机上模锻的效果好。

锤上模锻主要在蒸汽-空气锤、无砧座锤、高速锤等设备中进行,下面以蒸汽-空气锤为例进行介绍。

模锻生产所用蒸汽-空气锤的工作原理与蒸汽-空气自由锻锤基本相同,主要区别是模锻锤头与导轨之间的间隙比自由锻锤小,机架直接与砧座相连,使锤头运动精确,能保证上、下模对准。工作时,模锻锤比自由锻锤的刚度大,精度高,用于大批量生产各种中、小型模锻件。

模锻锤常用 0.5~0.9 MPa 的蒸汽和压缩空气驱动。锤头的打击速度为 6~9 m/s,打击能量的大小由蒸汽压力和改变锤头的提升高度或进气量的多少进行控制。

蒸汽-空气模锻锤的吨位为 1~16 t,模锻件质量为 0.5~150 kg,各种不同吨位的模锻锤所能锻制的模锻件见表 7-9。

表 7-9 模锻锤的锻造能力范围

模锻锤吨位/t	1	2	3	5	10	16
锻件质量/kg	2.5	6	17	40	80	120
锻件在分模面处投影面积/cm²	13	380	1080	1260	1960	2830
可锻齿轮的最大直径/mm	130	220	370	400	500	600

锤上模锻的锻模结构如图 7-15 所示。锤上模锻用的锻模由带燕尾的上模 2 和下模 4 两部分组成,上、下模通过燕尾和楔铁分别固定在锤头和模垫上,上、下模合拢后,内部形成模腔。锻造过程中坯料受锤击变形充满模腔,从而获得与模腔形状一致的模锻件。锻件从模腔中取出,多数带有飞边,还需用切边模切除飞边,由于切边时可能引起锻件变形,因此还需进行校正。

依据不同的分类方法,锤上模锻的模腔可分为不同的种类。如根据锻件的复杂程度和模腔在锻模中的个数不同,可将模腔分为单模腔和多模腔。单模腔形状与锻件基本相同,主要用于形状比较简单的锻件,如图 7-15 所示。对于形状复

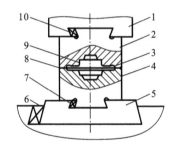

图 7-15 锤上模锻的锻模结构
1—锤头;2—上模;3—飞边槽;
4—下模;5—模垫;6,7,10—紧固楔铁;
8—分模面;9—模腔

杂的锻件,为提高生产率,在一副锻模上设置几个模腔,这类模腔称为多模腔,图 7-16 所示为弯曲连杆在多模腔内的模锻过程。多模腔由拔长模腔、滚挤模腔、弯曲模腔、预锻模腔、终锻模腔等组成,多用于截面相差大或轴线弯曲的轴(杆)类锻件及形状不对称的锻件。

依据模腔功用的不同,则可将模腔分为制坯模腔和模锻模腔两大类。

(1)制坯模腔 对于形状复杂的模锻件,为了使坯料基本接近模锻件的形状,以便模锻时金属材料能合理分布,并很好地充满模腔,必须预先在制坯模腔内制坯。制坯模腔有以下几种。

① 拔长模腔,它的作用是减小坯料某部分的横截面面积,增加其长度,拔长模腔分为开式和闭式的两种,如图 7-17(a)所示。

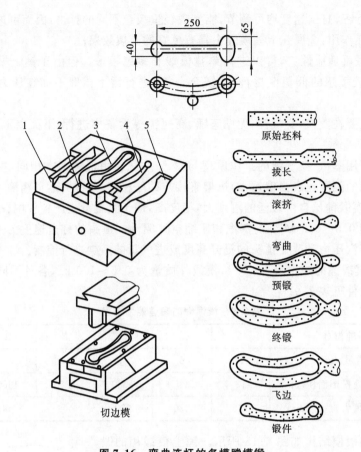

图 7-16　弯曲连杆的多模膛模锻

1—拔长模膛；2—滚挤模膛；3—终锻模膛；4—预锻模膛；5—弯曲模膛

② 滚挤模膛，它的作用是减小坯料某部分的横截面面积，以增大另一部分的横截面面积，主要是使金属坯料能够按模锻件的形状来分布。滚挤模膛也有开式和闭式的两种，如图 7-17(b)所示。

③ 弯曲模膛，它的作用是使坯料弯曲，如图 7-17(c)所示。

④ 切断模膛，它是在上模与下模的角部组成的一对刃口，用来切断金属材料，如图 7-17(d)所示。可用于从坯料上切下锻件或在锻件上切钳口，也可用于多件锻造后分离成单个锻件。

此外，还有成形模膛、镦粗台及击扁面等制坯模膛。

(2) 模锻模膛　模锻模膛分为预锻模膛和终锻模膛两种。

预锻模膛的作用是使坯料变形到接近于锻件的形状和尺寸，这样再进行终锻时，金属容易充满终锻模膛。另外，先进行预锻能减少终锻模膛的磨损，延长锻模的使用寿命。

终锻模膛的作用是使坯料最后变形到锻件所要求的形状和尺寸，因此它的形状与锻件的形状相同。但因锻件的冷却收缩，终锻模膛尺寸应比锻件尺寸大一个金属收缩量，钢件收缩量可取 1.5%。在终锻模膛的四周设有飞边槽（见图 7-15），它主要有三个作用：① 容纳多余的金属；② 有利于金属充满模膛；③ 缓和上、下模间的冲击，延长模具的寿命。对于具有通孔的锻件，由于不可能靠上、下模的突起部分把金属材料完全挤压掉，故终锻后在孔内留下一金属薄层，称为冲孔连皮（见图 7-18）。把冲孔连皮和飞边冲掉后，才能得到有通孔的锻件。

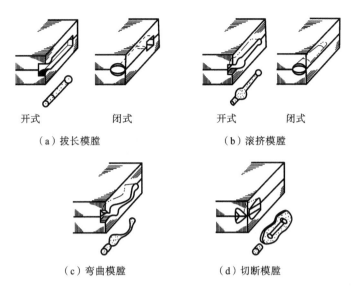

（a）拔长模膛　　　　　（b）滚挤模膛

开式　　　闭式　　　　开式　　　闭式

（c）弯曲模膛　　　　　　（d）切断模膛

图 7-17　制坯模膛的种类

预锻模膛和终锻模膛的区别是前者的圆角和斜角较大，没有飞边槽。对于形状简单或批量不大的模锻件可不设置预锻模膛。

2）压力机上模锻

锤上模锻虽然应用广泛，但模锻锤工作时的震动噪声大、劳动条件差等缺点难以克服，因此近年来大吨位的模锻锤逐渐被压力机所代替。

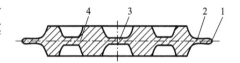

图 7-18　锻件上的冲孔连皮
1—飞边；2—分模面；3—冲孔连皮；4—锻件

（1）摩擦压力机模锻　摩擦压力机是利用摩擦传动来工作的，其吨位是以滑块到达最下位置时所产生的压力来表示的，一般不超过 10000 kN（350～1000 t）。特点是：① 工艺适应性强，可满足不同变形要求的锻件，如镦粗、成形、弯曲、预锻、终锻、切边、校正等；② 滑块速度低（0.5 m/s），锻击频率低（3～42 次/min），易于锻造低塑性材料，有利于金属再结晶的充分进行，但生产效率低，适用于单模膛模锻；③ 摩擦压力机结构简单，造价低，维护方便，劳动条件好，是中小型工厂普遍采用的锻造设备。

摩擦压力机模锻适用于小型锻件的批量生产，尤其是常用来锻造带头的杆类小锻件，如铆钉、螺钉等。

（2）曲柄压力机模锻　曲柄压力机又称热模锻压力机，其吨位的大小也是以滑块接近最低位置时所产生的压力来表示，一般不超过 120000 kN（200～12000 t）。它的特点是：① 金属坯料是在静压力下变形的，无震动，噪声小，劳动条件好；② 锻造时滑块行程固定不变，锻件一次成形，易实现机械化和自动化，生产效率高；③ 压力机上有良好的导向装置和自动顶件机构，能把锻件推出模膛，因此减小了模膛斜度；④ 压力机上所用的锻模都设计成镶块式模具（见图 7-19）。模膛由镶块 3、7 构成，镶块由螺栓 4 和压板 8 固定在模板 2、6 上。这样的组合制造简单，更换容易，节省贵重模具材料；⑤ 设备的刚度大，导轨与滑块间隙小，装配精度高，能保证上、下模面精确对准，故锻件精度高；⑥ 由于滑块行程固定不变，因此不能进行拔长、滚挤等工序操作。

曲柄压力机的设备费用高，结构较复杂，仅适用于大批生产的模锻件。

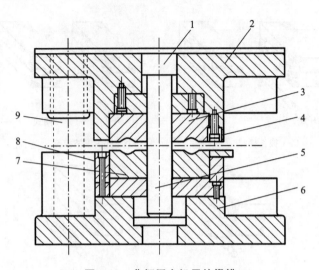

图 7-19　曲柄压力机用的锻模

1—上顶杆;2—上模板;3,7—镶块;4—螺栓;

5—下顶杆;6—下模板;8—压板;9—导柱

（3）平锻机模锻　平锻机属于曲柄压力机类设备。平锻机具有两个滑块（主滑块和夹紧滑块），而且彼此是在同一水平面沿相互垂直方向做往复运动进行锻造的,故取名平锻机或卧式锻造机。

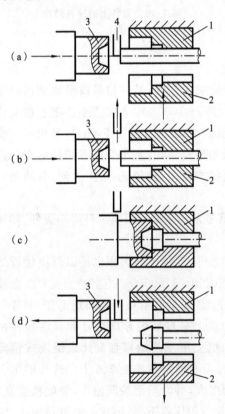

图 7-20　平锻机上模锻过程

1—固定模;2—活动模;3—凸模;4—挡料板

平锻机的锻造过程如图 7-20 所示。一端已加热的杆料放在固定模 1 内,杆料前端的位置由挡板 4 来决定。在凸模接触杆料之前,活动模已将杆料夹紧,而挡料板 4 自动退出（见图 7-20（b））。凸模继续运动,将杆料一端镦粗,使金属材料充满模腔（见图 7-20（c））。然后主滑块反方向运动,凸模从凹模中退出。活动模松开,挡料板又恢复到原来位置上,即可取出锻件（见图 7-20（d））。

平锻机的吨位以凸模最大压力来表示,一般不超过 31500 kN（50～3150 t）。平锻机模锻的特点是:① 平锻机具有两个分型面,可锻出其他设备难以完成的两个方向上带有凹孔或凹槽的锻件;② 可锻出长杆类锻件和进行深冲孔及深穿孔,也可用长棒连续锻造多个锻件;③ 生产效率高,锻件尺寸精确,表面光洁,节约金属（模锻斜度小或没有斜度）;④ 平锻机可完成切边、剪料、弯曲、热精压等联合工序,不需另外配压力机。

但是平锻机造价高,锻前需清除氧化皮,对非回转体及中心不对称的锻件制造困难。平锻机模锻适用于大批量生产带头部的杆类和有孔的锻件以及在其他设备上难以锻出的锻件,如汽车半轴、倒车齿轮等。

3）胎模锻

胎模锻造是在自由锻设备上使用胎模生产模锻件的压力加工方法。通常用自由锻方法使坯料预成形,然后放在胎模中终锻成形。

胎模锻与自由锻相比可获得形状较为复杂、尺寸较为精确的锻件,可节约金属,提高生产效率。与其他模锻相比,它具有模具简单、便于制造、不需要昂贵的模锻设备等优点。但胎模锻生产效率低,锻件质量也不如其他的模锻,工人劳动强度大,锻模的寿命低,因此这种模锻方法适用于中、小批量生产,它在没有模锻设备的工厂中应用较为普遍。

胎模按其结构大致可分为扣模、套模及合模3种类型。

（1）扣模　扣模用来对坯料进行全部或部分扣形。如图 7-21 所示,扣模由上、下扣两部分组成,其中上扣可由上砧代替。扣模锻造时,锻件在扣形过程中不翻转,扣形后翻转 90°以平整侧面。一般而言,扣模锻造的锻件质量较好,锻造过程中不会产生飞边和毛刺。实际生产中,扣模主要用于具有平直侧面的非回转体锻件的成形,也可为合模锻造进行制坯。

（2）套模　套模也称套筒模,分开式套模和闭式套模两种。

图 7-22(a)所示为开式套模,它只具有下模,上模以上砧代替。金属材料在模腔中成形,然后在上端面形成横向毛边。开式套模主要应用于回转体锻件(如法兰盘、齿轮等)的最终成形或制坯,当用于最终成形时,锻件的端面须为平面。

图 7-22(b)所示为闭式套模,它由模套 4、冲头 6 及垫模 5 组成。它与开式套模不同之处是,锤头的打击力通过冲头传给金属材料,使其在封闭模腔中变形,封闭模腔大小取决于坯料体积。闭式套模属无毛边锻造,要求下料体积准确,主要应用于端面有凸台或凹坑的回转体锻件的制坯或终锻成形,有时也用于锻造非回转体锻件。

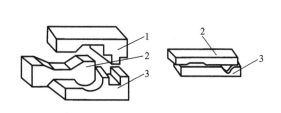

图 7-21　扣模

1—上扣;2—坯料;3—下扣

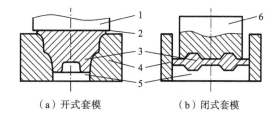

（a）开式套模　　　　（b）闭式套模

图 7-22　套模

1—上砧;2—小毛边;3—锻件;4—模套;5—垫模;6—冲头

对于形状复杂的胎模锻件,则需在组合筒模内进行锻造,使坯料在两个半模的模腔内成形,锻后先取出两个半模,再取出锻件,如图 7-23 所示。

（3）合模　合模由上、下模及导向装置组成(见图 7-24)。在上、下模的分模面上环绕模腔开有毛边槽。金属材料在模腔中成形,多余金属流入毛边槽。锻后需要将毛边切除。合模是

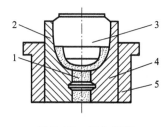

图 7-23　组合筒模

1—左半模;2—锻件;3—冲头;4—筒模;5—右半模

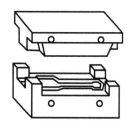

图 7-24　合模

一种通用性较广的胎模,适合于各种锻件的终锻成形,特别是非回转体类锻件,如连杆、叉形锻件。

以上主要介绍了自由锻(7.4.1节)和模锻的各种方法,其工艺特点和应用条件如表7-10所示。

表 7-10　常用锻造方法的特点和应用比较

锻造方法		锻造力性质	设备费用	工模具特点	锻件精度	生产效率	劳动条件	锻件尺寸形状特征	适用批量
自由锻	手工	冲击力	低	简单通用工具	低	低	差	形状简单的小件	单件
	锤上	冲击力	较低	简单通用工具	低	较低	差	形状简单的中小件	单件、小批
	水压机上	压力	高	大型通用工具	低	—	较差	大件	单件、小批
胎模锻		冲击力	较低	模具较简单且不固定在锤上	中	中	差	形状简单的中小件	中、小批量
模锻	锤上	冲击力	较高	整体式模具,无导向及推出装置	较高	较高	差	各种形状的中小件	大、中批量
	曲柄压力机上	压力	高	装配式模具,有导向及推出装置	高	高	较好	各种形状的中小件,但不能对杆类进行拔长和滚挤	大批量
	摩擦压力机上	介于冲击力与压力之间	较低	单模膛模具,下模常有推出装置	高	较高	较好	各种形状的小锻件	中批量
	平锻机上	压力	高	装配式模具,由一个凸模与两个凹模组成,有两个分型面	高	高	较好	有头的杆件及有孔件	大批量

3. 模锻工艺规程的制定

模锻生产的工艺规程包括制定锻件图、计算坯料尺寸、确定模锻工序、选择设备及安排修整工序。

1) 绘制模锻锻件图

锻件图是设计和制造锻模、计算坯料以及检查锻件的依据。绘制模锻锻件图时应考虑如下几个问题。

(1) 分模面　分模面是上、下模在锻件上的分界面。分模面的位置关系到锻件的成形、出模,锻模制造和产品质量等问题。

确定分模面遵循的原则如下。

① 要保证模锻件能从模膛中顺利取出。一般情况下,分模面应选在锻件最大尺寸的截面上。图 7-25 所示零件中的 $a\text{-}a$ 面不符合这一原则。

② 在模锻过程中不易发生错模现象。图 7-25 中的 $c\text{-}c$ 面不符合这一原则。

③ 分模面应选在使模膛深度最浅的位置上,以利于金属充满模膛。图 7-25 中的 $b\text{-}b$ 面不符合这一原则。

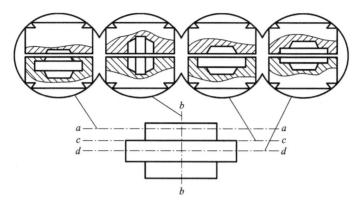

图 7-25　分模面的选择比较

④ 选定的分模面应使零件上所加的敷料最少。图 7-25 中的 *b-b* 面不符合这一原则，*b-b* 面被选做分模面时，零件中间的孔锻造不出来，其敷料最多，既会降低材料的利用率，又会增加金属切削加工的工作量。

⑤ 分模面最好是平直面，上、下模膛一致，以利于锻模加工。

按上述原则分析可知，图 7-25 所示零件中，以 *d-d* 面作为分模面最为合理。

（2）余量、公差和敷料　模锻时金属坯料是在锻模中成形的，因此模锻件的尺寸较精确，其公差和余量比自由锻件小得多。余量一般为 1～4 mm，偏差一般取在 ±(0.3～3) mm 之间。

对于孔径 $d>25$ mm 的带孔模锻件，应锻出孔，但需留有冲孔连皮。冲孔连皮的厚度与孔径 d 有关。当孔径为 30～80 mm 时，冲孔连皮的厚度为 4～8 mm。具体数值可查有关手册。

（3）模锻斜度　为便于金属充满模膛及从模膛中取出锻件，锻件上与分模面垂直的表面均应增设一定斜度，此斜度称为模锻斜度，如图 7-26 所示，图中 α 表示外斜度，β 表示内斜度。模锻斜度大小与模膛尺寸有关，当模膛深度与宽度比值（h/b）大时，模锻斜度应取较大值。一般来说，外斜度 α 取 7°（特殊情况下可取 5° 或 10°），内斜度 β 比外斜度 α 大 2°～5°。

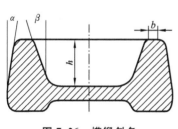

图 7-26　模锻斜角

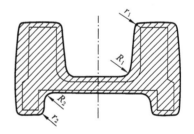

图 7-27　过渡圆角

（4）过渡圆角　在热处理和模锻过程中，锻模尖角处易产生应力集中而形成裂纹，锻造时由于此处金属流动受阻，易造成模膛压塌。因此，在设计锻件时，锻件上所有面与面的相交处，都必须采用圆角过渡以改善其锻造性能，如图 7-27 所示。锻件上的凸角半径为外圆角半径 r，它由加工余量和零件上相应处的圆角确定，一般取 1.5～12 mm；凹角半径为内圆角半径 R，一般可取外圆角半径的 2～3 倍。另外，制造模具时，为便于选用标准工具，圆角半径可参考 1、1.5、3、4、5、6、8、10、12、15、20、25、30 等标准数值（mm）进行选择。

上述各参数确定后，便可绘制模锻件图，绘制方法与自由锻件图相同。图 7-28 所示为齿轮坯模锻件图,图中双点画线为零件轮廓外形,分模面选在锻件高度方向中部,零件轮辐部分不加工,故不留加工余量,内孔中部两直线为冲孔连皮切掉后的痕迹。

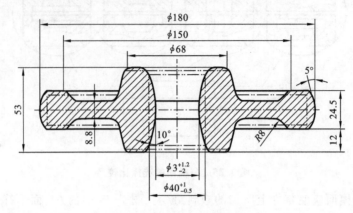

图 7-28　齿轮坯模锻件图

2)确定模锻工步

模锻工步主要是依据锻件形状、尺寸来确定。如图 7-29 所示,模锻件按其形状大致可分为两大类,一类为长轴类锻件,如曲轴、连杆、阶梯轴、叉形锻件等;另一类为盘类锻件,如齿轮、法兰盘等。

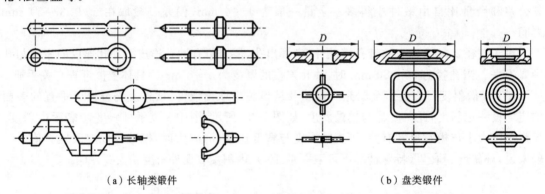

（a）长轴类锻件　　　　　　　　　　（b）盘类锻件

图 7-29　模锻件的类型

(1)长轴类锻件　此类锻件长度与宽度比较大,锻造的锤击方向与锻件的轴线垂直。终锻时金属材料沿高度和宽度方向流动,沿长度方向流动不显著。长轴类锻件一般会经过拔长、液压、弯曲、预锻、终锻等工序。不同零件其工艺过程不同。

(2)盘类锻件　盘类锻件是指在分模面上的投影为圆形或长度接近于宽度的锻件。模锻时锻锤的打击方向与坯料轴线一致。终锻时金属材料沿高度、宽度方向均有流动。因此,盘类锻件一般是采用镦粗制坯。对于形状简单的盘类锻件,可只用终锻工步成形。对于形状复杂、有深孔或有高筋的锻件,则应增加镦粗工步。

3)制定修整工序

坯料在锻模内制成锻件后,尚须经过一系列修整工序,以保证和提高锻件质量。修整工序包括以下内容。

(1)切边和冲孔　由于模锻件都有飞边,所以必须在压力机上切除飞边。对于带孔零件,锻件上都有冲孔连皮,也需切除。

　　切边模如图 7-30(a)所示，由活动凸模和固定凹模所组成。切边凹模的通孔形状和锻件在分模面上的轮廓一样。凸模工作面的形状与锻件上部外形相符。

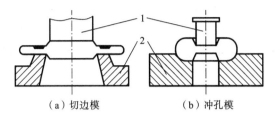

（a）切边模　　　　　　　　　（b）冲孔模

图 7-30　切边模与冲孔模

1—凸模；2—凹模

　　在冲孔模上，如图 7-30(b)所示，凹模作为锻件的支座，它的形状必须使锻件放到模中时能对准中心。冲孔边皮从凹模孔落下。

　　当锻件为大量生产时，切边及冲孔连皮可在一个较复杂的复合模或连续模上联合进行。

　　(2) 校正　在切边及其他工序中都可能发生锻件变形。因此对许多锻件，特别是对形状复杂的锻件，在切边(冲孔连皮)之后还需进行校正。校正可在锻模的终锻模膛或专门的校正模内进行。

　　(3) 热处理　模锻件进行热处理的目的是为了消除锻件的过热组织或加工硬化组织，使模锻件具有所需的力学性能。模锻件的热处理一般是采用正火或退火。

　　(4) 清理　为了提高模锻件的表面质量，改善模锻件的切削加工性能，模锻件需要进行表面处理，以去除在生产过程中形成的氧化皮、所沾油污及其他表面缺陷(残余毛刺)等。

　　对于要求精度高和表面粗糙度低的模锻件，除进行上述各修整工序外，还应在压力机上进行精压。精压分为平面精压和体积精压两种，如图 7-31 所示。平面精压用来获得模锻件某些平行平面间的精确尺寸。体积精压主要用来提高模锻件所有尺寸的精度、减少模锻件的质量差别。精压模锻件的尺寸精度，其偏差可达 $\pm(0.1\sim0.25)$ mm，表面粗糙度 Ra 为 $0.8\sim$ $0.4~\mu m$。

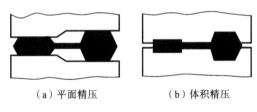

（a）平面精压　　　　　　　　（b）体积精压

图 7-31　精压

4. 模锻件结构工艺性

　　设计模锻件时，应根据模锻特点和工艺要求，使其结构能符合下列原则，以便于模锻生产和降低成本。

　　(1) 模锻零件必须具有一个合理的分模面，以保证模锻易于从锻模中取出、敷料最少、锻模容易制造。

　　(2) 由于模锻件尺寸精度高，表面粗糙度低，因此零件上只有与其他机件配合的表面才需进行机械加工，其他表面均应设计为非加工表面。零件上与锤击方向平行的非加工表面，应设计模锻斜度。非加工表面所形成角都应按模锻圆角设计。

(3) 为了使金属材料容易充满模膛和减少工序,零件外形力求简单、平直和对称。尽量避免零件截面间差别过大,或具有薄壁、高筋、凸起等结构。如图 7-32(a)所示,零件的最小截面与最大截面之比若小于 0.5,就不宜采用模锻方法制造。此外,该零件的凸缘薄而高,中间凹下很深,也难以用模锻方法制造。如图 7-32(b)所示零件扁而薄,模锻时的部分金属易冷却,不易充满模膛。如图 7-32(c)所示零件有一个高而薄的凸缘,使锻模的制造和取出锻件都很困难。假如对零件功用无影响,改为图 7-32(d)的形状,锻造成形就容易得多。

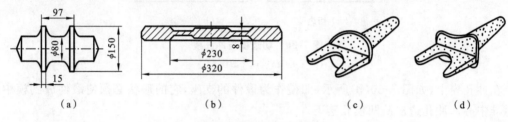

（a）　　　　　　　　（b）　　　　　　　　（c）　　　　　　　　（d）

图 7-32　模锻零件形状

(4) 在零件结构允许的条件下,设计时尽量避免深孔和多孔的结构。孔径小于 30 mm 或孔深大于直径两倍时,均不易锻造成形。

(5) 在可能的条件下,应采用锻-焊组合工艺,以减少敷料,简化模锻工艺。

7.5　板料冲压

板料冲压是利用冲模使板料分离或成形的加工方法。冲压通常在常温下进行,所以也称为冷冲压,只有当板料厚度超过 8 mm 时,才采用热冲压。

板料冲压具有以下特点。

(1) 冲压件尺寸精度高、表面粗糙度低、互换性好。

(2) 可冲压出形状复杂的零件、废料少、材料利用率高。

(3) 可获得质量轻、强度和刚度都比较高的冲压件。

(4) 冲压操作简单、生产率高、易于实现机械化和自动化。

但是冲压要求原材料具有良好的塑性,而且冲模制造复杂、成本高,因此这种工艺只有在良好塑性材料的大批量生产中,其优越性才能充分体现出来。常用于冲压的材料有低碳钢,塑性好的合金钢以及铜、铝和非铁金属等。

板料冲压工艺在工业生产中有着广泛的应用,特别是在汽车、航空、电器和仪表等工业中占有重要的地位。

7.5.1　冲压设备

冲压常用设备有剪床和冲床两类。剪床也称剪板机,它用于将板料切成条料,为冲压准备毛坯料,但也用于切断工序。而冲床是冲压加工的基本设备,板料冲压的基本工序都是在各类冲床上进行的。冲床按其结构分为单柱式和双柱式两种,单柱冲床的吨位一般为 6～200 t,双柱冲床的吨位可达数千吨。

7.5.2　冲压的基本工序

冲压的基本工序可分为分离工序和成形工序两大类。分离工序是使坯料一部分和另一部分分开的工序,如冲孔、落料和修整等。成形工序则是使坯料的一部分相对另一部分产生位移但不破坏的工序,如拉深、弯曲、成形等。

1. 冲裁

冲裁是使坯料沿着封闭的轮廓线产生分离的工序,常在压力机上进行。

冲裁包括冲孔、落料,二者的变形过程和模具结构都是相同的。不同的是:对冲孔来讲,板料上冲出的孔是产品,冲下来的部分是废料;而落料工序冲下来的部分为产品,剩余板料或周边板料是废料。

板料在凸、凹模之间冲裁分离的变形过程如图 7-33 所示,可分为如下三个阶段。

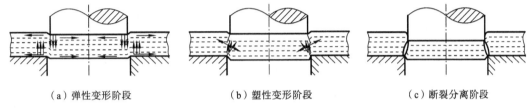

（a）弹性变形阶段　　　　　（b）塑性变形阶段　　　　　（c）断裂分离阶段

图 7-33　冲裁变形过程

（1）弹性变形阶段　冲头(凸模)接触板料连续向下运动的初始阶段,板料将产生弹性压缩、拉伸与弯曲等变形。板料中的应力值迅速增大。此时,凸模下的板料略有弯曲,凸模周围的板材则向上翘。间隙 z 的数值越大,弯曲和上翘越明显。

（2）塑性变形阶段　冲头继续向下运动,板料中的应力值达到屈服强度,板料金属材料产生塑性变形。变形达到一定程度时,冲裁力达到最大,位于凸、凹模刃口处的金属加工硬化加剧,应力集中的刃口附近出现微裂纹。

（3）断裂分离阶段　冲头继续向下运动,已形成的微裂纹向内迅速延伸,当上、下裂纹相遇重合后,板料断裂分离。

影响冲裁件质量的主要因素是冲裁间隙。间隙过大,上、下裂纹错开形成双层断裂层,断面粗糙,毛刺增大;间隙过小,上、下裂纹边不重合,毛刺较大,断面质量差,同时模具刃口易磨损,使用寿命显著降低。因此,生产上采用合理的冲裁间隙是保证冲裁件质量的关键,合理的冲裁间隙应为材料厚度的 6%～15%。冲裁间隙与材料的性质、厚度有关,厚板与塑性低的金属应选上限值,薄板或塑性高的金属应选下限值。

在冲裁间隙确定以后,就可以计算凸、凹模刃口尺寸。由于同一副冲裁模所完成的落料件和冲出的孔尺寸不同,故在设计冲裁模时应做到:对于冲孔模,凸模的刃口尺寸等于孔的尺寸,而凹模尺寸等于孔尺寸加上双边间隙值;对于落料模,凹模刃口尺寸等于产品尺寸,而凸模尺寸等于凹模尺寸减去双边间隙值。

为了提高生产效率,冲裁坯料一般都采用可连续送进的板料、条料或带料,对于大批量生产的冲裁件还必须考虑其在板料、条料或带料上的布置方式,即排样问题。

合理的排样是提高材料利用率、降低成本、保证冲件质量及模具寿命的有效措施。实际生产中,应充分利用冲孔余料冲制较小的落料件。对于冲孔件,可先落料后冲孔,或在连续的冲裁模上同时落料和冲孔;对于落料件,应仔细考虑排样方法。常用的排样形式如图 7-34 和图 7-35 所示。图 7-34 所示为有搭边的排料方式,其材料的利用率不高,但落料件尺寸质量好;图 7-35 所示为无搭边的排料方式,虽然材料利用率高,但零件尺寸难以保证,这种排料方式只能应用于要求不高的场合。

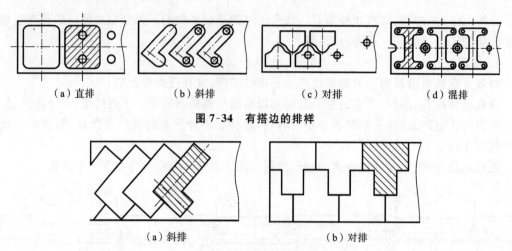

（a）直排　　　　（b）斜排　　　　（c）对排　　　　（d）混排

图 7-34　有搭边的排样

（a）斜排　　　　　　　　　　　（b）对排

图 7-35　无搭边的排样

另外，为了提高冲压件的尺寸精度，降低表面粗糙度，对于高精度冲裁件应该在专用的修整模上进行修整，如图 7-36 所示。修整时，修整模沿冲裁件的外缘或内孔表面切去一薄层金属，以去掉塌角、毛刺、剪裂带等，单边修整量为 $0.05\sim0.12$ mm，修整后的表面粗糙度 Ra 值为 $1.25\sim0.63$ μm，尺寸精度为 IT6～IT7。

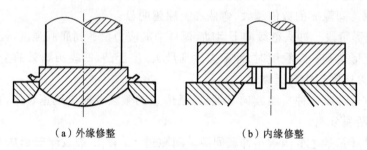

（a）外缘修整　　　　　　　　（b）内缘修整

图 7-36　外缘修整与内缘修整

2. 弯曲

弯曲是将板料、型材或管材在弯矩作用下，弯成具有一定的曲率和角度零件的成形方法。弯曲工序在生产中应用很广泛，如汽车大梁支架、自行车车把、门搭链等都是用弯曲方法成形的。

（1）弯曲变形过程　如图 7-37 所示，当凸模下压时，变形区内板料外层金属材料受切向拉应力作用发生伸长变形，内层金属材料受切向压应力作用发生缩短变形，而在板料中心部位的金属没有应力-应变的产生，故称为中性层。

在弯曲变形区内，材料外层金属的拉应力值最大，当拉应力超过材料的抗拉强度时，将会造成金属弯裂现象。为防止弯裂，生产上规定出最小弯曲半径 $r_{\min}$，通常取 $r_{\min}=(0.25\sim1)d$。其中 d 为金属板料的厚度，材料塑性好，则弯曲半径可取较小值。

（2）弯曲件的回弹　弯曲过程中，在外载荷作用下，板料产生的变形是由塑性变形和弹性变形组成的。当外载荷去除后，塑性变形保留下来而弹性变形恢复，这种现象称为回弹。回弹程度通常以回弹角

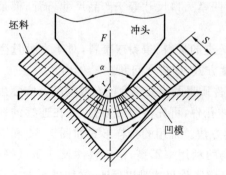

图 7-37　弯曲时的金属变形

$\Delta\alpha$ 表示。为抵消回弹现象对弯曲件质量的影响,在设计弯曲模时应考虑模具的角度比弯曲件小一个回弹角,一般为 $0°\sim10°$,材料的屈服强度越大,回弹角越大,弯曲半径也越大。

另外,如图 7-38 所示,弯曲时应尽可能使弯曲线与坯料流线方向垂直,当弯曲线与坯料流线方向平行时,坯料的抗拉强度较低,容易在其外侧开裂,因而在这种情况下采用弯曲工序,必须增大最小弯曲半径来避免拉裂。

3. 拉深

拉深是指变形区在一拉一压的应力状态作用下,使板料(浅的空心坯)成为空心件(深的空心件)而厚度基本不变的加工方法。它是一个重要的冲压工序,在汽车、农机、工程机械、仪器仪表等行业应用十分广泛。拉深时,平板坯料放在凸模和凹模之间,并由压边圈适度压紧,以防止坯料厚度方向变形,如图 7-39 所示。

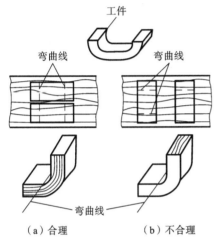

图 7-38　弯曲时的流线方向

（a）合理　　　（b）不合理

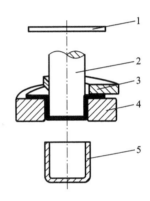

图 7-39　拉深过程示意图
1—坯料;2—凸模;3—压边圈;4—凹模;5—工件

在拉深过程中,由于应力作用,坯料厚度的变化规律是:在筒壁上部厚度最大,在靠近筒底的圆角部位附近壁厚最小,此处是整个零件强度最薄弱的地方,当该处的拉应力超过材料的屈服强度时,就会产生拉裂缺陷。另外,当拉深出的环形部分的压应力达到一定数值时,拉深件会失去稳定而拱起,即发生起皱现象。

为防止坯料被拉穿和起皱,应采取以下工艺措施。

(1) 凸模和凹模都必须有合理的圆角。拉深模的工作拐角必须是圆角,否则将成为锋利的刃口。对钢料来说,其凹模圆角半径 r_{m} 一般为板厚 d 的 10 倍,凸模圆角半径 $r_{\mathrm{n}}=(0.6\sim1)r_{\mathrm{m}}$,若两个圆角半径过小,则坯料容易拉裂。

(2) 确定合理的凹凸模间隙 z。间隙过小,金属进入凹模阻力增大,容易拉穿;间隙过大,则拉深件将起皱,影响精度。间隙一般取 $z=1.1\sim1.2$。

(3) 确定合理的拉深系数 m。拉深后工件直径 d 与拉深前坯料直径 D 的比值称为拉深系数 m,即 $m=d/D$。拉深系数反映拉深件的变形程度,m 越小,说明坯料直径相等时,拉深后工件直径越小,变形量越大,坯料越易拉穿。一般取 $m=0.5\sim0.8$。若拉深件成品要求直径很小,则可采用小变形量多次拉深工艺。为消除多次拉深中的加工硬化,应注意在多次拉深中间安排再结晶退火。

4. 成形

成形是利用局部变形使坯料或半成品改变形状的工序,它包括压肋、压坑、胀形等。图7-40(a)为橡皮压肋,图7-40(b)为橡皮芯胀形。

5. 翻边

翻边是在工件的孔或边缘翻出竖立或呈一定角度的直边的工序,翻边的种类较多,常用的是圆孔翻边,如图7-41所示。

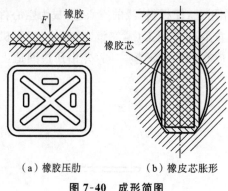

（a）橡胶压肋　　　（b）橡皮芯胀形

图 7-40　成形简图

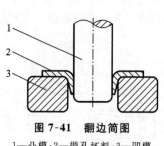

图 7-41　翻边简图

1—凸模;2—带孔坯料;3—凹模

7.5.3　冲模

冲压用的模具称为冲模,冲模大致分为简单冲模、连续冲模和复合冲模三种。

1. 简单冲模

冲床滑块在一次冲程中,只完成一道冲压工序的冲模称为简单冲模。图7-42所示为导柱式简单落料冲裁模的基本结构。凹模8用压板7固定在下模板12上,下模板用螺栓固定在冲床工作台上,凸模1用压板4固定在上模板3上,上模板通过模柄2固定在冲床的滑块上。凸模可随滑块上下运动。为了保证凸模与凹模能更好地对准并保持它们之间的间隙,通常采用导柱6和套筒5,以起导向作用。

操作时,条料在凹模上沿导料板9送进,定位销10控制每次送进的距离,冲模在每次工作后,夹在凸模上的条料在凸模回程时,由卸料板11卸下,然后条料继续送进。

2. 连续冲模

冲床滑块在一次冲程中,模具的不同工位上能完成几道冲压工序的冲模称为连续冲模。图7-43为连续冲模结构示意图。

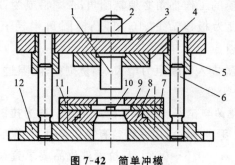

图 7-42　简单冲模

1—凸模;2—模柄;3—上模板;4,7—压板;5—套筒;6—导柱;
8—凹模;9—导料板;10—定位销;11—卸料板;12—下模板

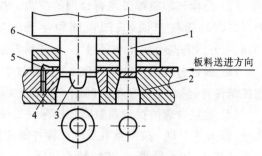

板料送进方向

图 7-43　连续冲模

1,6—凸模;2,4—凹模;3—定位销;5—挡料销

　　图中的凸模 1 及凹模 2 为冲孔模,凸模 6 及凹模 4 为落料模,将两种简单冲模同装在一块模板上构成生产垫圈的连续模。工作时,用挡料销 5 粗定位,用定料销 3 进行精定位,保证带料步距准确,每次冲程内可得到一个环形垫圈。

3. 复合冲模

　　冲床滑块在一次冲程中,模具的同一工位上完成数道冲压下序的冲模称为复合模,如图 7-44 所示。其最大特点是,它有一个凹凸模,凹凸模的外圈是落料凸模 4,内孔为拉探凹模 3,有带料送进时,靠挡料销 1 定位,当滑块带着凸模下降时,条料 2 首先在落料凸模 4 和落料凹模 6 中落料,然后再由拉深凸模 7 将落下的料推入凹模 3 中进行拉深,推出器 8 和卸料器 5 在滑块回程时将拉深件 11 推出模具。复合模适用于大批量生产精确度高的冲压件,便于实现机械化和自动化,但模具结构复杂,成本高。

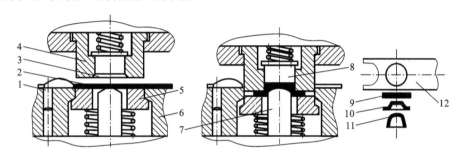

图 7-44　落料和拉深的复合模

1—挡料销;2—条料;3—拉深凹模;4—落料凸模;5—卸料器(压板);6—落料凹模;
7—拉深凸模;8—推出器;9—落料成品;10—开始拉深件;11—拉深件(成品);12—废料

7.5.4　冲压件的结构工艺性

　　冲压零件的结构工艺性,是指所设计的零件在满足使用性能要求的前提下冲压成形的可行性和经济性,即冲压成形的难易程度。良好的冲压结构应与材料的冲压性能(主要是塑性)、冲压工艺相适应,以简化冲压生产工艺,提高生产效率,延长模具寿命,降低成本和保证产品质量。

1. 冲压性能对结构的要求

　　正确选材是保证冲压成形的前提。例如,平板冲裁要求金属材料的断后伸长率 d 为 1%～5%;结构复杂的拉深件要求 d 达到 33%～45%。冲压件对材料的具体要求可查阅有关技术资料。

2. 冲压工艺对结构的要求

　　一般来说,不同的冲压工艺对零件的结构要求也不一样,下面主要对冲裁、弯曲、拉深三种常用工艺的结构要求作简单介绍。

　　1) 冲裁件结构工艺性

　　冲裁件结构工艺性指冲裁件结构、形状、尺寸对冲裁工艺的适应性,主要包括以下几方面。

　　(1) 冲裁件的形状应力求简单、对称,有利于排样时合理利用材料,提高材料的利用率,如图 7-45 所示。

　　(2) 冲裁件转角处应尽量避免尖角,以圆角过渡。一般在转角处应有半径 $R \geqslant 0.25t$(t 为板厚)的圆角,以减小角部模具的磨损。

　　(3) 冲裁件应避免长槽和细长悬臂结构,对孔的最小尺寸及孔距间的最小距离等,也应作一定的限制。图 7-46 所示落料件出现多处长槽,工艺性较差。

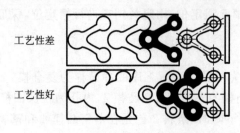

图 7-45　零件形状与排料的关系

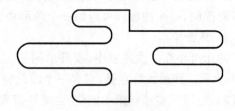

图 7-46　不合理的落料件

（4）冲裁件的尺寸精度要求应与冲压工艺相适应,其合理经济精度为 IT9～IT12,较高精度冲裁件可达到 IT8～IT10。采用整修或精密冲裁等工艺,可使冲裁件精度达到 IT6～IT7,但成本也相应提高。

2）弯曲零件的结构工艺性

（1）弯曲工艺要求考虑材料的最小弯曲半径和锻造流线方向。

（2）工艺要求考虑最小弯边高度。对坯料进行 90°弯曲时,弯边的直线高度 H 应大于板厚 d 的两倍,如图 7-47 所示。如果最小弯边的直线高度 $H < 2d$,则应在弯曲处先压槽再弯边;也可以先加高弯曲,再切除多余部分。

（3）弯曲带孔零件时,为避免孔的变形,如图 7-48 所示,孔的位置应满足 $L > (1.5～2)d$ 的要求。

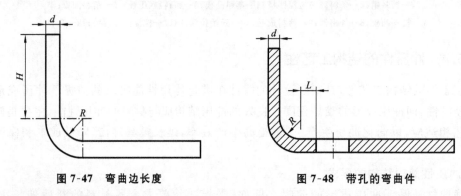

图 7-47　弯曲边长度　　　　　　　　图 7-48　带孔的弯曲件

3）拉深件结构工艺性

拉深件要求零件本身形状简单、对称且高度不大,零件上的转弯处以圆角过渡。圆柱、圆锥、球、非回转体等形状的拉深件,其拉深难度依次增加。设计拉深件时应尽量减少拉深工艺的难度。

3. 复杂件和组合件的结构优化

对于形状复杂的冲压件,可先分别冲出若干个单体件,然后再焊成整体的冲焊结构,如图 7-49 所示。对于组合件则可考虑采用冲口工艺制成整体件,以减少零件数量,提高材料利用率。图 7-50 所示冲压件,原设计用三件铆接或焊接组成,现改用冲口工艺（冲口、弯曲）制成整体件,既可节省材料,也可免去铆接（或焊接）工序。

7.5.4　冲压工艺举例

冲压件的变形工序应根据零件的结构形状、尺寸及每道工序所允许的变形程度确定。在生产实际中,绝大多数冲压件要经过好几道工序才能生产出来。图 7-51 所示是挡油盘环的冲压生产过程。该过程需经过四道工序,即落料及拉深、冲孔、翻边和孔扩张成形。

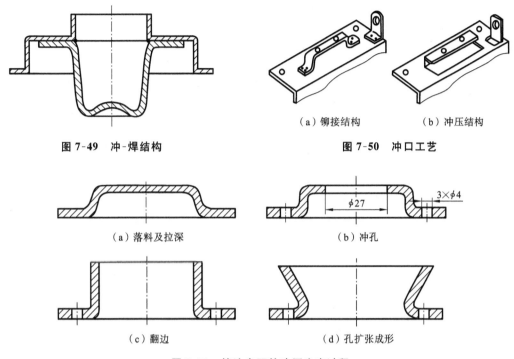

图 7-49　冲-焊结构

（a）铆接结构　　　（b）冲压结构

图 7-50　冲口工艺

（a）落料及拉深

（b）冲孔

（c）翻边

（d）孔扩张成形

图 7-51　挡油盘环的冲压生产过程

7.6　其他塑性加工方法

随着现代工业的迅速发展,出现了许多先进的锻压方法,如轧制成形、挤压成形、拉拔成形等。它们的共同特点是:锻压件的精度高,达到少或无切削加工;生产效率高,适用于大批量生产;锻件的力学性能高(合理热加工流线);易实现机械化和自动化,可大大改善工人的劳动条件。下面介绍几种生产上常用的锻压方法。

1. 轧制成形

轧制成形是由原材料生产发展起来的一种锻压工艺。它除生产型材、线材、管材外还用于生产各种零件,如精轧齿轮、丝杆、滚动轴承环等。经轧制的零件具有质量好、成本低、金属材料消耗少等优点。常用的辊轧方法有纵轧、横轧、斜轧等。

1) 纵轧

纵轧是轧辊轴线与坯料相互垂直的轧制方法。

(1) 碾环轧制　碾环轧制是用来扩大环形坯料的内径和外径,以便得到各种环形零件的加工方法。图 7-52 为碾环轧制示意图。电动机带动驱动辊 1 旋转,利用摩擦力使坯料 3 在驱动辊和芯辊 2 之间受压变形。驱动辊由液压缸推动上下移动,可改变驱动辊和芯辊之间的距离,使坯料厚度逐渐变小,直径增大。导向辊 4 可保证坯料的正确送进,若环形件的直径达到需要尺寸,则与信号辊 5 接触,使驱动辊停止工作。这种方法主要用来生产环形件,如轴承座圈、齿轮及法兰等。

（2）辊锻　辊锻是使坯料通过装有圆弧形模块的一对旋转的轧辊时受碾压而变形的一种加工方法，常用来生产模锻毛坯和各类扳手、叶片连杆、链环等锻件。图 7-53 为辊锻示意图。辊锻变形过程是一个连续的静压过程，没有冲击和振动，变形均匀，锻件质量好，圆弧形模块可以随时拆装更换。

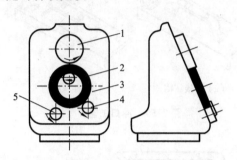

图 7-52　碾环轧制示意图
1—驱动辊；2—芯辊；3—坯料；
4—导向辊；5—信号辊

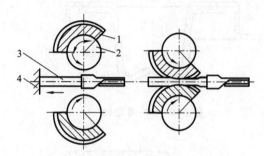

图 7-53　辊锻示意图
1—扇形模块；2—轧辊；
3—坯料；4—挡板辊

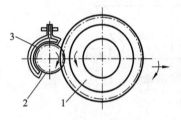

图 7-54　热轧齿轮的示意图
1—轧轮；2—坯料；
3—高频感应器

2）横轧

横轧是轧辊轴线与坯料相互平行的轧制方法。图 7-54 为热轧齿轮的示意图。横轧时，利用高频感应器 3 将坯料 2 外层加热，然后带齿的轧轮 1 迫使轧辊做径向进给，并与坯料发生对碾，在对碾过程中使坯料上一部分金属受压形成齿底，相邻部分的金属被轧辊反挤上升挤成齿顶。这种方法适用于轧制直齿轮和斜齿轮。

3）斜轧

斜轧是两轧辊轴线与坯料的轴线相互交成一定角度的轧制方法，亦称螺旋斜轧。采用斜轧工艺可轧钢球、滚刀体、自行车后闸壳及冷轧丝杠等。如图 7-55（a）所示为轧制钢球，图 7-55（b）所示为轧制周期变截面型材。轧制钢球时，利用一对带有螺旋槽的轧辊相交成一定的角度反方向旋转，坯料呈螺旋式前进通过整个螺旋槽，并受到轧制变形，分离成钢球。轧辊每旋转一周即可轧制出一颗钢球，轧制钢球的过程是连续的。

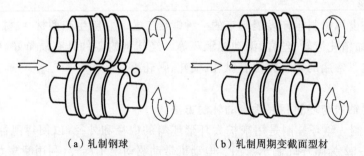

（a）轧制钢球　　　　　　　　（b）轧制周期变截面型材

图 7-55　螺旋斜轧

2. 挤压成形

在三向不均匀的应力作用下，把坯料从模具孔中或缝隙挤出使之横截面积减小、长度增加的塑性加工工艺，称为挤压成形。它与其他加工方法相比具有如下特点。

（1）挤压成形的零件尺寸精度高，表面粗糙度低。尺寸精度可达 IT6～IT7，表面粗糙度 Ra 值可达 $3.2～0.4 \mu m$。

（2）挤压成形的零件流线完整合理，力学性能高。

（3）挤压成形可用于生产深孔、薄壁、异形断面的零件。

（4）挤压成形可节省材料，生产效率高。如图 7-56 所示的管接头零件，原工艺采用车削加工而成（见图 7-56（a）），改用挤压方法制坯（见图 7-56（b）），可使生产效率提高 2.2 倍，材料利用率提高 1.6 倍。

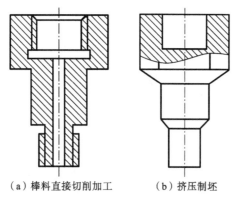

（a）棒料直接切削加工　　　　（b）挤压制坯

图 7-56　管接头零件工艺

（5）挤压成形需要的设备吨位大，模具易磨损。

挤压成形是生产各种管材及零件的主要方法之一，根据坯料挤压成形的温度不同，可将其分为热挤压、温挤压和冷挤压三种。

① 热挤压　热挤压是指挤压前对坯料加热到再结晶温度以上，使坯料在热锻温度范围内进行挤压。其优点是塑性好，变形抗力小，允许较大的变形。但热挤压的零件尺寸精度低，表面质量较差。热挤压主要用于生产铝、镁、铜及其合金的型材、管材，也可用于中碳钢、合金结构钢、不锈钢等强度高的材料及尺寸较大的零件。

② 温挤压　温挤压是指将坯料加热到再结晶温度以下的某一合适温度进行挤压。其优点介于冷、热挤压之间。与冷挤压相比，提高了金属的塑性，降低了变形抗力，同时模具寿命有所提高，允许变形程度也增大了。与热挤压相比，零件尺寸精度有所提高，表面质量也得到改善。温挤压主要用来挤压强度较高的中碳钢、合金结构钢等材料的零件。

③ 冷挤压　冷挤压即坯料在室温下的挤压。其特点是：① 金属所需挤压力大，受模具强度、刚度及寿命等因素的影响，冷挤压成形仅适用于有色金属合金和低碳钢的中小型零件；② 冷挤压的零件尺寸精度可达 IT6 ～ IT7，粗糙度较小，一般为 $1.6 ～ 2.4 \mu m$；③ 为了降低变形抗力，提高金属塑性，挤压前需对坯料进行退火处理；④ 为了降低挤压力，减少模具的磨损，提高零件质量，必须在挤压时进行润滑处理，如对钢件先进行磷化处理，然后再进行润滑处理。常用的润滑剂有矿物油、豆油、皂液等。

3. 拉拔成形

在拉力的作用下，使金属坯料通过模孔，从而获得相应形状和尺寸制品的塑性加工方法称为拉拔，如图 7-57 所示。拉拔是金属管材、棒材、型材及线材的主要加工方法之一，拉拔件具有强度高、表面质量好的优点。另外，通过拉拔工艺可以获得用其他锻压方法难以得到的细金属丝。

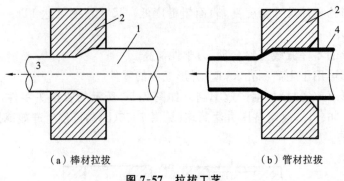

（a）棒材拉拔　　　　　　　　　　（b）管材拉拔

图 7-57　拉拔工艺

1—坯料；2—模子；3—制品；4—管材

7.7　金属塑性加工计算机应用

在塑性成形中，材料的塑性变形规律、模具与工件之间的摩擦现象、材料中温度和微观组织的变化及其对制件质量的影响等，都是十分复杂的问题。这使得塑性成形工艺和模具设计缺乏系统的、精确的理论分析手段，而主要是依据工程师长期积累的经验。对于复杂的成形工艺和模具，设计质量难以得到保证。一些关键性的成形工艺参数要在模具制造出来之后，通过反复的调试、修改才能确定，这样就会浪费大量的人力、物力和时间。借助于数值模拟方法，工程师能在工艺和模具设计阶段预测成形过程中工件的变形规律、可能出现的成形缺陷和模具的受力状况，以较小的代价、在较短的时间内找到最优的或可行的设计方案。塑性成形数值模拟技术是使模具设计实现智能化的关键技术之一，它为模具的并行设计提供了必要的支撑，应用它能降低成本、提高质量、缩短产品交货期。

塑性成形的数值模拟一般采用有限元的方法，在确定了分析计算的基本方案以后，就可以按有限元求解的基本步骤实施计算分析和数据处理，即建模（即建立几何模型）、分网（即建立有限元模型）、加载（即给定边界条件）、求解和后处理（即计算结果的可视化）等。但与一般的有限元分析相比，塑性成形数值模拟还有自身的特点。

（1）工件通常不是在已知的载荷下变形，而是在模具的作用下变形，而模具的型面通常是很复杂的。处理工件与复杂的模具型面的接触问题增大了模拟计算的难度。

（2）塑性成形中往往伴随着温度变化，在热成形和温成形中更是如此，因此为了提高模拟精度，有时要考虑变形分析与热分析的耦合作用。

（3）塑性成形会导致材料微观组织性能的变化，如变形织构、损伤、晶粒度等的演化，考虑这些因素也会增加模拟计算的复杂程度。

下面利用通用有限元分析软件 ANSYS（版本为 11.0）对弧形圆管冷弯成形工艺进行数值模拟来说明塑性成形过程计算机模拟的基本方法。

1．问题描述

跨度空间结构是目前发展最为迅速且结构形式丰富多样的体系。由于建筑造型的需要，弧形构件在大跨度结构中被广泛采用，弧形构件经历热弯或冷弯成形获得需要的形状，因成形工艺会使构件产生塑性应变和残余应力，特别是冷弯成形工艺，它产生的残余应力对材料性能的改变影响很大，对其开展理论分析和数值模拟具有十分重大的意义。

考虑运输及施工方便，实际生产中，弧形圆管构件的长度一般在 4～12 m，成形过程采用分段成形,其典型成形装置如图 7-58 所示。图 7-58 中:c 为圆管成形的分段长度;b 为反力架弧形板宽度;$2S$ 为反力架中线间的距离;R 为弧形加载板的半径;D_1 为圆管加载面的外径;D_2 为与圆管加载面垂直平面内的外径;r_1 为圆管内半径;r_2 为弧形加载板的内半径;r_3 为反力架弧形板的内半径。

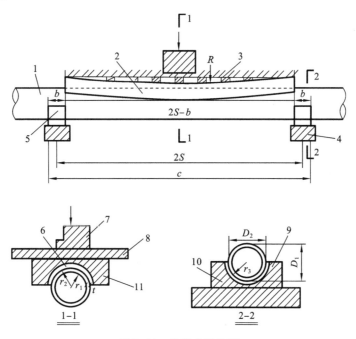

图 7-58　典型成形装置

1—圆管;2—加载弧形板;3—加载油缸与弧形板间的连接装置;4—反力架底座;5—反力架耳板及弧形板;6—连接耳板;
7—油缸;8—加载油缸与弧形板间的连接装置;9—反力架弧形板;10—反力架耳板;11—加载弧形板

　　弧形圆管成形的主要特点为:在成形的加载阶段,圆管与加载弧形板的接触区随着圆管的变形而变化,加载弧形板与圆管之间的荷载作用区由初始的点接触成为区域接触;在成形的卸载阶段,卸载瞬时圆管与加载弧形板分离,圆管与反力架逐渐分离,卸载时圆管发生明显的回弹。

　　设计弧形圆管的成形工艺时,应首先根据分段弧线的长度确定反力架的间距,然后根据成形曲线的设计半径和反力架间距确定其成形荷载。由于不同的弧形加载板形状及尺寸会导致获得所需设计曲线的成形荷载发生变化,故取位移加载为控制目标,同时考虑卸载后圆管的回弹影响,该加载位移应超出圆管弧线的设计矢高。

2. 成形工艺的分析模型

　　因成形过程涉及材料、几何及状态非线性问题,其过程求解计算较为复杂,为提高分析效率,利用结构与荷载的对称性,根据成形装置特点及成形圆管的实际尺寸,仅取其 1/4 对称模型。因反力架弧形板固定在刚性底座上,故反力架弧形板凸面一侧节点的全部自由度均被约束。相对于圆管,反力架弧形板刚度较大,故该弧形板凹面一侧与圆管相应的区域应为接触目标区域,与此相应的圆管区域亦应为可能接触区域。同理,相对于圆管,加载弧形板亦具有较大的刚度,加载弧形板亦应视为刚体作用于圆管上,故耦合加载弧形板所有节点的全部自由度,并沿成形加载的方向设置相应位移约束,模拟位移加载,其他方向的自由度均不约束。图 7-59 为在 ANSYS 中建立的冷弯成形工艺的有限元分析模型。

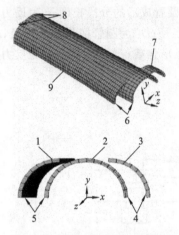

图 7-59　冷弯成形的有限元模型

1—加载弧板；2—圆管；3—反力架；

4,5—接触对；6—加载弧板与圆管关于 xz 对称；

7—反力架节点约束 6 个自由度；

8—加载弧板与圆管关于 xy 对称；

9—加载弧板位移加载

3. 冷弯成形工艺的有限元模拟

设计直线圆管的内径 $2r_1 = 351$ mm，壁厚 $t = 16$ mm，成形圆管的长度 $c = 2.92$ m，设计成形半径 $R = 30$ m；反力架跨度 $2S = 2.8$ m，反力架宽度 $h = 120$ mm，弧形反力架内径与圆管外径相同，$2r_3 = 383$ mm；加载弧形板长度与反力架间距相同，$2S - b = 2.68$ m，其内径与圆管外径相同，$2r_2 = 383$ mm。

根据圆管分段长度、设计成形半径和反力架跨度计算得到成形荷载，加载位移为 32.68 mm。设圆管为理想弹塑性钢材，弹性模量为 $E = 2.1 \times 10^5$ MPa，泊松比为 0.3，摩擦因数为 0.2，屈服强度为 235 MPa。

依据弧形圆管冷弯成形工艺的工艺要求，结合 ANSYS 软件的结构分析方法，选用 4 节点壳单元 SHELL 181 沿圆管横截面周向划分 16 个网格，沿圆管长度纵向划分 63 个网格，并对其施加成形所需的约束条件和成形载荷，如图 7-59 所示。通过 ANSYS 求解，可获得最终的塑性变形和残余应力的分布。

4. 模拟结果分析

经 ANSYS 求解得：成形加载位移为 32.68 mm，最终塑性位移约为 22.45 mm，弹性回弹量约为 10.23 mm，冷弯弹性回弹量约为成形位移的 31%。

加载成形的应力分布及卸载后最终的残余应力（Von Mises 应力）分布见图 7-60。由图 7-60可见，加载过程中，圆管大部分区域达到屈服应力，产生塑性变形。卸载后冷弯残余应力的水平很高，局部残余应力达到 193 MPa，约为屈服强度的 82%。加载中心所在截面加载结束后，以及卸载完成后的纵向与周向应力分布见图 7-60，其中周向应力为沿横截面圆周方向，纵向应力为沿圆管长度方向，纵坐标为加载平面内的圆管截面正则高度，将该截面高度除以圆管中面半径进行正则化。结合理论分析可知，加载完成后的纵向应力以及卸载后的纵向残余应力分布均与冷弯成形过程中应力分布的理论模型吻合。

卸载后沿圆管长度方向的残余应变分布见图 7-61，图 7-61 中横坐标为圆管某横截面离

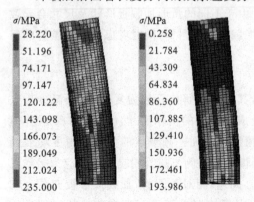

（a）加载完成时应力分布　（b）卸载完成时的残余应力

图 7-60　加载完成及卸载后的纵向应力分布

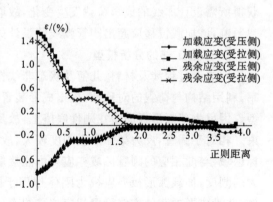

图 7-61　加载完成及卸载后的纵向应变分布

加载中心的纵向正则距离,将纵向距离除以圆管外径进行正则化。由图可见,卸载后受拉侧与受压侧的最大残余应变分别为 1.42％和 0.78％,且在距离加载中心约 1.5 倍圆管外径的区域内塑性应变较大。

数值试验结果表明:弧形圆管一次冷弯典型过程的荷载与变形特征得到了准确的反映,且最终残留在弧形圆管构件中的残余应力分布模式也与理论分析模型完全吻合,证明有限元模拟方法能较好地模拟弧形圆管的冷弯成形过程。

思考与练习题

7-1　名词解释:

　锻造流线　锻造比　自由锻造　胎模锻造　锤上模锻　镦粗　拔长　冲裁　拉深

7-2　何谓加工硬化?加工硬化对金属组织性能及加工过程有何影响?

7-3　何谓金属的再结晶?再结晶对金属组织和性能有何影响?

7-4　铜只能通过冷加工及随后的加热来细化晶粒,而铁则不需要冷加工,只需加热到一定温度便可使晶粒细化,为什么?

7-5　何谓金属的可锻性?影响可锻性的因素有哪些?

7-6　钢的锻造温度是如何确定的?始锻温度和终锻温度过高或过低对锻件质量有何影响?

7-7　自由锻造有哪些主要工序?请说明其工艺要求及应用。

7-8　自由锻造工艺规程的制定包括哪些内容?

7-9　模膛分几类?各起什么作用?

7-10　哪一类模膛设飞边槽?其作用是什么?

7-11　摩擦压力机、平锻机、曲柄压力机上的模锻有何特点?

7-12　简述胎模锻的特点和应用范围。

7-13　模锻与自由锻相比有哪些特点?为什么不能取代自由锻造?

7-14　冲压和落料有何异同?保证冲裁件质量的措施有哪些?

7-15　单件生产如图 7-62 所示的盘类零件,所有表面均需机加工,毛坯为棒料,材料为 45 钢,试确定变形工序。

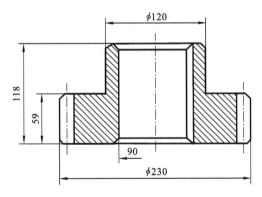

图 7-62　盘类零件

7-16　改正图 7-63 中所示模锻零件结构的不合理之处,并说明理由。

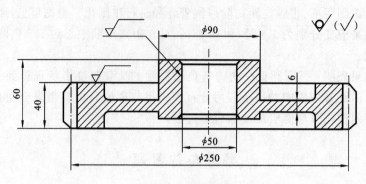

图 7-63　模锻零件

第8章 焊接加工

8.1 概　述

焊接加工是指利用加热或加压(或两者并用)的方法,使分离的两部分金属靠得足够近,原子互相扩散,形成原子间的结合,从而实现构件连接目的的加工工艺。它主要用于制造金属结构件,如锅炉、压力容器、船舶、桥梁、管道、车辆、起重机、冶金设备等;也用于生产机器零件(或毛坯),如重型机械和冶金设备中的机架、底座、箱体、轴、齿轮等;传统的毛坯是铸件或锻件,但在特定条件下,也可用钢材焊接而成。与铸造相比,焊接加工不需要制造木模和砂型,不需要专门的冶炼和浇注,生产周期短,而且可节省材料,降低成本。对于一些单件生产的特大型零件(或毛坯),可通过焊接以小拼大,简化工艺,修补铸、锻件的缺陷或局部损坏的零件,这在生产中具有较重大的经济意义。

焊接方法的种类很多,按焊接过程特点可分为三大类(见图8-1)。

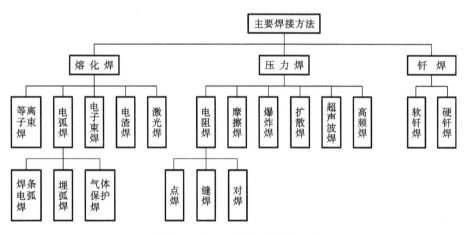

图 8-1　主要焊接方法分类框图

(1)熔化焊　它是利用局部加热的方法,把工件的焊接处加热到熔化状态,形成熔池,然后冷却结晶,形成焊缝,将两部分金属连成一个整体。这类仅靠加热工件到熔化状态实现焊接的工艺方法称为熔化焊,简称熔焊。

(2)压力焊　在焊接过程中需要对焊件施加压力(加热或不加热)的一类焊接方法称为压力焊,简称压焊。

(3)钎焊　将熔点比母材低的填充金属(称为钎料)熔化后,填充接头间隙并与固态的母材相互扩散实现连接的一种焊接方法称为钎焊。

8.2　焊接化学冶金过程

焊接区各种物质在高温下相互作用的过程称为焊接化学冶金过程,这是一个复杂的物理化学变化过程。这些变化对焊缝金属的成分、性能、焊接缺陷(如气孔、裂纹等)以及焊接工艺性能有很大的影响。焊接化学冶金主要研究在焊接工艺条件下,冶金反应与焊缝金属化学成分、性能之间的关系。目的在于运用这些规律合理地选择焊接材料、调整焊缝金属的成分和性能,开发新的焊接材料,以满足工程结构焊接的需求。

8.2.1 焊接化学冶金的特点

焊接化学冶金过程是金属在焊接条件下再熔炼的过程。焊接化学冶金过程与炼钢或铸造过程相比,无论在原材料方面还是冶炼条件方面都有很大的不同。因此,必须研究焊接化学冶金的特点,总结出其规律性,才能指导焊接实践,使冶金反应向有利的方向发展,从而获得优质的焊缝金属。

1. 焊接区金属的保护

在焊接过程中,必须对焊接区内的金属进行保护,这是焊接化学冶金的特点之一。要认识焊接化学冶金的特点,必须了解在焊接过程中对焊接区内的金属进行保护的必要性、保护的方式和效果及其对焊缝金属性能的影响。

表 8-1 列举了目前熔焊方法中采用的保护方式。除自保护外,其余保护方式都是把空气与焊接区机械地隔离开。不同保护方式的保护效果取决于隔离有害气体的程度,与焊接方法的工艺特点及焊接条件有关。

表 8-1 熔焊方法的保护方法

保护方式	焊接方法
熔渣保护	焊条电弧焊、埋弧焊、电渣焊、不含造气成分的药芯焊丝焊接
气体保护	气焊、CO_2 焊、氩弧焊(TIG、MIG)、MAG、等离子弧焊
气-渣联合保护	具有造气成分的药芯焊丝焊接
真空保护	真空电子束焊
自保护	含有脱氧、脱氮剂的自保护焊丝焊接

2. 焊接化学冶金的反应区

焊接冶金过程是分区域(或阶段)连续进行的,各区域的反应条件有较大的差异,因而也就影响到各区域反应进行的可能性、方向、速度和限度。不同的焊接方法有不同的冶金反应区。焊条电弧焊有三个反应区:药皮反应区、熔滴反应区和熔池反应区,如图 8-2 所示。熔化极气体保护焊只有熔滴反应区和熔池反应区。钨极氢弧焊和电子束焊只有熔池反应区。

1) **药皮反应区**

药皮反应区(见图 8-2 中的 I 区)的温度范围从 100 ℃至药皮的熔点(对钢焊条约为 1200 ℃)。主要物理化学反应是水分的蒸发、某些物质的分解和铁合金的氧化等。反应的物质是药皮的组成物,反应的结果是产生气体和熔渣。

当药皮被加热时,其中的吸附水开始蒸发,加热温度超过 100 ℃,吸附水全部蒸发,加热温度超过 200~400 ℃,药皮中的结晶水和化合水开始逐步分解,蒸发和分解的水分一部分进入电弧区。

当药皮加热到一定温度时,其中的有机物(如木粉、纤维素和淀粉等)开始分解和燃烧,形成 CO、CO_2 和 H_2 等气体。药皮温度超过 400 ℃时,其中的碳酸盐(如 $CaCO_3$、$MgCO_3$ 等)和

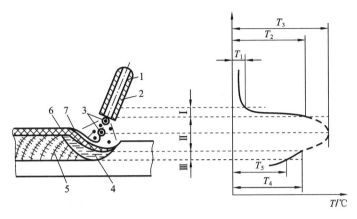

（a）焊接区纵剖面　　　　　　（b）焊接反应区温度变化特征

图 8-2　焊条电弧焊冶金反应区及温度分布

Ⅰ—药皮反应区；Ⅱ—熔滴反应区；Ⅲ—熔池反应区

1—焊芯；2—药皮；3—包有渣壳的熔滴；4—熔池；5—已凝固的焊缝；6—焊壳；7—熔渣；

T_1—药皮反应开始温度；T_2—焊条熔滴温度；T_3—弧柱间熔滴温度；T_4—熔池最高温度；T_5—熔池凝固温度

高价氧化物（如 Fe_2O_3、MnO_2 等）发生分解，形成 CO_2、O_2 等气体。这些气体既对熔化金属有机械保护作用，又对被焊金属和药皮中的铁合金有很强的氧化作用，使气相的氧化性大大下降。

药皮反应区的产物可作为熔滴和熔池反应区的反应物，因而影响到整个焊接化学冶金过程和焊接质量。

2）熔滴反应区

从熔滴形成、长大到过渡至熔池中都属于熔滴反应区（见图 8-2 中的Ⅱ区）。此区的冶金反应主要包括：气体的分解和溶解、熔融金属及其合金的氧化和还原反应、金属的蒸发以及焊缝金属的合金化等。熔滴反应区主要有以下特点。

（1）熔滴的温度高　熔滴平均温度变化在 1800～2400 ℃，熔滴金属过热度可达300～900 ℃。

（2）熔滴与气体和熔渣的接触面积大　因熔滴尺寸小，熔滴的比表面积可达 10^3～10^4 cm^2/kg，约比炼钢时大 1000 倍。

（3）各相之间的反应时间短　熔滴在焊条末端停留的时间仅为 0.01～0.1 s。熔滴向熔池过渡的速度快，经过弧柱区的时间只有 0.0001～0.001 s。在这个反应区各相接触的平均时间为 0.01～1.0 s。熔滴阶段的化学冶金反应主要是在焊条末端进行的。

（4）熔滴与熔渣发生强烈的混合　熔滴在形成、长大和过渡过程中受到电磁力、气体吹力等因素作用，使其与熔渣发生强烈混合，这种混合作用不仅会增加各相的接触面积，而且有利于反应物和产物进入和退出反应界面，从而加快反应速度。

由于上述特点，熔滴反应区是冶金反应最激烈的部位，许多反应可达到接近终了的程度，因而对焊缝成分影响最大。

3）熔池反应区

熔滴和熔渣落入熔池后就开始熔池区的冶金反应（见图 8-2 中的Ⅲ区），直至金属凝固形成焊缝金属。熔池反应区主要有如下特点。

（1）与熔滴相比，熔池的平均温度较低（为 1600～1900 ℃），比表面积小，反应时间稍长。

焊条电弧焊通常为 3～8 s，埋弧焊为 6～25 s。

（2）熔池的温度分布极不均匀。熔池的前部发生金属的熔化、气体的吸收，有利于吸热反应，而在熔池的后部发生金属的凝固结晶、气体的逸出，有利于放热反应。因此，同一个反应在熔池的前、后部可能向相反的方向进行。温度不均匀以及电弧力、气流等作用使熔池中产生强烈的对流运动，有利于加快反应速度以及气体和非金属夹杂物的外逸。

（3）熔池反应区的反应物质是不断更新的。因为新熔化的母材、焊芯和药皮不断进入熔池的前部，凝固的金属和熔渣不断从熔池后部退出反应区。在恒定的焊接工艺参数下，这种更替过程可以达到稳定状态，从而得到成分均匀的焊缝金属。

3. 焊接区气体与金属的作用

焊接过程中熔池周围充满着各种气体，这些气体不断地与熔化金属发生冶金作用，将影响焊缝金属的成分和性能。

1）气体的来源

（1）焊接材料　焊接区的气体主要来源于焊接材料。焊条药皮、焊剂和焊丝药芯中的造气剂、高价氧化物和水分是气体的重要来源。气体保护焊时，焊接区内的气体主要来源于所采用的保护气体以及杂质（如氧、氮、水汽等）。

（2）热源周围的气体介质　热源周围的空气是难以避免的气体来源，焊接材料中的造气剂所产生的气体并不能完全排除焊接区内的空气。

（3）焊丝和母材表面的杂质　焊接过程中，焊丝和焊件表面的铁锈、油污、氧化皮以及吸附水等会因受热而析出气体。

2）气体的产生

除直接输送和侵入焊接区内的气体外，焊接过程中的物理化学反应也产生大量气体。这些气体的主要来源有：有机物的分解和燃烧；碳酸盐和高价氧化物的分解；材料的蒸发。

3）气体的分解

焊接区内的气体是以分子、原子及离子等状态存在，气体的状态对其在金属中的溶解以及与金属的作用有很大的影响。

（1）简单气体的分解　简单气体多为 N_2、H_2、O_2 等双原子气体，气体受热获得足够高的能量后将使原子键断开分解为单个原子或离子与电子。

（2）复杂气体的分解　焊接冶金中常见的复杂气体为 CO_2 和 H_2O。CO_2 气体的分解度随温度的升高而增加，在焊接温度下几乎完全分解，分解产物为 CO 和 O_2，使气相氧化性增加。水蒸气的分解产物有 H_2、O_2 等，这不仅会增加气相的氧化性，而且增加了气相中氢的分压。

综上所述，电弧区内的气体主要是由 CO、CO_2、O_2、H_2O、N_2、H_2、金属和熔渣的蒸气以及它们分解和电离的产物组成的混合物。其中对焊接质量影响较大的是 N_2、H_2、O_2、CO_2 和 H_2O。

8.2.2　焊接熔渣对金属的作用

焊接熔渣是焊接过程中焊条药皮、药芯或焊剂受热熔化后生成的非金属物质。熔渣与液态金属发生一系列的物理化学反应，决定着焊缝金属的成分和性能。

焊接熔渣的作用如下。

（1）机械保护作用　焊接时形成的液态熔渣覆盖在熔滴和熔池的表面上，保护液态金属不被氧化和氮化。熔渣凝固后所形成的渣壳覆盖在焊缝金属上,可保护高温的焊缝金属不受空气的侵害。

(2) 改善焊接工艺性能的作用 在熔渣中加入适当的物质可使电弧容易引燃、稳定燃烧,并减少飞溅,具有良好的操作性、脱渣性和焊缝成形等。

(3) 冶金处理的作用 可以通过控制熔渣的成分和性能来调整和控制焊缝金属的成分和性能。如通过熔渣可以去除焊缝中的有害杂质,如脱氧、脱硫、脱磷、脱氢,以及向焊缝金属过渡有益的合金元素。

8.2.3 焊缝金属的合金化

将所需的合金元素通过焊接材料过渡到焊缝金属中去的过程称为焊缝金属的合金化。

1. 焊缝金属合金化的目的

补偿焊接过程中由于蒸发、氧化等原因造成的合金元素的损失,防止裂纹、气孔等焊接缺陷,改善焊缝金属的组织和性能。例如在焊接低碳钢时,向焊缝中加入 Mn 以消除因 S 引起的结晶裂纹;获得具有特殊性能的熔敷金属和获得良好的异种金属焊缝。例如用堆焊方法过渡 Cr、Mo、W、Mn 等合金元素,使工件表面获得耐磨、耐热、耐腐蚀等特殊性能。

2. 焊缝金属合金化的方式

(1) 通过填充金属过渡 把所需要的合金元素加入到焊芯、焊丝、带极或板极中,配合碱性药皮或低氧、无氧焊剂进行焊接或堆焊,从而把合金元素过渡到焊缝或堆焊熔敷金属中。这种焊缝合金化的优点是焊缝成分均匀、稳定可靠,合金损失少;缺点是制造工艺复杂,成本高。对于合金元素含量高的脆硬材料,因轧制和拔丝困难,不能采用这种方式。

(2) 应用合金粉末涂敷过渡 将需要过渡的合金元素按比例配制成具有一定粒度的合金粉末,把合金粉末输送到焊接区或直接涂敷在焊件表面或坡口内,在焊接热源的作用下与母材熔合后形成合金化的熔敷金属。这种合金化的优点是合金元素的比例调配方便,不必经过轧制、拔丝等工序,合金含量的损失小;缺点是合金成分的均匀性差,制粉工艺较复杂。

(3) 通过药皮、药芯或焊剂过渡 把所需要的合金元素以铁合金或纯金属的形式加入到药皮、药芯或焊剂中。焊剂一般制成非熔炼焊剂,配合普通焊丝进行埋弧焊。这种合金化的最大优点是合金成分的配比可以任意调整,可以得到任意成分的焊缝或堆焊金属。除药芯焊丝制造较复杂、成本较高外,药皮和非熔炼焊剂制造容易,成本低。但采用这种合金过渡方法时合金元素氧化损失较大,合金化程度有限,故合金利用率低,且难以保证焊缝金属成分的稳定性和均匀性。

在实际生产中可根据合金元素的性质、具体焊接条件和工艺要求来选择合金化方式,有时可以两种方式同时使用。

8.3 焊接接头的组织和性能

焊接接头区由焊缝、熔合区和热影响区构成。焊缝从开始形成到室温经历了加热熔化、凝固结晶和固态相变等几个重要阶段。焊缝组织取决于母材与填充金属的比例(熔合比)及焊接工艺条件。焊接接头的组织性能对整体焊接结构的安全有重要的影响,人们往往通过接头区组织性能来判定所用的焊接工艺是否合理。掌握焊缝和热影响区的组织性能特点,并能分析焊接工艺及参数变化对接头区组织性能的影响是非常重要的。

8.3.1　焊接熔池特征

焊接热循环作用下的焊缝形成有几个重要阶段,首先是母材局部和填充金属熔化,然后是熔化金属由液相到固相的凝固结晶,再就是连续冷却的固态相变。用熔焊方法形成的焊接熔池的凝固结晶过程是晶体生成晶核与晶核长大的过程。但焊接熔池结晶与一般的钢锭结晶相比有如下特点。

(1) 熔池体积小,冷却速度快。

(2) 熔池温度分布不均匀,液态金属处于过热状态,熔池前部和中心处于过热状态。

发生母材金属的熔化,熔池后部温度较低,熔池底部接近母材金属的熔点。熔池的平均温度一般超过母材金属熔点 200～500 ℃。焊接热输入越大,熔池的平均温度越高,熔池的过热度越大。

(3) 熔池处于不断的运动状态,熔池存在时间短。焊接过程中,熔池中存在着多种作用力,如电弧的机械力、气流吹力、电磁力以及温度分布不均匀造成的金属密度差别和表面张力差别,所以熔池液态金属处于不断搅拌和对流运动状态。由于熔池随热源做同步运动,熔池前部熔化的同时,熔池后部凝固。即熔池各部位或整个熔池停留于液态的时间极短,熔池凝固速度是相当快的。

(4) 熔池周围散热条件好。焊接熔池周围的母材金属与熔池直接接触,且其质量远大于焊接熔池的质量。所以,母材金属对小体积熔池具有很大的"质量效应",促进了母材对热量的吸收。所以,焊接熔池界面的导热条件十分有利。熔池边界或凝固中的固-液界面的温度梯度比铸件高 10^3～10^4 倍。

8.3.2　焊缝结晶特点、组织和性能

1. 焊缝的结晶特点

1) 焊接熔池的凝固

焊接熔池的凝固结晶过程是通过形核与长大的机制进行的。由于焊接熔池液态金属处于过热状态,均匀形核的可能性极小,焊接熔池液态金属凝固时,非均匀形核起主要作用。熔池边界的母材晶粒表面成为新相晶核生长的基底。

当新相在现成表面上形成时,新相表面的一部分与现成的固相表面接触,另一部分与液相接触。当现成固相表面的表面能小于新相与液相间的界面能时,新相才能较顺利成长。作为新相晶核基底的现成表面,在晶格形式和点阵常数上与新相晶核越接近,其间的界面张力越小,越易于促进新相的形核。

2) 熔池凝固后的组织形态

熔池凝固后的组织形态主要取决于熔池中的溶质浓度、凝固速度和温度梯度的综合作用。由于成分过冷导致液-固相界面前沿的温度梯度、凝固速度不同,焊缝凝固后的晶粒形态上分可以有平面晶、胞状晶、胞状树枝晶、树枝柱状晶、等轴枝状晶等。

焊缝凝固结晶成长的形态与成分过冷度有密切关系。随着温度梯度的降低,凝固速度的增大,成分过冷度变大,焊缝结晶形态将发生变化。在熔合区附近,由于温度梯度较大,结晶速度较小,所以平面晶得到发展。随着远离熔化边界向焊缝中推移时,温度梯度逐渐减小,而结晶速度逐渐增大,所以晶粒将由平面晶向胞状晶、树枝柱状晶和等轴枝状晶发展。

焊缝金属的一次结晶组织对接头性能有明显的影响。粗大的柱状晶不但会降低焊缝的强

度,也会降低焊缝的韧度。不同热输入的低合金钢焊缝金属,由于晶粒粗细不同,具有明显不同的冲击韧度。焊缝组织越细小,韧度越高。

焊接工艺参数直接影响熔池的温度梯度、冷却速度、焊缝形状以及熔池的冶金过程,最终影响焊缝金属凝固组织的形态。当焊接热输入小时,熔池边缘区的温度梯度大,但结晶速度比熔池中心区低,成分过冷度小,这样使焊缝金属向胞状晶或胞状树枝晶长大。当焊接热输入大时(如埋弧焊),熔池边缘温度梯度小,成分过冷度大,导致该区焊缝金属按枝状晶长大,或形成短粗的柱状晶。

通过控制焊接工艺,如接头形式、工艺参数(焊接电流、焊接电压、焊接速度等)、填充金属等可以改变熔池温度梯度、冷却速度与焊缝形状,从而控制焊缝的结晶生长方向、结晶形态与成分的不均匀性。

2. 焊缝组织和性能

焊缝组织是由熔池金属结晶得到的铸造组织。焊接熔池的结晶首先从熔合区中处于半熔化状态的晶粒表面开始,晶粒沿着与散热最快的方向相反的方向长大,因受到相邻的正在长大的晶粒的阻碍,向两侧生长受到限制,因此,焊缝中的晶体是指向熔池中心的柱状晶体,如图8-3所示。

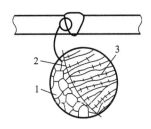

图 8-3 焊缝的柱状晶
1—母材;2—熔合线;3—焊缝金属

焊缝结晶要产生偏析,宏观偏析与焊缝成形系数(即焊道的宽度与计算厚度之比)有关,如图8-4所示。宽焊缝时,杂质聚集在焊缝上部,可避免出现中心线裂纹。窄焊缝时,柱状晶的交界在中心,杂质聚集在中心线附近,形成中心线偏析,容易产生热裂纹。

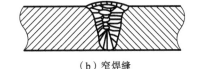

（a）宽焊缝　　　　　　　　　　　（b）窄焊缝

图 8-4 焊缝断面形状对偏析的影响

焊缝中的铸态组织,晶粒粗大,成分偏析,组织不致密。但是,由于焊接熔池小,冷却快,焊条药皮、焊剂或焊丝在焊接过程中的冶金处理作用,使焊缝金属的化学成分优于母材,硫、磷含量较低,所以容易保证焊缝金属的性能不低于母材,特别是强度容易达到。

8.3.3 热影响区的组织和性能

在焊接过程中,热影响区中的不同部位经历了不同的焊接热循环,距熔合区越近,加热的峰值温度越高,加热速度和冷却速度也越大,焊后热影响区的显微组织和性能变化也越大。由于焊接时不均匀加热和冷却引起的热影响区显微组织性能变化对接头性能影响很大,因此,控制焊接工艺参数以获得满足使用要求的热影响区组织性能的方法受到普遍关注。

在焊接热循环的作用下,焊缝周围处于固态的母材发生明显的组织性能变化的区域称为焊接热影响区,或称为近缝区。根据焊接热影响区组织特征的不同,低合金钢焊接热影响区可划分为熔合区、过热区、正火区、部分相变区。

1. 熔合区

熔合区是焊缝与母材相邻的部位(温度处于液-固相线之间)。焊缝和粗大晶粒交界处的熔合区不是一条圆滑的曲线,而呈不规则的类似锯齿形,甚至有"曲折"现象。这个区域的微观行为十分复杂,焊缝与母材的不规则结合,形成了参差不齐的分界面。焊接熔合区的范围很窄,焊接熔合区划分是以化学成分和显微组织形貌来确定的。焊接熔合区突出的特征是具有明显的化学和物理不均匀性,导致该区域组织结构发生突变。熔合区化学成分和组织结构的变化不可避免地会造成晶格中的各种微观缺陷(如空位、位错等),直接影响焊接接头性能。熔合区是整个焊接接头区中最薄弱的部位,对焊接接头的强度、韧度有很大影响。许多情况下,熔合区是产生裂纹和引起工程结构脆性破断的源头,且高强度钢焊接结构的破坏大多是发生在焊接熔合区处,因此对焊接熔合区的研究引起了国内外学者的普遍重视。

2. 过热区

热影响区晶粒明显长大的区域称为粗晶区或过热区,温度范围在固相线温度至 1100 ℃ 之间。由于在该温度区域停留的时间较熔化区长,金属处于过热状态。在该温度区域奥氏体晶界相当活泼,晶粒长大的阻碍小。奥氏体晶粒发生严重的长大现象,可达到最大的晶粒尺寸,冷却之后得到粗大的组织。粗晶区的冲击韧度很低,通常比母材低 20%～30%。焊接刚度较大的结构时,常在过热粗晶区产生脆化或裂纹。过热区与熔合区一样,也是焊接接头的薄弱环节。

3. 正火区

焊接过程中母材热影响区被加热到 1100 ℃ ～ Ac_3,将发生重结晶,即铁素体和珠光体全部转变为奥氏体,然后迅速冷却得到细小均匀的珠光体和铁素体,相当于热处理空冷时的正火组织。细晶区的塑性和冲击韧度比较好,是焊接热影响区中组织性能较好的区域。

4. 部分相变区

焊接热影响区处于 $Ac_3 \sim Ac_1$ 线范围内的区域。因为在 $Ac_3 \sim Ac_1$ 范围内只有一部分组织发生了相变重结晶过程。成为晶粒细小的铁素体和珠光体,而另一部分是始终未能溶入奥氏体的铁素体,冷却后成为粗大的铁素体。不完全重结晶区的特点是晶粒大小不一,组织不均匀,因此力学性能也不均匀。

8.4　焊接应力与变形及其防止措施

焊接过程是一个极不平衡的热循环过程,焊缝及其相邻区金属都要由室温被加热到很高的温度(焊缝金属已处于液态),然后再快速冷却下来。由于在这个热循环过程中,焊件各部分的温度不同,随后的冷却速度也各不相同,因而焊件各部分在热胀冷缩和塑性变形的影响下,必将产生内应力、变形或裂纹。

8.4.1　焊接应力的形成与预防

焊缝是靠一个移动的点热源来加热,随后逐次冷却下来而形成的,因而应力的形成、大小和分布状况较为复杂。为简化问题,假定整条焊缝同时成形。当焊缝及其相邻区金属处于加热阶段时都会膨胀,但受到焊件冷金属的阻碍,不能自由伸长而压缩,形成压应力。该压应力使处于塑性状态的金属产生压缩变形。随后再冷却到室温时,其收缩又受到周边冷金属的阻碍,不能缩短到自由收缩所应达到的位置,因而产生残余压应力(焊接应力)。图 8-5 所示为平板对接焊缝和圆筒环形焊缝应力分布状况。

焊接应力的存在将影响焊件的使用性能,可使其承载能力大为降低,甚至在外载荷改变时出现脆断的危险。对于接触腐蚀性介质的焊件(如容器),应力腐蚀现象加剧,将减少焊件使用

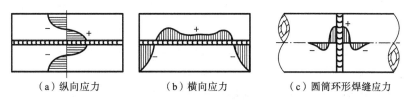

图 8-5　对接焊缝、圆筒环形焊缝的焊接应力分布

期限,甚至使其产生应力腐蚀裂纹而报废。

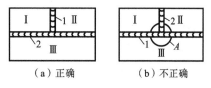

图 8-6　焊接次序对焊接应力的影响

对于压力容器、承载大的重要结构件,对焊接应力必须加以防止和消除。首先,在结构设计时,应选用塑性好的材料,要避免使焊缝密集交叉,避免使焊缝截面过大和焊缝过长。其次,在施焊中应确定正确的焊接次序(如图 8-6(b)中所示的 A 区易产生裂纹)。焊前对焊件预热是较为有效的工艺措施,这样可减弱焊件各部位间的温差,从而显著减小焊接应力。焊接中采用小能量焊接方法或锤击焊缝也可减小焊接应力。再次,当需较彻底地消除焊接应力时,可采用焊后去应力退火方法来实现,此时需将焊件加热至 $500\sim650$ ℃,保温后缓慢冷却至室温。

8.4.2　焊接变形的种类与预防

焊接应力的存在,会引起焊接变形。焊接变形的基本形式有五种,如图 8-7 所示。

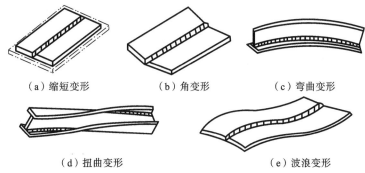

(a)缩短变形　　　　　(b)角变形　　　　　(c)弯曲变形

(d)扭曲变形　　　　　　　　　(e)波浪变形

图 8-7　常见焊接变形的基本形式

1. 收缩变形

焊缝的纵向(沿焊缝方向)和横向(垂直于焊缝方向)收缩,引起焊缝的纵向收缩和横向收缩。

2. 角变形

V 形坡口对焊,由于焊缝截面形状上下不对称,造成焊缝上下横向收缩不均匀而引起角变形。

3. 弯曲变形

T 形梁焊接后,由于焊缝布置不对称,焊缝多的一面收缩量大,引起弯曲变形。

4. 扭曲变形

工字梁焊接时,由于焊接顺序和焊接方向不合理引起扭曲变形,又称螺旋变形。

5. 波浪形变形

这种变形容易发生在薄板焊接中。由于焊缝收缩,薄板局部产生较大的压应力而失去稳定,焊后使构件呈波浪形。

具体焊件会出现哪种变形与焊件结构、焊缝布置、焊接工艺及应力分布等因素有关。一般情况下，结构简单的小型焊件，焊后仅出现收缩变形，焊件尺寸减小。当焊件坡口横截面的上下尺寸相差较大或焊缝分布不对称，以及焊接次序不合理时，则焊件易发生角变形、弯曲变形或扭曲变形。对于薄板焊件，最容易产生不规则的波浪变形。

焊件出现变形将影响使用，过大的变形量将使焊件报废。因此必须加以防止和消除变形。焊件的变形主要是由焊接应力引起的，预防焊接应力的措施对防止焊接变形同样有效。当对焊件的变形有较严格限定时，在结构设计中采用对称结构或大刚度结构、焊缝对称分布结构都可减小焊件的变形。防止焊件变形的具体措施如下。

1. 反变形法

通过实验或计算，预先确定焊后可能发生变形的大小和方向，将工件安装在相反方向位置上，如图 8-8 所示。或预先使焊接工件向相反方向变形，以抵消焊后所发生的变形，如图 8-9 所示。

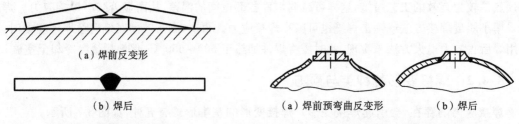

（a）焊前反变形

（b）焊后

图 8-8　平板焊接的反变形

（a）焊前预弯曲反变形　　　（b）焊后

图 8-9　防止壳体焊接局部塌陷的反变形

2. 加裕量法

根据经验，在工件下料尺寸上加一定裕量，通常为 0.1%～0.2%，以弥补焊后的收缩变形。

3. 刚性固定法

当焊件刚度较小时，可利用外加刚性固定装置来减小焊接变形，如图 8-10 所示。这种方法能有效地减小焊接变形，但会产生较大的焊接应力。

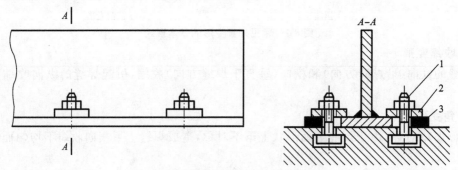

图 8-10　T 形梁在刚性平台上加紧焊接

1—螺栓；2—压板；3—垫铁

4. 合理安排焊接次序

对称截面梁焊接次序如图 8-11 所示。X 形坡口焊接次序如图 8-12 所示。焊接长缝隙（1 m 以上）可采用逐步退焊法、跳焊法、分中逐步退焊法等，如图 8-13 所示。这样可使温度分布更加均衡，开始焊接时产生的微量变形，可被后来焊接部位的变形所抵消，从而获得无变形的焊件。

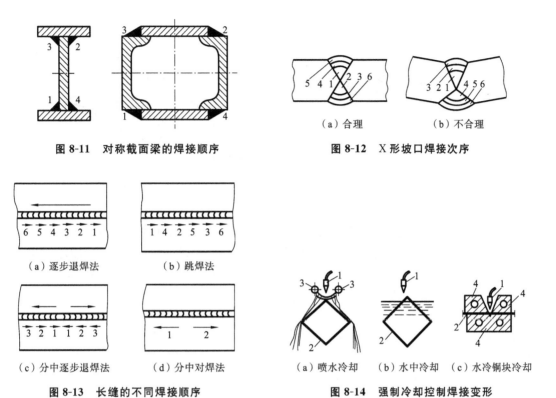

图 8-11　对称截面梁的焊接顺序　　　　　图 8-12　X 形坡口焊接次序

图 8-13　长缝的不同焊接顺序

图 8-14　强制冷却控制焊接变形
1—焊炬；2—焊件；3—喷水管；4—水冷铜块

5. 强制冷却法

采用强制冷却法使焊缝处的热量迅速散走,减小金属受热面,以减小焊接变形,如图 8-14 所示。

6. 焊前预热,焊后处理

预热可以减小焊件各部分温差,降低焊后冷却速度,减小残余应力。在允许的条件下,焊后进行去应力退火或用锤子均匀迅速地敲击焊缝,使之得到延伸,均可有效地减小残余应力,从而减小焊接变形。

8.4.3　焊接变形的矫正

焊接过程中,即使采用了上述工艺措施,有时也会产生超过允许值的焊接变形,因此,需要对变形进行矫正。其方法有以下两种。

1. 机械矫正法

在机械力的作用下矫正焊接变形,使焊件恢复到要求的形状和尺寸,如图 8-15 所示。可采用辊床、压力机、矫直机、手工锤击矫正。这种方法适用于低碳钢和普通低合金钢等塑性好的材料。

2. 火焰矫正法

火焰矫正法是指利用氧-乙炔焰对焊件适当部分加热,利用加热时的压缩塑性变形和冷却时的收缩变形来矫正原来的变形,如图 8-15 所示。火焰矫正法适用于低碳钢和没有淬硬倾向的普通低合金钢,如图 8-16 所示。

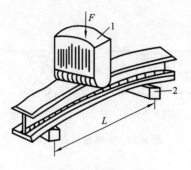

图 8-15　机械矫正法
1—压头；2—支撑

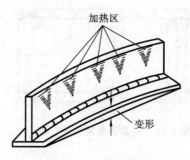

图 8-16　火焰矫正法

焊接应力过大的严重后果是使焊件产生裂纹。焊接裂纹存在于焊缝或热影响区的熔合区中，而且往往是内裂纹，危害极大。因此，对重要焊件，焊后应进行焊接接头的内部探伤检查。焊件产生裂纹也与焊接材料的成分（如硫、磷含量）、焊缝金属的结晶特点（结晶区间）及含氢量的多少有关。焊缝金属的硫、磷含量高时，它们的化合物与铁形成低熔点共晶体存在于基体金属的晶界处，构成液态间层，在应力作用下液态间层被撕裂，形成热裂纹。金属的结晶区间越大，形成液态间层的可能性也越大，焊件就容易产生裂纹。钢中含氢量高，焊后经过一段时间，析出的大量氢分子集中起来会形成很大的局部压力，造成工件出现裂纹（称延迟裂纹），故焊接中应合理选材，采取措施减小应力，并应用合理的焊接工艺和焊接参数（如选用碱性焊条、采用小能量焊接、进行预热、采用合理的焊接次序等）进行焊接，确保焊件质量。

8.5　常用焊接方法

8.5.1　焊条电弧焊

电弧焊是利用电弧放电所产生的热量将焊条和工件局部加热熔化，冷凝后完成焊接。焊条电弧焊是最常用的熔焊方法之一，是用手工操作焊条进行焊接的电弧焊方法。

焊条电弧焊可在室内、室外、高空和各种方位进行，设备简单、维护容易、焊钳小、使用灵便，适于焊接高强度钢、铸钢、铸铁和非铁金属，其焊接接头与工件（母材）的强度相近，是焊接生产中应用最广泛的方法。

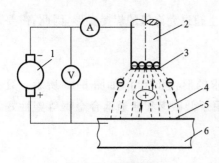

图 8-17　焊接电弧
1—电焊机；2—焊条；3—阴极区；
4—弧柱；5—阳极区；6—工件

1. 焊接电弧

焊接电弧是在具有一定电压的两电极间或电极与工件之间的气体介质中，产生的强烈而持久的放电现象，即在局部气体介质中有大量电子流通过的导电现象。

产生电弧的电极可以是金属丝、钨丝、碳棒或焊条。焊接电弧如图 8-17 所示。引燃电弧后，弧柱中就充满了高温电离气体，并放出大量的热能和强烈的光。电弧的热量与焊接电流和电弧电压的乘积成正比。电流越大，电弧产生的总热量就越大。一般情况下，电弧热量在阳极区产生的较多，约占总热量的 43%；阴极区因放出大量的电子，消耗了一部分能量，所以产生的热量相对较少，约占 36%;其中 21% 左右的热量是在弧柱中产生的。焊条电弧焊只有 65%～85% 的热量用于加热和熔化金属,其余的热量则散失在电弧周围和飞溅的金属液滴中。

电弧中阳极区和阴极区的温度因电极材料的不同而有所不同。用钢焊条焊接钢材时,阳极区温度约为 2600 K,阴极区约为 2400 K,电弧中心区温度为最高,可达 6000～8000 K。

由于电弧产生的热量在阳极和阴极上有一定差异及其他一些原因,使用直流电源焊接时,有正接和反接两种连线方法。

正接是将工件接到电源的正极,焊条(或电极)接到负极(见图 8-18(a));反接是将工件接到电源的负极,焊条(或电极)接到正极(见图 8-18(b))。正接时工件的温度相对高一些。

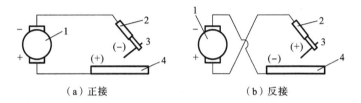

（a）正接　　　　　　　　（b）反接

图 8-18　直流电源时的正接与反接

1—直流电焊机;2—焊钳;3—焊条;4—工件

如果焊接时使用的是交流电焊机(弧焊变压器),因为电极每秒钟的电压正负变化达 100 次之多,所以两极加热温度一样,都是 2500 K 左右,因而不存在正接和反接问题。

电焊机的空载电压就是焊接时的引弧电压,一般为 50～90 V。电弧稳定燃烧时的电压称为电弧电压,它与电弧长度(即焊条与工件间的距离)有关。电弧长度越大,电弧电压也越高。一般情况下,电弧电压在 16～36 V 之间。

2. 焊接过程

焊接时采用焊条和工件接触引燃电弧,然后提起焊条并保持一定的距离,在焊接电源提供合适电弧电压和焊接电流下电弧稳定燃烧,产生高温,焊条和焊件局部被加热到熔化状态。焊条端部熔化的金属和被熔化的焊件金属熔合在一起,形成熔池,如图 8-19 所示。同时,焊条的药皮熔化和分解。药皮熔化后与金属液体发生物理化学反应,所形成的熔渣不断从熔池中浮起;药皮受热分解产生大量的 CO_2 和 H_2 等气体,围绕在电弧周围。熔渣和气体能防止空气中氧和氮的侵入,起保护熔化金属的作用。在焊接中,电弧随焊条不断向前移动,熔池也随之移动,熔池中的金属液体逐步冷却结晶,形成了连续的焊缝,两焊件便被焊接在一起。

焊条电弧焊具有设备简单、操作灵活、成本低等优点,且焊接性好,对焊接接头的装配尺寸无特殊要求,可在各种条件下进行各种位置的焊接,是生产中应用最广的焊接方法。但焊条电弧焊时有强烈弧光和烟尘污染,劳动条件差,生产率低,对工人的技术水平要求较高,焊接质量不够稳定。因此,主要用在单件小批量生产中焊接碳素钢、低合金结构钢、不锈钢、耐热钢,以及用于对铸铁的补焊等。其适宜板厚为 3～20 mm。

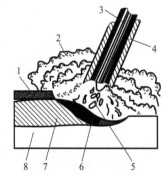

图 8-19　焊条电弧焊过程

1—固态渣壳;2—气体;3—焊条芯;
4—焊条药皮;5—金属液;6—熔池;
7—焊缝;8—工件

3. 焊接冶金过程特点

焊接冶金过程中,熔化的金属、熔渣以及气体之间进行着类似于金属冶炼时的物理化学反应,它与一般冶炼过程比较,有其自己的特点。

（1）反应区温度高。焊接电弧和熔池的温度高于一般冶炼温度，因此使金属元素强烈蒸发，并使电弧区的气体分解呈原子状态，气体的活泼性增大，导致金属烧损或形成有害杂质。

（2）金属熔池体积小，冷却快。由于熔池体积甚小，周围又是冷金属，所以熔池处于液态的时间很短，一般仅在 10 s 左右，致使各种化学反应难以达到平衡状态，化学成分不够均匀，气体和杂质来不及浮出而易产生气孔和夹渣等缺陷。

（3）电离出的氢原子大量溶于金属，会导致金属脆化。

因此，为了保证焊缝的质量，主要从以下两个方面采取措施。

（1）尽量避免有害元素进入熔池　其主要措施是机械保护，如采用焊条药皮、埋弧焊焊剂和气体保护焊的保护气体（氩气）等，使电弧空间的熔滴和熔池同空气隔绝，防止空气进入。此外，还要清除破口及两侧的锈水、油污；烘干焊条，去除水分等。

（2）清除已进入熔池的有害元素，增加合金元素　其措施是冶金处理，如通过焊条药皮里加铁合金等，进行脱氧、去氢、去硫、渗合金等，从而保证和调整焊缝的化学成分，如

$$Mn + FeO \longrightarrow MnO + Fe$$
$$Si + 2FeO \longrightarrow SiO_2 + 2Fe$$
$$MnO + FeS \longrightarrow MnS + FeO$$
$$CaO + FeS \longrightarrow CaS + FeO$$

4. 焊条

1）焊条的组成及作用

焊条是指涂有药皮供焊条电弧焊用的熔化电极，由焊芯和药皮两部分组成如图 8-20 所示。焊芯起导电和填充焊缝金属的作用，药皮则用于保证焊接顺利进行并使焊缝具有一定的化学成分和力学性能。

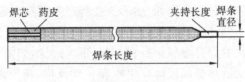

图 8-20　焊条

（1）焊芯　焊芯指焊条中被药皮包裹的金属芯。焊芯在焊接过程中既是导电的电极，同时本身又熔化为填充金属，与熔化的母材共同形成焊缝金属。为了保证焊缝的质量，焊芯必须由专门生产的金属丝制成，这种金属丝称为焊丝。焊条直径是由焊丝直径来表示的，一般有 1.6 mm、2.0 mm、2.5 mm、3.2 mm、4.0 mm、5.0 mm、6.0 mm、8.0 mm 等规格，长度为 300～450 mm。

（2）药皮　药皮是指压涂在焊芯表面上的涂料层，由各种粉料、黏结剂等按一定比例配制。其主要作用是在焊接过程中造气，起保护作用，防止空气进入焊缝；同时具有冶金作用，如脱氧、脱硫、脱磷和渗合金等；还具有稳弧、脱渣等作用，以保证焊条具有良好的工艺性能，形成美观的焊缝。

2）焊条的分类和型号

焊条的分类如下。

（1）焊条按用途可分为 11 大类：碳钢焊条，低合金钢焊条，钼和铬钼耐热钢焊条，低温钢焊条，不锈钢焊条，堆焊焊条，铸铁焊条，镍及镍合金焊条，铜及铜合金焊条，铝及铝合金焊条和特殊用途焊条。

（2）焊条按熔渣的化学性质分为两大类：酸性焊条和碱性焊条。

酸性焊条的熔渣呈酸性,药皮中含大量酸性氧化物,如 SiO_2、TiO_2、MnO 等。E4303 焊条是典型的酸性焊条。酸性焊条焊接时有碳-氧反应,生成大量的 CO 气体,使熔池沸腾,有利于气体逸出,焊缝中不易形成气孔。另外,酸性焊条药皮中的稳弧剂多,电弧燃烧稳定,交、直流电源均可使用,工艺性能好。但是,酸性药皮中的含氢物质多,使焊缝金属的氢含量提高,焊接接头产生裂纹的倾向性大。

碱性焊条的熔渣呈碱性,药皮中含大量碱性氧化物,主要成分为 $CaCO_3$ 和 CaF_2。E5015 是典型的碱性焊条。药皮中的 $CaCO_3$ 焊接时分解为 CaO 和 CO_2,可形成良好的气体保护和渣保护;药皮中的 CaF_2 等去氢物质,使焊缝中的氢含量降低,产生裂纹的倾向小。但是,碱性焊条药皮中的稳弧剂少,萤石有阻碍气体被电离的作用,故焊条的工艺性能差。碱性焊条中的氢氧化性较小,焊接时无明显碳-氧反应,对水、油、铁锈的敏感性大,焊缝中容易产生气孔。因此,使用碱性焊条时,一般要求采用直流反接,并且要严格地清理焊接表面。另外,焊接时产生的有毒烟尘较多,使用时应注意通风。

由国家标准分别规定各类焊条的型号编制方法。标准规定碳钢焊条型号为"E××××",其中:字母"E"表示焊条;前两位数字表示熔敷金属抗拉强度的最小值;第三位符号表示焊接位置,"O"及"I"表示焊条适用于全位置(平焊、立焊、横焊、仰焊)焊接,"2"表示平焊及平角焊,"4"表示焊条适用于向下立焊;第三位和第四位符号组合表示焊接电流种类及药皮类型。在第四位数字后附加"R"表示耐吸潮焊条,附加"M"表示耐吸潮和对力学性能有特殊规定的焊条,附加"-1"表示对冲击性能有特殊规定的焊条。

3) 焊条的选用原则

通常是根据工件化学成分、力学性能、抗裂性、耐腐蚀性以及高温性能等要求,选用相应的焊条种类。再考虑焊接结构形状、受力情况、焊接设备条件和焊条售价来选定具体型号。

(1) 低碳钢和低合金钢构件,一般都要求焊缝金属与母材等强度。因此可根据钢材的强度等级来选用相应的焊条。但应注意,钢材是按屈服强度确定等级的,而碳钢、低合金钢焊条的等级是指抗拉强度的最低保证值。

(2) 同一强度等级的酸性焊条或碱性焊条的选定,应依据焊接件的结构形状(简单或复杂)、钢板厚度、载荷性质(静载或动载)和钢材的抗裂性能而定。通常对要求塑性好、冲击韧度高、抗裂能力强或低温性能好的结构,要选用碱性焊条。如果构件受力不复杂、母材质量较好,应尽量选用较经济的酸性焊条。

(3) 低碳钢与低合金钢焊接,可按异种钢接头中强度较低的钢材来选用相应的焊条。

(4) 铸钢件的含碳量一般都比较高,而且厚度较大,形状复杂,很容易产生焊接裂纹。一般应选用碱性焊条,并采取适当的工艺措施(如预加热)进行焊接。

(5) 焊接不锈钢或耐热钢等有特殊性能要求的钢材,应选用相应的专用焊条,以保证焊缝的主要化学成分和性能与母材相同。

8.5.2 埋弧焊

为了提高焊接质量和生产率,改善劳动条件,使焊接技术向机械化、自动化方向发展,便出现了埋弧自动焊。将焊条电弧焊的引弧、焊条送进、电弧移动几个动作均由机械自动来完成,称为自动焊。如果部分动作由机械完成,其他动作仍由焊工辅助完成,则称为半自动焊。

1. 埋弧自动焊的焊接过程

埋弧自动焊也称溶剂层下自动焊。它因电弧埋在焊剂下,看不见弧光而得名。埋弧自动焊机由焊接电源、焊车和控制箱三部分组成。常用焊机型号有 MZ-1000 和 MZ1-1000 两种。"MZ"表示埋弧自动焊机，"1000"表示额定电流为 1000 A。焊接电源可以配交流弧焊电源和整流弧焊电源。

　　焊接时，自动焊机头将光焊丝自动送入电弧区自动引弧，并保证一定的弧长，电弧在颗粒状焊剂下燃烧，工件金属与焊丝被熔化成较大体积（可达 20 cm³）的熔池。焊车带着焊丝自动均匀向前移动，或焊机头不动而工件均匀运动，熔池金属被电弧气体排挤，向后堆积形成焊缝。电弧周围的颗粒状焊剂被熔化成熔渣，部分焊剂被蒸发，生成的气体将电弧周围的气体排开，形成一个封闭的熔渣泡。它有一定的黏度，能承受一定的压力，因此使熔化金属与空气隔离，并防止熔化金属飞溅，既可减少热能损失，又能防止弧光四射。未熔化的焊剂可以回收重新使用。埋弧自动焊的焊接过程纵截面如图 8-21 所示。

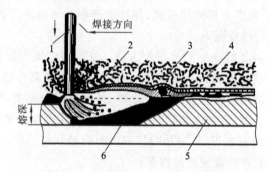

图 8-21　埋弧焊自动焊的纵截面图
1—焊丝；2—熔渣泡；3—焊剂；4—渣壳；5—焊缝；6—熔池

2. 焊接材料

　　埋弧自动焊焊接材料有焊丝和焊剂。焊丝除了作电极和填充材料外，还可以起到渗合金、脱氧、去硫等冶金处理作用。焊剂的作用相当于焊条药皮，分为熔炼焊剂和非熔炼焊剂两类，非熔炼焊剂又可分为烧结焊剂和黏结焊剂两种。熔炼焊剂主要起保护作用；非熔炼焊剂除保护作用外，还有冶金处理作用。焊剂容易吸潮，使用前要按要求烘干。

　　焊丝和焊剂要合理配合才能保证焊缝金属化学成分和性能。根据 GB 5293—1999 选用焊剂，常见焊剂与焊丝匹配见表 8-2，或可根据 GB/T 8110—2008 选用。

表 8-2　埋弧焊常用熔炼焊剂牌号

焊剂牌号	焊剂类型	使 用 说 明	电流种类
HJ430	高锰高硅低氟	配合 H08A 或 H08MnA 焊丝焊接 Q235、20 和 09Mn2 钢等；配合 H08MnA 或 H10Mn2 焊丝焊接 Q345、Q390（16Mn、15MnV）钢	交流或直流反接
HJ431		配合 H08MnMo 焊丝焊接 Q420（15MnVN）钢等	
HJ350	中锰中硅中氟	配合 H08Mn2Mo 焊丝焊接 18MnMoNb、14MnMoV 钢等	交流或直流反接
HJ250	低锰中硅中氟	配合 H08Mn2Mo 焊丝焊接 18MnMoNb、14MnMoV 钢等	直流反接
HJ251		配合 H12CrMo、H15CrMo 焊丝焊接 12CrMo、15CrMo	直流反接
HJ260	低锰高硅中氟	配合 H12CrMo、H15CrMo 焊丝焊接 12CrMo、15CrMo 钢；配合不锈钢焊丝焊接不锈钢	直流反接

3. 埋弧焊工艺

埋弧焊对下料、坡口准备和装备均要求较高。焊接时,被焊接工件要求用优质焊条点固。由于埋弧焊焊接电流大、熔深大,因此板厚在 24 mm 以下的工件可采用 I 形坡口单面焊或双面焊。但一般板厚10 mm就开坡口,常用 V 形坡口、X 形坡口、U 形坡口和组合型坡口。能采用双面焊的均采用双面焊,以便焊透,减少焊缝变形。

焊前,应清除坡口及两侧 50～60 mm 内的一切油垢和铁锈,以避免产生气孔。

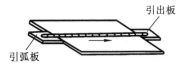

图 8-22　自动焊的引弧板和引出板

埋弧焊一般都在平焊位置焊接。由于引弧和断弧质量不易保证,焊前可在焊缝两端焊上引弧板和引出板,如图 8-22所示,焊后再去掉。为保证焊缝成形和防止烧穿,生产中常用焊剂垫和垫板(见图 8-23)或用焊条电弧焊封底。

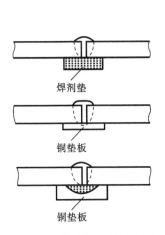

图 8-23　自动焊的焊剂垫图

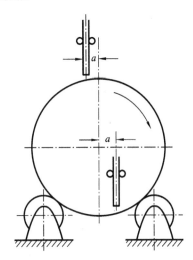

图 8-24　环缝自动焊示意图

埋弧焊焊接筒体环焊缝时采用滚轮架,使筒体(工件)转动,焊丝位置不动。为防止熔池金属和熔渣从筒体表面流失,保证焊缝成形良好,机头应逆转方向偏离焊件中心一定距离 a 起焊,如图 8-24 所示。不同直径筒体应根据焊缝成形情况确定偏离距离 a,一般偏离 20～40 mm。直径小于250 mm的环缝,一般不采用埋弧自动焊。设计要求双面焊时,应先焊内环缝,清根后再焊外环缝。

4. 埋弧焊的特点和应用

埋弧自动焊与焊条电弧焊相比,有以下特点。

(1) 埋弧焊电流比焊条电弧焊提高 6～8 倍,不需要更换焊条,没有飞溅,生产率提高 5～10 倍。同时,由于埋弧焊焊深大,可以不开或少开坡口,节省坡口加工工时,节省焊接材料,焊丝利用率高,可降低焊接成本。

(2) 埋弧焊焊剂供给充足,保护效果好,冶金过程完善,焊接工艺参数稳定,焊接质量好而且稳定;对操作者技术要求低,焊缝成形美观。

(3) 改善了劳动条件,没有弧光,没有飞溅,烟雾也很少,劳动强度较轻。

(4) 埋弧焊适应性差,只焊平焊位置,通常焊接直缝和环缝,不能焊空间位置焊缝和不规则焊缝。

(5) 设备结构复杂,投资大,调整等准备工作量较大。

因为具有上述特点,埋弧焊适用于成批生产中长直焊缝和较大直径环缝的平焊。对于狭窄位置的焊缝以及薄板焊接,则受到一定限制。因此,埋弧焊被广泛用于大型容器和钢结构的焊接生产中。

8.5.3 气体保护焊

1. 氩弧焊

氩弧焊是氩气保护焊的简称。氩气是惰性气体,在高温下不和金属起化学反应,也不溶于金属,可以保护电弧区的熔池、焊缝和电极不受空气的有害作用,是一种较理想的保护气体。氩气电离势高,引弧较困难,但一旦引弧就很稳定。氩气纯度要求达到 99.9%,我国生产的氩气纯度能够达到这个要求。

氩弧焊分不熔化极(钨极)氩弧焊和熔化极(金属极)氩弧焊两种,如图 8-25 所示。

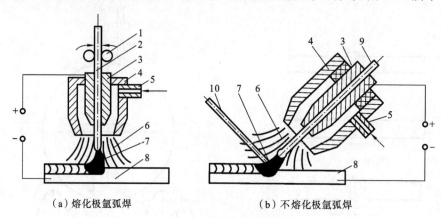

图 8-25 氩弧焊示意图

1—送丝辊轮;2—焊丝;3—导电嘴;4—喷嘴;5—进气管;6—氩气流;7—电弧;
8—工件;9—钨极;10—填充金属丝

不熔化极氩弧焊电极常用钍钨极和铈钨极两种。焊接时,电极不熔化,只起到导电和产生电极的作用。钨极为阴极时,发热量小,钨极烧损小;钨极为阳极时,发热量大,钨极烧损严重,电弧不稳定,焊缝易产生夹钨。因此,一般不熔化极氩弧焊不采用直流反接。但在焊接铝工件时,由于产生氧化铝膜,影响熔合,这时采用直流反接,铝工件为阴极,有"阴极破碎"作用,能消除氧化膜,使焊缝成形美观;而用正接时却没有这种破碎现象。因此,综合上述因素,钨极氩弧焊焊铝时一般采用交流电源。但交流电源产生的电弧不稳定,且有直流成分。因此,交流钨极氩弧焊设备还要有引弧、稳弧和除直流装置,比较复杂。

手工不熔化极氩弧焊的操作与气焊相似,需添加填充金属,也可以在接头中附加金属条或采用卷边接头。填充金属有的可采用与母材相同的金属,有的需要加一些合金元素,进行冶金处理,以防止气孔等缺陷。

熔化极氩弧焊以连续送进的焊丝作为电极,与埋弧自动焊相似,可用来焊接 25 mm 以下的工作。可分为自动熔化极氩弧焊和半自动熔化极氩弧焊两种。

氩弧焊的特点如下。

(1) 机械保护效果很好,焊缝金属纯净,成形美观,质量优良。

(2) 电弧稳定,特别是小电流时也很稳定。因此,熔池温度容易控制,可做到单面焊双面成形。尤其现在普遍采用的脉冲氩弧焊,更容易保证焊透和焊缝成形。

(3)采用气体保护,电弧可见(称为明弧),易于实现全位置自动焊接。工业中应用焊接机器人,一般采用 Ar＋He 或 Ar＋CO_2 混合气体保护焊。

(4)电弧在气流压缩下燃烧,热量集中,熔池小,焊速快,热影响区小,焊接变形小。

(5)氩气价格较高,因此成本较高。

氩弧焊适用于焊接易氧化的非铁金属和合金钢,如铝、钛和不锈钢等;适用于单面焊双面成形,如打底焊和管子焊接;钨极氩弧焊,尤其脉冲钨极氩弧焊,还适用于薄板焊接。

2. CO_2 气体保护焊

CO_2 气体保护焊是以 CO_2 作为保护气体,以焊丝作电极,以自动或半自动方式进行焊接。目前常用的是半自动焊,即焊丝送进是靠机械自动进行并保持弧长,由操作人员手持焊枪进行焊接。

CO_2 气体在电弧高温下能分解,有氧化性,会烧损合金元素。因此,不能用来焊接有色金属和合金钢。焊接低碳钢和普通低合金钢时,通过含有合金元素的焊丝来脱氧和渗合金等冶金处理。现在常用的 CO_2 气体保护焊焊丝是 H08Mn2SiA,适用于焊接低碳钢和抗拉强度在 600 MPa 以下的普通低合金钢。CO_2 焊的焊接装置如图 8-26 所示。

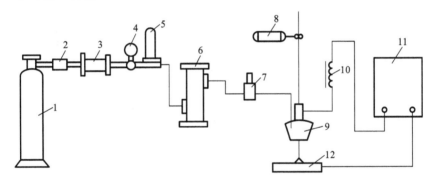

图 8-26　CO_2 气体保护焊设备示意图

1—CO_2 气瓶;2—预热器;3—高压干燥器;4—气体减压阀;5—气体流量计;6—低压干燥剂;
7—气阀;8—送丝机构;9—焊枪;10—可调电感;11—焊接电源;12—工件

一般情况下,不需接干燥器,甚至不需要预热器。但用于 300 A 以上的焊枪时需用水冷却。为了使电弧稳定,飞溅少,CO_2 焊接采用直流反接。CO_2 气体保护焊的特点如下。

(1)成本低　CO_2 气体比较便宜,焊接成本仅是埋弧自动焊和焊条电弧焊的 40% 左右。

(2)生产率高　焊丝送进自动化,电流密度大,电弧热量集中,所以焊接速度快。焊后没有熔渣,不需清渣,比焊条电弧焊生产率高 1～3 倍。

(3)操作性能好　CO_2 保护焊电弧是明弧,可清楚看到焊接过程。如同焊条电弧焊一样灵活,适合全位置焊接。

(4)焊接质量比较好　CO_2 保护焊焊缝含氢量低,采用合金钢焊丝易于保证焊缝性能。电弧在气流压缩下燃烧,热量集中,热影响区较小,变形和开裂倾向也小。

(5)焊缝成形差,飞溅大　烟雾较大,控制不当易产生气孔。

(6)设备使用和维修不便　送丝机构容易出故障,需要经常维修。

因此,CO_2 保护焊适用于低碳钢和强度级别不高的普通低合金钢焊接,主要用来焊接薄板。对单件小批生产和不规则焊缝采用半自动 CO_2 气体保护焊;大批生产和长直焊缝可用

$CO_2 + O_2$ 等混合气体保护焊。

8.5.4 电渣焊

电渣焊是利用电流通过液态熔渣产生的电阻热加热熔化母材与电极（填充金属）的焊接方法。

电渣焊按电极形式又分为丝极电渣焊（见图8-27）、板极电渣焊（见图8-28）、熔嘴电渣焊（见图8-29）和管极电渣焊（见图8-30）。电渣焊一般都是在垂直立焊位置焊接，两工件相距25～35 mm。引燃电弧熔化焊剂和工件，形成渣池和熔池，待渣池有一定深度时增加送丝速度，使焊丝插入渣池，电弧便熄灭，转入电渣过程。这时，电流通过熔渣产生电阻热，将工件和电极熔化，形成金属熔池，沉在渣池下面。渣池既作为焊接热源，又起机械保护作用。随着熔池和熔渣上升，远离渣池的熔池金属便冷却，形成焊缝。

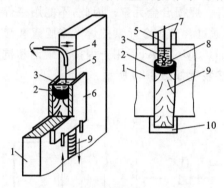

图 8-27　丝极电渣焊过程示意图

1—工件；2—金属熔池；3—渣池；4—导丝管；
5—焊丝；6—强制成形装置；7—引出板；
8—金属熔滴；9—焊缝；10—引弧板

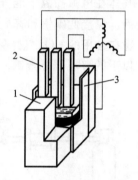

图 8-28　板极电渣焊示意图

1—工件；2—板极；
3—强制成形装置

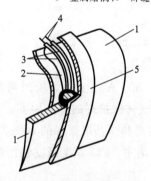

图 8-29　熔嘴电渣焊示意图

1—工件；2—熔嘴；3—导丝管；
4—焊丝；5—强制成形装置

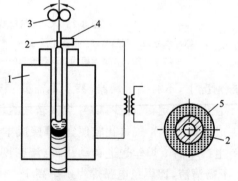

图 8-30　管极电渣焊示意图

1—工件；2—管极（钢管）；
3—焊丝；4—导电板；5—药皮

电渣焊可使很厚的焊件一次焊成，焊接速度慢，过热区大，接头组织粗大，因此，焊后要进行正火处理。此外，电渣焊还有以下特点。

（1）适合焊接厚件，生产率高成本低。可用铸-焊、锻-焊结构拼成大件，以代替巨大的铸造或锻造整体结构，改变了重型机器制造的工艺过程，可节省大量金属材料和设备投资。同时，40 mm 以上厚度的工件可不开坡口，从而可节省加工工时和焊接材料。

（2）焊缝金属比较纯净，电渣焊机械保护好，空气不易进入。熔池存在时间长，低熔点夹杂物和气体容易排出。

（3）焊接接头组织粗大，焊后要进行正火处理。

电渣焊适用于 40 mm 以上工件的焊接。单丝摆动焊件厚度为 60～150 mm；三丝摆动可焊接厚度达 450 mm。一般用于直缝焊接，也可用于环缝焊接。

8.5.5 电阻焊

电阻焊是利用电流通过接触处及焊件产生的电阻热，将焊件加热到塑性或局部熔化状态，再施加压力形成焊接接头的焊接方法。

电阻焊生产率高，焊接变形小，劳动条件好，操作方便，易于实现自动化。所以适合于大批量生产，在自动化生产线上（如汽车制造）应用较多，甚至采用机器人。但电阻焊设备复杂，投资大，耗电量大，接头形式和工件厚度受到一定限制。

电阻焊通常分点焊、缝焊、对焊三种，如图 8-31 所示。

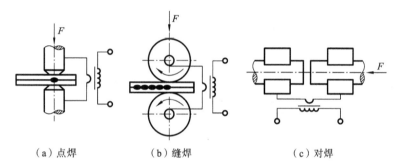

（a）点焊　　　　　　（b）缝焊　　　　　　（c）对焊

图 8-31　电阻焊种类

1. 点焊

点焊是利用柱状电极通电加压在搭接的两焊件间产生电阻热，使焊件局部熔化形成一个熔核（周围为塑性状态），将接触面焊成一个焊点的一种焊接方法。

焊接第二个焊点时，有一部分电流会流经已焊好的焊点，称为点焊分流现象。分流将使焊接处电流减小，影响焊接质量，因此两焊点之间应有一定距离来减小分流。工件厚度越大，材料导电性越好，分流现象越严重，点间距应加大。点焊最小搭边尺寸和最小点距见表 8-3。

表 8-3　点焊、焊缝接头推荐使用尺寸　　　　　　　　　　（单位：mm）

工件厚度	焊点直径	缝焊焊缝宽度	单排焊缝最小搭边尺寸		点焊最小距离		
			非合金钢、低合金钢、不锈钢	铝合金、镁合金、铜合金	非合金钢、低合金钢	不锈钢、耐热钢、钛合金	铝合金、镁合金、铜合金
0.3	2.5～3.5	2.0～3.0	6	8	7	5	8
0.5	3.0～4.0	2.5～3.5	8	10	10	7	11
0.8	3.5～4.5	3.0～4.0	10	12	11	9	13
1.0	4.0～5.0	3.5～4.5	12	14	12	10	15
1.2	5.0～6.0	4.5～5.5	13	16	13	11	16
1.5	6.0～7.0	5.5～6.5	14	18	14	12	18

续表

工件厚度	焊点直径	缝焊焊缝宽度	单排焊缝最小搭边尺寸		点焊最小距离		
			非合金钢、低合金钢、不锈钢	铝合金、镁合金、铜合金	非合金钢、低合金钢	不锈钢、耐热钢、钛合金	铝合金、镁合金、铜合金
2.0	7.0～8.5	6.5～8.0	16	20	18	14	22
2.5	8.0～9.5	7.5～9.0	18	22	20	16	26
3.0	9.0～10.5	8.0～9.5	20	26	24	18	30
3.5	10.5～12.5	9.0～10.5	22	28	28	22	35
4.0	12.0～13.5	10.0～11.5	26	30	32	24	40

影响点焊质量的因素除了焊接电流、通电时间、电极压力等工艺参数外,焊件表面状态影响也很大。因此,点焊前必须清理焊件表面氧化物和油污等。

点焊工件都采用搭接接头。图 8-32 为几种典型的点焊接头形式。

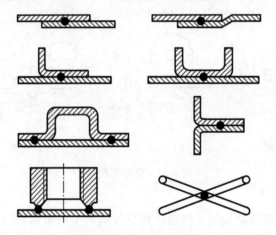

图 8-32　点焊接头形式

点焊主要用于厚度在 4 mm 以下薄板冲压壳体结构及钢筋焊接,尤其是在汽车和飞机制造应用较多。目前,点焊厚度可从 10 mm(精密电子器件)至 30 mm(钢梁框架)。每次焊一个点或一次焊多个点。

2. 缝焊

缝焊过程与点焊相似,都属于搭接电阻焊。缝焊采用滚盘作电极,边焊边滚,相邻两个焊点部分重叠,形成一条密封性的焊缝。因此,焊缝分流现象严重,一般只适合于焊接 3 mm 以下的薄板结构,如油箱、烟道焊接等。

3. 对焊

对焊是对接电阻焊。按焊接工艺不同分为电阻对焊和闪光对焊。

1)电阻对焊

电阻对焊是将两个工件装夹在对焊机电极钳口内,先加预压使两焊件端面压紧,再通电加热,使被焊处达到塑性温度状态后断电并迅速加压顶锻,使高温端面产生一定的塑性变形而完成焊接。

电阻对焊操作简单,接头比较光滑,但对焊件端面的加工和清理要求较高,否则端面加热不均,容易产生氧化物夹杂,质量不易保证,因此,电阻对焊一般仅用于截面形状简单、直径(或边长)小于 20 mm 和强度要求不高的工件。

2) 闪光对焊

闪光对焊是两焊件先不接触,接通电源,再移动焊件使之接触。由于工件表面不平,接触点少,其电流密度很大,接触点金属迅速达到熔化、蒸发、爆破,在蒸汽压力和电磁力作用下,液态金属微粒不断从接口间喷射出来,形成火花急流——闪光;经多次闪光加热后,端面达到均匀半熔化状态,同时多次闪光将端面氧化物清理干净,此时断电并迅速对焊件加压顶锻,形成焊接接头。

闪光对焊对端面加工要求较低,而且经闪光焊之后端面将被清理,因此接头夹渣少,质量较高,常用于焊接重要零件。可以焊接相同的金属材料,也可以焊接异种金属材料。被焊工件可以是直径小到 0.01 mm 的金属丝,也可以是截面积为 20000 mm² 的金属型材或钢坯。

对焊用于杆状零件对接,如刀具、管子、钢筋、钢轨、车圈、链条等。不论哪种对焊,焊接断面要求尽量相同,圆棒直径、方钢边长、管子壁厚之差不应超过 15%。图 8-33 是几种对焊接头举例。

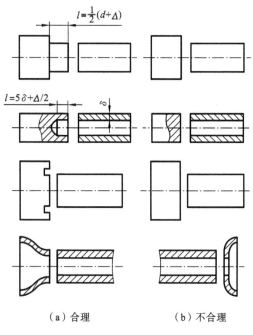

（a）合理　　　　　　　（b）不合理

图 8-33　对焊接头举例

8.5.6　摩擦焊

摩擦焊是利用工件接触端面相对旋转运动中摩擦产生的热量,同时加压顶锻而进行焊接的方法。

图 8-34 是摩擦焊示意图。先将两工件夹在焊机上,加一定压力使工件紧密接触。然后焊件做旋转运动,使工件接触面相对摩擦产生热量,待工件端面被加热到高温塑性状态时,利用制动器使工件骤然停止旋转,并利用轴向压力油缸对焊件的端面加大压力,使两焊件产生塑性变形而焊接起来。

摩擦焊的特点如下。

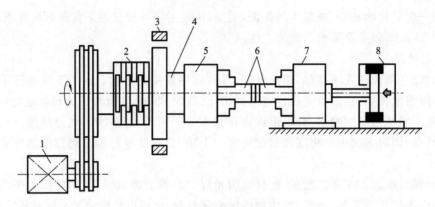

图 8-34　摩擦焊示意图

1—电动机；2—离合器；3—制动器；4—主轴；5—回转夹具；6—工件；7—非回转夹具；8—轴向加压油缸

(1) 在摩擦焊过程中，工件接触表面的氧化膜与杂质被清除。因此接头组织致密，不易产生气孔、夹渣等缺陷，接头质量好而且稳定。

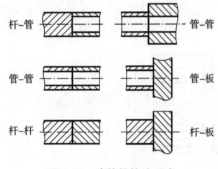

图 8-35　摩擦焊接头形式

(2) 可焊接的金属范围较广，不仅可焊同种金属，也可以焊接异种金属。

(3) 焊接操作简单，不需焊接材料，容易实现自动控制，生产率高。

(4) 设备简单、电能耗损少（只有闪光对焊的 $1/15\sim1/10$）。但要求刹车及加压装置的控制灵敏。

摩擦焊接头一般是等截面的，特殊情况下也可以是不等截面的。但需要至少有一个工件为圆形或管状。图 8-35 示出了摩擦焊可用的接头形式。

摩擦焊已广泛用于圆形工件、棒料及管类件的焊接。可焊实心工件的直径为 $2\sim100$ mm 以上，管类件外径可达 150 mm。

8.5.7　钎焊

钎焊是利用熔点比母材低的金属作钎料，加热将钎料熔化，利用液态钎料润湿母材，填充接头间隙，并与母材相互扩散实现连接的焊接方法。

钎焊接头的质量在很大程度上取决于钎料。钎料应具有合适的熔点和良好的润湿性。母材接触面要求很干净，焊接时使用钎焊钎剂（参照 GB/T 15829—2008 选用）。钎剂能去除氧化膜和油污等杂质，保护接触面，并改善钎料的湿润性和毛细流动性。钎焊按钎料熔点分为软钎焊和硬钎焊两大类。

1. 软钎焊

钎料熔点在 450 ℃ 以下的钎焊叫软钎焊。常用钎剂是松香、氧化锌溶液等。软钎焊强度低，工作温度低，主要用于电子线路的焊接。由于钎焊常用锡钎合金，故通称锡焊。

2. 硬钎焊

钎料熔点在 450 ℃ 以上，接头强度较高，都在 200 MPa 以上。常用钎料有铜基、银基和镍基钎料等。常用钎剂由硼砂、硼酸、氯化物、氟化物等组成。硬钎焊主要用于受力较大的钢铁和铜合金构件以及刀具的焊接。

钎焊构件的接头形式均采用搭接或套件镶接。如图 8-36 所示。接头之间应有良好的配合和适当的间隙。间隙太小,会影响钎料的渗入和润湿,不能全部焊合;间隙太大,浪费钎料,而且降低接头强度。一般间隙取 0.05～0.2 mm。设计钎焊接头时,还要考虑钎焊件的装配定位和钎料的安置等。环状钎料的安置如图 8-37 所示。

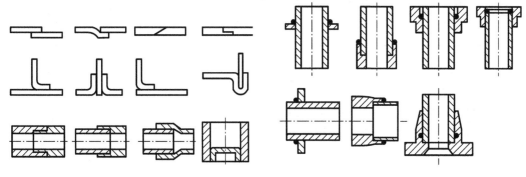

图 8-36　钎焊接头举例图　　　　　　　　图 8-37　环状钎料的安置

钎焊焊接变形小,焊件尺寸精确,可以焊接异种材料和一些用其他方法难以焊接的特殊结构(如蜂窝结构等)。钎焊可以整体加热,一次焊成整个结构的全部焊缝,因此生产率高,并且易于实现机械化和自动化。

由于上述特点,钎焊主要用于精密仪表、电气零部件、异种金属构件、复杂薄板结构及硬质合金刀具的焊接。

8.5.8　常用焊接方法的比较和选用

应根据各种焊接方法的特点和焊接结构制造要求,综合考虑其焊接质量、经济性和工艺可行性选用焊接方法。常用焊接方法比较见表 8-4。选用时应考虑以下几方面。

表 8-4　常用焊接方法比较

焊接方法	特　　点	应　　用
气焊	(1) 熔池温度易控制,各种焊接位置均易单面焊透;(2)焊接质量较差;(3)焊接变形大;(4) 生产率低;(5) 不要电源,室外野外使用方便;(6) 设备较简单	(1) 薄板 13 mm; (2) 铸铁补焊; (3) 管子焊接; (4) 野外施工
焊条电弧焊	与气焊相比: (1) 焊接质量好;(2) 焊接变形小;(3) 生产率高 与埋弧自动焊相比: (1) 设备简单;(2) 适应性强,可在各种位置下焊接,并可焊短、曲焊缝	(1) 单件小批生产; (2) 全位置焊; (3) 短、曲焊缝; (4) 板厚 1 mm(一般 2 mm)
埋弧自动焊	与焊条电弧焊相比: (1) 生产率高,成本低;(2) 质量稳定,成形美观;(3) 对焊工操作技术要求低;(4) 劳动条件好;(5) 适应性差,只适合平焊;(6) 设备较复杂	成批生产,能焊长直缝和环缝,能对中厚板进行平焊

焊接方法	特　点	应　用
氩弧焊	(1) 焊接质量优良；(2) 小电流时，电弧也很稳定，容易控制背面成形；(3) 能全位焊接；(4) 氩气贵，成本高	(1) 铝及钛合金，不锈钢等合金钢； (2) 打底焊； (3) 管子焊接； (4) 薄板
气体保护焊	(1) 成本低(便宜)；(2) 生产率高(电流密度大)；(3) 焊薄板时变形小；(4) 可全位置焊；(5) 有氧化性；(6) 成形较差，飞溅大；(7) 设备使用、维修不便	(1) 非合金钢和强度级别不高的低合金结构钢； (2) 宜焊薄板，也可焊中厚板； (3) 单件小批，短曲焊缝用半自动保护焊；成批生产，长直缝和环缝用保护自动焊
电渣焊	与电弧焊相比： (1) 厚大截面一次焊成，生产率高；(2) 焊头组织粗大，焊后要正火	板厚 40 mm
电阻焊	与熔焊相比： (1) 生产率高；(2) 焊接变形小；(3) 设备复杂，投资大；(4) 用电量大	(1) 成批大量生产； (2) 可焊异种金属； (3) 杆状零件用对焊； 薄板壳体用点焊，气密薄壁容器用缝焊
钎焊	与熔焊、压焊相比： (1) 接头强度低，工作温度低；(2) 变形小，尺寸精确；(3) 生产率高，易机械化；(4) 可焊异种金属，还可焊异种材料；(5) 可焊某些复杂的特殊结构，如蜂窝结构	(1) 电子工业； (2) 仪器仪表及精密机械部件； (3) 异种金属； (4) 复杂的难焊的特殊结构

1) 接头质量和性能要符合结构要求

选择焊接方法要考虑金属的焊接性、焊接方法的特点和结构质量要求。例如，铝容器焊接，质量要求高的应用氩弧焊，质量要求不高的，可用气焊。焊接薄板壳体，变形要求较小时，用 CO_2 气体保护焊或电阻焊，而不用气焊。

2) 考虑经济性，生产率高成本低

单件小批量生产、短焊缝选用手工焊。成批生产长直缝选用自动焊。40 mm 以上厚板，采用电渣焊一次焊成，生产率高。

3) 工艺性

选用焊接方法时要考虑有没有相应的设备和焊接材料，在室外和野外施工有没有电源等条件，焊接工艺能否实现。例如，不能用双面焊，而只能用单面焊又要焊透时，宜用钨极氩弧焊打底，易于保证焊接质量。

上述几方面在实际焊接生产中应综合考虑，统筹安排。

8.6 常用金属材料的焊接

8.6.1 金属材料的焊接性

1. 金属焊接性概念

金属焊接性是指金属材料对焊接加工的适应性,是指金属在一定的焊接方法、焊接材料、工艺参数及结构形式条件下,获得优质焊接焊头的难易程度。它包括两个方面内容:一是工艺性能,即在一定的工艺条件下,焊接接头产生工艺缺陷的倾向,尤其是出现裂纹的可能性;二是使用性能,即焊接接头在使用中的可靠性,包括力学性能及耐热、耐蚀等特殊性能。

金属焊接是金属的一种加工性能,它取决于金属材料的本身性质和加工条件。就目前的焊接技术水平而言,工业上应用的绝大多数金属材料都是可以焊接的,只是焊接的难易程度不同而已。

随着焊接技术的发展,金属的焊接性也在改变。例如,铝在气焊和焊条电弧焊条件下,难以达到较高的焊接质量;而用氩弧焊焊接却能达到较高的技术要求。化学活泼性极强的钛的焊接性也是如此。等离子弧真空电子束、激光等新能源在焊接中的应用,使钨、钼、铌、钽、锆等高熔点金属及其合金的焊接都成为可能。

2. 金属焊接性的评定

金属焊接性的主要影响因素是化学成分。钢的化学成分不同,其焊接性也不同。钢中的碳和合金元素对钢的焊接性的影响程度是不同的。碳的影响最大,其他合金元素可以换算成碳的相当含量来估算它们对焊接性的影响。换算后的总和称为碳当量,作为评定钢材焊接性的参数指标。这种方法称为碳当量法。

碳当量有不同的计算公式。国际焊接学会(IIW)推荐的碳素结构钢和低合金结构钢碳当量 C_E 的计算公式为:

$$C_E(\%) = C + Mn/6 + (Ni + Cu)/15 + (Cr + Mo + V)/5$$

式中的化学元素符号都表示该元素在钢材中的质量分数,各元素含量取其成分范围的上限。

经验证明,碳当量越大,焊接性越差。当 $C_E < 0.4\%$ 时,钢材焊接性良好,焊接冷裂纹倾向小,焊接时一般不需要预热;$C_E = 0.4\% \sim 0.6\%$ 时,焊接性较差,冷裂倾向明显,焊接时需要预热并采取其他工艺措施防止裂纹;$C_E > 0.6\%$ 时,焊接性差,冷裂倾向严重,焊接时需要较高的预热温度和严格的工艺措施。

用碳当量法评定金属焊接性,只考虑化学成分因素,而没考虑板厚(刚性约束)、焊缝含氢量等其他因素的影响。国外经过大量试验提出了用冷裂纹敏感系数 P_c 来评定钢材焊接性的方法。其计算公式如下:

$$P_c(\%) = C + Si/30 + Mn/20 + Cu/20 + Ni/60 + Cr/20 + Mo/15 + V/10 + 5B + h/600 + H/60$$

式中:h ——板厚(mm);

H ——焊缝金属中扩散氢含量($cm^3/100g$)。

P_c 值中的各项含量均有一定范围。通过斜 V 形坡口对接裂纹试验还得出了防止裂纹的最低预热温度 T_p 公式:

$$T_p = 1440 P_c - 392(℃)$$

用 P_c 值判断冷裂纹敏感性比碳当量 C_E 值更好。根据 T_p 得出的防止裂纹的预热温度,在大多数情况下是比较安全的。

8.6.2　碳素结构钢和低合金高强度结构钢的焊接

1. 低碳非合金钢的焊接

低碳钢中碳的质量分数 $w_C<0.25\%$，碳当量 C_E 小于 0.4%，没有淬硬倾向，冷裂倾向小，焊接性良好。除电渣焊外，焊前一般不需要预热，焊接时不需要采取特殊工艺措施，适合各种方法焊接。只有板厚大于 50 mm，在 0 ℃ 以下焊接时，才需预热至 $100\sim150$ ℃。

氧含量较高的沸腾钢，硫、磷杂质含量较高且分布不均匀，焊接时裂纹倾向较大；厚板焊接时还有层状撕裂倾向。因此，重要结构应选用镇静钢焊接。

在焊条电弧焊中，一般选用 E4303(J422) 和 E4315(J427) 焊条；埋弧自动焊，常选用 H08A 或 H08MnA 焊丝和 HJ431 焊剂。

2. 中碳非合金钢的焊接

中碳钢中碳的质量分数 $w_C=0.25\%\sim6\%$，碳当量大于 0.4%，其焊接特点是淬硬倾向和冷裂纹倾向较大；焊缝金属热裂倾向较大。因此，焊前必须预热至 $150\sim250$ ℃。焊接中碳钢常用焊条电弧焊，选用 E5015(J507) 焊条。采用细焊条、小电流、开坡口、多层焊，尽量防止含碳量高的母材过多地进入焊缝。焊后应缓慢冷却，防止冷裂纹的产生。厚件可考虑用电渣焊，提高生产效率，焊后进行相应的热处理。

w_C 大于 0.6% 的高碳钢焊接性更差。高碳钢的焊接只限于修补工作。

3. 低合金高强度结构钢的焊接

低合金高强度结构钢一般采用焊条电弧焊和埋弧自动焊，相应焊接材料选用见表 8-5。

表 8-5　常用低合金高强度结构钢及其焊接材料示例

强度等级/MPa	钢号	碳当量/(%)	焊条	埋弧自动焊	
				焊丝	焊剂
294	Q295 (09Mn2)	0.36	E4303(J422) E4315(J427)	H08A H08MnA	HJ431
343	Q345 (16Mn)	0.39	E5003(J502) E5015(J507) E5016(J506)	H08A(不开坡口) H08MnA(开坡口) H10Mn2(开坡口)	HJ431
392	Q390 (15MnV)	0.40	E5003(J502) E5015(J507) E5016(J506) E5515-G(J557)	不开坡口对接 H08MnA 中板开坡口 H10Mn2 H08Mn2SiA	HJ431
				厚板深坡口 H08MnMoA	HJ350 HJ250
441	Q420 (15MnVN)	0.43	E5515-G(J557) E6015-(J607)	H08MnMoA H04MnVTiA	HJ431 HJ350
491	14MnMoV 18MnMoNb	0.50 0.55	E6015-(J607) E7015-G(J707)	H08Mn2MoA H08Mn2MoVA	HJ250 HJ350

此外,强度级别较低的可采用 CO_2 气体保护焊;较厚件可采用电渣焊;屈服强度大于 50 MPa 的高强度钢,宜采用富氩混合气体(如 Ar80%+ $CO_2$20%)保护焊。

Q345 钢(16Mn),碳当量 $C_E<0.4\%$,焊接性良好,一般不需要预热,它是制造锅炉压力容器等重要结构的首选材料。当板厚大于 30 mm 时,或环境温度较低时,焊前应预热,焊后进行消除应力处理。Q345(16Mn)不同环境下的预热温度见表 8-6。

焊接含有其他合金元素和强度等级较高的材料时,应选择适宜的焊接方法,确定合理的焊接参数,采用严格的焊接工艺。

表 8-6 不同环境温度下焊接 Q345(16Mn)钢的预热温度

板厚/mm	不同气温下的预热温度
16 以下	不低于−10 ℃不预热,−10 ℃以下预热 100~150 ℃
16~24	不低于−5 ℃不预热,−5 ℃以下预热 100~150 ℃
25~40	不低于 0 ℃不预热,0 ℃以下预热 100~150 ℃
40 以上	预热 100~150 ℃

8.6.3 不锈钢的焊接

在所用的不锈钢材料中,奥氏体不锈钢应用最广。其中以 18-8 型不锈钢(如 1Cr18Ni9Ti)为代表,它焊接性良好,适用于焊条电弧焊、氩弧焊和埋弧自动焊。焊条电弧焊选用化学成分相同的奥氏体不锈钢焊条;氩弧焊和埋弧自动焊所用的焊丝化学成分应与母材相同,如焊 1Cr18Ni9Ti 时选用 HOCr20Ni10Nb 焊丝,埋弧焊用 HJ260 焊剂。

奥氏体不锈钢的主要问题是焊接工艺参数不合理时,容易产生晶间腐蚀和热裂纹,这是 18-8 型不锈钢的一种极危险的破坏形式。晶间腐蚀的主要原因是碳与铬化合成 Cr23C6,造成贫铬区,使耐蚀能力下降。焊条电弧焊时,应采用细焊条,进行小线能量(主要用小电流)快速不摆动焊,最后焊接接触腐蚀介质的表面焊缝。

马氏体不锈钢焊接性较差,焊接接头易出现冷裂纹和淬硬脆化。焊前要预热,焊后要进行消除残余应力的处理。

铁素体不锈钢焊接时,过热区晶粒容易长大引起脆化和裂纹。通常在 150 ℃以下预热,减少高温停留时间,并采用小线能量焊接工艺,以减小晶粒长大倾向,防止过热脆化。

工程上有时需要把不锈钢与低碳钢或低合金钢焊接在一起,如 1Cr18Ni9Ti 与 Q235 焊接,通常用焊条电弧焊。焊条既不能选用奥氏体不锈钢焊条,也不能选用焊低碳钢(如 E4303)焊条,而应选择 E307-15 不锈钢焊条,使焊缝金属组织是奥氏体加少量铁素体,以防止产生焊接裂纹。

8.6.4 铸铁的焊补

铸铁含碳量量高,且硫、磷杂质含量高,因此,焊接性差,容易出现白口组织、焊接裂纹、气孔等焊接缺陷。对铸铁缺陷进行焊接修补,有很大的经济意义。

铸铁一般采用焊条电弧焊、气焊来焊补,按焊前是否预热分为热焊和冷焊两类。

1. 热焊

热焊是焊前将工件整体或局部预热到 600~700 ℃,焊后缓慢冷却。热焊可防止出现白口组织和裂纹,焊补质量较好,焊后可以进行机械加工。但热焊生产率低,成本较高,劳动条件较差,一般用于焊补形状复杂、焊后需进行加工的重要铸件,如床头箱、汽缸体等。

气焊时采用含硅高的铸铁焊条作填充金属,硅含量 $w_{Si}=3.5\%\sim4.0\%$,碳硅总含量 w_{C+Si} 达 7% 左右。同时用气剂 201 或硼砂等气焊熔剂去除氧化皮。气焊火焰还可用来预热工件和焊后缓冷,这样比较方便;焊条电弧焊用涂有药皮的铸铁焊条(如 EZNiFe-1)或钢芯石墨化铸铁焊条(如 EZCQ),以补充碳硅的烧损,并造渣清除杂质。

2. 冷焊

冷焊一般不预热或在较低温度下预热(400 ℃以下)。常用焊条电弧焊,主要依靠焊条调整化学成分,防止出现白口和裂纹,焊接时,应尽量采用小电流、短弧、短焊道(每段不大于 50 mm),并在焊后及时用锤击打焊缝以松弛应力,防止开裂。

冷焊用焊条常用镍基焊条,包括纯镍基焊条(EZNi)、镍铁铸铁焊条(EZNiFe)、镍铜铸铁焊条(EZNiCu)、结构钢焊条(E5015)。进一步选用可参照 GB/T 10044—2006 执行。

冷焊方便灵活,生产率高,成本低,劳动条件好,可用于焊补机床导轨、球墨铸铁件等一些非加工面的焊补。

8.7　焊接结构工艺性

焊接结构的设计,除考虑结构的使用性能要求外,还应考虑结构的工艺性能,以力求生产率高、成本低,满足经济性的要求。焊接结构工艺性一般包括焊接结构材料选择、焊缝布置和焊接接头设计等方面的内容。

8.7.1　焊接结构材料的选择

随着焊接技术的发展,工业上常用的金属材料一般均可焊接。但材料的焊接性不同,焊后的接头质量差别就很大。因此,应尽可能选择焊接性良好的焊接材料来制造焊接构件。特别应优先选用低碳钢和普通低合金钢(如 Q345)等材料,其价格低廉,工艺简单,易于保证焊接质量。

重要焊接结构材料的选择,已在相应标准中规定好了,可查阅有关标准或手册。

8.7.2　焊缝布置

焊缝布置的一般工艺设计原则如下。

(1)焊缝布置应尽可能分散,避免过分集中和交叉。

焊缝密集或交叉会加大热影响区,使组织恶化,性能下降。两条焊缝间距一般要求大于 3 倍板厚且不小于 100 mm,如图 8-38 所示。

(2)焊缝应避开应力集中部位。

焊缝接头往往是焊接结构的薄弱环节,存在残余应力和焊接缺陷。因此,焊缝应避开应力较大的部位,尤其是应力集中部位。如压力容器一般不用平板封头、无折边封头,而应采用蝶形封头和球形封头等,如图 8-39(a)、(b)、(c)所示;焊接钢梁时,焊缝不应在梁的中间,而应按如图 8-39(d)所示方式分布。

(3)焊缝布置应尽可能对称。

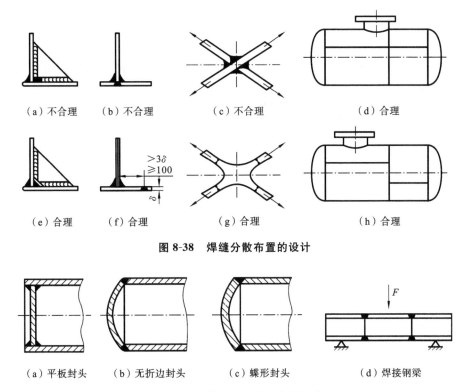

（a）不合理　　（b）不合理　　　（c）不合理　　　　　　（d）合理

（e）合理　　（f）合理　　　　（g）合理　　　　　　　（h）合理

图 8-38　焊缝分散布置的设计

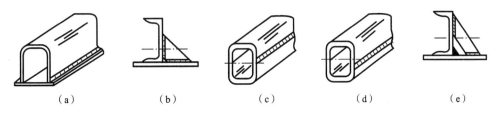

（a）平板封头　　（b）无折边封头　　（c）蝶形封头　　（d）焊接钢梁

图 8-39　焊缝应避开应力集中部分

　　焊缝对称布置可使焊接变形相互抵消。如图 8-40 中,图(a)、(b)所示焊缝偏于截面重心一侧,焊后会产生较大的弯曲变形;图(c)、(d)、(e)所示的焊缝对称分布,焊后不会产生明显变形。

（a）　　　　　（b）　　　　　（c）　　　　　（d）　　　　　（e）

图 8-40　焊缝对称布置的设计图

　　(4) 焊缝布置应便于焊接操作。

　　布置焊缝时,要考虑到有足够的操作空间。如图8-41(a)、(b)、(c)所示的内侧焊缝,焊接时焊条无法伸入。若必须焊接时,只能将焊条弯曲,但操作者的视线被遮挡,极易造成缺陷。因此应改为图(d)、(e)、(f)所示的设计。对于埋弧焊结构,要考虑施焊中在接头处存放焊剂和熔池的保持问题(见图 8-42)。对于点焊和缝焊,应考虑电极伸入的方便性(见图8-43)。

　　(5) 尽量减少焊缝长度和数量。

　　减少焊缝长度和数量,可减少焊接加热,减少焊接应力和变形,同时减少焊接材料消耗,降低成本,提高生产率。图 8-44 是采用型材和冲压件减少焊缝的设计。

　　(6) 焊缝应尽量避开机械加工表面。

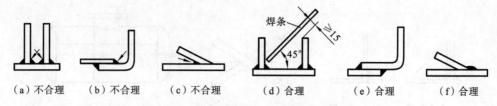

（a）不合理　　（b）不合理　　（c）不合理　　（d）合理　　（e）合理　　（f）合理

图 8-41　焊缝位置便于电弧焊操作的设计

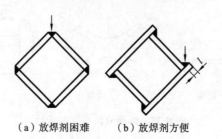

（a）放焊剂困难　　（b）放焊剂方便

图 8-42　焊缝便于埋弧焊的设计

有些焊接结构需要进行机械加工，为保证加工表面精度不受影响，焊缝应避开这些加工表面，如图 8-45 所示。

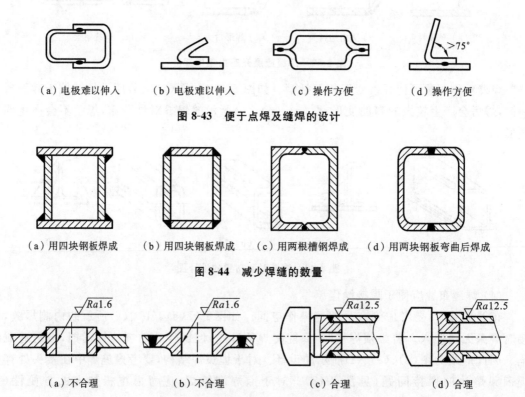

（a）电极难以伸入　（b）电极难以伸入　（c）操作方便　（d）操作方便

图 8-43　便于点焊及缝焊的设计

（a）用四块钢板焊成　（b）用四块钢板焊成　（c）用两根槽钢焊成　（d）用两块钢板弯曲后焊成

图 8-44　减少焊缝的数量

（a）不合理　　（b）不合理　　（c）合理　　（d）合理

图 8-45　焊缝远离机械加工表面的设计

此外，焊缝应尽量放在平焊位置，尽可能避免仰焊焊缝，减少横焊焊缝。良好的焊接结构设计，还应尽量使全部焊接部件，至少是主要部件能在焊接前一次装配点固，以简化装配焊接过程，节省场地面积，减少焊接变形，提高生产效率。

8.7.3 焊接接头设计

1. 接头形式设计

GB/T 3375—1994 规定,焊接碳钢和低合金钢的基本接头形式有对接接头、搭接接头、角接接头和 T 形接头四种。接头形式的选择是根据结构的形状、强度要求、工件厚度、焊接材料消耗量及其他焊接工艺而进行的。

对接接头受力比较均匀,节省材料,但对下料尺寸精度要求高。搭接接头因被焊工件不在同一平面上,受力时接头会产生附加弯曲应力,但对下料尺寸精度要求低,因此,锅炉、压力容器等结构的受力焊缝常用对接接头。对于厂房屋架、桥梁、起重机吊臂等桁架结构,多采用搭接接头。

角接接头和 T 形接头受力都比对接接头复杂,但接头成一定角度或直角连接时,必须采用这种接头形式。

此外,对于薄板气焊或钨极氩弧焊,为了避免烧穿或为了省去填充焊丝,常采用卷边焊接头。

2. 坡口形式设计

GB/T 985.1—2008 规定,焊条电弧焊常采用的基本坡口形式有 I 形坡口、V 形坡口、X 形坡口、U 形坡口等,如图 8-46 至图 8-48 所示。

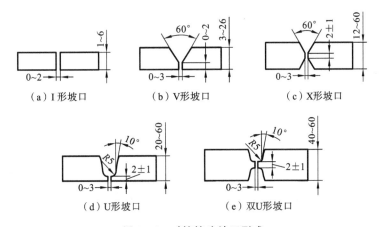

(a) I 形坡口　　(b) V 形坡口　　(c) X 形坡口

(d) U 形坡口　　(e) 双 U 形坡口

图 8-46　对接接头坡口形式

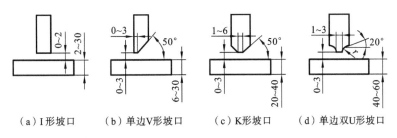

(a) I 形坡口　　(b) 单边 V 形坡口　　(c) K 形坡口　　(d) 单边双 U 形坡口

图 8-47　T 形接头坡口形式

坡口形式的选择主要依据板厚,目的是既能保证焊透,又能提高生产率和降低成本。焊条电弧焊接头的基本形式与尺寸示例见表 8-7。

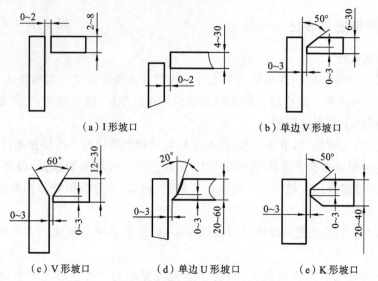

（a）I形坡口　　　　　　　　　（b）单边V形坡口

（c）V形坡口　　　　（d）单边U形坡口　　　　（e）K形坡口

图 8-48　角接接头坡口形式

表 8-7　焊条电弧焊接头的基本形式与尺寸示例

序号	适用厚度/mm	基本形式	焊缝形式	基本尺寸			标注方法
1	1～3		熔深S=0.7	d	=1～2	＞2～3	$S \parallel b$
				b	$0^{+0.5}$	$0^{+1.0}$	
2	3～6			d	=3～3.5	=3.6～6	$\parallel b$
				b	$0^{+1.0}$	$1^{+1.5}_{-1.0}$	
3	3～26			d	3～9	9～26	$\begin{array}{c}a\\b\\p\end{array}$
				α	70°±5°	60°±5°	
4				b	1±1	2^{+1}_{-2}	$\begin{array}{c}a\\b\\p\end{array}$
				p	1±1	2^{+1}_{-2}	
5	12～60			d	=12～60		$\begin{array}{c}a\\b\\p\end{array}$
				b	2^{+1}_{-2}		
6				p	2^{+1}_{-2}		$\begin{array}{c}a\\p\\H\end{array}$
7	20～60			d	=20～60		$p×R\begin{array}{c}a_1\\b\end{array}$
				b	2^{+1}_{-2}		
8				p	2±1		$p×R\begin{array}{c}a_1\\b\end{array}$
				R	5～6		

坡口的加工方法常有气割、切削加工(刨削和切削等)、碳弧气刨等。

在板厚相等的情况下,X 形坡口比 V 形坡口需要的填充金属少。因此,X 形坡口焊接所消耗的焊条少,所需焊接工时也少,并且焊后角变形小,但是 X 形坡口需要双面焊。U 形坡口根部较宽,允许焊条深入与运条,容易焊透,同时比 V 形坡口省焊条,省工时,焊接变形也较小。但 U 形坡口形状复杂,需通过切削加工准备坡口,成本较高,一般只在重要的受动载的厚板焊接结构中采用。

一般来说,要求焊透的受力焊缝,在焊接工艺可行的情况下能双面焊的都应采用双面焊,这样容易保证焊接质量,容易全部焊透,焊接变形也小。

如果被焊的两块金属厚度差别较大,接头两边受热不均匀,容易产生焊不透等缺陷,接头处还会造成应力集中。GB/T 985.1—2008 中规定允许厚度差如表 8-8 所示。如果厚度差超过表 8-8 中的规定值,应在较厚板上单面或双面削薄,其削薄长度 $L \geqslant 3(d-d_1)$,如图 8-49 所示。

表 8-8 不同厚度钢板对接允许厚度差 (单位:mm)

较薄板的厚度 d_1	2~5	5~9	9~12	>12
允许厚度差($d-d_2$)	1	2	3	4

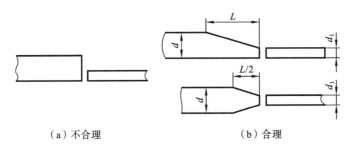

（a）不合理　　　　　　　　（b）合理

图 8-49 不同厚度的板对接

8.8 焊接新技术简介

随着焊接技术和工艺的迅速发展,很多新的焊接技术已成为普遍应用的焊接方法了,如氩弧焊、脉冲焊接等。当前一个时期焊接新工艺的发展有三个方面:一是随着原子能、航空航天等技术的发展,新的焊接材料和结构的出现而出现的新的焊接工艺方法,如真空电子束焊,激光焊,真空扩散焊等;二是改进常用的普通焊接方法的工艺,如脉冲氩弧焊、窄间隙焊、三丝埋弧焊等,可使焊接质量和生产率大大提高;三是采用电子计算机控制焊接过程和焊接机器人等。这里仅对部分新的焊接技术作简单介绍。

8.8.1 等离子弧焊接和切割

一般电弧焊所产生的电弧没有受到外界约束,称为自由电弧,电弧区内的气体尚未完全电离,能量也未高度集中。如果利用某种装置使自由电弧的弧柱受到压缩,弧柱中的气体就完全电离(通称为压缩效应),便产生温度比自由电弧高得多的等离子弧。

等离子弧发生装置如图 8-50 所示:在钨极与工件之间加一高压,经高频振荡器使气体电

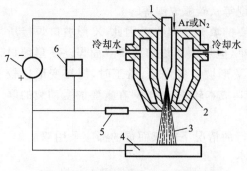

图 8-50　等离子弧发生装置原理图
1—钨极；2—喷嘴；3—等离子弧；4—工件；
5—电阻；6—高频振荡器；7—直流电源

离形成电弧，这一电弧受到三个压缩效应：一是电弧通过经水冷的细孔喷嘴时被强迫缩小，不能自由扩展，这种电弧的约束作用称为机械压缩效应；二是通入有一定压力和流量的氩气或氮气流时，由于喷嘴水冷作用，靠近喷嘴通道壁的气体被强烈冷却，在弧柱四周产生一层电离度趋于零的冷气膜，使弧柱进一步压缩，电离度大为提高，从而使弧柱温度和能量密度增大，这种压缩作用称为热压缩效应；三是带电粒子流在弧柱中的运动好像电流在一束平行的"导线"中的移动一样，其自身磁场所产生的电磁力，使这些"导线"相互吸引靠近，弧柱又进一步被压缩，这种压缩作用称为电磁收缩效应。在上述三个效应作用下形成等离子弧，弧柱能量高度集中，能量密度可达 $10^5 \sim 10^6 \ \text{W/cm}^2$，温度可达 20000～50000 K（一般自由状态的钨极氩弧最高温度为 10000～20000 K，能量密度在 $10^4 \ \text{W/cm}^2$ 以下）。因此，它能迅速熔化金属材料，用来焊接和切割。等离子弧焊接分为大电流等离子弧焊和微束等离子弧焊两类。

（1）大电流等离子弧焊件厚度大于 2.5 mm。大电流等离子弧焊有两种工艺。第一种是穿透型等离子弧焊。在等离子弧能量足够大和等离子流量较大的条件下焊接时，焊件上产生穿透小孔，小孔随等离子弧移动，这种现象称为小孔效应。稳定的小孔是完全焊透的重要标志。由于等离子弧的能量密度难以提高到较高程度，致使穿孔型等离子弧焊只能用于一定板厚单面焊。第二种是熔透型等离子弧焊。当等离子气流量减小时，小孔效应消失了，此时等离子弧焊和一般钨极氩弧焊相似，适用于薄板焊接、多层焊和角焊缝。

（2）微束等离子弧焊时电流在 30 A 下。由于电流小到 0.1 A 时等离子弧仍十分稳定，所以电弧能保持良好的挺度和方向性，适用于焊接 0.025～1 mm 的金属箔材和薄板。

等离子弧焊除具有氩弧焊的优点外，还有以下两方面特点：一是有小孔效应且等离子弧穿透能力强，所以 10～12 mm 的厚度焊件可不开坡口，能实现单面焊双面自由成形；二是微束等离子弧焊可用来焊很薄的箔材。因此，它日益广泛地应用于航空航天等尖端技术部门，进行铜合金、钛合金、合金钢、钼、钴等金属的焊接，如焊接钛合金导弹壳体、波纹管及膜盒、微型继电器、飞机上的薄壁容器等。现在民用工业也开始采用等离子弧焊，如锅炉管子的焊接等。

等离子弧切割原理与氧气切割不同，它是利用能量密度高的高温高速等离子流。将切割金属局部熔化并随即吹去，形成整齐切口。它不仅比氧气切割效率高 1～3 倍，还能切割不锈钢、有色金属及其合金及难熔金属，也可用来切割花岗石、碳化硅、耐火砖、混凝土等非金属材料。

目前我国工业中已经采用水压压缩等离子弧切割。即在等离子弧喷嘴周围设置环状压缩喷水通路，对称射向等离子流。这种水压缩等离子弧较一般等离子弧切口质量好，切割速度高，可降低成本，并有效地防止切割时产生的金属蒸气和粉尘等有毒烟尘，可改善劳动条件。

8.8.2　真空电子束焊接

随着原子能和航空航天技术的发展，大量应用了锆、钛、钽、铌、钼、铍、镍及其合金。这些稀有的难熔、活性金属，用一般的焊接技术难以得到满意的效果。直到 1956 年真空电子束焊接技术研制成功，才为这些难熔的活性金属的焊接开辟了一条有效途径。

真空电子束焊是把工件放在真空（真空度必须保持在 10^2 Pa 以下）室内，由真空室内的电子枪产生的电子束经聚焦和加速，撞击工件后动能转化为热能的一种熔化焊，如图 8-51 所示。

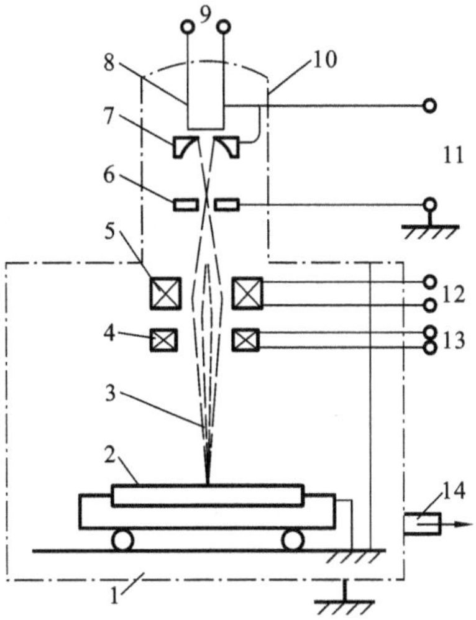

真空电子束焊一般不加填充焊丝，若要求焊缝的正面和背面有一定堆高，可在接缝处预加垫片。焊前必须严格除锈和清洗，不允许残留有机物。对接焊缝间隙不得超过 0.2 mm。

真空电子束焊有以下特点。

（1）在真空环境中施焊，保护效果极佳，焊接质量好，焊缝金属不会氧化、氮化，且无金属电极玷污。没有弧坑或其他表面缺陷，内部熔合好，无气孔夹渣。特别适合于焊接化学活泼性强、纯度高和极易被大气污染的金属，如铝、钛、锆、钼、钽、铍、高强度钢、不锈钢等。

（2）热源能量密度大，熔深大，焊速快，焊缝深而窄，焊缝宽深比可达 1∶20。钢板焊接厚度可达到 200～300 mm，铝合金厚度已超过 300 mm。

图 8-51　真空电子束焊接示意图

1—真空室；2—工件；3—电子束；4—偏转线圈；
5—聚焦透镜；6—阳极；7—阴极；8—灯丝；
9—交流电源；10—电子枪；11—直流高压电源；
12、13—直流电源；14—排气装置

（3）焊接变形小。可以焊接一些机械加工好的组合零件，如齿轮组合件等。

（4）焊接工艺参数调节范围广，焊接过程控制灵活，适应性强。可以焊接 0.1 mm 薄板，也可以焊接 200～300 mm 的厚板；可焊普通的合金钢，也可以焊难熔金属、活性金属以及复合材料、异种金属，如铜-镍、钼-镍、钼-钨等，还能焊接用一般焊接方法难以施焊的复杂形状的工件。

（5）焊接设备复杂、造价高、使用与维护要求技术高。焊件尺寸受真空室限制。

目前，真空电子束焊在原子能、航空航天等尖端技术部门应用日益广泛，从微型电子线路组件、真空膜盒、钼箱蜂窝结构、原子能燃料元件、导弹外壳到核电站锅炉气泡等都已采用电子束焊接。此外，熔点、导热性、溶解度相差很大的异种金属构件、真空中使用的器件和内部要求真空的密封器件等，用真空电子束焊也能得到良好的焊接接头。

但是，由于真空电子束焊接是在压强低于 10^2 Pa 的真空中进行的，因此，易蒸发的金属和含气量比较多的材料，在真空电子束焊接时容易形成电弧，妨碍焊接过程的连续进行。所以，含锌较高铝合金（如铝-锌-镁）和铜合金（黄铜）及未脱氧处理的低碳钢，不能用真空电子束焊接。

8.8.3　激光焊接与切割

激光焊接是利用原子受激辐射的原理，使工作物质（激光材料）受激而产生的一种单色性好、方向性强、强度很高的激光束。聚焦后的激光束最高能量密度可达 10^{13} W/cm²，能在千分之几秒甚至更短时间内将光能转换成热能，温度可达 10000 摄氏度以上，可以用来焊接和切割。

激光焊接如图 8-52 所示。目前焊接中应用的激光器有固体激光器和气体激光器两种。固体激光器常用的激光材料有红宝石、钕玻璃和掺钕钇铝石榴石；气体激光器所用激光材料是二氧化碳。

激光焊分为脉冲激光焊接和连续激光焊接两大类。脉冲激光焊对电子工业和仪表工业微形件焊接特别适用，可以实现薄片（0.2 mm 以上）、薄膜（几微米到几十微米）、丝与丝（直径 0.02～0.2 mm）、密封缝焊和异种金属、异种材料的焊接，如集成电路外引线和内引线（硅片上

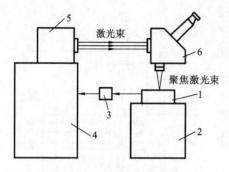

图 8-52　激光焊接示意图

1—工件；2—工作台；3—信号器；
4—电源与控制设备；5—激光器；
6—观察器及聚焦系统

蒸镀有 $1.8\ \mu m$ 的铝膜和 $50\ \mu m$ 厚铝箔）的焊接，微波器件中速调管的钽片和钼片的焊接，零点几毫米直径不锈钢、铜、镍、钽等金属丝的对接、重叠、十字接、T字接，密封性微型继电器、石英晶体器件外壳和航空仪表零件的焊接等。

连续激光焊接主要使用大功率 CO_2 气体激光器，连续输出功率可达 100 kW，可以进行从薄板精密焊到 50 mm 厚板深穿入焊的各种焊接。

激光焊接的特点如下。

（1）能量密度大且放出极其迅速，适合于高速加工，能避免热损伤和焊接变形，故可进行精密零件、热敏感性材料的加工。被焊材不易氧化，可以在大气中焊接，不需要气体保护或真空环境。

（2）激光焊接装置不需要与被焊接工件接触。激光束可用反射镜或偏转棱镜将其在任何方向上弯曲或聚焦，还可用光导纤维将其引到难以接近的部位进行焊接。激光还可以穿过透明材料进行聚焦，因此可以焊接采用一般方法焊接时难以接近的接头或无法安置的接焊点，如真空管中电极的焊接。

（3）激光可对绝缘材料直接焊接，对异种金属材料焊接比较容易，甚至能把金属与非金属焊接在一起。

激光束能切割各种金属材料和非金属材料，如氧气切割难以切割的不锈钢，钛、铝、锆及其合金等金属材料，木材、纸、布、橡胶、塑料、岩石、混凝土等非金属材料。

激光切割机理有激光蒸发切割、激光熔化吹气切割和激光反应气体切割三种。

激光切割具有切割质量好，效率高，速度快，成本低等优点。一般来说，金属材料对激光吸收效率低，反射损失较大，同时导热性强，所以要尽可能采用大功率激光器。非金属材料对 CO_2 激光束的吸收率是相当高的，传热系数都较低，所用激光器功率不需要很大，切割、打孔等加工较容易，因此，用较小功率的激光器就能进行非金属材料的切割。目前大功率 CO_2 激光器作为隧道和挖掘工程的辅助工具，已用于岩石的切割。

8.9　焊接生产过程中计算机的应用

目前的焊接设备及技术已经应用非常广泛，然而焊接水平的提高很大程度上依赖于专业人员的焊接经验。随着科技的进步，自 20 世纪起，焊接已经从材料、材料成形以及机械力学等领域内独立出来，形成了自己独立的学科体系。而随着计算机计算能力的高速发展，科研人员越来越注意计算机在科研领域内的应用。例如，我们研究的焊接数学模型和数值模拟技术已经在实际研究中得到了广泛的应用，因此使焊接水平很大程度上依赖于专业人员焊接经验的现状得到了很大的改观。通过计算机数值计算模拟的方式，可以实现对焊接实验中出现的某一问题的重点处理，并且在计算中，可以充分利用计算机内核可完成高效大型计算的特点，大大减少实际焊接实验的重复次数，大大减小经济成本，并且提高效率。

近年来，焊接过程计算机模拟技术有了很大的飞跃。通过计算机进行模拟计算是指将实际工艺过程中的温度场、应力场、晶粒形核、晶粒长大等具体问题转化成数学的微分边值问题来解决,并根据计算结果对实际产品生产过程中出现的问题进行定量及定性分析。然后,可以通过计算机的可视化图像技术将计算模拟结果非常直观、形象,动态地显示出来,使研究人员能够通过这样一套虚拟的模拟系统来对实际的材料焊接成形过程进行设计检验,以对实际的焊接工艺以及接头形状等进行重新设计。

1. 焊接温度场的有限元计算

本节主要模拟室温状态下氢弧焊对 6 mm 厚的铝板焊接的温度分布,在分析中,焊枪的移动速度是 0.35 m/min,焊接方法为非熔化极氢弧焊(TIG),直径 2.4 mm,焊接电压 50 V,电流 80~190 A。在铝板的 6 mm 以后开始焊接,提前 6 mm 结束。

通过 ABAQUS、FORTRAN 与 VS2008 之间的接口,实现 ABAQUS 软件焊接的二次开发。通过子程序实现热输入的连续实现,非常好地吻合了实际的焊接实验。

2. 几何模型的建立

因为本次模拟采用的是铝板,是实际中就可变形的、导热良好的实体,因此实际建模过程采用 3D 的可变形实体。因此采用 Extrution 进行拉伸建模,拉伸面为 60 mm×6 mm 的矩形,拉伸长度为 80 mm,然后建立 part,随后对 part 进行 partion,将其分成两块对接板。在实际的焊接模拟中从中间线的起点到终点,施加移动的焊接热源。建成的模型为如图 8-53 所示的 80 mm×60 mm×6 mm 长方体。

图 8-53 ABAQUS 建模实体模型

3. 材料属性

考虑到材料的属性随着温度的变化而变化,尤其在高温时,材料的热物性参数极难得到,在程序中设定这些参数时,通过可测得的常温数据外推得到高温区的数据,然后以随动数据表格的形式给材料赋予性能,即给定材料某几个温度点处的参数,假定材料的性能是温度的分段函数,如表 8-9 所示。在计算应力的过程中,除加热过程的参数温度场所列的参数外,还有弹性模量和泊松比、热膨胀系数等参数,定义材料的种类及其各种物性参数。表 8-11 所示为一些材料物性参数的取值。

表 8-9 加热铝材料的热物理性能

温度 T/ ℃	导热系数 k/(W/m℃)	密度 ρ/(kg/m³)	比热 c/(J/kg℃)	膨胀系数/(m/℃)
20	119	2700	900	2.23E-005
100	121	2680	921	2.28E-005
200	126	2650	1005	2.47E-005
300	130	2628	1047	2.55E-005
400	138	2580	1089	2.65E-005
500	141	2540	1106	2.7E-005
2000	145	2410	1129	2.7E-005

确定了材料的物性参数,就能够在 ABAQUS 有限元分析软件中进行材料属性的接口输入,建立材料的属性卡。当没有赋予材料属性时,只是建立了一个模型、一个几何体,它没有实际的物理意义,因此要将材料属性赋予材料,使几何体成为真正的实体材料。建立材料属性后,需要将材料属性赋予几何体,使其有实际的物理意义。ABAQUS 中不能直接定义几何体的材料属性,而是要间接地把材料属性赋予几何实体。

4. 数值模拟模型建立

本节主要考虑焊接过程及焊接后焊接区域的温度分布,以为后面的程序模拟提供温度输入依据,因此温度在纵向不同厚度的分布是分析的关键。在应用热力耦合分析时,温度场单元可选用 DC3D8 或 DC3D20。在有限单元剖分时,原则上网格越密,单元数量越多,计算的精度越高。但是过密的网格单元会使计算所需的资源及时间成本呈几何数级增长,过多的资源消耗对非关键部位的计算没有帮助。对于非线性结构分析,由二阶单元与线性单元所得的计算结果基本一致,而且计算代价较大,因此本程序选择 DC3D8 单元,直接计算温度场。整个模型共有 28800 个单元。

5. 模拟结果分析

完成边界条件的设定及热源的加载、设定载荷步、定义瞬态分析类型、后处理等操作后,通过数值求解便可得到模拟结果,进而完成模拟结果分析。

模型的中间为焊道,在实际焊接过程中,主要发生与周围环境的换热。设定周围的环境温度为 20 ℃,换热系数为 80。

为了进行温度数据的计算,分别计算焊接电流在 80 A、100 A、120 A、140 A、160 A、190A 时的温度场。通过 ABAQUS 有限元分析的场输出,进行温度场的输出,然后将数据输入到编写的程序中。通过几组对比测量能够更直观地了解温度场的分布情况。首先测得在某一相同电流条件下的不同位置的温度变化情况,然后测得在不同电流条件下相同位置的温度变化历程。通过对比焊接熔池的温度分布,可作出准确的分析,如图 8-54 所示,为后面温度数据的输入计算提供依据。首先,模拟得到焊接的熔池轮廓,如图 8-55 所示,其中的椭圆状区域为电流在 100 A 时,温度大于 660.4 ℃的铝焊接熔池轮廓。

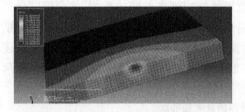 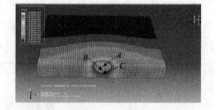

图 8-54　电流 140 A 时的焊接温度分布　　**图 8-55　电流 140 A 时的熔池轮廓**

A—熔池的中心点;B—熔池内部的某点;

C—热影响区的某点

为了进行对比,选取部件的相同位置(见图 8-55 的三个关键位置)下、同一时间点、在不同焊接电流下的热循环曲线。在此处分别选取时间步为 17 s 时的熔池中心和熔池内部及热影响区的三点,测出它们的温度历程变化过程。

由图 8-56 至图 8-58 可以看出,在相同焊接条件下,在焊接熔池的不同位置,温度是不一样的。熔池的中心点 A 的温度是最高的,大约为 1000 ℃,如图 8-56 所示。熔池内部某一点 B 的最高温度大约为 700 ℃,如图 8-57 所示。而热影响区中的点 C 的温度低于铝的熔点,最高温度在 600 ℃左右,如图 8-58 所示。可以看出,通过有限元计算结果与实际的焊接实验有较好的吻合度。由于具体的温度输出数据非常多,在这里只是选取几点进行分析和比较。

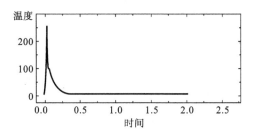

图 8-56　A 点温度历程曲线

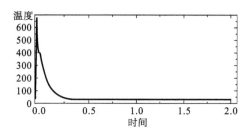

图 8-57　B 点温度历程曲线

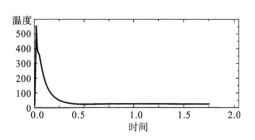

图 8-58　C 点温度历程曲线

以上分析是在 100 A 电流条件下进行的,为了便于比较分析,分别测算在 80 A、100 A、120 A、140 A、160 A、190 A 时,同一位置的温度历程变化。在热输入不变的情况下,经过有限元的计算测量得到在 80 A、100 A、120 A、140 A、160 A、190 A 时的熔池轮廓,即熔池的熔深和熔宽,如表 8-10 所示。

表 8-10　不同电流条件下的焊缝熔池轮廓　　　　　　　　　　（单位:mm）

轮廓尺寸	80 A	100 A	120 A	140 A	160 A	190 A
宽	5.14	6.31	6.96	8.84	9.63	11.12
深	1.31	1.67	2.38	3.96	5.61	5.95

思考与练习题

8-1　何谓焊接电弧?试述焊接电弧基本构造及温度、热量分布。

8-2　什么是直流弧焊机的正接法、反接法?应如何选用?

8-3　为什么碱性焊条用于重要结构?生产上如何选用电焊条?

8-4　焊芯的作用是什么?其化学成分有何特点?焊条药皮有哪些作用?

8-5　下列电焊条的型号或牌号的含义是什么?说明其用途。

E4303　E5015　J423　J506

8-6　熔焊接头由哪几部分组成?以低碳钢为例,说明热影响区中各区段的组织和力学性能的变化情况。

8-7　焊接接头中力学性能差的薄弱区域在哪里?为什么?

8-8　什么叫焊接热影响区?低碳钢焊接热影响区的组织与性能怎样?

8-9　焊接变形的基本形式有哪些？如何预防和矫正焊接变形？

8-10　从减少焊接应力的角度考虑，拼焊如图 8-59 所示的钢板时应怎样确定焊接顺序？

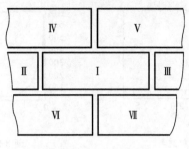

图 8-59　题 8-10 图

8-11　预防产生焊接应力的措施有哪些？

8-12　埋弧焊与焊条电弧焊相比具有哪些特点？埋弧焊为什么不能代替焊条电弧焊？

8-13　电渣焊、摩擦焊、电阻焊各有何特点？各适用于什么场合？

8-14　何谓焊接性？影响焊接性的因素是什么？如何衡量钢材的焊接性？

8-15　焊补铸铁件有哪些困难？通常采用哪些方法？

8-16　普通低合金钢焊接的主要问题是什么？焊接时应采取哪些措施？

8-17　焊条电弧焊焊接接头的基本形式有哪几种？各适用于什么场合？

8-18　焊缝布置的原则是什么？如图 8-60 所示，两焊件的焊缝布置是否合理？若不合理，请加以改正。

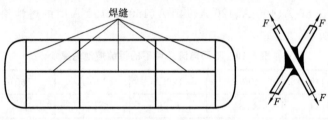

图 8-60　题 8-18 图

8-19　钢板拼焊工字梁的结构与尺寸如图 8-61 所示。材料为 Q235 钢，成批生产，现有钢板的最大长度为 2500 mm。试确定：

（1）腹板、翼板的接缝位；

（2）各条焊缝的焊接方法和焊接材料；

（3）各条焊缝的结构形式和坡口（画简图）；

（4）各条焊缝的焊接顺序。

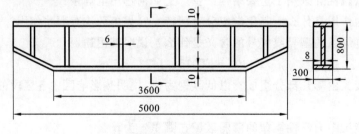

图 8-61　题 8-19 图

8-20　钢制压力容器结构如图 8-62 所示。本体 2 由筒体和封头组成,材料为 Q345 钢,钢板尺寸为 1200 mm×6000 mm×8 mm,大、小保护罩 1、3 材料为 Q235F 钢,接管 4 材料为 Q235 钢,外径 65 mm,壁厚 10 mm,高约为 60 mm。容器工作压力为 20 个工程大气压(1at＝98 kPa),工作温度为−40∼60 ℃,大批生产。要求:

（1）画出焊缝布置;

（2）选择各条焊缝的焊接方法和焊接材料;

（3）画出各条焊缝的接头形式和坡口简图;

（4）确定装配和焊接顺序。

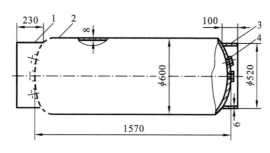

图 8-62　压力容器

第9章　金属切削的基础知识

9.1　金属切削加工的基础知识

金属切削加工是指利用刀具从毛坯(或型材)上切除多余的金属层,以获得所需要的尺寸精度、几何形状及表面质量的机器零件的加工方法。切削加工可分为机械加工和钳工两大部分。机械加工是通过工人来操纵机械设备完成的切削加工,主要方法有车、镗、钻、刨、插、拉、铣、磨及齿轮加工等。钳工一般是通过工人手持工具来进行切削加工的。钳工常用的加工方法有划线、錾切、锯、锉、刮、研孔和铰孔、攻螺纹和套扣等,与机械加工相比,其劳动强度较大,生产率较低。通常所说的切削加工主要是指机械加工。切削加工有多种不同的形式,所用的机床也各不相同,但是机械加工在很多方面都具有共同的特征。如切削时刀具和工件要作相对运动;刀具需做成一定的几何形状及几何角度;切削过程中有一些共同的规律,等等。

9.1.1　切削运动和切削要素

1. 切削运动

不同的机器零件有不同的切削加工方法,但任何零件都是由外圆面、内圆面、平面和成形面组成的,只要能加工出这些表面,就能加工出零件。为了完成这些表面的加工,刀具与工件必须具有一定的相对运动,即切削运动。根据它们在切削过程中所起的作用不同,分为主运动和进给运动。

1) 主运动

主运动是进行切削加工中最基本的运动,是工件与刀具之间的相对运动,也是切削运动中速度最高、消耗功率最多的运动。主运动可以是旋转运动,也可以是直线运动,一般只有一个。

2) 进给运动

进给运动是使金属层不断进入切削,从而获得具有所需几何特性的已加工表面的运动。进给运动一般速度较低,消耗的功率较少,可由一个或多个运动组成。它可以是连续的,也可以是间断的。

图 9-1 为常用的几种切削加工的运动简图。

图 9-1(a)所示为车外圆,工件的旋转运动是主运动,车刀的直线运动是进给运动。

图 9-1(b)所示为在牛头刨床上刨平面,刨刀的往复直线运动是主运动,工件的间歇直线移动是进给运动。

图 9-1(c)所示为钻孔,钻头的旋转运动为主运动,钻头的轴向直线移动是进给运动。

图 9-1(d)所示为铣平面,铣刀的旋转运动是主运动,工件的直线移动是进给运动。

图 9-1(e)所示为磨外圆,砂轮的旋转运动是主运动,工件的旋转及直线移动是进给运动。

2. 切削用量

切削用量表示切削时各运动参数的数量,在一般的切削加工中,切削用量包括切削速度、进给量和切削深度三要素,它们是调整机床运动的依据。

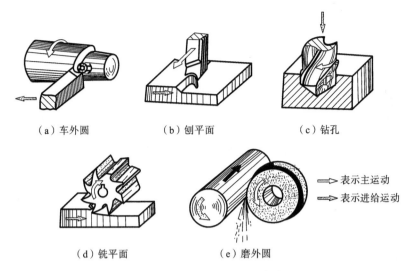

（a）车外圆　　　　　　（b）刨平面　　　　　　（c）钻孔

（d）铣平面　　　　　　（e）磨外圆

⇒ 表示主运动

⇒ 表示进给运动

图 9-1　几种切削加工的运动简图

在切削加工过程中，零件上将形成 3 个加工表面：已加工表面（切除切削层后的表面）；待加工表面（将被切除的表面）和过渡表面（正在切除的表面）。

1）切削速度（v_c）

在单位时间内，工件和刀具沿主运动方向的相对位移，单位为 m/s 或 m/min。

若主运动为旋转运动，切削速度为其最大的线速度。切削速度可按下式计算：

$$v_c = \pi d_w n/(100 \times 60) \quad 或 \quad v_c = \pi d_w n/1000 \qquad (9\text{-}1)$$

式中：v_c——切削速度（m/s 或 m/min）；

$\quad\quad d_w$——待加工表面直径（mm）；

$\quad\quad n$——工件转速（r/min）。

若主运动为往复直线运动（如刨削、插削等），可用工件行程和空行程的平均速度作为切削速度：

$$v_c = 2Ln_r/1000 \qquad (9\text{-}2)$$

式中：L——往复直线运动的行程长度；

$\quad\quad n_r$——主运动每分钟的往复次数，即行程数。

2）进给量（f）

进给量是指在主运动的一个循环（或单位时间）内，刀具与工件之间沿进给运动方向的相对位移。车削时，指工件每转一转，刀具所移动的距离，单位为 mm/r；在牛头刨床上刨削时，指刀具每往复一次，工件移动的距离，单位为 mm/str（即毫米/双行程）。

铣削时，由于铣刀是多齿刀具，还规定了每齿进给量 a_f，单位是 mm/z（即毫米/齿）。

单位时间的进给量称为进给速度 v_f，单位是 mm/s 或 mm/min。

每齿进给量、进给量和进给速度之间有如下关系：

$$v_f = f \cdot n/60 = a_f \cdot z \cdot n/60 \qquad (9\text{-}3)$$

式中：v_f——进给速度（mm/s）；

$\quad\quad z$——铣刀齿数。

3）背吃刀量（a_p）

背吃刀量（切削深度 a_p）是待加工表面与已加工表面之间的垂直距离，单位为 mm。车外圆时：

$$a_p = (d_w - d_m)/2 \qquad (9-4)$$

式中：d_w——工件待加工表面的直径（mm）；

d_m——工件已加工表面的直径（mm）。

3. 切削层几何参数

切削层是指工件上正被切削刃切削着的一层金属，即相邻两个加工表面之间的一层金属。例如，在车外圆时，切削层是指工件每转一转，刀具移动一个进给量（f）距离所切下的一层金属。它们的几何参数包括切削层公称厚度、切削层公称宽度和切削层公称面积。

1）切削层公称厚度（h_D）

刀具或工件每移动一个进给量（f）后，主切削刃相邻两个位置之间的垂直距离，称为切削层公称厚度。

$$h_D = f \cdot \sin\kappa_r \qquad (9-5)$$

式中：h_D——切削厚度（mm）；

κ_r——切削刃和工件轴线之间的夹角。

2）切削层公称宽度（b_D）

沿主切削刃量得的待加工表面与已加工表面之间的距离，或主切削刃与加工表面接触的长度，单位为 mm。车外圆时（见图 9-2）：

$$b_D = a_p / \sin\kappa_r \qquad (9-6)$$

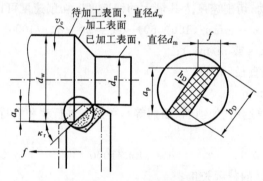

图 9-2　车外圆的切削要素

3）切削层公称面积（A_D）

切削层在垂直于切削速度截面内的面积，单位为 mm²。车外圆时（见图 9-2）：

$$A_D = b_D h_D = f \cdot a_p \qquad (9-7)$$

9.1.2　刀具材料和刀具的几何形状

在金属切削加工过程中，刀具直接担负着切削任务。刀具材料、结构的好坏在很大程度上影响加工精度、表面质量、生产率和加工成本等。

在不同的机床切削加工、不同加工面的加工中，所用的刀具是不同的。但各种刀具的结构都是由夹持部分和切削部分组成。夹持部分是用来将刀具夹持在机床上的部分，要求它能保证刀具正确的工作位置，传递所需要的运动和动力，并应保证夹持可靠，装卸方便；切削部分直接切削工件，必须采用符合要求的刀具材料，并具有合理的几何形状，方可保证优良的切削性能。

1. 刀具材料

1）刀具材料的性能要求

刀具材料一般指切削部分的材料,在切削过程中,刀具切削部分要承受很大的切削力、摩擦力、冲击力和很高的温度,因此,刀具切削部分的材料应满足以下要求。

（1）有较高的硬度,硬度必须高于工件材料的硬度,金属切削刀具材料的常温硬度,一般要求在 60HRC 以上。

（2）有足够的强度和韧度,在受到切削力和切削冲击时,刀刃不发生崩碎,刀杆不被折断。

（3）有良好的耐磨性,以抵抗切削过程的磨损,维持一定的切削时间。一般来说,刀具材料硬度愈高,耐磨性能就愈好。

（4）有高的热硬性(红硬性)。热硬性是指在高温下材料仍能保持硬度、强度、韧度和耐磨性的性能。热硬性是衡量刀具材料的一个重要指标。

（5）有良好的工艺性。为了便于刀具的制造,其材料应具备良好的工艺性。工艺性包括锻、轧、焊、切削加工、磨削加工和热处理性能等。

目前尚没有一种刀具材料,能全面满足上述要求。因此,必须了解常用刀具材料的性能特点,以便根据工件材料的性能和切削要求,选用合适的刀具材料。同时应进行新型刀具材料的研制。

2）常用刀具材料

目前在切削中常用的刀具材料有:碳素工具钢、合金工具钢、高速工具钢、硬质合金及陶瓷材料等。

（1）碳素工具钢　它是碳的质量分数为 0.7%～1.3% 的优质碳素钢。淬火硬度可达60～65HRC;热硬性差,在 200～250 ℃时硬度便会显著下降,允许的切削速度不能超过8 m/min。热处理时,淬透性差,变形大;刃磨易锋利,价格低廉。主要用于制造锯条、锉刀等手动刀具。常用的牌号为 T10A、T12A 等。

（2）合金工具钢　其中碳的质量分数为 0.85%～1.5%,含合金元素总量在 5% 以下。加入的合金元素有 Si、Mn、Mo、W、V 等。与碳素工具钢相比,它有较好的耐磨性和较高的韧度,热处理变形小,热硬温度达 350 ℃左右,淬火硬度达 60～66HRC。常用于制造丝锥、板牙、铰刀等形状复杂、切削速度不高($v_c<0.15$ m/s)的刀具。常用的牌号有 9SiCr、CrWMn 等。

（3）高速工具钢　又称锋钢、白钢,它是含有 W、Cr、V 等合金元素较多的合金工具钢。它的耐磨性、热硬性较前面的工具钢有显著提高,热硬温度达 550～600 ℃。与硬质合金相比,它的耐热性、硬度和耐磨性虽较低,但抗弯强度、冲击韧度较高,工艺性能、热处理性能较好,刃磨易锋利。常用于钻头、铣刀、拉刀和齿轮刀具等形状复杂刀具的制造。允许切削速度 $v_c<$ 0.5 m/s。常用的牌号有 W18Cr4V、W6Mo5Cr4V2 等。

（4）硬质合金　它是由高硬度、高熔点的金属碳化物(WC、TiC 等)粉末(微米级)和金属黏结剂(Co、Ni、Mo 等)混合再用粉末冶金的方法制成的刀具材料。其硬度可达 87～92HRA,热硬性好,能耐 850～1000 ℃的高温。允许切削速度高达 1.5～5 m/s。它的抗弯强度较低,承受冲击能力较差,所制造刀具的刃口也不如高速钢刀具的锋利。

硬质合金是重要的刀具材料,我国生产的硬质合金有三类:一类是由 WC 和 Co 组成的钨钴类硬质合金(YG);另一类是由 WC、TiC 和 Co 组成的钨钛钴类硬质合金(YT);第三类是在钨钛钴类硬质合金中添加少量 TaC(碳化钽)或 NbC(碳化铌)而组成的通用硬质合金(YW)。

为了改善硬质合金的性能,近年来又研制出超细晶粒的硬质合金和表层涂层硬质合金。

国产超细晶粒硬质合金有 YH1、YH2、YH3 等牌号,用于切削耐热合金、高强度合金等难加工材料。表层涂层硬质合金是在韧度好的 YG 类硬质合金的基体表层上涂覆 $5\sim12$ μm 厚的一层 TiC 或 TiN,以提高耐磨性,仅适用于制造不重磨刀片。

3) 其他刀具材料

(1) 人造金刚石　人造金刚石硬度极高(接近 10000 HV,硬质合金仅为 $1050\sim$ 1800 HV)。它能对硬质合金、陶瓷、高硅铝合金等高硬度、耐磨材料进行加工,也可用于有色金属及其合金的加工。但不宜加工铁族材料,这是由于铁与碳原子的亲和力大,易产生黏结而损坏刀具。用人造金刚石车刀高速车削有色金属时,表面粗糙度 Ra 可达 $0.1\sim0.25$ μm。

(2) 立方氮化硼(CBN)　CBN 是人工合成的又一种高硬度材料,硬度达 $8000\sim$ 9000 HV,热稳定性大大高于人造金刚石,可耐 $1400\sim1500$ ℃的高温,且与铁族元素的亲和力小。它适用于铁族和非铁族难加工材料的加工,加工淬硬件精度可达 IT5~IT6,表面粗糙度 Ra 为 $0.63\sim0.2$ μm,可代替磨削。

各类刀具材料主要性能和用途见表 9-1,可供选用时参考。

表 9-1　各类刀具材料主要性能和用途

种类	硬　　度	承受最高温度/℃	抗弯强度/(MN/m²)	工艺性能	用　　途
碳素工具钢	$60\sim66$ HRC ($81.5\sim84.5$ HRA)	~300	$2500\sim2800$	可冷热加工成形,刃磨性能好,需热处理	用于手动工具,如锯条、锉刀等
合金工具钢	$60\sim66$ HRC ($81.5\sim84.5$ HRA)	$250\sim300$	$2500\sim2800$	同上	用于低速、成形刀具,如丝锥、板牙、铰刀等
高速工具钢	$63\sim70$ HRC ($81.5\sim84.5$ HRA)	$550\sim600$	$2500\sim4500$	同上	用于钻头、铣刀、车刀、刨刀、拉刀、齿轮刀具等
硬质合金	$89\sim94$ HRA	$800\sim1000$	$1000\sim2500$	压制烧结后使用,不能冷热加工,多镶片使用	用于车刀刀头、铣刀等
立方氮化硼	$8000\sim9000$ HV	$1400\sim1500$	~300	压制烧结而成,可用金刚石砂轮磨削	硬度、强度极高的材料精加工,在 $1000\sim1100$ ℃下仍保持稳定
金刚石	10000 HV	$700\sim800$	~300	用天然金刚石刃磨极困难	有色金属的高精度、低粗糙度切削,$700\sim800$ ℃时易碳化

2. 刀具角度

金属切削刀具的种类很多,形状结构各不相同,但它们切削部分的结构要素和几何角度有着许多共同的特征。如图 9-3 所示,各种多齿刀具或复杂刀具,就其一个刀齿而言,都可以近似看成一把车刀的刀头。因此,以车刀为例来说明刀具切削部分的组成,给出切削部分几何参数的一般定义,并进行分析和研究。

1) 刀具切削部分的组成

车刀由刀头和刀杆组成(见图 9-4)。刀杆装在机床刀架上,支撑刀头工作;刀头又称为切削部分,担任切削工作。外圆车刀切削部分是由三个刀面组成的,即前刀面、主后刀面和副后刀面(见图 9-4)。

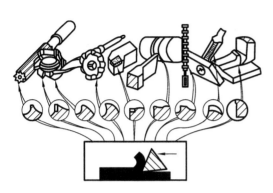

图 9-3 刀具的切削部分

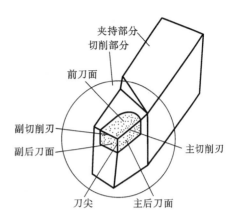

图 9-4 外圆车刀

(1) 前刀面(A_r) 切屑被切下以后,从刀具切削部分流出所经过的表面。

(2) 主后刀面(A_a) 在切削过程中,刀具上与工件的过渡表面相对的表面。

(3) 副后刀面(A_a') 在切削过程中,刀具上与工件已加工表面相对的表面。

(4) 主切削刃(S) 前刀面与主后刀面的交线,称为主切削刃。切削时,主要的切削工作由它来担负。

(5) 副切削刃(S') 前刀面与副后刀面的交线,称为副切削刃。在切削过程中,它也起一定的切削作用,但不很明显。

(6) 刀尖 主切削刃和副切削刃相交的地方,称为刀尖。实际上,刀尖并非绝对尖锐,为增强刀尖的强度和耐磨性,许多刀具在刀尖处磨出了直线或圆弧形的过渡刃。

2) 车刀切削部分的角度

刀具除了在材料方面要具备一定的性能外,其切削部分的几何形状、角度也至关重要。因此,必须标出刀面和切削刃的空间位置。为了确定上述刀面和切削刃的空间位置,首先要建立起由 3 个互相垂直的辅助平面组成的坐标参考系,如图 9-5 所示,并以它为基准,用角度值来反映刀面和切削刃的空间位置。

(1) 辅助平面 包括基面、切削平面和主剖面(见图 9-5)。

① 基面(P_r) 通过主切削刃上某一点,与该点切削速度方向垂直的平面。

② 切削平面(P_s) 通过主切削刃上某一点,与该点加工表面相切的平面。

③ 主剖面(P_o) 通过主切削刃上某一点,与主切削刃在基面上投影垂直的平面。

(2) 刀具的标注角度 即在刀具图样上标注的角度,是刀具制造和刃磨的依据(见图 9-6)。车刀的主要标注角度如下。

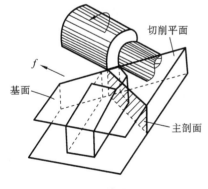

图 9-5 辅助平面

① 前角(γ_o) 前角是在主剖面内,前刀面与基面之间的夹角。根据前刀面和基面相对位置的不同,又可分为正前角、零度前角和负前角(见图 9-7)。前角的大小直接影响切削刃的锋利程度和强度。较大的前角可以减少切削的变形以及切削面与前刀面的摩擦,使刀刃锋利,容

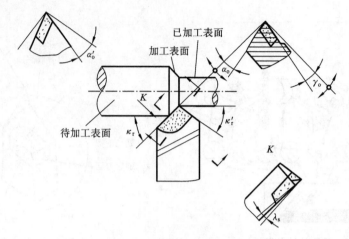

图 9-6　车刀的主要标注角度

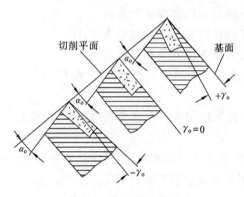

图 9-7　前角的正与负

易切下切屑。但前角太大,会降低刀刃的强度,影响刀具的使用寿命。例如:用硬质合金车刀切削结构钢件,γ_o 可取 $10°\sim20°$;切削灰铸铁件,γ_o 可取 $5°\sim15°$ 等。

② 后角(α_o)　后角是在主剖面内,主后刀面与切削平面之间的夹角。后角用于减少刀具主后刀面与工件加工表面间的摩擦以及主后刀面的磨损。但若后角选得过大,刀刃的强度下降,散热条件差。粗加工或工件材料较硬时,后角取小值:$\alpha_o=6°\sim8°$;反之,对切削刃强度要求不高,主要希望减小摩擦和已加工表面粗糙度时,后角取大值:$\alpha_o=8°\sim12°$。

③ 主偏角(κ_r)　主偏角是在基面上,主切削刃的投影与进给方向之间的夹角。在切削深度和进给量不变的情况下,减小主偏角,可使主切削刃参加工作的长度增大(见图 9-8),单位长度上的受力减小,散热情况较好,刀具比较耐用,但切削时容易引起振动,影响加工质量。原则上是在不引起振动的条件下取小值。一般车刀的主偏角有 $45°$、$60°$、$75°$、$90°$ 等几种。

④ 副偏角(κ_r')　副偏角是副切削刃在基面的投影与进给方向的夹角。其主要作用是减少副切削刃与已加工表面之间的摩擦。主偏角选定后,副偏角的大小将影响加工残留面积的高度,如图 9-9 所示,对加工面粗糙度影响较大。一般副偏角取 $5°\sim15°$,粗加工时取较大值。

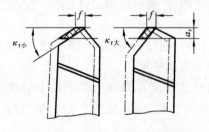

图 9-8　主偏角改变时切削宽度的变化

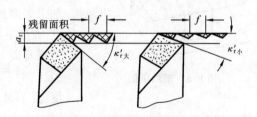

图 9-9　副偏角对残留面积的影响

⑤ 刃倾角(λ_s)　刃倾角是在切削平面中,主切削刃与基面之间的夹角。刃倾角有正、负和零值之分(见图 9-10),当主切削刃呈水平时,$\lambda_s=0$;当刀尖为主切削刃上的最高点时,$\lambda_s>$

0；当刀尖为主切削刃上的最低点时，$\lambda_s<0$。刃倾角主要影响排屑方向、刀头强度和切削分力。车刀的刃倾角一般在$-5°\sim+5°$之间选取。

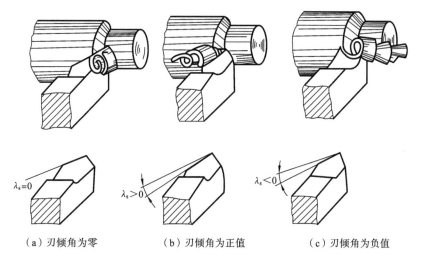

（a）刃倾角为零　　　　（b）刃倾角为正值　　　　（c）刃倾角为负值

图 9-10　刃倾角及其对切屑流出方向的影响

（3）刀具的工作角度　　上述车刀角度是假定车刀刀尖和工件回转轴线等高、刀杆中心线垂直于进给方向、且不考虑进给运动对坐标平面空间位置的影响等条件下标注的角度。在实际切削过程中，刀具的安装位置和进给运动都会发生变化，致使刀具切削时的几何角度不等于上述标注的角度。刀具在切削过程中的实际切削角度，称为工作角度。

① 刀尖安装位置的高低对工作角度的影响　　安装车刀时，刀尖如果高于或低于工件回转轴线，则切削平面和基面的位置将发生变化，如图 9-11 所示。当刀尖高于工件回转轴线时，前角增大，后角减小，如图 9-11(a)所示；反之，前角减小，后角增大，如图 9-11(b)所示。

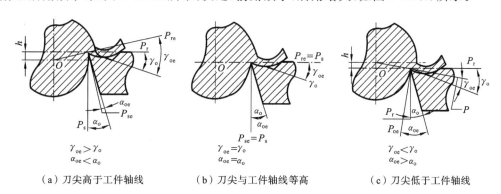

（a）刀尖高于工件轴线　　　（b）刀尖与工件轴线等高　　　（c）刀尖低于工件轴线

图 9-11　外圆车刀安装高度对前角和后角的影响

② 刀杆中心轴线安装偏斜对工作角度的影响　　如果车刀刀杆中心轴线安装得与进给轴线不垂直，车刀的主、副偏角将发生变化，如图 9-12 所示。刀杆右偏，则主偏角偏大，副偏角偏小，见图 9-12(a)；反之，刀杆左偏，主偏角偏小，副偏角偏大，见图 9-12(c)。

3）刀具的整体结构

刀具的整体结构形式，对刀具的切削性能、切削加工的生产率和经济效益有着重要的影响。仍以车刀为例，分析刀具整体结构的演变和渐进。车刀的整体结构形式有整体式、焊接式、机械夹固式，如图 9-13 所示。

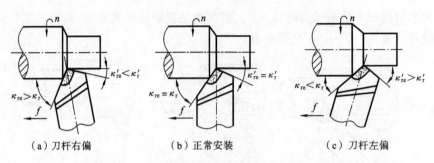

（a）刀杆右偏　　　　　　（b）正常安装　　　　　　（c）刀杆左偏

图 9-12　车刀安装偏斜对主偏角和副偏角的影响

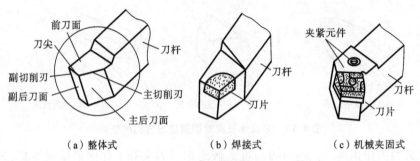

（a）整体式　　　　　　（b）焊接式　　　　　　（c）机械夹固式

图 9-13　车刀的结构形式

　　采取车刀整体结构（见图 9-13（a）），对贵重的刀具材料消耗较大。焊接式车刀（见图 9-13（b））的结构简单、紧凑、刚度高，可节省贵重金属，而且灵活性较大。根据加工条件和加工要求，可较方便地磨出所需要的角度，故应用十分普遍。然而焊接式车刀的硬质合金刀片，经过高温焊接和刃磨后会产生内应力和裂纹，使切削性能下降，对提高生产效率是很不利的。为弥补这一缺陷，国内外很重视提高焊接和刃磨质量的研究。

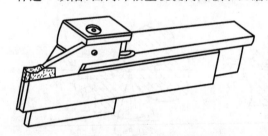

图 9-14　机夹重磨式切断刀

　　为了提高刀具切削性能并使刀杆能多次使用，可采用机械夹固式车刀。这种刀的刀片与刀杆是两个可拆开的独立元件，工作时靠夹紧元件把它们紧固在一起。根据所夹刀片磨钝后需重磨还是转位，机械夹固式车刀分为机夹重磨式和机夹可转位式两种。如图 9-14 所示为机夹重磨式切断刀的一种典型结构。

　　机夹可转位式车刀的主要优点如下。

　　（1）由于避免了因焊接而引起的缺陷，所以在相同的切削条件下，刀具切削性能大为提高。

　　（2）刀片转位换成另一个新切削刃时，不会改变切削刃与工件的相对位置，既能保证加工尺寸精度，又能减少调刀时间。因此，可以大大缩短停机时间，提高生产效率。

　　（3）由于刀片一般不需重磨，有利于涂层、陶瓷等新型材料刀片的推广使用。

　　（4）刀杆使用寿命长，故可节约大量刀杆材料以及制造刀杆的费用。刀片和刀杆可以标准化，工具库的库存量就可以大为减少，有利于工具的计划供应和储存保管，提高了经济性。

9.1.3　金属切削过程

　　研究金属切削的过程，对于切削加工技术的发展和进步、保证加工质量、降低生产成本、提供生产效率,都有着十分重要的意义。因为在切削过程中有许多的物理现象,如切削力、切削热、刀具磨损,以及加工表面质量等,都是以切削形式过程为基础的。在生产实践中出现的许多问题,如振动、卷屑和断屑等,都与切削过程有着密切的关系,所以,研究切削过程是十分重要的。对金属切削过程中出现的物理现象和规律,进行分析和讨论是十分必要的。

1. 切屑的形成和切屑种类

1) 切削过程

金属切削过程的实质是被切金属层在刀具的挤压、摩擦作用下产生塑性变形后,转变为切屑和形成已加工表面的过程。它与金属的挤压过程很相似。如图 9-15 所示,切削塑性金属时,被切金属层在刀具切削刃和前刀面的作用下,经受挤压,开始产生弹性变形。随着刀具继续切入,金属内部的应力、应变继续加大。当应力达到材料的屈服强度时,产生剪切滑移变形,刀具再继续前进,应力达到材料的断裂强度,金属材料被挤裂,并沿着刀具的前刀面流出而形成切削。

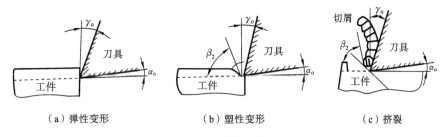

（a）弹性变形　　　　　（b）塑性变形　　　　　（c）挤裂

图 9-15　切削形成过程

在金属切削加工中,经过塑性变形的切屑,其形状与原来的切削层不同,切削厚度 a_{ch} 通常都要大于切削层公称厚度 a_c,而切削长度 l_{ch} 却小于切削层公称长度 l_c,如图 9-16 所示。这种现象称为切屑收缩。切屑的变形程度可用变形系数表示。

切削层公称长度 l_c 与切屑长度 l_{ch} 之比,称为变形系数(或收缩系数)ξ,即

$$\xi = l_c / l_{ch} \qquad (9\text{-}8)$$

一般情况下,$\xi > 1$。

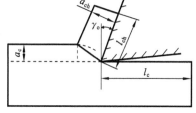

图 9-16　切屑收缩

变形系数反映了切屑过程中切屑变形程度的大小。在其他条件不变时,切屑变形系数越大,切削力越大,切削温度越高,表面越粗糙。因此,在加工过程中,可根据具体情况采取相应的措施来减小变形程度,改善切削过程。例如,在中速或低速切削时,可增大前角、减小变形,或对工件进行适当的热处理,以降低材料的塑性,使变形减小等。

2) 切屑种类

切屑的类型与材料的塑性、刀具的角度、切削用量等密切相关。在材料一定的情况下,不同的刀具角度和切削用量,对切屑形成过程的影响也不同,从而产生的切削形状各不相同。

(1) 带状切屑　切削塑性较好的材料时,切削层变形终止时剪切面上的应力没有达到屈服强度,形成了连绵不断的带状切屑。如图 9-17(a)所示。以较大的前角、较高的切削速度和较薄的切削厚度,加工塑性好的金属材料时,容易形成这类切屑。形成带状切屑时,切屑的变形小,切削力平稳,加工表面光洁。但带状切屑往往连绵很长,容易缠绕在工件或刀具上,会刮

伤工件、损坏刀刃,且不够安全,故应采取断屑措施。

(2)节状切屑　在切屑形成时,若变形较大,在剪切面上局部切应力达到材料的屈服强度,则剪切面上的局部材料会破裂成节状,有明显挤裂裂痕,而底面仍旧相连。如图 9-17(b)所示。以较低的切削速度、较大的切削厚度以及较小的刀具前角,加工中等硬度的塑性金属材料时,容易得到这类切屑。节状切屑的变形很大,切削力也较大,且有波动,因此加工表面较粗糙。

(3)崩碎切屑　切削脆性材料时,切削层金属在挤压产生弹性变形之后,一般不经过塑性变形就突然崩碎,形成不规律的碎块状屑片,即为崩碎切屑,如图 9-17(c)所示。产生崩碎切屑时,切削热和切削力都集中在主切削刃和刀尖附近,刀尖容易磨损,并容易产生振动,影响表面质量。

(a)带状切屑　　　　　　(b)节状切屑　　　　　　(c)崩碎切屑

图 9-17　切屑的种类

由于不同类型的切屑对切削效率、刀具寿命和加工质量等有不同的影响,因此在实际生产中,可根据具体情况采取相应措施,使切屑的变形得到控制,以保证切削加工的顺利进行。例如,选用大的前角、提高切削速度或减小进给量可将节状切屑转变成带状切屑,使加工的表面较为光洁。

2.　积屑瘤

在一定范围的切削速度下切削塑性材料且切屑呈带状时,由于高温高压的作用,在前刀面与切屑底层金属产生强烈的摩擦阻力,使切削层金属的流动速度很低,形成滞留层。当滞留层金属与前刀面的摩擦阻力超过金属原子本身的结合力时,一部分金属便停留在刀具的前刀面上,形成积屑瘤(见图 9-18)。

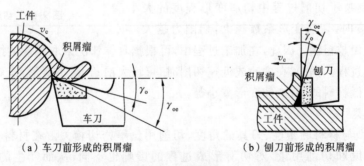

(a)车刀前形成的积屑瘤　　　　　　(b)刨刀前形成的积屑瘤

图 9-18　积屑瘤

在积屑瘤形成的过程中,金属材料因强烈的塑性变形而强化。因此,积屑瘤的硬度比工件材料的硬度高 2~3 倍,能代替切削刃进行切削,起到保护切削刃的作用。积屑瘤可使刀具的实际工作前角增大,减小切削力并减少机床的功率消耗,使切削轻快。但是,由于积屑瘤不断地产生和脱落,也会使切削层公称厚度不断变化,从而影响尺寸精度;还会导致切削力的大小发生变化,引起机床振动;还会有一些积屑瘤碎片黏附在工件已加工表面上,影响表面粗糙度。所以精加工时应尽量避免产生积屑瘤。

影响积屑瘤产生的主要因素是工件材料和切削速度。工件材料塑性越好,越容易生成积屑瘤。切削速度对积屑瘤的影响主要是切削温度和摩擦的影响。

3. 切削力和切削效率

切削力是金属切削时,刀具切入工件使被切金属层发生变形,成为切屑所需要的力。切削力影响零件的加工精度、表面粗糙度和生产率。研究切削力的大小对刀具、机床、夹具设计和使用具有重要的意义。

1）切削力及构成

刀具在切削工件时,必须克服材料的变形抗力以及工具与工件、切屑之间的摩擦阻力,才能切下切屑。这些抗力构成了作用在刀具上的总切削力。

总切削力是空间力,它受很多因素的影响。为了适应设计和工艺分析的需要,一般不是直接研究总切削力,而是研究它在一定方向上的分力。

以车削外圆为例,总切削力 F_r 可以分解为 3 个互相垂直的分力（见图 9-19）。

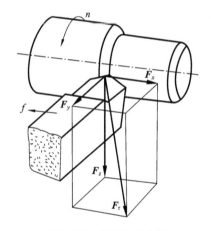

图 9-19　切削力的分解

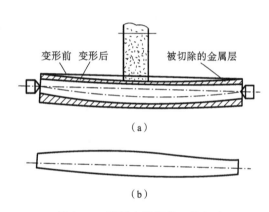

（a）

（b）

图 9-20　磨削力引起的工件变形

（1）主切削力（切向力）F_z　主切削力是总切削力 F_r 在速度 v 的方向上的分力,大小占总切削力 F_r 的 $80\%\sim90\%$。F_z 消耗的功率最多,约占切削总功率的 90% 以上。它是计算机床动力,以及主传动系统零件强度和刚度的主要依据。主切削力过大时,可能使刀具崩刃或使机床发生“闷车”现象。

（2）进给抗力（轴向力）F_x　进给抗力是总切削力 F_r 在进给方向上的分力,作用在机床进给机构上,是设计和验算进给机构强度的依据。它所消耗的功率只占总功率的 $1\%\sim5\%$。

（3）切深抗力（背向力）F_y　切深抗力是总切削力 F_r 在切削深度方向上的分力。因为切削时这个方向上运动的速度为零,所以 F_y 不消耗功。但它一般作用在工件刚性较弱的方向上,容易使工件变形。如图 9-20 所示,磨削轴类零件时,径向切削力引起了轴的弯曲变形,使磨削后轴的各处直径不同,产生了加工误差。同时,该力可能引起振动。由于工件在切削深度方向上的变形对加工精度的影响较大,所以,应当设法减小或消除 F_y 的影响。如车细长轴时,常用 $\kappa_r = 90°$ 就是为了减小 F_y。这三个互相垂直的分力与总切削力 F_r 有如下关系:

$$F_r = \sqrt{F_z^2 + F_x^2 + F_y^2}$$

一般情况下,主切削力 F_z 是三个分力中最大的一个,进给抗力 F_x 次之,切深抗力 F_y 最小。因此,除特殊情况外,通常所说的切削力都是指主切削力。

切削力的大小是由许多因素决定的。例如,工件材料的硬度和强度越高,变形抗力越大,则切削力越大;切削深度和进给量增加使切削层面积增大,从而切削力也增大;增大刀具前角,切屑容易从刀具前刀面流出,变形较小,故切削力减小。

2) 切削力的估算

切削力的大小可用经验公式来计算。经验公式是建立在实验的基础上的,并综合了影响切削力的各个因素。例如车削外圆时,计算 F_z 的经验公式如下:

$$F_z = C_{F_z} \cdot a_p^{xF_z} \cdot f^{yF_z} \cdot \kappa_{F_z} \tag{9-9}$$

式中:F_z——主切削力(N);

$\quad C_{F_z}$——与工件材料、刀具材料等有关的系数;

$\quad a_p$——切削深度(mm);

$\quad f$——进给量(mm);

$\quad x_{F_z}$、y_{F_z}——指数;

$\quad \kappa_{F_z}$——切削条件不同时的修正系数。

经验公式中的系数和指数,可从有关资料(如《切削用量手册》等)中查出。生产中,常用单位切削力 p 来估算切削力的大小。所谓单位切削力,就是切削单位切削面积(1 mm²)所需要的主切削力,单位为 N/mm²。

$$F_z = p \cdot A_c = p \cdot a_p \cdot f \tag{9-10}$$

计算出 F_z 的单位为 N。p 的数值可从有关资料中查得,表 9-2 列出了几种常用材料的单位切削力。若知道实际的切削深度 a_p 和进给量 f,便可利用式(9-10)估算出主切削力。

表 9-2 几种材料的单位切削力

材　料	牌　号	制造、热处理状态	硬度/HBW	单位切削力 p/(N/mm²)
结构钢	45(40Cr)	热轧	187(212)	1962
		正火调质	229(285)	2305
灰铸铁	HT200	退火	170	1118
铅黄铜	HPb59-1	热轧	78	736
硬铝合金	LY12	淬火及时效处理	107	834

3) 切削功率

切削功率是单位时间内三个切削分力消耗功率的总和。但在车外圆时,如上所述,径向力 F_y 做功,轴向力 F_x 所消耗的功率很小,可忽略不计。因此,切削功率 P_m 一般按下式计算:

$$P_m = (F_z \cdot v)/1000 \tag{9-11}$$

式中:P_m——切削功率(kW);

$\quad F_z$——主切削力(N);

$\quad v$——切削速度(m/s)。

4. 切削热和切削温度

1) 切削热

在切削过程中,由于绝大部分的切削功都转变成热,所以有大量的热产生,这些热称为切削热。切削热主要来源于三个方面,如图 9-21 所示。

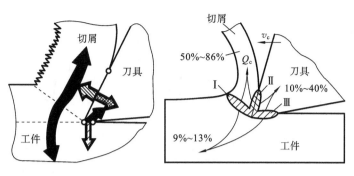

图 9-21　切削热的来源

（1）切屑变形所产生的热量，是切削热的主要来源；

（2）切屑与刀具前刀面之间的摩擦所产生的热量；

（3）工件与刀具后刀面之间的摩擦所产生的热量。

刀具材料、工件材料、切削条件的不同，三个热源的发热量亦不相同。切削热产生以后，由切屑、工件、刀具及周围介质（如空气、冷却润滑液等）传出。各部分传出的比例取决于工件的材料、切削速度、刀具和周围的介质。例如，用高速工具钢车刀并采用与之相适应的切削速度切削钢料时，切削热传出的比例是：50%～86% 由切屑带走，10%～40% 传入工件，3%～9% 传入刀具，1% 传入空气。传入工件的热使工件温度升高而发生变形，从而影响加工精度。传入刀具的热量虽然比例不大，但刀具体积小，因而会使刀具温度提高，将加速刀具的磨损。因此，在切削加工中应采取措施，减小切削热的产生和改善散热条件，以减少高温对刀具和工件的不良影响。

2）切削温度

切削温度是指切削过程中刀具表面与切屑和工件接触处的平均温度。切削温度是由切削热的产生与传出综合作用的结果。影响切削温度的因素有切削用量、工件材料、刀具材料及几何形状等。产生的切削热越多，传出越慢，切削温度就越高。凡是增大切削力和切削功率的因素都会使切削温度升高。

5．刀具的磨损和耐用度

一把刀具使用一段时间以后，它的切削刃会变钝，以致无法使用，直接影响切削加工的效率、质量和成本。但是经过重新刃磨以后，切削刃恢复锋利，仍可继续使用。这样经过使用—磨钝—刃磨锋利若干个循环以后，刀具的切削部分无法再继续使用时，就完全报废。刀具从开始投入切削到完全报废，实际切削时间的总和称为刀具寿命。

1）刀具磨损的形式与过程

刀具正常磨损按其发生部位的不同可分为三种形式，即后刀面磨损、前刀面磨损、前刀面与后刀面同时磨损，如图 9-22 所示。

在切削速度较高、切削厚度较大时，切削塑性材料，刀具前刀面会被逐渐磨出一个小凹坑，这就是前刀面磨损。凹坑的深度 KT 表示前刀面的磨损量（见图 9-22(a)）。当切削脆性材料或用较小的 v 和较小的 a_p 切削塑性材料时，在后刀面毗连切削刃的部分磨损成小棱面，这就是后刀面磨损（见图 9-22(b)），用 VB 表示后刀面的磨损高度。在常规条件下，常出现如图 9-22(c) 所示的前、后刀面磨损的形式。

由于各类刀具都有后刀面的磨损，而且容易测量，故通常以它的大小来表示刀具的磨损程度。刀具的磨损曲线如图 9-23 所示，一般可分为三个阶段：即初期磨损阶段、正常磨损阶段和

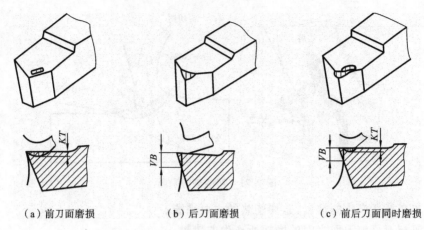

（a）前刀面磨损　　　　（b）后刀面磨损　　　　（c）前后刀面同时磨损

图 9-22　刀具磨损的形式

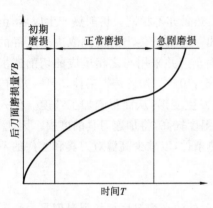

图 9-23　磨损曲线

急剧磨损阶段。从图中可知,正常磨损阶段是刀具工作的有效时间,使用刀具时,不应超过这一阶段。如果在正常磨损阶段后再用上几分钟,刀具会剧烈磨损,高速工具钢刀具会软化,硬质合金刀具会崩刃。经验表明,在刀具正常磨损阶段的后期,急剧磨损阶段之前,换刀重磨为最好,这样既可保证加工质量,又能充分利用刀具材料。

2）*刀具耐用度*

常用的方法是按刀具进行切削的时间的长短来判断。把刀具由磨锐开始切削,一直到磨损量达到磨钝标准位置的总切削时间称为刀具的耐磨度,用 T 表示。刀具的耐用度越长,两次刃磨或更换刀具之间的实际工作时间就越长。

刀具耐用度与切削用量直接影响着生产率。如果刀具耐用度定得过高,则势必要先取较小的切削用量,从而使切削时间延长,生产效率下降;相反,如果刀具耐用度定得过低,虽然可用较大的切削用量进行切削加工,加工时间缩短,但换刀、磨刀的时间及费用将增加,同样不能达到高效率、低成本的目的。生产中使用的是使加工成本最低的刀具耐用度,即经济耐用度。

6. 工件材料切削加工性的概念

工件材料切削加工的难易程度,称为材料的切削加工性。加工某一种材料时,若刀具耐用度较高,加工表面质量易于保证,切削力较小,断削问题易于解决,则说明这种材料的切削加工性好;反之则差。具体衡量某种材料的加工性时,需视具体的加工要求和切削条件而定。例如,粗加工低碳钢时,切除金属容易,切削力小,消耗功率少;但精加工时,较难获得光洁的表面。同一材料具体的加工条件和要求不同,加工的难易程度也有很大的差异。材料的切削加工性又是一个相对的概念,某种材料切削加工性的好坏往往是相对于另一种材料而言的。因此,在不同的情况下,要用不同的指标来衡量材料的切削加工性。改善切削加工性的方法如下。

（1）适当的热处理,可以改变材料的力学性能,从而改善其切削加工性。例如:对高碳钢进行球化退火,可以降低硬度;对低碳钢进行正火,可以降低塑性,达到改善切削加工性的目的。

（2）调整材料的化学成分，来改善其切削加工性。例如，在钢中适当添加某些元素，如硫、铅等，可使其切削加工性得到显著改善，这样处理的钢称为"易切削钢"。处理的前提是必须满足零件对材料性能的要求。

9.2　常用切削加工机床的基本知识

金属切削机床是对工件进行切削加工的机器。在实际生产中，机床的类型和规格也多种多样，但各有各的加工特点及应用范围，但它们在构造、传动等方面又有许多共同之处，也有着共同的原理和规律。

9.2.1　机床的类型和传动

1. 机床的类型与编号

机床的品种和规格繁多，为了便于设计、制造、使用和管理，须对机床加以分类和编制型号。根据国家指定的机床型号编制方法，将机床分为 12 大类：车床、钻床、镗床、磨床、齿轮加工机床、螺纹加工机床、铣床、刨插床、拉床、特种加工机床、锯床及其他机床。在每一类机床中，又按工艺范围、布局形式和结构等，分为若干组，每一组又细分为若干系（系列）。

在上述基本分类方法的基础上，同类型机床按应用范围（通用性程度），可分为通用机床（或称万能机床）、专门化机床和专用机床三类。通用机床是可以加工多种工件、完成多种多样工序的加工范围较广的机床。专门化机床是用于加工形状相似而尺寸不同的工件的特定工序的机床。专用机床是用于加工特定工序的机床。

机床还可按自动化程度分为手动、机动、半自动和自动机床。

机床还可按质量和尺寸分为仪表机床、中型机床、大型机床（质量达 10 t）、重型机床（质量在 30 t 以上）、超重型机床（质量在 100 t 以上）。

机床型号是机床产品的代号，用以简明地表示机床的类型、主要技术参数、性能和结构特点等。关于我国机床型号的编制方法的《金属切削机床型号编制方法》（GB/T 15375—2008）规定：机床的型号由汉语拼音字母和阿拉伯数字按一定规律排列组成，适用于各类通用机床和专用机床（组合机床除外）。

2. 机床的基本构造

在各类机床中，最常用的机床是车床、钻床、刨床、铣床和磨床这五种，如图 9-24 至图 9-28 所示。这些机床的外形、布局和构造各不相同。但归纳起来，它们都是由以下几个主要部分组成的。

（1）主传动部件　它用来实现机床主运动。例如车床、钻床、铣床的主轴箱，刨床的变速箱和磨床的磨头等。

（2）进给传动部件　它主要是用来实现机床进给运动的，也用来实现机床的调整、退刀及快速运动等。例如车床的进给箱、溜板箱，钻床、铣床的进给箱，刨床的进给机构，磨床的液压传动装置等。

（3）工件安装装置　它是用来安装工件的。例如普通车床的卡盘和尾架，钻床、铣床和平面磨床的工作台等。

（4）刀具安装装置　它是用来安装刀具的。例如车床、刨床的刀架，钻床、立式铣床的主

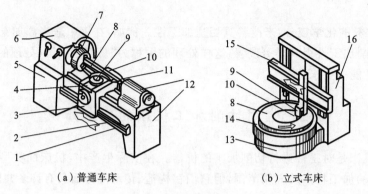

（a）普通车床　　　　　　　　　（b）立式车床

图 9-24　车床

1—丝杠；2—光杠；3—溜板箱；4—托板；5—进给箱；6—主轴箱；7—卡盘；8—工件；
9—刀架；10—车刀；11—顶尖；12—床身；13—底座（主轴箱）；14—工作台；15—横梁；16—立柱

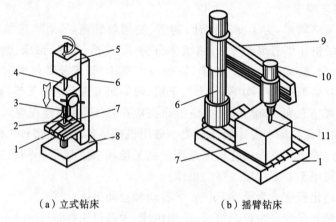

（a）立式钻床　　　　　　　　　（b）摇臂钻床

图 9-25　钻床

1—工作台；2—钻头；3—主轴；4—进给箱；5—主轴箱；6—立柱；7—工件；
8—底座；9—摇臂；10—电动机；11—钻头

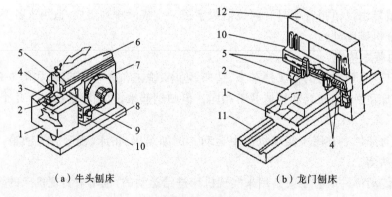

（a）牛头刨床　　　　　　　　　（b）龙门刨床

图 9-26　刨床

1—工作台；2—工件；3—虎钳；4—刨刀；5—刀架；6—滑枕；7—变速箱；8—底座；9—进给机构；
10—横梁；11—床身（变速机构）；12—立柱

轴，卧式铣床的刀轴，磨床磨头的砂轮轴等。

（5）支承架　它是用来支承和连接机床各零部件的，是机床的基础构件。例如各类机床

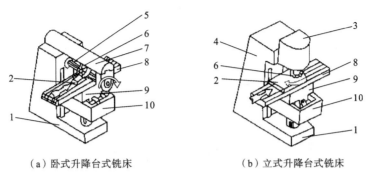

（a）卧式升降台式铣床　　　　（b）立式升降台式铣床

图 9-27　铣床

1—底座；2—工件；3—主轴箱；4—立柱；5—刀轴；6—铣刀；7—横梁；8—工作台；9—横拖板；10—升降台（进给箱）

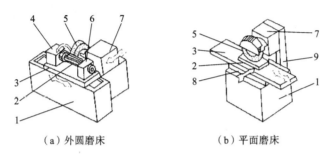

（a）外圆磨床　　　　（b）平面磨床

图 9-28　磨床

1—床身；2—工件；3—工作台；4—头架；5—砂轮；6—尾架；7—磨头；8—床鞍；9—立柱

的床身、立柱、底座、横梁等。

（6）动力源　即电动机，是为机床运动提供动力的。

其他类型机床的构造与上述机床的类似，可以看成是它们的演变和发展。

3. 机床的传动

机床的传动有机械、液压、气压、电气传动等多种形式，其中最常见的是机械传动和液压传动。机床上的回转运动为机械传动，而直线运动可以是机械传动，也可以是液压传动。

1）机床的传动原理

为了实现加工过程中所需的各种运动，机床必须具备以下三个基本部分。

（1）动力源　动力源是提供动力驱动的装置，如交流异步电动机、直流电动机、步进电动机等。

（2）传动装置　传动装置是传递运动和动力的装置，包括主传动部件和进给传动部件。通过它可把动力源的动力和运动传给执行件，使之获得一定速度和方向的运动；也可把两个执行件联系起来，使二者间保持某种确定的运动关系。

（3）执行件　它是执行机床运动的部件，其上可装夹刀具和工件，直接带动它们完成一定形式的运动和保持准确的运动轨迹。

2）机床常用传动副

机床上的传动是由多种传动副组合而成的。常用的传动副有带传动副、齿轮传动副、蜗杆传动副和丝杆螺母传动副等。表 9-3 所示为常用传动副简画图。

（1）带传动（见图 9-29）　常见的带传动有平带、三角带、多楔带和同步齿形带传动等。带动的传动比是主动带轮直径与被动带轮直径之比。考虑到带与带轮之间的滑动，则传动比为

表 9-3　常用传动副简画图

名　称	图　形	符　号	名　称	图　形	符　号
轴			滑动轴承		
滚动轴承			止推轴承		
双向摩擦离合器			双向滑动齿轮		
螺杆传动（整体螺母）			螺杆传动（开合螺母）		
平带传动			V 带传动		
齿轮传动			蜗杆传动		
齿轮齿条传动			锥齿轮传动		

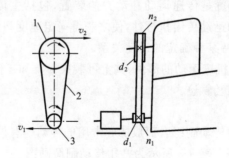

图 9-29　带传动

1—从动轮；2—传动带；3—主动轮

$$i=\frac{d_1}{d_2}\varepsilon$$

式中:ε——滑动系数约为0.98。

（2）齿轮传动（见图9-30）　齿轮传动结构简单、紧凑,传动比准确,能传递较大的扭矩,是机床中应用最多的一种传动形式。齿轮传动比为

$$i=\frac{n_1}{n_2}=\frac{z_2}{z_1}$$

式中:n_1、z_1——主动轮的转速和齿数;

　　　n_2、z_2——从动轮的转速和齿数。

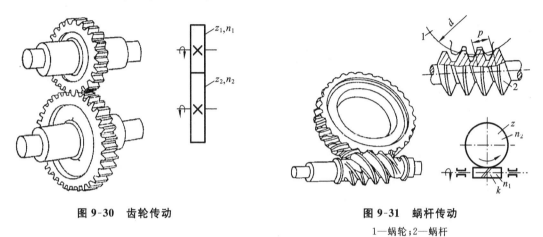

图 9-30　齿轮传动

图 9-31　蜗杆传动

1—蜗轮;2—蜗杆

（3）蜗杆传动（见图9-31）　蜗杆传动是机床中常用的降速机构,蜗杆为主动件,蜗轮为从动件。蜗杆传动比为

$$i=\frac{n_2}{n_1}=\frac{k}{z}$$

式中:n_1、n_2——蜗轮与蜗杆的转速(r/min);

　　　k、z——蜗杆的头数和蜗轮的齿数。

3）机床的变速机构

变速机构是改变机床部件运动速度的机构。机床上常用的变速机构有滑移齿轮变速机构、离合器齿轮变速机构、交换齿轮变速机构。

（1）有滑移齿轮变速机构（见图9-32）　如图9-32所示,在带有长键的从动轴Ⅱ上,装有三联齿轮(齿数分别为 z_2、z_4 和 z_6)。通过手柄可使它们分别与固定在主动轴Ⅰ上的三个齿轮(齿数分别为 z_1、z_3 和 z_5)相啮合。因此,轴Ⅱ可得到三种转速。

$$i_1=\frac{z_1}{z_2};\quad i_3=\frac{z_5}{z_6};\quad i_2=\frac{z_3}{z_4}$$

$$-\text{I}\left\{\begin{array}{c}\frac{z_1}{z_2}\\[2pt]\frac{z_3}{z_4}\\[2pt]\frac{z_5}{z_6}\end{array}\right\}\text{II}-$$

（2）离合器式齿轮变速机构（见图9-33）　如图9-33所示,在从动轴Ⅱ两端套有齿轮(齿

数分别为 z_2 和 z_4），它们分别与固定在主动轴Ⅰ上的齿轮（齿数分别为 z_1 和 z_3）相啮合。轴Ⅱ的中部带有键3并装有牙嵌式离合器。当通过手柄5左移或右移离合器时，离合器的爪1和爪2与齿数分别为 z_2 和 z_4 的两个齿轮相啮合，这样轴Ⅱ可得到两种不同的转速，其传动比为

$$i_1 = \frac{z_1}{z_2}; \quad i_2 = \frac{z_3}{z_4}$$

$$-\text{Ⅰ}-\left\{\begin{array}{c} \dfrac{z_1}{z_2} \\[2mm] \dfrac{z_3}{z_4} \end{array}\right\}-\text{Ⅱ}-$$

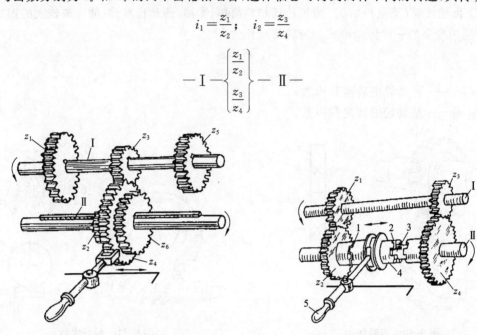

图 9-32　滑动变速机构　　　　　图 9-33　离合器式齿轮变速机构

4）机床机械传动系统

由传动系统图可分析各传动链。下面以图 9-34 为例，分析机床的主运动传动链和进给传动链。

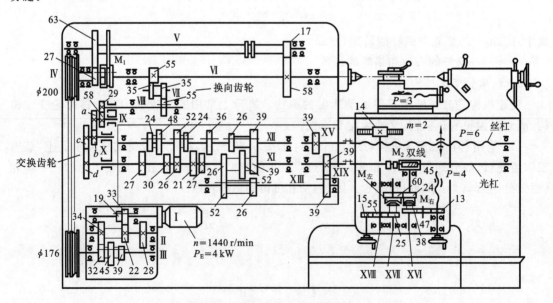

图 9-34　C6132 车床传动系统图

① 主运动传动链　主运动传动链的两端件是电动机（运动源）和主轴Ⅵ（执行件），其传动路线为：由电动机经联轴器传动轴Ⅰ，然后经轴Ⅰ-Ⅱ、Ⅱ-Ⅲ之间的两个滑移齿轮变速机构，可

使变速箱输出轴Ⅲ得到 6 种转速。轴Ⅲ通过传动比为($\phi176/\phi200$)ε 的三角胶带传动,将它的 6 种转速传给床头箱带轮轴套Ⅳ。轴套Ⅳ的运动又分两路传到主轴Ⅵ上:一路是通过内齿轮联轴器 M_1 直接传到主轴,使主轴得到 6 种较高的转速;另一路是经过齿轮$\frac{27}{63}$和$\frac{17}{58}$将运动经过轴Ⅴ传到主轴,又使主轴获得较低的 6 种转速。这样主轴Ⅳ可得到 12 种转速。上述传动路线可用以下的传动链表示:

$$
\text{电动机—Ⅰ—}\begin{Bmatrix}\frac{33}{22}\\[2mm]\frac{19}{34}\end{Bmatrix}\text{—Ⅱ—}\begin{Bmatrix}\frac{34}{32}\\[2mm]\frac{28}{39}\\[2mm]\frac{22}{45}\end{Bmatrix}\text{—Ⅲ—}\frac{\phi176}{\phi200}\text{—Ⅳ—}\begin{bmatrix}M_1\\[2mm]\frac{27}{63}\text{—Ⅴ—}\frac{17}{58}\end{bmatrix}\text{—主轴Ⅵ}
$$

主轴的反转是通过电动机反转实现的。

② 进给传动链　进给传动链有三条:刀架的纵向进给、横向进给和车削螺纹进给传动链。三条传动链的一个端件都是主轴Ⅵ,另一个端件都是刀架。运动由主轴Ⅵ通过滑动齿轮变向机构传到轴Ⅶ。轴Ⅶ经过齿轮$\frac{29}{58}$和交换齿轮$\frac{a}{b}\times\frac{c}{d}$将运动传给进给箱中的轴Ⅺ,轴Ⅺ的运动又分别通过齿轮$\frac{27}{24}$、$\frac{30}{48}$、$\frac{26}{52}$、$\frac{21}{24}$、$\frac{27}{36}$传到轴Ⅻ,轴Ⅺ再通过倍增机构(用于扩大加工螺距范围的机构)将运动传到轴ⅩⅢ。轴ⅩⅢ的运动经滑移齿轮($z=39$)分别与轴ⅩⅣ上的齿轮($z=39$)或轴ⅩⅤ上的齿轮($z=39$)相啮合,通过联轴器使光杠或丝杠转动。

光杠的运动,通过传动比为$\frac{2}{45}$的蜗杆轮辐传到溜板箱内的轴ⅩⅥ,轴ⅩⅥ的运动分两路传到刀架:一路是当接通溜板箱左边的摩擦离合器 $M_左$ 时,运动经齿轮$\frac{24}{60}\times\frac{25}{55}$传到轴ⅩⅦ,带动该轴上的小齿轮($z=14$)旋转,通过固定在床身上的齿条使溜板箱、拖板及刀架作纵向进给运动;另一路是当接通溜板箱右边的摩擦离合器 $M_右$ 时,运动经齿轮$\frac{38}{47}\times\frac{47}{13}$传给中拖板上螺距 $p=4$ mm 的丝杠,通过固定在横流板上的螺母,使刀架作横向进给运动。

丝杠与固定在溜板箱上的开合螺母配合,当合上开合螺母后,丝杠的旋转运动就变成溜板箱的移动。通过进给箱中的滑移齿轮和倍增机构,以及 7 组不同传动比的交换齿轮,可以车出各种不同螺距的螺纹。

进给传动链的传动路线表达式如下:

$$
\text{主轴Ⅵ—}\begin{Bmatrix}\frac{55}{55}\\[2mm]\frac{55}{35}\times\frac{35}{55}\end{Bmatrix}\text{—Ⅷ—}\frac{29}{58}\text{—}\frac{a}{b}\times\frac{d}{c}\text{—Ⅺ—}\begin{Bmatrix}\frac{27}{24}\\[1mm]\frac{27}{36}\\[1mm]\frac{21}{24}\\[1mm]\frac{30}{48}\\[1mm]\frac{26}{52}\end{Bmatrix}\text{—Ⅻ—}\begin{Bmatrix}\frac{39}{39}\times\frac{52}{26}\\[1mm]\frac{26}{52}\times\frac{52}{26}\\[1mm]\frac{39}{39}\times\frac{26}{52}\\[1mm]\frac{26}{52}\times\frac{26}{52}\end{Bmatrix}
$$

4. 机床机械传动的组成

机床机械传动主要由以下几部分组成。

1）定比传动机构

定比传动机构是具有固定传动比或固定传动关系的传动机构,例如前面介绍的几种常用的传动副。

2）变速机构

变速机构是改变机床部件运动速度的机构。例如,图 9-34 中变速箱的轴Ⅰ—Ⅱ—Ⅲ间采用的为滑移齿轮变速机构,主轴箱中轴Ⅳ—Ⅴ—Ⅵ间采用的为离合器式齿轮变速机构等。

3）换向机构

换向机构是变换机床部件运动方向的机构。为了满足不同的加工需要(例如车螺纹时刀具的进给和返回,分别为车右旋螺纹和左旋螺纹),机床的主传动部件和进给传动部件往往需要正、反向的运动。机床运动的换向,可以直接利用电动机反转(例如 06132 车床主轴的反转),也可以利用齿轮换向机构(例如图 9-34 主轴箱Ⅵ、Ⅶ、Ⅷ轴间的换向齿轮)等。

4）操纵机构

操纵机构是用来实现机床运动部件变速、换向、启动、停止、制动及调整的机构。机床上常见的操纵机构包括手柄、手轮、杠杆、凸轮、齿轮齿条、拨叉、滑块及按钮等。

5）箱体及其他装置

箱体用于支承和连接各机构,并保证它们相互位置的精度。为了保证传动机构的正常工作,还应设有开停装置、制动装置、润滑与密封装置等。

5. 机械传动的优缺点

机械传动与液压传动、电气传动相比较,其主要优点如下。

(1) 传动比准确,适用于定比传动。

(2) 实现回转运动的结构简单,并能传递较大的扭矩。

(3) 故障容易发现,便于维修。

其缺点为:机械传动一般情况下不够平稳;制造精度不高时,振动和噪声较大;实现无级变速的机构较复杂,成本高。因此,机械传动主要用于速度不太高的有级变速传动中。

思考与练习题

9-1　研究材料的加工性能有什么意义? 欲改善材料的切削加工性能可采取哪些措施?

9-2　说明下列加工方法的切削运动:车端面;车床钻孔;牛头刨床刨平面;铣平面;磨外圆;磨内孔。

9-3　切屑温度对切屑变形有哪些影响?

9-4　切削力可分解成哪几个分力? 各分力有何实用意义?

9-5　刀具的磨损一般分为哪几个阶段,为什么会有这样的规律?

9-6　什么是刀具寿命? 它与切削用量之间的关系是什么?

9-7　切削用量中,切削深度(背吃刀量)a_p 和进给量 f 对切削力的影响有何不同? 试分别详述其影响规律。后角的功用是什么? 怎样合理选择?

9-8　车刀安装不正确时,会产生怎样的结果?

9-9　一般机床主要由哪几部分组成? 它们各起什么作用?

9-10　试计算 C6132 车床主轴的最高转速和最低转速(见图 9-34)。

第10章　常用金属切削加工方法

金属的切削加工方法有多种多样,常用的有车削、钻削、镗削、刨削、拉削、铣削和磨削等。尽管它们在加工原理方面有许多共同之处,但由于所用机床和刀具不同,切削运动形式不同,所以它们有各自的工艺特点及应用范围。

10.1　车削的工艺特点及应用

车削的主运动为零件旋转运动,刀具直线移动为进给运动。根据车床的加工原理,车削主要用于回转面和内、外螺纹的加工。车削加工因切削层厚度大,进给量大,成为回转表面最经济有效的加工方法。为了满足加工的需要,车床类型较多,常用的有卧式车床、立式车床、转塔车床、自动车床等。

10.1.1　车削的工艺特点

1. 易于保证工件工面间的位置精度

车削时,零件各表面具有相同的回转轴线(车床主轴的回转轴线)。在一次装夹中加工同一零件的外圆、内孔、端平面、沟槽等,能保证各外圆轴线之间及外圆与内孔轴线间的同轴度要求。

2. 切削过程比较平稳

除了切削断续表面之外,一般情况下的切削过程是连续进行的。当刀具几何形状、切削深度和进给量一定时,切削层的截面尺寸是不变的。不像铣削和刨削,在一次走刀过程中,刀齿有多次切入和切出,会产生冲击。因此,车削时的切削面积和切削力基本上不发生变化,故车削过程比铣削、刨削等平稳。又由于车削的主运动为回转运动,避免了惯性力和冲击的影响,所以,车削允许采用较大的切削用量,进行高速切削或强力切削,这样有利于生产效率的提高。

3. 适于车削加工的材料广泛

车削可以加工钢铁金属、非铁金属及非金属材料(有机玻璃、橡胶等),特别适合于非铁金属零件的精加工。因为某些非铁金属零件材料的硬度较低、塑性较大,若用砂轮磨削,软的磨屑易堵塞砂轮,难以得到粗糙度低的表面。因此,当非铁金属零件表面粗糙度值要求较小时,不宜采用磨削加工,要用车削或铣削等方法精加工。

车刀是刀具中最简单的一种,制造、刃磨和安装均较方便,这就便于根据具体加工要求,选用合理的角度。因此,车削的适应性较广,并且有利于加工质量和生产效率的提高。

10.1.2　车削的应用

在车床上使用不同的车刀或其他刀具,可以加工各种回转表面,如内、外圆柱面,内、外圆锥面,螺纹,沟槽,成形回转表面和回转体的端面等。加工精度可达 IT8~IT7,表面粗糙度值 Ra 为 $1.6\sim0.8\ \mu m$。

车削常用来加工单一轴线的零件,如直轴和一般盘、套类零件等(见图 10-1)。若改变工件的安装位置或将车床适当改装,还可以加工多轴线的零件(如曲线、偏心轮等)或盘形凸轮。车削曲轴和偏心轮工件安装的示意图如图 10-2 所示。

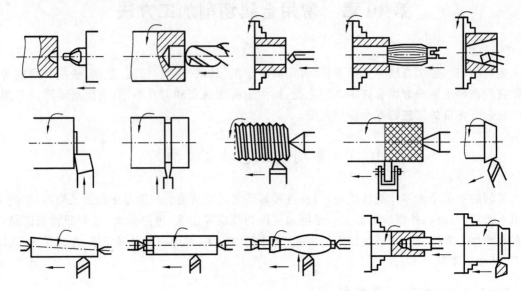

图 10-1　卧式车床所能完成的典型加工

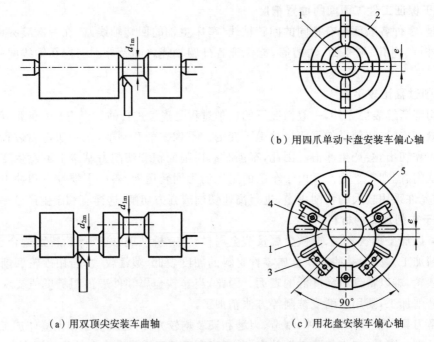

（a）用双顶尖安装车曲轴　　　　　（b）用四爪单动卡盘安装车偏心轴　　　　（c）用花盘安装车偏心轴

图 10-2　车削曲轴和偏心轮工件安装示意图

1—工件;2—四爪单动卡盘;3—定位块;4—压板;5—花盘

单件小批生产中,各种轴、盘、套等类零件多选用适应性广的卧式车床或数控车床进行加工。对于直径大而长度短(长径比 $L/D \approx 0.3 \sim 0.8$)的重型零件,多用立式车床加工。

成批生产外形较复杂,且具有内孔及螺纹的中小型轴、套类零件,应选用转塔车床进行加工。图 10-3 所示为适合于在转塔车床上加工的典型零件。

大批大量生产形状不太复杂的小型零件(如螺钉、螺母、管接口、轴套类等),多选用半自动

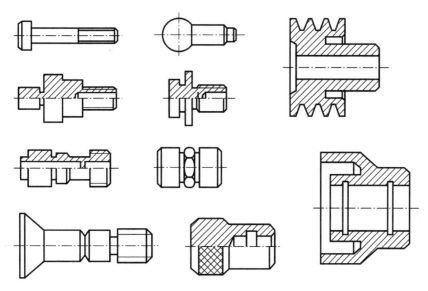

图 10-3　转塔车床上加工的典型零件

和自动车床进行加工。

10.2　钻削和镗削的工艺特点及应用

钻削和镗削是孔(内圆面)加工最常用的方法。孔是组成零件的基本表面之一。孔的加工方法,有钻孔、扩孔、铰孔、镗孔等。用钻头在实体材料上加工内圆面的方法称为钻孔。扩孔、铰孔、镗孔则是对已有孔的再加工。

10.2.1　钻削

钻削加工时,工件固定不动,钻头既做旋转主运动,同时又向下做轴向移动来完成进给运动。钻孔加工精度低,一般在 IT10 以下,质量不高,属于粗加工。

1. 钻削的工艺特点

钻孔与车削外圆相比,工作条件要困难得多。钻削时,钻头工作部分处在已加工表面的包围中,因而易引起一些特殊问题,例如,钻头的刚度和强度、容屑和排屑、导向和冷却润滑问题等。其特点可概括如下。

1) 容易产生"引偏"

"引偏"是孔径扩大或孔轴线偏移和不直的现象。由于钻头横刃定心不准,钻头的刚度较低、导向作用较差,切入时钻头易偏移、弯曲。在钻床上钻孔易引起孔的轴线偏移和不直,如图 10-4(a)所示;在车床上钻孔易引起孔径扩大,如图 10-4(b)所示。引偏产生的原因是:钻孔时最常用的刀具是麻花钻,如图 10-5 所示,其直径和长度受所加工孔的限制,使钻头细长,刚度低;为了形成切削刃和容屑空间,必须具备的两条螺旋槽使钻芯变得更细,使刚度更低;为减少与孔壁的摩擦,钻头只有两条很窄的刃带与孔壁接触,接触刚度也很低,导向作用差。

钻头的两条主切削刃制造和刃磨时,很难做到完全一致和对称,如图 10-6 所示,导致钻削时作用在两条主切削刃上的径向分力大小不一。

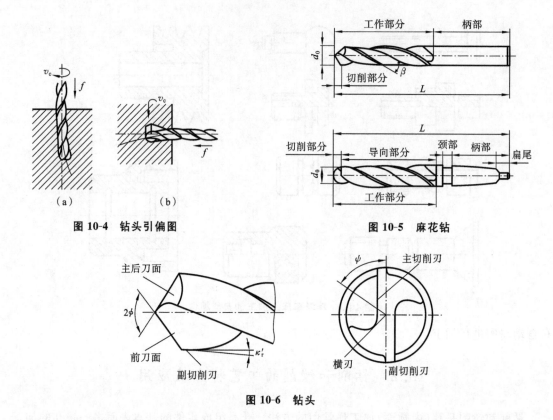

图 10-4　钻头引偏图

图 10-5　麻花钻

图 10-6　钻头

钻头横刃处的前角呈很大的负值(见图 10-7),且横刃是一小段与钻头轴线近似垂直的直线刃,因此钻头切削时,横刃实际上不是在切削,而是在挤刮金属,导致横刃处的轴向分力很大。横刃稍不对称,将产生相当大的附加力矩,使钻头弯曲。零件材料组织不均匀、加工表面倾斜等,也会导致钻孔时钻头"引偏"。

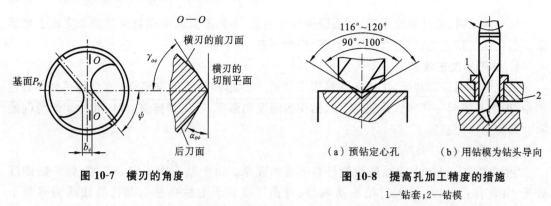

图 10-7　横刃的角度

图 10-8　提高孔加工精度的措施
1—钻套;2—钻模

因此,在钻削力的作用下,刚度低且导向性不好的钻头,很容易弯曲,即使钻出的孔产生偏斜,降低了孔的加工精度,甚至造成废品。在实际加工中,常采用如下措施来减少引偏。

(1) 预钻锥形定心坑,如图 10-8(a)所示,即先用小顶角($2\phi=90°\sim100°$)大直径麻花钻,预先钻一个锥形坑,然后再用所需的钻头钻孔。这个锥形坑起定心作用。

(2) 用钻套为钻头导向,如图 10-8(b)所示。这样可减少钻孔开始时的引偏,特别是在斜面或曲面上钻孔时,更为必要。

（3）刃磨时，尽量把钻头的两个主切削刃磨得对称、一致。使两个主切削刃的径向切削力互相抵消，从而减少钻头的引偏。

2）排屑困难

钻孔的切屑较宽，在孔内被迫卷成螺旋状，流出时与孔壁发生剧烈摩擦而划伤已加工表面，甚至会卡死或折断钻头。因此，在用标准麻花钻加工较深的孔时，要反复多次把钻头退出排屑。为了改善排屑条件，可在钻头上修磨出分屑槽（见图10-9），将宽的切屑分成窄条，以利于排屑。

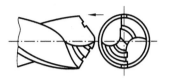

图 10-9　修磨分屑槽

3）切削热不易传散

主切削刃上近钻芯处和横刃上皆有很大的负前角，切削时产生的切削热多，加之钻削为半封闭切削，切屑不易排出，切削热不易散出，使切削区温度很高。切削时所产生的热量，虽然也是由切屑、工件、刀具和周围介质传出，但它们之间的比例却和车削时大不相同。如用标准麻花钻，不加切削液钻钢料时，工件吸收的热量约占 52.5%，钻头吸收的约占 14.5%，切屑吸收的约占 28%，而介质吸收的仅占 5% 左右。因此，切削温度较高，致使刀具磨损加剧，这就限制了钻削用量和生产效率的提高。

2. 钻削的应用

在各类机器零件上，经常需要进行钻孔，因此，钻削的应用还是很广泛的。但是，由于钻削的精度较低，表面粗糙，一般加工精度在 IT10 以下，表面粗糙度 Ra 值一般为 12.5 μm。生产效率也比较低。因此，钻孔主要用于粗加工，例如精度和表面粗糙度要求不高的螺钉孔、油孔等；一些内螺纹，在攻螺纹之前，需要先进行钻孔；精度和表面粗糙度要求较高的孔，也要以钻孔作为预加工工序。

单件、小批生产中，中小型工件上的小孔（一般 $D<13$ mm）常用台式钻床加工；中小型工件上直径较大的孔（一般 $D<50$ mm）常用立式钻床加工；大中型工件上的孔则应采用摇臂钻床加工。回转体工件上的孔多在车床上加工。

在成批和大量生产中，为了保证加工精度，提高生产效率和降低加工成本，广泛使用钻模、多轴钻或组合机床进行孔的加工。

精度高、表面粗糙度小的中小直径孔（$D<50$ mm），在钻削之后，常常需要采用扩孔和铰孔来进行半精加工和精加工。

10.2.2　扩孔和铰孔

1. 扩孔

扩孔是用扩孔钻（见图 10-10）对工件上已有的孔进行扩大加工（见图 10-11），属于半精加工。它能提高孔的加工精度，减小表面粗糙度。扩孔可达到的公差等级为 IT10～IT7，表面粗糙度 Ra 为 6.3～3.2 μm。扩扎钻与麻花钻在结构上相比有以下特点。

（1）刚度较高　由于扩孔时切削深度 $a_p=(d_m-d_w)/2$，比钻孔时（$a_p=d_m/2$）小得多，因而刀具的结构和切削条件比钻孔时好的多，容屑槽可做得浅而窄，使钻芯比较粗大，增加了切削部分的刚度。

（2）导向作用好　由于容屑槽浅而窄，可在刀体上做出 3～4 个刀齿，这样一方面可提高生产率，同时也加多了刀具的棱带，增加了扩孔时的导向作用，切削比较平稳。

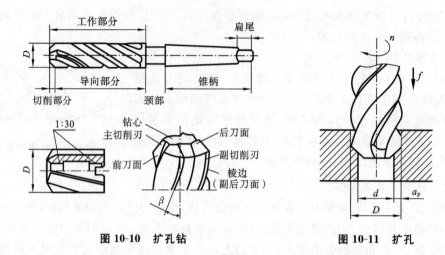

図 10-10　扩孔钻　　　　　　　　　　图 10-11　扩孔

（3）切削条件较好　由于 a_p 小、切削窄、易排出，不易擦伤已加工表面。扩孔钻的切削刃不必自外缘延续到中心，无横刃，避免了横刃和由横刃引起的一些不良影响。同时容屑槽也可做得较小、较浅，从而可以加粗钻芯，大大提高扩孔钻的刚度，有利于加工切削用量和改善加工质量。轴向力较小，可采用较大的进给量，生产率较高。

由于扩孔的加工质量比钻孔高，表面粗糙度值小，在一定程度上可校正原有孔的轴线偏斜。扩孔常作为铰孔前的预加工，对于要求不太高的孔，扩孔也可作为最终加工工序。

考虑到扩孔比钻孔有较多的优越性，在钻直径较大的孔时（一般 $D \geqslant 30$ mm），可先用小钻头（直径为孔径的 $0.5 \sim 0.7$）预钻孔，然后再用原尺寸的大钻头扩孔。实践表明，这样虽然是分两次钻削，但是生产效率还是比用大钻头一次钻出时的高。若用扩孔钻扩孔，则效率更高。

扩孔常作为孔的半精加工，当孔的精度和表面粗糙度要求较高时，则要采用铰孔。

2. 铰孔

铰孔是在扩孔或半精镗孔的基础上进行的，是孔的精加工方法之一。一般加工精度可达 IT9～IT7，表面粗糙度值 Ra 为 $1.6 \sim 0.4$ μm。

铰孔采用铰刀进行加工。铰刀分为手铰刀（见图 10-12(a)）和机铰刀（见图 10-12(b)），由工作部分、颈部、柄部组成。工作部分包括切削部分和修光部分。切削部分为锥形，担负主要切削工作。修光部分有窄的棱边和倒锥，以减小与孔壁的摩擦并减小孔径扩张，同时校正孔径、修光孔壁和导向。手铰刀修光部分较长，以增强导向作用。

铰孔加工除了具有上述扩孔的优点之外，还有以下几种工艺特点。

（1）铰刀具有修光部分（见图 10-12）　其作用是校准孔径、修光孔壁，从而进一步提高孔的加工质量。

（2）铰孔的余量小　粗铰为 $0.15 \sim 0.35$ mm，精铰为 $0.05 \sim 0.15$ mm，切削力较小，零件的受力变形小。

（3）较低的切削速度　铰孔时的切削速度为 $v = 1.5 \sim 10$ m/min，产生的切削热较少。因此，工件的受力变形和受热变形较小，避免了积屑瘤的不利影响，使得铰孔质量较高。

（4）适应性差　铰刀属定尺寸刀具，一把铰刀只能加工一定尺寸和公差等级的孔，不宜铰削阶梯形、短孔、不通孔和断续表面的孔（如花键孔）。

（5）需施加切削液　为减少摩擦，利于排屑、散热，以保证加工质量，应加注切削液。

麻花钻、扩孔钻和铰刀都是标准刀具。对于中等尺寸以下较精密的孔，在单件小批乃至大

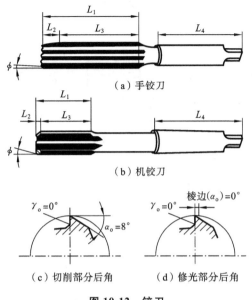

图 10-12 铰刀

L_1—工作部分;L_2—切削部分;L_3—修光部分;L_4—柄部

批生产中,钻-扩-铰都是经常采用的典型工艺。

　　钻、扩、铰只能保证孔本身的精度,而不易保证孔与孔之间的尺寸精度及位置精度,为了解决这一问题,可利用夹具(如钻模)进行加工,或者采用镗孔。

10.2.3 镗孔

　　镗孔是用镗刀对已有的孔进行扩大加工的方法,是常用的孔加工方法之一,加工范围较广泛。对于直径较大的孔(一般 $D \geqslant 80$ mm)、内成形面或孔内环槽等,镗削是唯一合适的加工方法。镗孔精度可以达到 IT8～IT7 级,精细镗时,精度可达 IT6 级。表面粗糙度 Ra 为 80～0.63 μm。镗孔和钻-扩-铰工艺相比,孔径尺寸不受刀具尺寸的限制,且镗孔具有较强的误差修正能力。镗孔不但能够修正上道工序造成的孔中心线偏斜误差,而且能够保证被加工孔和其他表面(或中心要素)保持一定的位置精度。

　　根据工件的尺寸、形状、技术要求及生产批量的不同,镗孔可以在镗床、车床、铣床、数控车床和组合机床上进行。常见车床上的镗孔工作如图 10-13 所示。对于箱体类零件上的孔或孔系(即要求相互平行或垂直的若干个孔),则常用镗床加工,如图 10-14 所示。镗床分为卧式镗床、坐标镗床、立式镗床、精密镗床等,应用最广的是卧式镗床。镗孔时,镗刀刀杆随主轴一起

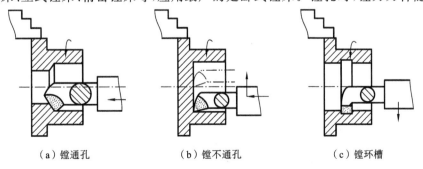

　　(a)镗通孔　　　　　　　(b)镗不通孔　　　　　　　(c)镗环槽

图 10-13 在车床上镗孔

旋转,完成主运动;进给运动可由工作台带动零件纵向移动来实现,也可由镗刀刀杆的轴向移动来实现。

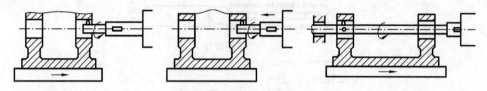

图 10-14 在镗床上镗孔

镗刀有单刃镗刀和多刃镗刀之分,由于它们的结构和工作条件不同,它们的工艺特点和应用也有所不同。

1. 单刃镗刀镗孔

单刃镗刀(见图 10-15)的刀头结构和车刀类似,使用时,用紧固螺钉将其装夹在镗杆上。

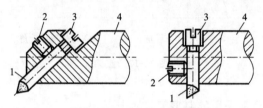

图 10-15 单刃镗刀
1—刀头;2—紧固螺钉;3—调节螺钉;4—镗杆

单刃镗刀镗孔时的特点是:

(1) 适应性较广,灵活性较大 单刃镗刀结构简单,使用方便,既可以用于粗加工,也可以用于半精加工或精加工。一把镗刀可加工直径不同的孔,孔的尺寸主要由操作者来保证,而不像钻孔、扩孔或铰孔那样,是由刀具本身尺寸保证的。

(2) 可以校正原有孔的轴线歪斜或位置偏差 由于镗孔质量主要取决于机床精度和工人技术水平,所以预加工孔如有轴线歪斜或有不大的位置误差,利用单刃锉孔可予以校正。这一点,若用扩孔或铰孔是不易达到的。

(3) 生产率较低 单刃镗刀的刚度比较低,为了减少镗孔时镗刀的变形和振动,不得不采用较小的切削用量;加之仅有一个主切削刃参加工作,所以生产率比扩孔或铰孔低。

单刃镗刀镗孔比较适合用于孔距有严格要求的箱体零件的孔系加工。

2. 多刃镗刀镗孔

在多刃镗刀中,有一种可调浮动镗刀片(见图 10-16)。镗刀上的两个刀刃的径向可以调整,因此,可以加工一定尺寸范围内的孔。镗孔时,镗刀片不是固定在镗杆上的,而是浮动地安装在镗杆的径向孔中的。工作时,有两个对称的切削刃产生的切削力自动平衡其位置。因此,多刃镗刀镗孔时有如下特点。

(1) 加工质量较高 由于镗刀片在加工过程中浮动,可减少镗刀安装误差或镗杆径向跳动引起的加工误差,提高孔的加工精度;较宽的修光刃可修光孔壁,减小表面粗糙度。但是,它不能校正原有孔的轴线歪斜或位置误差。

(2) 生产效率高 浮动镗刀片有两个主切削刃,且操作简单,故生产率较高。

(3) 刀具成本较单刃镗刀高 由于浮动镗刀片结构比单刃镗刀复杂,且刃磨要求高,故成本较高。

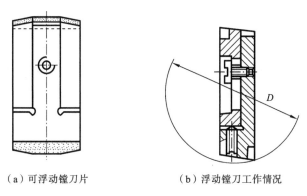

（a）可浮动镗刀片　　　　　　　（b）浮动镗刀工作情况

图 10-16　浮动镗刀片及其工作情况

由于以上特点,双刃浮动镗应在单刃镗之后进行,主要用于成批生产、精加工箱体类零件上直径较大的孔。大批量生产中镗削支架、箱体的轴承孔,需要使用镗模。

另外,在卧式镗床上利用不同的刀具和附件,还可以加工端面、外圆、螺纹及钻孔等,它的加工范围广泛,零件可在一次安装中完成许多表面的加工,如图 10-17 所示。

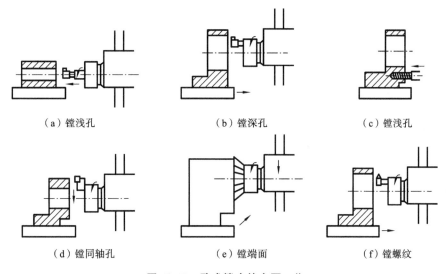

（a）镗浅孔　　　　　　　（b）镗深孔　　　　　　　（c）镗浅孔

（d）镗同轴孔　　　　　　　（e）镗端面　　　　　　　（f）镗螺纹

图 10-17　卧式镗床的主要工作

10.3　刨削、拉削的工艺特点及应用

刨削、拉削加工的共同特点是主运动为直线往复运动,因而便于加工平面和直线形沟槽以及母线为直线的成形面。

10.3.1　刨削

在刨床上,用刨刀加工工件的过程称为刨削。常见的刨床有牛头刨床和龙门刨床。

1. 刨削的工艺特点

（1）通用性好　根据切削运动和具体的加工要求,刨床的结构比车床、铣床等简单、成本低,调整和操作也比较简单。单刃刨刀与车刀基本相同、形状简单、制造刃磨和安装皆较方便。

因此,刨削的通用性好。

(2) 生产率较低　刨削加工的主运动为直线往复运动,反向时受惯性力的影响,加之刀具在切入、切出时,会引起较大的冲击,限制了切削速度的提高。而且单刃刨刀实际参加切削的切削刃长度有限,一个表面往往要经过多次行程才能加工出来,基本工艺时间较长。刨刀返回行程时不进行切削,加工不连续,增加了辅助时间。因此,刨削的生产率低于铣削。但是对于狭长表面(如导轨、长槽等)的加工,以及在龙门刨床上进行多件或多刀加工时,刨削的生产率可能高于铣削。

(3) 工件表面硬化层小　刨削加工与铣削相比,工件表面硬化层小,这对于加工后需要进行刮研的工件,例如机床的溜板、滑座等工件,应用刨削加工比用铣削更为有利。

一般刨削的精度可达 IT8~IT7,表面粗糙度值 Ra 为 $1.6~6.3~\mu m$。当采用宽刀精刨时,即在龙门刨床上,用宽刀刨刀以很低的切削速度,削去工件表面上一层极薄的金属。平面度不大于0.02/1000,表面粗糙度值 Ra 可达 $0.4~0.8~\mu m$。

2. 刨削的应用

刨削主要用在单件、小批生产中,在维修车间和模具车间应用较多。如图 10-18 所示,刨削主要用来加工平面(包括水平面、垂直面和斜面),沟槽(直槽、T 形槽、V 形槽、燕尾槽等)。如果进行适当的调整和增加某些附件,还可以用来加工齿条、齿轮、花键和母线为直线的成形面等。

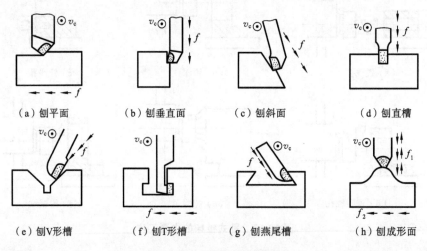

(a) 刨平面　　　(b) 刨垂直面　　　(c) 刨斜面　　　(d) 刨直槽

(e) 刨V形槽　　　(f) 刨T形槽　　　(g) 刨燕尾槽　　　(h) 刨成形面

图 10-18　刨削的主要应用

刨削可通过更换刨刀,在一次安装中刨削几个不同的表面,能够保证加工表面的位置精度。用龙门刨床加工大型工件,则可利用几个刀架同时工作,因此,相对位置精度要求较高的工件如机座、箱体和床身上支承面和基准面等常用刨削加工。

10.3.2　插削

插床在结构原理上与牛头刨床同属一类,因此,插床实质上是立式刨床。在插床上加工工件,主运动为插刀在垂直方向上的直线往复运动,进给运动则是工件沿纵向、横向及圆周三个方向上的间歇运动。

插床的主要组成部分如图 10-19 所示。加工时,滑枕 5 带动刀具沿立柱导轨作直线往复运动,实现切削过程的主运动。工件安装在工作台 4 上,工作台可实现纵向、横向和圆周方向的间歇进给运动。工作台的旋转运动,除了圆周进给外,还可实现分度。滑枕还可以在垂直平面内相对立柱倾斜 0°～8°,以便加工斜槽和滑面。

插削的工艺特点与刨削类似。插床的主要参数是最大插削长度,主要用于单件、小批生产,以加工工件的内表面,如方孔、各种多边形孔、孔内键槽(见图 10-20)和内花键等。

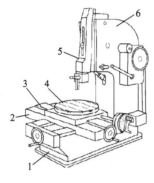

图 10-19　插床外形图

1—底座;2—纵向进给箱;3—横向进给箱;4—工作台;5—滑枕;6—立柱

图 10-20　插键槽

10.3.3　拉削

拉削可以认为是刨削的进一步发展,这是一种高效率、高精度的加工方法。如图 10-21、图 10-22 所示,它是利用多齿的拉刀,逐齿依次从工件上切下很薄的金属层,使表面达到较高的精度和较低的粗糙度。拉削所用的机床,称为拉床。拉削加工的各种表面如图 10-23 所示。拉削加工的主要特点如下。

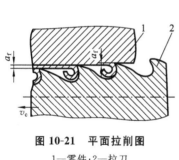

图 10-21　平面拉削图

1—零件;2—拉刀

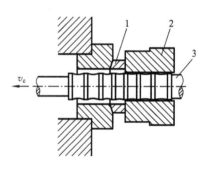

图 10-22　拉孔

1—球面垫板;2—零件;3—拉刀

(1)生产率高　由于拉刀是多齿刀具,同时参加工作的刀齿数较多,总切削宽度大,拉刀一次行程就可完成粗加工、半精加工和精加工,基本工艺时间和辅助时间大大缩短,所以生产率较高。

(2)加工精度较高、表面粗糙度较小　如图 10-24 所示,拉刀上有校准部分,作用是校准尺寸,修光表面,并可作为精切齿的后备刀齿。校准齿的切削量很小,只切去工件材料的弹性恢复量。另外,拉削的切削速度一般较低(目前 $v_c < 18$ m/min),每个切削齿的切削厚度较小,因而切削过程比较平稳,并可避免积屑瘤的不利影响。所以,拉削加工可以达到较高的精度和较小的表面粗糙度。一般拉孔的精度为 IT8～IT7,表面粗糙度值 Ra 为 $0.8～0.4$ μm。

(3)拉床结构较简单　拉削只有一个主运动,即拉刀的直线运动。进给运动是靠拉刀的

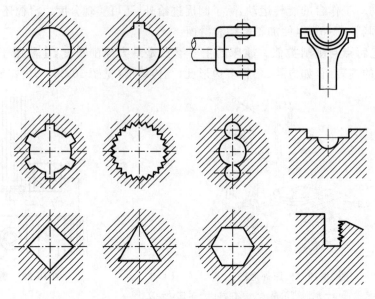

图 10-23　拉削加工的各种表面示例

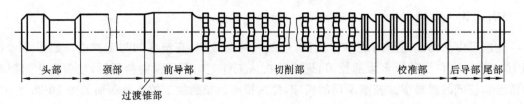

图 10-24　拉刀的结构

后一个刀齿高出前一个刀齿来实现的,刀齿的高出量成为齿升量 a_f。所以拉床的结构简单,操作也较方便。

(4)拉刀成本高、寿命长　拉刀的结构和形状复杂,精度和表面质量要求较高,因此,制造成本很高。由于切削时切削速度较低,刀具磨损慢,刃磨一次,可以加工数以千计的工件;一把拉刀又可以重磨多次,故拉刀的寿命长。

(5)对于盲孔、深孔、阶梯孔和有障碍的外表面,则不能采用拉削加工。

10.4　铣削的工艺特点及应用

铣削是平面的主要加工方法之一。铣削的主运动是铣刀旋转,零件随工作台的运动是进给运动。铣床的种类很多,常用的是升降台卧式铣床和立式铣床。铣削大型零件的平面则用龙门铣床,生产率较高,多用于批量生产。

10.4.1　铣削的工艺特点

(1)生产率较高　铣刀是典型的多齿刀具,铣削时有几个刀齿同时工作,总的切削宽度较大。铣削的主运动是铣刀的旋转,有利于采用高速铣削,所以铣削的生产率一般比刨削高。

(2)容易产生振动　铣刀的刀齿切入和切出时产生冲击,将引起同时工作刀齿数的增减。每个刀齿切削厚度是变化的(见图 10-25),也会引起切削面积和切削力的变化,因此,铣削过程不平稳,容易产生振动。因此,限制了铣削加工质量和生产率的提高。

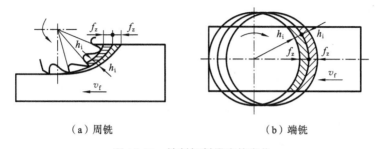

（a）周铣　　　　　　　　　　（b）端铣

图 10-25　铣削切削厚度的变化

（3）刀齿散热条件较好　在切离工件的一段时间内,由于是间断切削,每个刀齿依次参加切削,因此,刀齿可以得到一定的冷却,散热条件较好。

10.4.2　铣削方式

铣削方法有周铣法和端铣法。同一种铣削方法也有不同的铣削方式(如顺铣和逆铣)。在选用铣削方式时,要充分注意到它们各自的特点和适用场合。

1. 周铣

用铣刀的圆周刀齿加工平面称为周铣。它又可分为逆铣与顺铣两种方式(见图 10-26)。在切削部位,刀齿的旋转方向和工件的进给方向相反时,为逆铣;相同时,为顺铣。

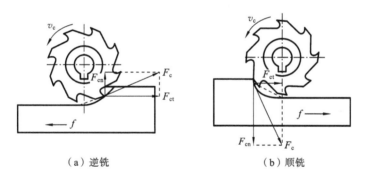

（a）逆铣　　　　　　　　　　（b）顺铣

图 10-26　逆铣和顺铣

逆铣时,每个刀齿的切削厚度是从零增大到最大值。由于铣刀刃口处总有圆弧存在,而不是绝对尖锐的,所以在刀齿接触工件的初期不能切入工件,而是在工件表面上挤压、滑行,使刀齿与工件之间的摩擦加大,加速刀具磨损,同时也使表面质量下降。顺铣时,每个刀齿的切削厚度是由最大较小到零,从而避免了上述缺点。

逆铣时,铣削力 F_c 的垂直分力 F_{cn} 上抬零件;而顺铣时,铣削力 F_c 的垂直分力 F_{cn} 将零件压向工作台,减少了零件振动的可能性,尤其铣削薄而长的零件时,更为有利。

2. 端铣

用铣刀的端面刀齿加工平面称为端铣。根据铣刀和零件相对位置的不同,可分为三种不同的切削方式。

（1）对称铣　零件安装在端铣刀的对称位置上,它具有较大的平均切削厚度,可保证刀齿在切削表面的冷硬层之下铣削。如图 10-27(a)所示。

（2）不对称逆铣　铣刀从较小的切削厚度处切入,从较大的切削厚度处切出,这样可减小切入时的冲击,提高铣削的平稳性,适合于当加工普通碳钢和低合金钢。如图 10-27(b)所示。

（3）不对称顺铣　铣刀从较大的切削厚度处切入,从较小处切出。在加工塑性较大的不锈钢、耐热合金等材料时,可减少毛刺及刀具的黏结磨损,刀具耐用度可大大提高。如图 10-27(c)所示。

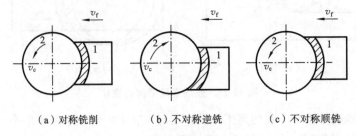

（a）对称铣削　　　　　（b）不对称逆铣　　　　　（c）不对称顺铣

图 10-27　端铣方式

1—工件；2—铣刀

对称铣削方式具有最大的平均切削厚度,可避免铣刀切入时对工件表面的挤压、滑行,铣刀耐用度高。在精铣机床导轨面时,可保证刀齿在加工表面冷硬层下铣削,能获得较高的表面质量。不对称逆铣时切削平稳,切入时切削厚度小,可减小冲击,从而可使刀具耐用度和加工表面质量得到提高。不对称顺铣时,刀齿切出工件时,切削厚度较小,适合于切削强度低,塑性大的材料（如不锈钢、耐热钢等）。

3. 周铣和端铣的比较

如图 10-28 所示,周铣时,同时工作的刀齿数与加工余量（相当于铣削厚度 a_c）有关,一般仅有 1～2 齿。而端铣时,同时工作的刀齿数与被加工表面的宽度（也相当于 a_c）有关,而和加工余量（相当于铣削深度 a_p）无关,即使在精铣时,也有较多的刀齿同时工作。因此,端铣的切削过程比周铣时平稳,有利于提高加工质量。端铣刀的刀齿切入和切出工作时,虽然切削厚度较小,但不像周铣时切削厚度变为零,从而可改善刀具后刀面与工件的摩擦状况,提高刀具耐用度,并可减小表面粗糙度。此外,端铣时还可利用大齿修光已加工表面,因此,端铣可达到较小的表面粗糙度值。

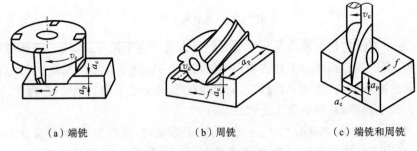

（a）端铣　　　　　　　（b）周铣　　　　　　　（c）端铣和周铣

图 10-28　铣削方式及运动

端铣刀一般直接安装在铣床的主轴端部,悬伸长度较小,刀具系统的刚度较高,而圆柱铣刀安装在细长的刀轴上,刀具系统的刚度远不如端铣刀。同时,端铣刀可方便地镶装硬质合金刀片,而圆柱铣刀多采用高速钢制造。所以端铣时,可以采用高速铣削,不仅大大地提高生产效率,也提高已加工表面质量。

由于端铣法具有以上优点,所以在平面的铣削中,目前大都采用端铣法。但是,周铣法的适应性较广,可以利用多种形式的铣刀,除加工平面外,还可方便地进行沟槽和成形面的加工,故生产中仍常用。

10.5　磨削的工艺特点及应用

磨削是用一种多刀多刃的磨具以较高的切削速度对零件表面进行加工的方法。砂轮及磨削加工如图 10-29 所示。通常把使用磨具进行加工的机床称为磨床。磨床按加工用途的不同可分为外圆磨床、内圆磨床和平面磨床等。常用的磨具有固结磨具(如砂轮、油石等)和涂附磨具(如砂带、砂布等)。

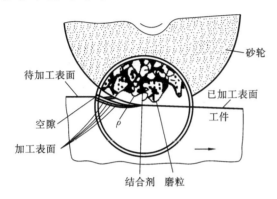

图 10-29　砂轮及磨削示意图

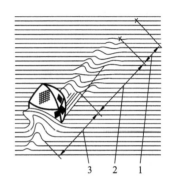

图 10-30　磨粒切削过程
1— 滑擦；2—刻划；3—切削

10.5.1　磨削过程

磨削实质是一种切削。砂轮表面上的每个磨粒可近似地看成微小刀齿,突出的磨粒尖棱可以认为是微小的切削刃。因此,砂轮可以看做是具有很多微小刀齿的铣刀,这些刀齿随机排列在砂轮表面上。由于每个磨粒的几何形状和切削角度有很大的不同,所以,每个磨粒的工作情况相差甚远。磨削时,比较锋利且比较突出的磨粒,可以获得较大的切削厚度,从而切下切屑。不太突出或磨钝的磨粒,只是在工件表面上刻画出细小的沟痕。但即使比较锋利且凸出的磨粒,其切削过程也大致分为以下三个阶段(见图 10-30)。

(1) 滑擦阶段　磨粒从工件表面滑擦而过,只是发生弹性变形而不切削。

(2) 刻划阶段　磨粒切入工件表面层,刻划出沟痕并形成隆起。

(3) 切削阶段　切屑厚度增大到某一临界值,切下切屑。

10.5.2　磨削的工艺特点

1. 精度高、表面粗糙度小

磨削时,砂轮表面有极多的切削刃,并且刃口圆弧半径 ρ 较小。例如粒度为 46 号的白刚玉磨粒,$\rho=0.006\sim0.012$ mm,而一般车刀和铣刀的 $\rho\approx0.012\sim0.032$ mm。磨粒上较锋利的切削刃能够切下一层很薄的金属,切削厚度可以小到数微米,这是精密加工必备的条件之一。一般切削刀具的刃口圆弧半径虽也可磨得小些,但不耐用,不能或难以进行经济的、稳定的精密加工。磨削所用的磨床,比一般切削加工机床精度高,刚度高且稳定性较好,并且具有控制小切削深度的微量进给机构(见表 10-1),可以进行微量切削,从而保证精密加工的实现。

表 10-1　不同机床控制切深机构的刻度值　　　　　　　（单位:mm）

机床名称	立式铣床	车床	平面磨床	外圆磨床	精密外圆磨床	内圆磨床
刻度值	0.05	0.02	0.01	0.005	0.002	0.002

磨削时,切削速度很高,如普通外圆磨削 $v=30\sim35$ m/s,高速磨削 $v>50$ m/s。当磨粒以很高的切削速度从工件表面切过时,同时有很多切削刃进行切削,每个磨刃仅从工件上切下极少量的金属,残留面积高度很小,有利于形成光洁的表面。

因此,一般磨削精度可达 IT7~IT6,表面粗糙度值 Ra 为 $0.2\sim0.8$ μm。当采用小粗糙度磨削时,表面粗糙度值 Ra 可达 $0.008\sim0.1$ μm。

2. 砂轮有自锐作用

磨削过程中,磨粒在高速、高压与高温的作用下,将逐渐磨损而变得圆钝。圆钝的磨粒切削能力下降。若此外力超过磨粒疲劳强度时,磨粒就会破碎产生新的较锋利的棱角,代替旧的圆钝的磨粒进行磨削;若此力超过砂轮结合剂的黏力时,圆钝的磨粒就会从砂轮表面脱落,露出一层新鲜锋利的磨粒,继续进行磨削。砂轮的这种自行推陈出新、以保持自身锋利的性能,称为"自锐性"。

磨削过程中,砂轮的自锐作用是其他切削刀具没有的。一般刀具的切削刃,如果磨钝或损坏,则切削不能继续进行,必须换刀或重磨。而砂轮由于本身的自锐性,磨粒能够以较锋利的刃口对工件进行切削。实际生产中,有时就利用这一原理,进行强力连续磨削,以提高磨削加工的生产效率。

砂轮本身虽有自锐性,但是,切屑和碎磨粒会把砂轮堵塞,使它失去切削能力,而且磨粒随机脱落的不均匀性,会使砂轮失去外形精度。所以,为了恢复砂轮的切削能力和外形精度,在磨削一定时间后,仍然需要对砂轮进行修整。

3. 磨削温度高

磨削时的切削速度为一般切削加工的 10~20 倍。在这样高的切削速度下,加上磨粒多为负前角切削,挤压和摩擦较严重,磨削时滑擦、刻划和切削三个阶段所消耗的能量绝大部分转化为热量。又因为砂轮本身的传热性很差,大量的磨削热在短时间内传散不出去,在磨削区形成瞬时高温,有时高达 $800\sim1000$ ℃,并且大部分磨削热将传入零件。

高的磨削温度容易烧伤零件表面,使淬火钢件表面退火,硬度降低,即使由于切削液的浇注可以降低切削温度,但又可能发生二次淬火,会在零件表层产生拉应力及显微裂纹,降低零件的表面质量和使用寿命。

高温下,零件材料将变软而容易堵塞砂轮,这不仅会影响砂轮的耐用度,也会影响零件的表面质量。

因此在磨削过程中,应采用大量的切削液。磨削时加注切削液,除了冷却和润滑作用之外,还可以起到冲洗砂轮的作用。切削液将细碎的切屑以及碎裂或脱落的磨粒冲走,避免砂轮堵塞,可有效地提高零件的表面质量和砂轮的耐用度。

磨削可以加工的工件材料范围很广,既可以加工铸铁、碳钢、合金钢等一般结构材料,也能够加工高硬度的淬硬钢、硬质合金、陶瓷和玻璃等难切削的材料。但是,磨削不宜精加工塑性较大的非铁金属工件。

10.5.3　磨削的类型

磨削可以加工外圆面、内孔、平面、成形面、螺纹和齿轮齿形等各种各样的表面,还常用于各种刀具的刃磨。

1. 外圆磨削

外圆磨削一般在普通外圆磨床或万能磨床上进行。

在外圆磨床上磨外圆(见图 10-31)磨削时,轴类工件常用顶尖装夹,其方法与车削时基本相同,但磨床所用顶尖都不随工件一起转动。盘套类工件则利用心轴和顶尖安装。磨削方法分为如下几种。

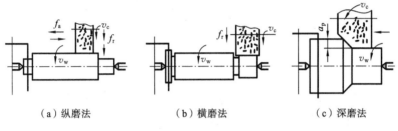

|（a）纵磨法|（b）横磨法|（c）深磨法|

图 10-31　磨外圆

(1) 纵磨法　如图 10-31(a)所示,砂轮高速旋转为主运动,工件旋转并和磨床工作台一起往复直线运动,分别为圆周进给和纵向进给。每次磨削深度很小,磨削余量是在多次往复行程中切除的。

(2) 横磨法　如图 10-31(b)所示,又称切入磨法,工件不作纵向移动,而由砂轮以慢速作连续的横向进给,直至磨去全部磨削余量为止。

(3) 深磨法　如图 10-31(c)所示,磨削时用较小的纵向进给量(一般取 $1\sim 2$ mm/r),较大的切深(一般为 0.3 mm 左右),在一次行程中切除全部余量。

2. 无心外圆磨削

无心外圆磨削是指在无心外圆磨床上磨外圆(见图 10-32)。无心外圆磨床是一种特殊的外圆磨床,在无心外圆磨床上磨削工件外圆时,工件不用顶尖来定心和支承,而是直接将工件放在砂轮和导轮之间,由拖板支承,工件被磨削的外圆面作定位面,所以称为无心磨。无心外圆磨削是一种生产率很高的精加工方法。

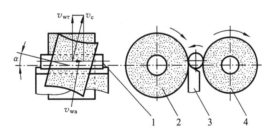

图 10-32　无心外圆磨削的示意图
1—零件；2—磨轮；3—托板；4—导轮

无心磨削时,零件以外圆柱面定位,其中心略高于磨轮和导轮中心连线,这样便使零件与磨削轮和导轮间的接触点不可能对称,于是工件上某些凸起的表面在多次转动中能逐渐磨圆。在无心外圆磨床上磨削外圆表面时,工件不用钻中心孔,且装夹工件省时省力,可连续磨削,所以生产效率较高。

由于工件定位基准是被磨削的外圆表面,而不是中心孔,所以就消除了工件中心孔误差、外圆磨床工作台运动方向与前后顶尖连线不平行以及顶尖的径向跳动等误差的影响。磨削出来的工件尺寸精度为 IT7～IT6,圆度误差为 0.005 mm,圆柱度误差为 0.004/100 mm,表面粗糙度值 Ra 不高于 1.6 μm。如果配备适当的自动卸料机构,则易实现全自动加工。

3. 孔的磨削

磨孔是用高速旋转的砂轮精加工孔的方法。其尺寸公差等级可达 IT7,表面粗糙度值 Ra 为 1.6～0.4 μm。孔的磨削可以在内圆磨床上进行,也可以在万能外圆磨床上进行。磨孔时(见图 10-33),砂轮旋转为主运动,零件低速旋转为圆周进给运动(其旋转方向与砂轮旋转方向相反);砂轮直线往复为轴向进给运动;切深运动为砂轮周期性的径向进给运动。

目前应用的内圆磨床多是卡盘式的,它可以加工圆柱孔、圆锥孔和成形内圆面等。与外圆磨削类似,内圆磨削也可以分为纵磨法和横磨法,如图 10-33 所示。

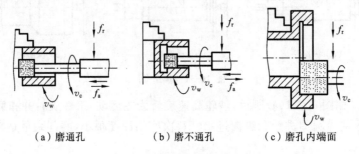

（a）磨通孔　　　　（b）磨不通孔　　　　（c）磨孔内端面

图 10-33　内圆磨床的磨削方法

磨孔与磨外圆相比,工作条件较差,并存在如下主要问题。

(1) 表面粗糙度值较大　由于磨孔时砂轮直径受零件孔径限制,一般较小,磨头转速又不可能太高(一般低于 20000 r/min),故磨削时砂轮线速度较磨外圆时低。加上砂轮与零件接触面积大,切削液不易进入磨削区,所以磨孔的表面粗糙度值 Ra 较磨外圆时大。

(2) 生产率较低　磨孔时,砂轮轴悬伸长且细,刚度很低,不宜采用较大的背吃刀量和进给量,故生产率较低。由于砂轮直径小,为维持一定的磨削速度,转速要高,增加了单位时间内磨粒的切削次数,磨损快;磨削力小,降低了砂轮的自锐性,且易堵塞。因此,需要经常修整砂轮和更换砂轮,增加了辅助时间,使磨孔生产率进一步降低。

虽然内圆磨削有以上缺点,但仍是一种常用的精加工孔的方法。特别对于淬硬的孔、断续表面的孔(带键槽或花键槽的孔)和长度很短的精密孔以及非标准尺寸的孔,其精加工用磨削更为合适。磨孔的适应性较好,不仅可以磨通孔,还可以磨削阶梯孔、盲孔、锥孔、孔端面以及成形内表面等。

4. 磨削平面

与平面铣削类似,它也可以分为周磨和端磨两种方式。周磨是利用砂轮的外圆面进行磨削,如图 10-34(a)、(b)所示;端磨则是利用砂轮的端面进行磨削,如图 10-34(c)、(d)所示。

周磨平面时,砂轮与工件的接触面积小,散热、冷却和排屑情况好,因此加工质量较高。端磨平面时,磨头伸出长度较短,刚度较高,允许采用较大的磨削用量,故生产效率高。但是,砂轮与工件的接触面积较大,发热量多,冷却较困难,故加工质量低。所以,周磨多用于加工质量要求较高的工件,而端磨适用于要求不很高的工件,或者代替铣削作为精磨前的预加工。

周磨平面用卧轴平面磨床,端磨平面用立轴平面磨床。它们都有矩形工作台(简称矩台)和圆形工作台(简称圆台)两种形式。卧轴矩台平面磨适用性好,应用最广;立轴矩台平面磨床

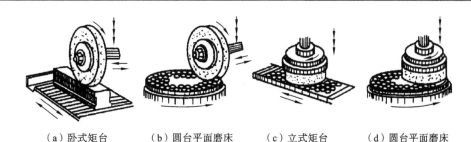

（a）卧式矩台　　　（b）圆台平面磨床　　　（c）立式矩台　　　（d）圆台平面磨床

图 10-34　平面磨床及其磨削运动

多用于粗磨大型工件或同时加工多个中小型工件。圆台平面磨床则多用于成批大量生产中、小型零件，如活塞环、轴承环等。

10.5.4　磨削发展简介

近年来，磨削正朝着两个方向发展：一是高精度、低粗糙度磨削；另一个是高效磨削。

（1）高精度、低粗糙度磨削　它包括精磨削（Ra 为 $0.1 \sim 0.05\ \mu m$）、超精磨削（Ra 为 $0.025 \sim 0.012\ \mu m$）和镜面磨削（Ra 为 $0.008\ \mu m$ 以下），可以代替研磨加工，以便节省工时和减轻劳动强度。

进行高精度、低粗糙度磨削时，除对磨床精度和运动平稳性有较高要求外，还要合理地选用工艺参数，对所用砂轮要经过精细修整，以保证砂轮表面的磨粒具有微刃，且微刃具备等高性。磨削时，磨粒的微刃在工件表面上切下微细切屑，同时在适当的磨削压力下，借助半钝状态的微刃，对工件表面产生摩擦抛光作用，从而获得高的精度和低的表面粗糙度。

（2）高效磨削　包括高速磨削、强力磨削和砂带磨削，主要目标是提高生产效率。

① 高速磨削是指砂轮线速度高于 $50\ m/s$ 的磨削加工。它是提高磨削生产率和加工质量的重要途径之一，既可使高速磨削维持与普通磨削相同的进给量，也会因相应对提高工件速度而增加金属切除率，使生产率提高。

② 强力磨削就是以大的磨削深度和较小的进给量进行磨削。常规磨削时磨削深度小于 $0.02\ mm$，而进给量为 $0.05 \sim 5\ m/s$，强力磨削与此相反，采用极大的切深（一次切深达 $6\ mm$，最大可达 $30\ mm$，甚至更高），而进给量极小，常为 $0.02 \sim 0.005\ m/s$。采用强力磨削加工钢制工件时金属切除率达 $3\ kg/min$，磨铸铁时达 $4.5 \sim 5\ kg/min$，可直接从毛坯或实体材料上磨出加工表面，适用于磨削各种成形表面，对耐热合金等难加工材料与淬硬金属的成形加工特别合适。它可代替车削、铣削，且效率比车削铣削高。但对砂轮及机床也提出了多方面的要求。

③ 砂带磨削（见图 10-35）是一种新的高效磨削方法。砂带磨削的设备一般都比较简单。砂带回转为主运动，零件由传送带带动作进给运动，零件经过支承板上方的磨削区，即完成加工。由于砂带的磨粒均匀、等高性好，切削时几乎每个磨粒均参加切削活动，所以金属切除率高，效率比一般磨削高 $4 \sim 16$ 倍。现在砂带磨削不仅可用于精加工，还可进行 $0.5 \sim 5\ mm$ 的重载荷磨削。砂带磨削的生产率高，加工质量好，能加工外圆内孔、平面和成形面，有很强的适应性，因而成为磨削加工的发展方向之一，其应用范围越来越广。

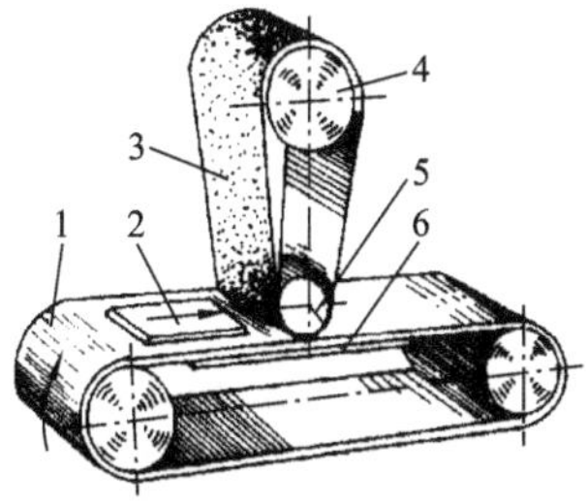

图 10-35　砂带磨削

1—传送带；2—零件；3—砂带；
4—张紧轮；5—接触轮；6—支承板

思考与练习题

10-1　何谓钻孔时的"引偏"？试举出几种减小引偏的措施。

10-2　拉削加工有哪些特点？适用于何种场合？

10-3　加工要求精度高、表面粗糙度小的紫铜或铝合金轴件外圆时，应选用哪种加工方法？为什么？

10-4　一般机床主要由哪几部分组成？它们各起什么作用？

10-5　镗孔与钻、扩、铰孔比较，有何特点？

10-6　一般情况下，车削的切削过程为什么比刨削、铣削平稳？对加工有何影响？

10-7　用标准麻花钻钻孔，为什么精度低且表面粗糙？

10-8　扩孔与铰孔为什么能达到较高的精度和较小的表面粗糙度值？

10-9　镗床镗孔与车床镗孔有何不同，各适用于什么场合？

10-10　磨削为什么能够达到较高的精度和较小的表面粗糙度值？

10-11　顺铣相对逆铣有哪些优点？在实际生产中多采用哪种铣削方式？为什么？

10-12　铣削为什么比其他加工方法容易产生振动？

第11章　基本表面加工分析

机械零件是组成机器的基本单元体,而机械零件又是由外圆面、孔、平面、成形面、螺纹表面和齿轮面等基本表面所组成的。这些基本面的成形是由各种不同的加工方法实现的。正确选择加工方法,对保证机械零件的质量、提高生产率和经济效益有重要的意义。

零件表面的加工过程,就是获得符合技术要求的零件表面的过程。无论何种表面,在考虑它的加工时,都要遵循两项基本原则。

(1) 粗、精加工要分开　为了保证零件的加工质量,提高生产效率和经济效益,应把粗、精加工分开,以达到各自不同的技术要求。粗加工的目的是切除大部分加工余量,为精加工打好基础。精加工的目的是获得符合精度和表面粗糙度要求的表面。

(2) 几种加工方法要互相结合　根据零件表面的具体要求,考虑各种加工方法的特点和应用,将几种加工方法配合起来,逐步地完成零件表面的加工。

11.1　外圆面的加工

外圆表面常用的加工方法有车削、磨削、研磨和超级光磨等。选择何种加工方法和加工顺序,应根据外圆面的不同精度、粗糙度、毛坯种类、材料性质、零件的结构特点以及生产类型,结合现场条件来综合考虑。

11.1.1　外圆面的技术要求

外圆面的技术要求,通常可以分为如下三个方面。

(1) 本身精度　如直径和长度的尺寸精度和外圆面的圆度、圆柱度等形状精度。

(2) 位置精度　与其他外圆面或孔的同轴度、与端面的垂直度等。

(3) 表面质量　主要指的是表面粗糙度,对于某些重要零件,还有表层硬度、残余应力和显微组织等方面的要求。

11.1.2　外圆面的加工和应用

金属零件的外圆面加工的主要方法是车削加工、磨削加工和光整加工。外圆面的加工方案见表 11-1。

表 11-1　外圆面的加工方案

序　号	加 工 方 案	经济精度等级	表面粗糙度	适 用 范 围
1	粗车	IT11 以下	50～12.5	适用于淬火钢以外的各种金属
2	粗车-半精车	IT10～IT8	6.3～3.2	
3	粗车-半精车-精车	IT8～IT6	1.6～0.8	
4	粗车-半精车-精车-精磨(或抛光)	IT7～IT5	0.2～0.125	

序　号	加 工 方 案	经济精度等级	表面粗糙度	适 用 范 围
5	粗车-半精车-磨削	IT8～IT6	0.8～0.4	主要用于淬火钢,也可以用于未淬火钢,但不宜加工非铁金属
6	粗车-半精车-粗磨-精磨	IT7～IT5	0.4～0.1	
7	粗车-半精车-粗磨-精磨-超精加工(或轮式超精磨)	IT7～IT5	0.2～0.012	
8	粗车-半精车-精车-金刚石车	IT7～IT5	0.4～0.025	主要用于要求较高精度的非铁金属的加工
9	粗车-半精车-粗磨-精磨-超精磨或镜面磨	IT5 以上	0.025～0.006	高精度的外圆加工
10	粗车-半精车-粗磨-精磨-研磨	IT7～IT5	0.1～0.006	

11.2　孔 的 加 工

11.2.1　孔的类型

孔是组成零件的基本表面之一,也是盘套类、支架箱体类零件的主要组成表面。零件上有多种多样的孔,常见的有以下几种。

(1) 紧固孔(如螺钉孔等)和其他非配合的油孔等。

(2) 回转体零件上的孔,如套筒、法兰盘及齿轮上的孔等。

(3) 箱体类零件上的孔,如床头箱箱体上的主轴和传动轴的轴承孔等。这类孔能构成"孔系"。

(4) 深孔,即 $L/D > 5 \sim 10$ 的孔,如车床主轴上的轴向通孔等。

(5) 圆锥孔,如车床主轴前端的锥孔以及装配用的定位销孔等。

在此仅讨论圆柱孔的加工方案。由于对各种孔的要求不同,也需要根据具体的生产条件,确定较合理的加工方案。

11.2.2　孔的技术要求

与外圆面相似,孔的技术要求通常也包括三个方面。

(1) 本身精度　孔径和长度的尺寸精度,孔的形状精度(如圆度、圆柱度及轴线的直线度等)。

(2) 位置精度　孔与孔,或孔与外圆面的同轴度;孔与孔,或孔与其他表面之间的尺寸度、平行度、垂直度及角度等。

(3) 表面质量　表面粗糙度和表面物理、力学性能方面的要求等。

11.2.3　孔的加工和应用

孔加工可以在车床、钻床、镗床、拉床或磨床上进行,大孔和孔系则常在镗床上加工。拟订孔的加工方案时,应考虑孔径的大小和孔的深浅、精度和表面粗糙度等的要求,还要考虑工件的材料、形状、尺寸、质量和批量以及车间的具体生产条件(如现有加工设备等)。表 11-2 给出的孔加工方案,可以作为拟订加工方案的依据和参考。

表 11-2 内圆表面的加工方案

序号	加 工 方 案	经济精度等级	表面粗糙度 $Ra/\mu m$	适 用 范 围
1	钻	IT10~IT8	12.5	加工未淬火钢及铸铁的实心毛坯,也可以用于加工非铁金属(但表面粗糙度稍大,孔径小于 15 mm)
2	钻-铰	IT8~IT7	3.2~1.6	
3	钻-粗铰-精铰	IT8~IT7	1.6~0.8	
4	钻-扩	IT10~IT8	12.5~6.3	同上,但是孔径大于 15~20 mm
5	钻-扩-铰	IT8~IT7	3.2~1.6	
6	钻-扩-粗铰-精铰	IT8~IT7	1.6~0.8	
7	钻-扩-机铰-手铰	IT7~IT5	0.4~0.1	
8	钻-扩-拉	IT8~IT5	1.6~0.1	大批大量生产(精度由拉刀的精度而定)
9	粗镗(或扩孔)	IT10~IT8	12.5~6.3	除淬火钢外的各种钢和非铁金属,毛坯的铸出孔或锻出孔
10	粗镗(粗扩)-半精镗(精扩)	IT8~IT7	3.2~1.6	
11	粗镗(扩)-半精镗(精扩)-精镗(铰)	IT8~IT6	1.6~0.8	
12	粗镗(扩)-半精镗(精扩)-精镗-浮动镗刀精镗	IT8~IT6	0.8~0.4	
13	粗镗(扩)-半精镗-磨孔	IT8~IT6	0.8~0.4	主要用于淬火钢,也用于未淬火钢,但不宜用于非铁金属加工
14	粗镗(扩)-半精镗-粗磨-精磨	IT7~IT5	0.2~0.1	
15	粗镗(扩)-半精镗-精镗-金刚镗	IT7~IT5	0.4~0.05	主要用于精度要求高的非铁金属加工
16	钻-(扩)-粗铰-精铰-珩磨 钻-(扩)-拉-珩磨 粗镗-半精镗-精镗-珩磨	IT7~IT5	0.2~0.025	精度要求很高的孔
17	以研磨代替上述方案中的珩磨	IT6 以上		

11.3 平 面 加 工

11.3.1 平面的类型

平面是箱体类零件的主要表面之一,也是盘形零件的主要表面。根据平面所起的作用不同,通常把平面分为如下几种。

(1)非结合面 这类平面只是在有外观要求或防腐蚀需要时,才进行加工。

(2)结合面和重要结合面 如零部件的固定连接平面等。

(3)导向平面 如机床的导轨面等。

(4)精密测量工具的工作面 如精密测量块规的工作面等。

由于平面的作用不同,其技术要求也不相同,故应采用不同的加工方案。

11.3.2　平面的技术要求

与外圆面和孔不同,一般平面本身的尺寸精度要求不高,其技术要求主要包括以下三个方面。

(1) 形状精度　如平面度和直线度等。

(2) 位置精度　如平面之间的尺寸精度以及平面度、垂直度、倾斜度等。

(3) 表面质量　如表面粗糙度、表面硬度、残余应力、显微组织等。

11.3.3　平面的加工和应用

根据平面的技术要求以及零件的结构形状、尺寸、材料和毛坯的种类,结合具体的加工条件(如现有设备等),平面可分别采用车削、铣削、刨削、磨削、拉削等方法加工。表 11-3 给出的是平面加工方案,可以作为拟订加工方案的依据和参考。

表 11-3　平面加工方案

序号	加工方案	经济精度等级	表面粗糙度 $Ra/\mu m$	适用范围
1	粗车-半精车	IT10~IT8	6.3~3.2	端面
2	粗车-半精车-精车	IT8~IT6	1.6~0.8	端面
3	粗车-半精车-磨削	IT8~IT6	0.8~0.2	
4	粗刨(或粗铣)-精刨(精铣)	IT10~IT7	6.3~1.6	一般不淬硬平面(端铣的表面粗糙度比较小)
5	粗刨(或粗铣)-精刨(精铣)-刮研	IT8~IT5	0.8~0.1	精度要求较高的不淬硬平面,批量较大时宜采用宽刃精刨方案
6	粗刨(或粗铣)-精刨(精铣)-宽刃精刨	IT8~IT6	0.8~0.2	
7	粗刨(或粗铣)-精刨(精铣)-磨削	IT8~IT6	0.8~0.2	精度要求较高的淬硬平面或不淬硬平面
8	粗刨(或粗铣)-精刨(精铣)-粗磨-精磨	IT7~IT5	0.4~0.025	
9	粗刨-拉削	IT8~IT6	0.8~0.2	大量生产,较小的平面(精度视拉刀的精度而定)
10	粗铣-精铣-磨削-研磨	IT7~IT5	0.1~0.006	高精度平面

11.4　成形面加工

有成形面的零件在机器上使用得很多,如各种机床的手把,内燃机凸轮轴上的凸轮、汽轮机的叶片等。成形面在各模具的形状表面中也较普遍。所以,也应对成形面的技术要求和加工方法进行分析。

11.4.1　成形面的技术要求

与外圆面、孔和平面不同,一般成形面是为了实现特定功能而专门设计的,因此,成形面通常对形状精度要求较高,对位置精度和表面质量也有一定要求。

(1) 形状精度　如线轮廓度和面轮廓度等。

(2) 位置精度　如位置度、对称度等。

(3) 表面质量　如表面粗糙度、表面硬度、残余应力等。

11.4.2　成形面的加工和应用

成形面一般可用车削、铣削、刨削、磨削及拉削等方法加工。无论用哪种方法,基本上都可归纳为三种形式:用成形刀具加工、用靠模法加工和利用刀具与工件作特定的相对运动加工。

(1) 用成形刀具加工　即用切削刀形状与工件轮廓相符合的刀具,直接加工出成形面。例如用成形车刀车削成形面(见图 11-1),用成形铣刀铣削成形面等。

用成形刀具加工成形面操作简便。但刀具制造和刃磨比较复杂(特别是成形铣刀和拉刀),成本较高。这种方法受工件成形面尺寸的限制,不宜用于加工刚度低而成形面较宽的工件。

(2) 用靠模法加工　即用安装在机床上且形状与工件廓形相符合的靠模来控制刀具的加工轨迹,直接加工出成形面。例如用靠模装置车削成形面(见图 11-2),就是其中的一种。

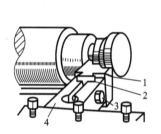

图 11-1　用成形车刀车削成形面

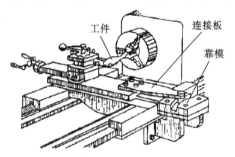

图 11-2　用靠模车削成形面

(3) 利用刀具和工件作特定的相对运动加工　采用一定的方法使刀具相对于工件作特定的运动轨迹,来加工出成形面。它可以用手动方法,即同时手动操作刀具作两个方向以上的运动;还可以利用刀具和工件作特定的相对运动来加工成形面。

成形面的加工方法,应根据零件的尺寸、形状及生产批量等来选择。

小型回转体零件上形状不太复杂的成形面:在大批大量生产时,常用成形车刀在自动或半自动车床上加工;批量较小时,可用成形车刀在普通车床上加工。

尺寸较大的成形面:在大批大量生产中,多采用仿形车床或仿形铣床加工;单件小批生产时,可借助样板在普通车床上加工,或者依据划线在铣床或刨床上加工,但用这种方法加工的质量和效率较低。为了保证加工质量和提高生产效率,在单件小批生产中,可应用数控机床加工成形面。

大批大量生产中,为了加工一定的成形面,常常专门设计和制造专用的机床,如凸轮轴车床、凸轮轴磨床等。

11.5　螺　纹　加　工

11.5.1　螺纹的类型

螺纹也是零件上常见的表面。它是一种最典型的具有互换性的连接结构。按其结合性质和使用要求可分为如下三类。

（1）紧固螺纹　主要用于连接和紧固零部件，是使用最广泛的一种螺纹结合。这类螺纹结合的主要性能要求是可旋合性和连接的可靠性。这类螺纹的牙型多为三角形。

（2）传动螺纹　主要用于传递位移和传递动力，如机床中的丝杆和螺母、千斤顶的起重螺杆等。对这类螺纹结合的主要性能要求是传动比恒定，传递动力可靠。这类螺纹其牙型多为梯形或锯齿形。

（3）紧密螺纹　紧密螺纹用于要求具有气密性或水密性的场合，如管螺纹的连接，在管道中不得漏气、漏水或漏油。这类螺纹结合的主要性能要求是具有良好的旋合性及密封性。

11.5.2　螺纹的技术要求

螺纹也和其他类型的表面一样，有一定的尺寸精度、形状精度和表面质量的要求，由于它们的用途和使用要求不同，技术要求也有所不同。

对于紧固螺纹和无传动精度要求的传动螺纹，一般只要求中径（外螺纹中径 d_2、内螺纹中径 D_2）和顶径（外螺纹大径 d、内螺纹小径 D_1）的精度。

对于有传动精度要求或用于读数的螺纹，除要求中径和顶径的精度外，还要求螺距和牙型角的精度。为了保证传动或读数精度及耐磨性，对螺纹的表面粗糙度和硬度等也有较高的要求。

11.5.3　螺纹的加工方法和应用

螺纹的加工方法很多，可以在车床、钻床、螺纹铣床、螺纹磨床等机床上，利用不同的刀具进行加工。表 11-4 列出了常见螺纹加工方法所能达到的精度和表面粗糙度。

表 11-4　常见螺纹加工方法所能达到的精度和表面粗糙度

加 工 方 法	精 度 等 级	表面粗糙度 $Ra/\mu m$
攻螺纹	6～8	1.6～6.3
套扣	7～8	1.6～3.2
车削	4～8	0.4～1.6
铣刀铣削	6～8	3.2～6.3
磨削	4～8	0.1～0.4
研磨	4	0.1
精磨	4～8	0.1～0.8

（1）攻螺纹和套扣　攻螺纹和套扣是应用较广的螺纹加工方法。对于小尺寸的内螺纹，攻螺纹几乎是唯一有效的加工方法。单件小批生产中，可以用手用丝锥手工攻螺纹；当批量较大时，则应在车床、钻床或攻丝机上用机用丝锥加工。套扣的螺纹直径一般不超过 16 mm，它既可以手工操作，也可以在机床上进行。由于攻螺纹和套扣的加工精度较低，主要用于加工精度要求不高的普通连接螺纹。

（2）车螺纹　车螺纹是在普通车床上，用螺纹车刀加工螺纹的方法。车螺纹所用刀具简单，适用性广，但生产率较低。加工质量取决于工人的技术水平及机床、刀具本身的精度。所以车螺纹主要用于单件、小批生产。

（3）铣螺纹　铣螺纹是在螺纹铣床上用螺纹铣刀加工螺纹的方法，其原理与车螺纹的基本相同。在成批和大量生产中,广泛采用铣削法加工螺纹。

11.6　齿轮齿形的加工

齿轮在机械传动中是传递运动和动力的重要零件,常用的齿轮有圆柱齿轮、圆锥齿轮及蜗轮等。齿轮在机械、仪器、仪表中应用十分普遍。任何机械的工件性能、承载能力、使用寿命及工件精度等,都与齿轮加工的质量有密切的关系。

11.6.1　齿轮的技术要求

齿轮加工的质量与整个机器的工作性能、承载能力及使用寿命有着密切的关系。由于齿轮在使用上的特殊性,齿轮除了有一般的尺寸精度、形状精度和表面质量的要求外,还具有一些特殊的要求。由于各种机械上齿轮传动的用途不同,因此,对齿轮传动还提出了四项要求。

(1)传递运动的准确性　作为传动元件的齿轮,要求它能够准确地传递运动。即要求主动轮转过一定角度时,从动轮按速比关系准确地转过一个相应的角度,以保证从动件与主动件运动协调一致。

(2)传动的平稳性　在传递运动过程中,特别是高速转动的齿轮,要求齿轮传动瞬间传动比变化不大。因为瞬间传动比的突然变化,会引起齿轮冲击,产生噪声和振动,甚至导致整个齿轮的破坏。

(3)载荷分布的均匀性　在传递动力时,齿轮啮合面接触良好,避免引起应力集中,造成齿面局部磨损,影响齿轮的使用寿命。

(4)传动侧隙　在齿轮传动中,非工作齿面间应具有一定的间隙,以便储存润滑油,补偿因温度变化和弹性变形引起的尺寸变化以及加工和安装误差的影响。否则,齿轮在工作中可能会卡死或烧伤。

齿轮的结构形式和类型有很多种,常见的有圆柱齿轮、圆锥齿轮、齿轮齿条及蜗轮蜗杆等,其中以圆柱齿轮应用最广。一般机械上所用的齿轮,多为渐开线齿形;仪表中的齿轮,常为摆线齿形;矿山机械、重型机械中的齿轮,有时采用圆弧齿形。此处仅介绍渐开线圆柱齿轮齿形的加工。

11.6.2　齿轮齿形的加工方法

齿形的加工方法从加工原理上又可分为成形法和展成法两种。

(1)成形法(也称仿形法)　利用与被切齿轮齿间形状相符的成形刀具,直接切出齿形的加工方法,如铣齿、成形法磨齿等。

(2)展成法(也称范成法或包络线法)　利用齿轮刀具与被切齿轮的啮合运动(或称展成运动),切出齿形的加工方法,如插齿、滚齿和剃齿等。齿轮齿形加工方法的选择,主要取决于齿轮精度和齿面粗糙度的要求以及齿轮的结构、形状、尺寸、材料和热处理状态等。

1. 成形法(仿形法)加工齿轮

成形法是利用成形齿轮铣刀,在万能铣床上加工齿轮齿形的方法(见图 11-3)。加工时,工件安装在分度头上,用盘形齿轮铣刀($m<10\sim16$)或指形齿轮铣刀($m>10$),对齿轮的齿间进行铣削。当加工完一个齿间后,进行分度,再铣下一个齿间。

为了铣出准确的齿形,对同一模数不同齿数的齿轮,都应该用专门的铣刀加工。但这样既

（a）盘形铣刀铣齿轮　　　　　　　（b）指形铣刀铣齿轮

图 11-3　盘形和指形铣刀铣齿轮

不经济也不便于进行刀具的管理，所以在实际生产中经常将同一模数的齿轮按齿数划分为 8 组或 15 组，每组采用同一个刀号的铣刀加工（见表 11-5）。

表 11-5　齿轮铣刀的分号

铣 刀 号 数	1	2	3	4	5	6	7	8
能铣制的齿数范围	12～13	14～16	17～20	21～25	26～34	35～54	55～134	135 以上

铣齿具有如下特点。

（1）成本较低　铣齿可以在一般的铣床上进行，刀具也比其他齿轮刀具简单，加工成本较低。

（2）生产率较低　由于铣刀每切一齿都要重复消耗一段切入、切出、退刀和分度等辅助时间，故生产效率低。

（3）加工精度较低　由于采用通用附件分度头进行分度时，会产生分度误差，且铣刀分成若干组，齿形误差大，再加上铣削时的冲击和振动，造成铣齿加工精度低。因此，铣齿只适合于单件小批生产或维修工作中精度不高的低速齿轮，有时可用于齿形的粗加工。

铣齿不仅可以加工直齿、斜齿和人字齿圆柱齿轮，还可以加工齿条和锥齿轮等。

2. 展成法（范成法）加工齿轮

展成法包括滚齿和插齿两种具体方法，由于所用的机床和刀具不同，这两种方法的具体加工原理、切削运动、工艺特点及应用范围也有所不同。

（1）滚齿　滚齿是根据展成法原理，用齿轮滚刀在滚齿机上进行齿轮齿形的加工方法。即相当于一对螺旋齿轮啮合滚动的过程，齿轮滚刀是一个齿数极少的螺旋齿轮（通常 $z=1$）。滚齿时只要滚刀与齿坯转速能保持相啮合的运动关系，即当滚刀的头数为 k、工件的齿数为 z 时，滚刀转一圈，齿坯转过 k/z 圈，再加上滚刀沿齿宽方向作进给运动，就能完成整个切齿工作，如图 11-4 所示。

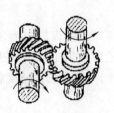
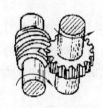
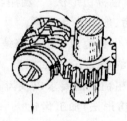

（a）螺旋齿轮啮合　　　（b）蜗杆蜗轮啮合　　　　（c）滚齿

图 11-4　滚齿的加工原理

滚切直齿圆柱齿轮时（见图 11-5），其运动如下。

① 主运动为滚刀的旋转,其转速以 $n_刀$ 表示。

② 分齿运动(展成运动)为维持滚刀与被切齿轮之间啮合关系的运动。

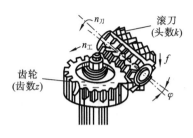

$$\frac{n_工}{n_刀}=\frac{k}{z_工}$$

式中:$n_工$、$n_刀$——工件和齿轮滚刀的转速,r/min;

　　　k——齿轮滚刀头数;

　　　$z_工$——工件齿轮齿数。

图 11-5　滚齿加工

③ 轴向进给运动　为了要在齿轮的全齿宽上切出齿形,滚刀需要沿工件的轴向作进给运动。工件每转一圈滚刀移动的距离,称为轴向进给量。当全部轮齿沿齿宽方向都滚切完毕后,轴向进给停止,加工完成。

加工斜齿圆柱齿轮时,除上述三个运动外,在滚切的过程中,工件还需要有一个附加的转动,以便切出倾斜的轮齿。

(2) 插齿　利用插刀在插齿机上进行齿轮齿形的加工。加工原理也是展成法原理,用插齿刀加工齿形的一种方法。加工原理如图 11-6 所示。

加工时,类似一对圆柱齿轮相啮合的过程(见图 11-6(a)),其中一个是工件,另一个是用高速钢制造的齿轮(刀具),在其上磨出前角和后角,形成切削刃(一个顶刃和两个侧刃),并使它的模数和压力角与被加工齿轮相同,然后加上必要的切削运动,即可在工件上切出轮齿来(见图 11-6(b))。插直齿圆柱齿轮时,用直齿插齿刀,其运动如下(见图 11-7)。

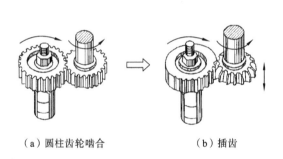

（a）圆柱齿轮啮合　　　　（b）插齿

图 11-6　插齿的加工原理

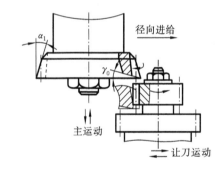

图 11-7　插齿运动

① 主运动为插齿刀的上下往复直线运动,常以单位时间(每分或每秒)内往复行程的次数来表示 (str/min(或 str/s))。

② 分齿运动(展成运动)为维持插齿刀与被切齿轮之间啮合关系的运动,并按速比保持下列啮合关系:

$$\frac{n_工}{n_刀}=\frac{z_刀}{z_工}$$

式中:$n_工$、$n_刀$——工件和齿轮滚刀的转速,r/min;

　　　$z_工$、$z_刀$——工件齿数和插齿刀齿数。

③ 径向进给运动　插齿时,插齿刀不能一开始就切到工件齿的全深,需要逐渐地切入。在分齿运动的同时,插齿刀要沿工件的半径方向作进给运动。插齿刀每往复一次径向移动的距离,称为径向进给量。当进给到要求的深度时,径向进给停止,分齿运动继续进行,直到加工

完成。

④ 让刀运动　为了避免插齿刀在返回行程中,刀齿的后刀面与工件的齿面发生摩擦,在插齿刀返回时,工件要让开一些,当插齿刀在工作行程时,工件又恢复原位,这种运动称为让刀运动。

加工斜齿圆柱齿轮时,要用斜齿插齿刀。除上述四个运动外,在插齿刀作往复直线运动的同时,插齿刀还要有一个附加的转动,以使刀齿切削运动的方向与工件的齿向一致。

3. 齿形精加工

经铣齿、滚齿、插齿加工后的齿轮,在形状和尺寸上都存在着不同程度的误差,若再经热处理淬火产生变形,将使误差加大。因此,为了进一步提高齿轮的加工精度,必须对齿轮齿形进行精加工。齿轮精加工的方法有剃齿、珩齿、磨齿和研齿。

(1) 剃齿　剃齿是用剃齿刀在剃齿机上进行的精加工。主要用于滚齿或插齿加工后未经淬火的直齿和斜齿圆柱齿轮的精加工,精度可达 IT5~IT6 级,表面粗糙度值 Ra 为 0.8~0.4 μm。剃齿的原理属于展成法加工,剃齿刀(见图 11-8(a))的外形很像一个斜齿圆柱齿轮,齿形的精度很高,并在齿面上开出许多小沟槽,以形成切削刃。在与被加工齿轮啮合运转过程中,剃齿刀齿面上众多的切削刃,从工件齿面上剃下细丝状的切屑,使齿形精度得到提高,并减小齿面粗糙度。

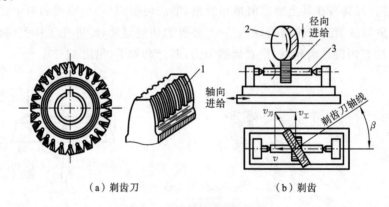

(a) 剃齿刀　　　　　　　　　　(b) 剃齿

图 11-8　剃齿刀与剃齿运动

1—切削刃;2—剃齿刀;3—心轴

(2) 珩齿　珩齿与剃齿的原理完全相同。当齿轮的轮齿表面硬度超过 35HRC,剃齿刀无法再进行加工时,就可使用珩齿代替剃齿。珩齿是用珩磨轮在珩齿机上进行的一种齿形光整加工方法。珩磨轮(见图 11-9)是用磨料与环氧树脂等浇注或热压而成的,具有很高齿形精度的斜齿圆柱齿轮。珩磨对齿形精度改善不大,主要是降低热处理后的齿面的粗糙度。

(3) 磨齿　磨齿是用砂轮在磨齿机上进行的齿轮精加工。按加工原理分为成形法磨齿和展成法磨齿。

① 成形法磨齿　将砂轮靠外圆处的两侧面修成与工件齿间相吻合的形状,然后对已经切削过的齿间进行磨削(见图 11-10)。加工方法与用齿轮铣刀铣齿

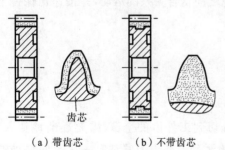

(a) 带齿芯　　(b) 不带齿芯

图 11-9　珩磨轮

相似。成形法磨齿的生产率比展成法磨齿高,但因砂轮修整较复杂,磨齿时砂轮磨损不均匀会降低齿形精度,加上机床分度精度的影响,它的加工精度较低。在实际生产中,成形法磨齿应用较少。

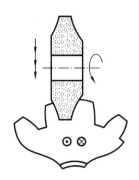

图 11-10　成形法磨齿

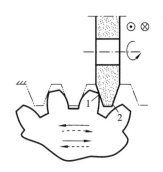

图 11-11　锥形砂轮磨齿

② 展成法磨齿　展成法磨齿有锥形砂轮(或称双斜边砂轮)和双碟形砂轮磨削两种形式。

锥形砂轮磨齿如图 11-11 所示。砂轮的磨削部分修整成与被磨齿轮相啮合的假想齿条的齿形。磨削时强制砂轮与被磨齿轮保持齿条与齿轮的啮合运动关系,使砂轮锥面包络出渐开线齿形。为了便于在磨齿机上实现这种啮合运动,采用假想齿条固定不动而由齿轮作往复纯滚动的方式。

双碟形砂轮磨齿如图 11-12 所示。将两个碟形砂轮倾斜一定角度,构成假想齿条的两个齿的外侧面,同时对两个齿的侧面 1 和 2 进行磨削。其原理与用锥形砂轮磨齿完全相同,所不同的是用两个砂轮同时磨削一个齿间的两个齿面或两个不同齿间的左右齿面。此外,为了磨出全齿宽而必须进行的轴向往复运动,是由工件来完成的。

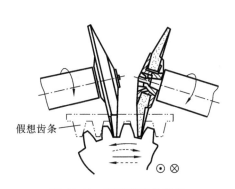

图 11-12　双碟形砂轮磨齿

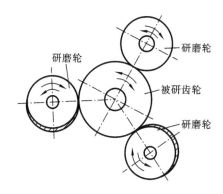

图 11-13　研轮

(4) 研齿　研齿是齿轮的光整加工方法之一,其加工原理是使被研齿轮与轻微制动的研磨轮作无间隙的自由啮合,并在啮合的齿面间加入研磨剂,利用齿面的相对滑动,从被研齿轮的齿面上切除一层极薄的金属,达到减小表面粗糙度和校正齿轮部分误差的目的。研轮如图11-13 所示。

4. 齿轮齿形加工方法举例

齿轮齿形加工方法的选择主要取决于齿轮的精度等级、齿轮结构、热处理和生产批量等有关因素。常用的齿形加工方案见表 11-6。

表 11-6　齿形加工方案

齿形加工方案	齿轮精度等级	齿面粗糙度	适 用 范 围
铣齿	9 级以下	6.3~3.2	单件小批生产中的直齿和螺旋齿轮及齿条
滚齿	8~7 级	3.2~1.6	各种批量生产中的直齿和螺旋齿轮及蜗轮
插齿		1.6	各种批量生产中的直齿轮、内齿轮和双联齿轮,并可加工大批量的螺旋齿轮及小型齿条
滚(插)齿-淬火-珩磨		0.8~0.4	用于齿面淬火的齿轮
滚齿-剃齿	7~6 级	0.8~0.4	主要用于大批量生产
滚齿-剃齿-淬火-磨齿		0.4~0.2	
滚(插)齿-淬火-磨齿	6~3 级	0.4~0.2	用于高精度齿轮的加工,生产率低,成本高
滚(插)齿-磨齿	6~3 级	0.4~0.2	

思考与练习题

11-1　零件由哪些基本表面组成?其成形方法有哪些?

11-2　在零件的加工过程中,为什么常把粗加工和精加工分开进行?

11-3　试列举出几个外圆面的加工方案。

11-4　通常孔和外圆面的技术要求有哪些方面?内容是什么?

11-5　下列零件上的孔,用何种方案加工比较合理?
　　　(1) 单件小批生产中,铸铁齿轮上的孔,$\phi 20H7$,$Ra1.6$;
　　　(2) 大批大量生产中,铸铁齿轮上的孔,$\phi 50H7$,$Ra0.8$;
　　　(3) 高速钢三面刃铣刀上的孔,$\phi 27H6$,$Ra0.2$。

11-6　平面刮研主要用于什么场合?在大量生产中用什么加工方法可以代替刮研?

11-7　成形面的加工一般有哪几种方式?各有何特点?

11-8　为什么在铣床上铣齿的精度和生产率皆较低?铣齿适用于什么场合?

11-9　试说明插齿和滚齿的加工原理及运动。插齿和滚齿各适用于加工何种齿轮?

11-10　剃齿、珩齿和磨齿各适用于什么场合?剃齿和珩齿属于什么加工原理?

第12章 精密加工和特种加工简介

精密加工是指加工精度和表面质量达到极高要求的加工工艺,通常包括精密切削加工和精密磨削加工。特种加工是将电能、热能、光能、声能和磁能等物理能量及化学能量或其组合乃至与机械能组合直接施加到被加工的部位上,从而实现材料去除的加工方法,也被称为非传统加工技术。

12.1 精密和光整加工

精密加工是指在精加工之后从零件上切除很薄的材料层,以提高零件精度和减小表面粗糙度的加工方法。光整加工是指不切除或从零件上切除极薄材料层,以减小零件表面粗糙度的加工方法。

12.1.1 研磨

研磨是在研具与工件之间加以研磨剂,从零件上表面研去一层极薄表面层的精加工方法。研磨外圆尺寸精度等级可达 IT6~IT5 甚至更高,表面粗糙度 Ra 值可达 $0.1~0.08~\mu m$。研磨的设备结构简单,制造方便。研磨在高精度零件和精密配合的偶件加工中,是一种有效的方法。

1. 加工原理

研磨是研具在一定压力作用下与零件表面之间作复杂的相对运动,通过研磨剂的机械及化学作用,从零件表面上切除很薄的一层材料,从而达到很高的精度和很小的表面粗糙度的加工方法。

研磨方法分手工研磨和机械研磨两种。手工研磨是人手持研具或工件进行研磨。机械研磨是在研磨机上进行研磨,图 12-1 为研磨较小零件所用研磨机的工作示意图。

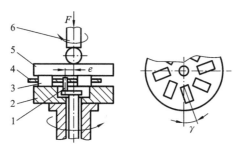

图 12-1 机械研磨

1—偏心轴;2—下研磨盘;3—零件;4—分割盘;5—上研磨盘;6—悬臂轴

2. 研磨的特点及应用

研磨具有如下特点。

(1)加工简单可靠　研磨除可在专门的研磨机上进行外,还可以在简单改装的车床、钻床等上面进行,设备和研具皆较简单,成本低。

（2）研磨质量高　研磨过程中因金属塑性变形小,切削力小、切削热少,表面变形层薄,可达到高的尺寸精度、形状精度和小的表面粗糙度,但不能纠正零件各表面间的位置误差。

（3）生产率较低　研磨对零件进行的是微量切削,前道工序为研磨留的余量一般不超过0.01～0.03 mm。

研磨的应用很广,常见的表面如平面、圆柱面、圆锥面、螺纹表面、齿轮齿面等都可以用研磨进行光整加工。

12.1.2　珩磨

1. 加工原理

珩磨是利用带有磨条(由几条粒度很细的磨条组成)的珩磨头对孔进行光整加工的方法。如图 12-2(a)所示为珩磨加工示意图。珩磨时,珩磨头上的油石以一定的压力压在被加工表面上,由机床主轴带动珩磨头旋转并沿轴向作往复运动(零件固定不动)。在相对运动的过程中,磨条从零件表面切除一层极薄的金属,加之磨条在零件表面上的切削轨迹是交叉而不重复的网纹,如图 12-2(b)所示,故珩磨精度可达 IT5 以上,表面粗糙度 Ra 值为 $0.1～0.008\ \mu m$。

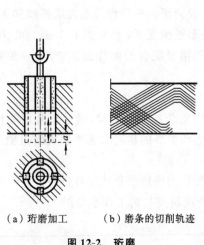

（a）珩磨加工　　　（b）磨条的切削轨迹

图 12-2　珩磨

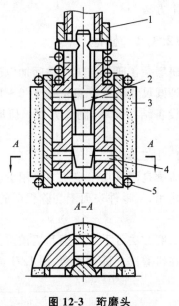

图 12-3　珩磨头

1—调节螺母;2—调节锥;
3—磨条;4—顶块;5—弹簧箍

如图 12-3 所示为一种结构比较简单的珩磨头,磨条用黏结剂与磨条座固结在一起,并装在本体的槽中,磨条两端用弹簧圈箍住。旋转调节螺母,通过调节锥和顶销,可使磨条张开,以便调整珩磨头的工作尺寸及磨条对孔壁的工作压力。

2. 珩磨的特点及应用

珩磨具有如下特点。

（1）生产率较高　珩磨时多个磨条同时工作,且是面接触。珩磨余量比研磨大,一般珩磨铸铁时为 0.02～0.15 mm,珩磨钢件时为 0.005～0.08 mm。

（2）精度高　珩磨可提高孔的表面质量、尺寸和形状精度,但不能纠正孔的位置误差。

（3）珩磨表面耐磨损　由于已加工表面有交叉网纹,利于油膜形成,润滑性能好,磨损慢。

（4）珩磨头结构较复杂　珩磨主要用于孔的精整加工,加工范围很广,能加工直径为 5～500 mm 或更大的孔,并且能加工深孔。珩磨还可以加工外圆、平面、球面和齿面等。

珩磨不仅在大批大量生产中应用极为普遍,而且在单件小批生产中应用也较广泛。对于某些零件的孔,珩磨已成为典型的精整加工方法,例如飞机、汽车等的发动机的汽缸、缸套、连杆以及液压缸、枪筒、炮筒等均采用了珩磨加工方法。

12.1.3　超级光磨

1. 加工原理

超级光磨是用细磨粒的磨具(油石)对零件施加很小的压力进行光整加工的方法。如图 12-4 所示为超级光磨加工外圆的示意图。加工时,零件旋转(一般零件圆周线速度为 6～30 m/min),磨具以恒力轻压于零件表面,轴向进给的同时作轴向微小振动(一般振幅为 1～6 mm,频率为 5～50 Hz),从而对零件微观不平的表面进行光磨。

2. 超级光磨的特点及应用

与其他光整加工方法相比较,超级光磨具有如下特点。

（1）设备简单,操作方便　超级光磨可以在专门的机床上进行,也可以在适当改装的通用机床(如卧式车床等)上进行,还可以在适当改装的通用机床(如卧式车床等)上利用不太复杂的超精加工磨头进行。

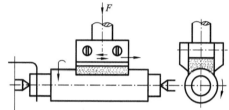

图 12-4　超级光磨加工外圆

（2）加工余量极小　由于油石与零件之间无刚性的运动联系,油石切除金属的能力较弱,只有 3～10 μm 的加工余量。

（3）生产率较高　因为超级光磨只是切去零件表面的微观凸峰,加工过程所需的时间很短,一般为 30～60 s。

（4）表面质量好　由于油石的运动轨迹复杂,加工过程是由切削作用过渡到光整抛光,表面粗糙度很小(Ra 值小于 0.012 μm),并具有复杂的交叉网纹,利于储存润滑油,使加工后表面的耐磨性较好。

超级光磨的应用也很广泛,如汽车和内燃机零件、轴承、精密量具等小粗糙度表面常用超级光磨作光整加工。它不仅能加工轴类零件的外圆柱面,而且还能加工圆锥面、孔、平面和球面等。

12.1.4　抛光

1. 加工原理

抛光是在高速旋转的抛光轮上涂以抛光膏,对零件表面进行光整加工的方法。抛光轮一般是用毛毡、橡胶、皮革、棉制品或压制纸板等材料叠制而成的,是具有一定弹性的软轮。抛光膏由磨料(氧化铬、氧化铁等)和油酸、软脂等配制而成。抛光时,将零件压于高速旋转的抛光轮上,在抛光膏介质的作用下,金属表面产生的一层极薄的软膜,可以用比零件材料软的磨料切除,而不会在零件表面留下划痕。加之高速摩擦,使零件表面出现高温,表层材料被挤压而发生塑性流动,这样可填平表面原来的微观不平,获得很光亮的表面(呈镜面状)。

2. 抛光特点及应用

与其他光整加工方法相比较,抛光具有如下特点。

(1)方法简单、成本低　抛光一般不用复杂、特殊设备,加工方法较简单,成本低。

(2)容易对曲面进行加工　由于抛光轮是弹性的,能与曲面相吻合,故容易实现曲面抛光,便于对模具型腔进行光整加工。

(3)能降低表面粗糙度,但不能保证或提高原加工精度　由于抛光轮与工件之间没有刚性的运动联系,抛光轮又有弹性,不能保证从工件表面均匀地切除材料,只是去掉前道工序所留下的痕迹,因而仅能获得光亮的表面,而不能保持或提高精度。

(4)劳动条件较差　抛光目前多为手工操作,工作繁重,且飞溅的磨粒、介质、微屑会污染环境,劳动条件较差。为改善劳动条件,可采用磨床进行抛光,以代替用抛光轮的手工抛光。

抛光主要用于零件表面的装饰加工,或者用抛光消除前道工序的加工痕迹,以提高零件的疲劳强度,而不是以提高精度为目的。抛光零件表面的类型不限,可以加工外圆、孔、平面及各种成形面等。

12.2　特种加工

特种加工的种类较多,它们的共同特点是直接利用电能、光能、化学能、电化学能、声能等进行加工。与传统的机械加工方法相比,它具有一系列的特点,能解决大量普通机械加工方法难以解决甚至不能解决的问题。

特种加工是近几年发展起来的新工艺,目前仍在继续研究和发展,种类较多,这里主要介绍电火花加工、电化学加工、激光加工和超声波加工。

12.2.1　电火花加工

1. 加工基本原理

电火花加工的基本原理是:基于工具和工件(正、负电极)之间脉冲火花放电时的电腐蚀现象来去除多余的金属,以达到加工的目的。例如,日常生活中使用电闸开关时,常会看到电火花,它可使开关接触部分的金属产生烧损,出现缺口或凹坑,这种现象称为电腐蚀。

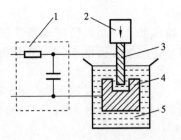

图 12-5　电火花加工原理示意图

图 12-5 是电火花加工原理的示意图,图中直流电源和脉冲发生器组成的电源是电火花加工的功能装置。脉冲电源能在工件和工具电极之间产生脉冲放电。图中的自动进给调节系统用来自动调节电极距离和工具电极的进给速度,以便维持一定的放电间歇,从而使脉冲放电正常进行。图中的工作液是绝缘介质,常用的工作液是煤油和变压器油。储存器中的工作液经过高压泵和过滤器等进入工作池作循环流动。

2. 电火花加工的工艺特点与应用

电火花加工是靠局部电热效应实现加工的,它有以下几个特点。

(1)不受加工材料硬度的限制,可以加工任何硬、脆、韧、软的导电材料。它适于加工小孔、薄壁、窄槽及各种复杂的型孔、型腔和曲线孔等,也适于精密微细加工。

(2)加工时,工件的热影响层很薄,有利于提高表面质量,也可加工热敏感性很强的材料。

（3）可以在同一台机床上通过改变脉冲宽度、电流、电压等进行连续粗、半精和精加工。

（4）由于直接使用电能加工，便于实现加工的自动化。

通孔加工是电火花加工中应用最广的一种，它可以加工各种截面的型孔、小孔（$\phi 0.1$ mm～$\phi 1$ mm）和微孔（<$\phi 0.1$ mm）等。例如，冷冲落料或冲孔凹模、拉丝模和喷丝孔等。有时还可加工规则的曲线孔。

12.2.2　电火花线切割加工

电火花线切割加工简称"线切割"。线切割是用连续移动的金属丝（一般为钼丝）代替电火花成形加工的电极。线电极接高频脉冲电源的负极，工件接正极，电极与工件之间产生火花放电而蚀除金属，同时使工件在水平面的两个坐标方向各自作进给移动，其合成运动轨迹为所需轮廓线，将一定形状的工件切割出来。图 12-6 为电火花线切割工艺及装置示意图。

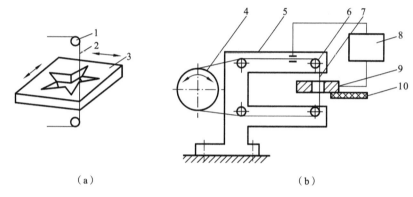

（a）　　　　　　　　　　　　　　　（b）

图 12-6　电火花线切割工艺及装置示意图
1—导向轮；2—钢丝；3—工件；4—传动轮；5—支架；6—导向轮；7—钼丝；8—脉冲电源；9—工件；10—绝缘底板

与电火花成形加工相比，线切割不需专门的工具电极，并且作为工具电极的金属丝在加工中不断移动，基本上无损耗；加工同样的零件，线切割的总蚀除量比普通电火花成形加工的总蚀除量要少得多，因此生产效率要高得多，而机床的功率却可以小得多。

12.2.3　电解加工

电解加工是利用金属在电解液中产生阳极溶解的电化学反应原理，对金属材料进行成形加工的一种方法，如图 12-7 所示。电解时，以工件为阳极（接直流电源正极），工具为阴极（接直流电源负极），在阳极工件的表面上，金属材料按阴极工具型面的形状不断地溶解，电解产物则被高速电解液带走，于是在工件的表面上就加工出与阴极型面近似相反的形状。电化学加工就是利用这种原理发展起来的，目前已广泛地用于工业生产中。

12.2.4　超声波加工

利用工具端面作超声波振动，使工作液中的悬浮磨粒对零件表面进行撞击抛磨来实现加工，称为超声波加工。人耳对声音的听觉范围为 16～16000 Hz。频率低于 16 Hz 的振动波称为次声波，频率超过 16000 Hz 的振动波称为超声波。加工用的超声波频率为 16000～25000 Hz。

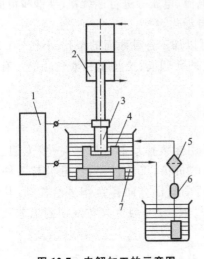

图 12-7　电解加工的示意图

1—脉冲电源；2—自动进给调节装置；3—工具电极；
4—工件；5—过滤器；6—工作液泵；7—工作液

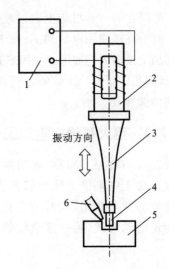

图 12-8　超声波加工原理示意图

1—超声波发生器；2—换能器；3—变幅杆；
4—工具；5—工件；6—工作液喷嘴

　　超声波加工原理如图 12-8 所示。超声波发生器将工频交流电能转变为有一定功率输出的超声波电振荡，然后通过换能器将此超声波电振荡转变为超声波机械振荡，由于其振幅很小，一般只有 0.005～0.01 mm，需再通过一个上粗下细的振幅扩大棒，使振幅增大到 0.1～0.15 mm。固定在振幅扩大棒端头的工具受迫振动，并迫使工作液中的悬浮磨粒以很高的速度，不断撞击、抛磨被加工表面，把加工区域内的材料粉碎成很细的微粒后打击下来。虽然每次打击下的材料很少，但由于每秒打击的次数多达 16000 次以上，所以仍有一定的加工效率。

12.2.5　高能束加工

　　高能束加工是利用被聚焦到加工部位上的高能量密度射束，对零件材料进行去除加工的特种加工方法的总称。高能束加工通常指激光加工、电子束加工和离子束加工。

1. 激光加工

　　由于激光发散角小、单色性好，在理论上可以聚焦到尺寸与光的波长相近的小斑点上，加上亮度高，其焦点处的功率密度可达 $10^3 \sim 10^7$ W/mm²，温度可高至万度左右。在此高温下，任何坚硬的材料都将瞬时急剧熔化和蒸发，并产生很强烈的冲击波，使熔化物质爆炸式地喷射去除。激光加工就是利用这种原理进行钻孔、切割的。

　　图 12-9 是采用固体激光器的加工原理示意图。当工作物质受到光泵的激发后，吸收特定波长的光，在一定条件下可形成工作物质中亚稳态粒子数多于低能级粒子数的状态。这种现象称为粒子数反转，此时一旦有少量激发粒子产生受激辐射跃迁，造成光放大，并通过谐振腔的反馈作用产生振荡，有谐振腔一端输出激光，通过透镜将激光束聚焦到待加工表面，就可以进行加工。

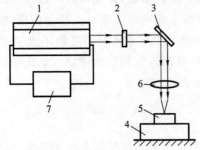

图 12-9　激光加工示意图

1—激光器；2—光阑；3—反射镜；
4—工作台；5—工件；6—聚焦镜；7—电源

2. 电子束加工

　　电子束加工的原理示意图如图 12-10 所示。在真空条件下,聚焦后高能量密度($10^4 \sim 10^7$ W/mm^2)的电子束,以极高的速度射击到工件表面极小的面积上,在极短的时间(几分之一微秒)内,其能量的大部分转变为热能,使被冲击部分的工件材料温度达到数千摄氏度,从而使相应部位工件材料熔化和汽化,被真空系统抽走。电子束加工装置主要由电子枪、真空系统、控制系统和电源等部分组成。电子枪包括电子发射阴极、控制栅极和加速阳极等部分,用来发射高速电子流并对其进行初步聚焦;真空系统用来保证在电子束加工时装置内达到 $1.33 \times 10^{-4} \sim 1.33 \times 10^{-2}$ Pa 的真空度,因为只有在高真空时,电子才能高速运动;控制系统包括束流聚炸控制(提高电子束的能量密度,使电子束聚焦成很小的束流)、束流位置控制(使电子束按照加工轨迹的需要作相应的偏转)、束流强度控制(使电子束得到更大的运动速度)以及工作台位移控制。

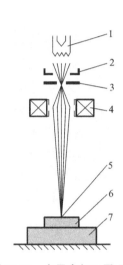

图 12-10　电子束加工原理图

1—旁热阴极;2—控制栅极;3—加速阳极;4—聚焦系统;

5—电子束斑点;6—工件;7—工作台

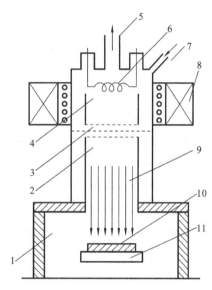

图 12-11　离子束加工原理图

1—加工室;2—阴极;3—阳极;4—电离室;

5—真空抽气机;6—热阴极灯丝;7—惰性气体注入口;

8—电磁线圈;9—离子束流;10—工件;11—下阴极

3. 离子束加工

在真空条件下,利用惰性气体离子在电场中加速而形成的高速离子流来实现微细加工的工艺方法称为离子束加工。离子束加工的原理示意图如图 12-11 所示。

将被加速的离子聚焦成细束状,照射到零件需要加工的部位,基于弹性碰撞原理,高速离子会从零件表面撞击出零件材料(金属或非金属)的原子或分子,从而实现原子或分子的去除加工,这种离子束加工方法称为离子束溅射去除加工。如果用被加速了的离子从靶材上打出原子或分子,并使它们附着到零件表面上形成镀膜,则为离子束溅射镀膜加工;用数十万电子伏特的高能离子轰击零件表面,离子将打入零件表层内,其电荷被中和,成为置换原子或晶格间原子,留于零件表层中,从而改变零件表层材料的成分和性能,这就是离子束溅射去除加工。

离子束加工是一种新兴微细加工方法,在亚微米至纳米级精度的加工中很有发展前途。离子束加工对零件几乎没有热影响,也不会引起零件表面应力状态的改变,因而能得到很高的表面质量。

表 12-1 所示为几种常用特种加工方法综合比较。

表 12-1　几种常用特种加工方法综合比较

加工方法	可加工材料	工具损耗率 /(%) (最低/平均)	材料去除率/ (mm²/min) (平均/最高)	可达到尺寸精度/mm (平均/最高)	可达到表面粗糙度 $Ra/\mu m$ (平均/最高)	主要适用范围
电火花加工	任何导电的金属材料，如硬质合金、耐热钢、不锈钢、淬火钢、钛合金等	0.1/10	30/3000	0.03/0.003	10/0.04	从数微米的孔到数米的超大型模具、工件等。可用于圆孔、方孔、异形孔、深孔、微孔、弯孔、螺纹孔，以及冲模、锻模、压铸模、塑料膜、拉丝模加工，还可用于刻字、表面强化处理等
电火花线切割加工		较小（可补偿）	20/200	0.02/0.002	5/0.32	切割各种冲模、塑料模、粉末冶金模中的由二维及三维直纹面组成的模具及零件。可直接切割各种样板、磁铜、硅铜冲片。也常用于铝、钨、半导体材料或贵重金属的切割
电解加工	任何导电的金属材料，如硬质合金、耐热钢、不锈钢、淬火钢、钛合金等	不损耗	100/1000	0.1/0.01	1.5/0.16	从细小零件到 1 t 的超大型工件及模具。如仪表中的微型小轴、蜗轮叶片、管炮膛线、螺旋花键孔、各种异形孔、锻造模和铸造模的曲面加工以及抛光、去毛刺等
电解磨削		1/50	1/100	0.02/0.001	1.25/0.04	硬质合金等难加工材料的磨削。如硬质合金的刀具、量具、轧辊，小孔、深孔，细长杆的磨削以及超精光整、研磨、珩磨等
超声加工	任何脆性材料	0.1/10	1/50	0.03/0.005	0.63/0.16	加工、切割脆硬材料，如玻璃、石英、金刚石、半导体单晶硅等。可加工型孔、型腔、小孔、深孔等。也可用于切割

续表

加工方法	可加工材料	工具损耗率/(%)（最低/平均）	材料去除率/(mm²/min)（平均/最高）	可达到尺寸精度/mm（平均/最高）	可达到表面粗糙度 $Ra/\mu m$（平均/最高）	主要适用范围
激光加工	任何材料	三种加工都不用成形的工具	瞬时去除率高，平均去除率不高	0.01/0.001	10/1.25	加工精密小孔、窄缝及成形切割、刻蚀。如加工金刚石拉丝模、钟表轴承、化纤喷丝孔，在镍、钛、不锈钢板上打小孔，切割钢板、石棉、纺织品、纸张等
电子束加工						在各种难加工材料上打微孔、切缝、刻蚀、焊接等。常用于制造中、大规模集成电路等微电子器件
离子束加工			很低	/0.01	/0.01	对零件表面进行超精密、超微量加工（抛光、刻蚀、精磨等）

思考与练习题

12-1　珩磨时，珩磨头与机床主轴为何要作浮动连接？珩磨能否提高孔与其他表面之间的位置精度？

12-2　在精密和超精密加工中金刚石刀具主要用于加工什么材料？而钢铁金属和硬脆材料用什么方法加工？

12-3　为什么研磨、珩磨、超级光磨和抛光能达到很高的表面质量？

12-4　试说明研磨、珩磨、超级光磨和抛光的加工原理。

12-5　对提高加工精度来说，研磨、珩磨、超级光磨和抛光的作用有何不同？为什么？

12-6　研磨、珩磨、超级光磨和抛光各适用于何种场合？

12-7　特种加工的特点是什么？其应用范围如何？

12-8　试述提高电解加工精度的几种措施。

12-9　电火花加工与线切割加工的原理是什么？各有何用途？

12-10　电解加工的原理是什么？应用如何？与电火花加工相比较，各有何特点？

参 考 文 献

[1] 侯书林,朱海.机械制造基础[M].北京:中国林业出版社,2006.

[2] 邓文英.金属工艺学[M].5版.北京:高等教育出版社,2009.

[3] 雷伟斌,张俊.机械工程材料与热处理[M].北京:北京理工大学出版社,2010.

[4] 截枝荣.机械工程材料及机械制造基础[M].北京:高等教育出版社.2003.

[5] 周风云.工程材料及应用[M].武汉:华中科技大学出版社,2002.

[6] 崔忠圻,刘北兴.金属学与热处理原理[M].哈尔滨:哈尔滨工业大学出版社,1998.

[7] 罗继相,王志海.金属工艺学[M].2版.武汉:武汉理工大学出版社,2010.

[8] 张兆隆,李彩凤.金属工艺学[M].北京:北京理工大学出版社,2013.

[9] 王少纯,马慧良.金属工艺学[M].北京:清华大学出版社,2011.

[10] 丁德全.金属工艺学[M].北京:机械工业出版社,2005.

[11] 傅水根.机械制造工艺基础[M].2版.北京:清华大学出版社,2004.

[12] 史美堂.金属材料及热处理[M].上海:上海科学技术出版社,1980.

[13] 刘舜尧.机械工程工艺基础[M].长沙:中南大学出版社,2002.

[14] 严绍华.材料成型工艺基础[M].北京:清华大学出版社,2001.

[15] 齐乐华.工程材料及成型工艺基础[M].陕西:西北工业大学出版社,2002.

[16] 周世权.机械制造工艺基础[M].武汉:华中科技大学出版社,2005.

[17] 朱世范.机械工程训练[M].哈尔滨:哈尔滨工程大学出版社,2003.

[18] 清华大学金属工艺学教研室.金属工艺学[M].3版.北京:高等教育出版社,2003.

[19] 相瑜才,孙维连.工程材料及机械制造基础[M].北京:机械工业出版社,2004.

[20] 王俊昌,王荣声.工程材料及机械制造基础[M].北京:机械工业出版社,2004.

[21] 徐福林,王德发.机械制造基础[M].北京:北京理工大学出版社,2011.

[22] 刘会霞.金属工艺学[M].北京:机械工业出版社,2010.

[23] 张铁军.机械工程材料[M].北京:北京大学出版社,2011.

[24] 孙步功.机械工程材料[M].北京:中国电力出版社,2011.

[25] 傅敏士,肖亚航.新型材料技术[M].西安:西北工业大学出版社,2001.